COURS GRADUÉ

D'ARITHMÉTIQUE

POUR

L'ENSEIGNEMENT PRIMAIRE

COMPRENANT UN GRAND NOMBRE DE PROBLÈMES A RÉSOUDRE

PAR

G. BOVIER-LAPIERRE

Professeur honoraire de l'Université, Officier de l'Instruction publique,
Membre de la Société de linguistique de Paris,
Ancien membre de la Commission des examens de l'Hôtel de Ville de Paris,
Délégué cantonal du Ve arrondissement, à Paris.

OUVRAGE CONFORME AUX PROGRAMMES OFFICIELS DU 27 JUILLET 1882

DEGRÉ SUPÉRIEUR

LIVRE DU MAITRE

PARIS
LIBRAIRIE CH. DELAGRAVE
15, RUE SOUFFLOT, 15

COURS GRADUÉ
D'ARITHMÉTIQUE
POUR
L'ENSEIGNEMENT PRIMAIRE

OUVRAGES DU MÊME AUTEUR

COURS COMPLET D'ARITHMÉTIQUE pour l'enseignement secondaire spécial.

Année préparatoire. 1 vol. in-12, cart. Prix............ 1 fr. 25

Première année. 1 vol. in-12, cart. Prix................ 2 fr. »

Deuxième année et cinquième année. 1 vol. in-12 cart.. 1 fr. 25

ALGÈBRE SIMPLIFIÉE, ou Éléments d'algèbre, comprenant la résolution des équations du 1er et du 2e degré et la théorie des progressions et des logarithmes, à l'usage de l'enseignement primaire supérieur, des écoles normales, des aspirants et aspirantes au brevet de capacité et de l'enseignement secondaire spécial et classique. 3e édition augmentée. 1 vol. in-12, cart. Prix............ 2 fr. »

SOLUTIONS RAISONNÉES des problèmes énoncés dans l'*Algèbre simplifiée.* 1 vol. in-12. cart. Prix................ 2 fr. »

ARITHMÉTIQUE APPLIQUÉE, ou Recueil méthodique de 730 problèmes choisis dans les examens, à l'usage des candidats au certificat d'études, au brevet élémentaire et au brevet supérieur.

Livre de l'Élève, contenant les énoncés et leurs réponses. 1 vol. in-12, cart. 2e édition. Prix...................... 1 fr. 25

Livre du Maître, contenant les solutions raisonnées de tous les problèmes du « Livre de l'Élève ». 1 beau vol. in-12, cart. Prix. 2 fr. 50

COURS GRADUÉ D'ARITHMÉTIQUE pour l'enseignement primaire, conforme aux nouveaux programmes officiels.

DEGRÉ ÉLÉMENTAIRE ET DEGRÉ MOYEN.

Livre de l'Élève. 1 vol. in-12, cart. Prix................ 0 fr. 90

Admis sur la liste des ouvrages fournis gratuitement par la ville de Paris aux écoles primaires communales.

Livre du Maître. 1 vol. in-12, cart. Prix................ 1 fr. 50

DEGRÉ SUPÉRIEUR. *Livre de l'Élève.* 1 vol. in-12, cart. Prix.. 1 fr. 50

Livre du Maître. 1 vol. in-12, cart. Prix................ 2 fr. 50

GÉOMÉTRIE ÉLÉMENTAIRE exposée dans ses applications au dessin linéaire et à la mesure des surfaces et des volumes, à l'usage de l'enseignement primaire supérieur et des classes élémentaires des lycées et des collèges. 1 vol. in-12, cart. Prix.............. 1 fr. 60

LA GÉOMÉTRIE SIMPLIFIÉE, à l'usage des écoles primaires et des aspirants au certificat d'études et au brevet de capacité.

Admis sur la liste des ouvrages fournis gratuitement par la ville de Paris aux écoles primaires communales.

1 vol. in-12, cart. Prix.............................. 0 fr. 70

ÉLÉMENTS DE TRIGONOMÉTRIE RECTILIGNE, à l'usage de l'enseignement spécial et des écoles normales primaires. 1 vol. in-12, cart. Prix.............................. 1 fr. 50

Paris. — Imp. de la Soc. anon. de Publ. périod. — P. Mouillot. — 18156.

COURS GRADUÉ
D'ARITHMÉTIQUE

POUR

L'ENSEIGNEMENT PRIMAIRE

COMPRENANT UN GRAND NOMBRE DE PROBLÈMES A RÉSOUDRE

PAR

G. BOVIER-LAPIERRE

Professeur honoraire de l'Université, Officier de l'Instruction publique,
Membre de la Société de linguistique de Paris,
Ancien membre de la Commission des examens de l'Hôtel de Ville de Paris,
Délégué cantonal du IVe arrondissement, à Paris.

OUVRAGE CONFORME AUX PROGRAMMES OFFICIELS DU 27 JUILLET 1882

DEGRÉ SUPÉRIEUR

LIVRE DU MAITRE

PARIS
LIBRAIRIE CH. DELAGRAVE
15, RUE SOUFFLOT, 15

1884

PRÉFACE

La faveur avec laquelle les instituteurs ont accueilli notre premier volume destiné au *Degre elementaire* et au *Degré moyen* nous a prouvé que nous ne nous sommes point trompé sur le caractère qui convient à l'enseignement de l'arithmétique dans les écoles primaires: des choses concrètes faire sortir les principes par l'observation; fonder l'arithmétique sur les réalités et non sur les abstractions; suivre dans les démonstrations, comme dans la résolution des problèmes, la marche naturelle que le bon sens de l'élève entrevoit déjà, au lieu de ces voies détournées empruntées à un enseignement d'un autre ordre. Nous n'avions pas à employer une méthode différente dans le *Cours superieur*.

Conforme aux nouveaux programmes officiels, comme le volume précédent qui, au jugement de plusieurs maîtres, peut suffire à la préparation des examens du certificat d'études, ce nouveau volume contient des développements et des théories qui en font un cours complet où les candidats au brevet supérieur trouveront, comme ceux du brevet élémentaire, toutes les matières de leurs programmes et tous les éclaircissements désirables.

Instruit par une expérience acquise dans les commissions d'examen, nous avons reconnu les écueils sur lesquels viennent échouer trop souvent des candidats laborieux, mais mal dirigés, et, en leur signalant les difficultés, nous nous sommes attaché à leur montrer les moyens de les surmonter sans peine.

Nous aurions voulu indiquer quels sont les chapitres où peut se renfermer la préparation aux examens du certificat d'études, ceux qui doivent être étudiés pour l'examen du brevet élémentaire, ceux qui sont plus particulièrement réservés pour le brevet supérieur. Mais nous avons dû renoncer à établir cette distinction et la laisser à la sagacité des maîtres; car si on consulte les épreuves écrites des divers examens, on voit que souvent des problèmes proposés pour le certificat d'études sont plus difficiles que ceux de l'examen du brevet élémentaire, et que dans ce dernier examen les candidats ont quelquefois à répondre à des questions appartenant plutôt au programme du brevet supérieur.

Les notions de géométrie pratique relatives à la mesure des surfaces et des volumes ne doivent pas être négligées, même pour l'examen du certificat d'études; nous les avons exposées dans un chapitre spécial, sous la forme d'un résumé aussi simple que possible.

Dans un autre chapitre nous avons présenté quelques notions de comptabilité, pour répondre à une question des nouveaux programmes. La théorie des comptes courants qui les suit sera le complément du chapitre consacré aux questions relatives à l'intérêt et à l'escompte.

A propos de l'escompte, nous appelons d'une manière toute particulière l'attention des maîtres et des élèves sur la méthode que nous appliquons à *l'escompte en dedans*. Au lieu de s'obstiner à vouloir définir l'escompte en dedans, ce qui n'est point facile, puisque c'est *l'intérêt inconnu d'un capital inconnu*, qu'on se borne à dire ce que c'est qu'*escompter en dedans*, et toute difficulté disparaîtra.

Nous voudrions signaler encore un point d'une certaine importance, c'est l'avantage qu'il y a à introduire la notion de *l'unité fractionnaire* dans la définition des fractions: les maîtres reconnaîtront sans doute toute la clarté qu'elle y apporte.

Nous n'en dirons pas davantage pour ne pas donner trop d'étendue à cette préface. En la terminant nous exprimons l'espérance que notre travail n'aura pas pour effet de grossir seulement le nombre des traités d'arithmétique, mais qu'il contribuera pour quelque part à l'amélioration et au perfectionnement de l'enseignement dans nos écoles.

AVANT-PROPOS

AU LIVRE DU MAITRE

Avant d'exposer le caractère qui distingue ce livre, destiné aux maîtres, de celui qui est à l'usage des élèves, nous croyons utile de dire en quelques mots le secours et le profit qu'on peut tirer de l'emploi du livre dans l'enseignement.

En expliquant les matières qui font l'objet de la leçon du jour, le maître s'attache à y donner aux élèves un rôle actif, semblable en quelque sorte au sien, c'est-à-dire à les amener par des interrogations judicieuses à découvrir eux-mêmes ce qu'on veut leur enseigner, au lieu de rester passifs en écoutant une explication qu'ils auront seulement à répéter. Par exemple, pour faire comprendre au début ce que c'est que l'*unité*, ce qu'on appelle *nombre*, on demande à un élève, puis à un autre, comment il s'y prendrait pour mesurer la longueur de la table, de la porte, du mur : comment il ferait connaître à ses camarades la valeur d'un crayon, d'un livre, d'un vêtement, d'un objet quelconque, etc.

Cette méthode, qui paraît lente au premier abord, est plus rapide qu'on ne croit, et la dépense de temps qu'elle semble exiger est amplement compensée par les avantages qu'elle produit. L'attention des élèves est constamment tenue en éveil; les plus indifférents s'intéressent à la question posée et celui qui croit savoir s'empresse de donner la réponse : la leçon, au lieu d'être une exposition sérieuse à écouter en silence, se transforme pour ainsi dire en une conversation entre le maître et les élèves. Ceux-ci y prennent peu à peu l'habitude de réfléchir; ils s'exercent à exprimer d'eux-mêmes leurs propres idées, au lieu de répéter une phrase qu'ils auraient retenue par cœur à force de l'entendre.

Mais la leçon ayant été ainsi préparée, il importe que l'élève la retrouve sous ses yeux, claire, nette, complète, pour revoir en particulier ce qu'il a appris en classe. Telle est l'utilité du livre, et pour tous ceux qui ont l'expérience en partage, rien ne saurait y suppléer, notes, rédactions ou dictées.

D'un autre côté il faut aussi la résumer dans ses points essentiels, qui doivent être dégagés des détails au milieu desquels on les a fait naître : c'est ce que nous avons cherché à réaliser par les questionnaires qui sont à la fin de chaque chapitre. Le maître s'aidera de ce résumé pour faire répéter la leçon de la veille dans la classe du lendemain, en le développant plus ou moins, en variant chaque question, avec la précaution de l'appliquer toujours aux choses les plus usuelles et les plus vulgaires.

Cette méthode n'est autre chose que celle qui a été désignée par le nom de *leçons de choses*. Il y aurait une grande erreur à croire qu'elle n'est destinée qu'aux jeunes enfants; elle n'est pas d'une application moins utile dans les diverses parties de l'enseignement primaire, et surtout quand il s'agit de l'enseignement des notions pratiques de géométrie. C'est celle que nous avons prise pour guide dans la rédaction de ce traité d'arithmétique, aussi bien que dans celui du *Degré élémentaire* et du *Degré moyen*.

Ce volume, destiné aux maîtres, est la reproduction de celui qui est à l'usage des élèves, avec les mêmes numéros d'ordre et la même pagination. Les problèmes énoncés à la fin pour être donnés comme exercices aux élèves sont tous suivis de leur réponse; une solution raisonnée et concise accompagne ceux qui pourraient présenter plus de difficulté ou ceux pour lesquels les données seraient de nature à indiquer une marche plus rapide que la règle ordinaire à laquelle ils seraient soumis. Ces problèmes sont marqués d'un astérisque.

Au Livre du Maître nous avons ajouté une autre série de problèmes qui ont tous été pris dans les examens du certificat d'études et du brevet élémentaire, et distincts de ceux qui composent notre *Arithmétique appliquée*. Ce double recueil fournira aux maîtres tous les moyens de préparer facilement leurs élèves à conquérir le certificat, qui est comme la consécration de leurs études.

Des problèmes nombreux à résoudre ne sont point des matériaux inutiles pour aider le maître; leurs solutions, développées selon les indications du bon sens vulgaire plutôt que par des méthodes fondées sur la théorie, peuvent, en bien des cas, montrer un chemin plus court que certains procédés traditionnels maintenus par la routine. Cependant, nous avons cherché à donner à ce livre un autre mérite. En plusieurs passages nous arrêtons le maître pour lui signaler les inconvénients de la voie ordinaire; nous lui montrons comment on peut dissiper les défauts qui la rendent difficile ou obscure. Ces observations, imprimées en un texte d'un caractère spécial, sont comme des leçons de pédagogie pratique.

Si les maîtres reconnaissent que ce n'est pas là un terme trop prétentieux et que nous ne l'employons pas à tort, nous ne regretterons pas d'avoir entrepris ce travail, qui leur est particulièrement destiné, et d'avoir ainsi répondu à des demandes qui nous sont venues de divers côtés.

Au moment où cet avant-propos allait être mis sous presse, nous lisions, dans le *Manuel général de l'Instruction primaire*, un article aussi intéressant que judicieux sur la nécessité et l'usage d'un livre entre les mains de l'élève à l'école. Nous sommes heureux de voir notre opinion personnelle confirmée par celle d'un maître, qui fait à bon droit autorité dans la science pédagogique et dont le nom est connu de la plupart des instituteurs. Ils nous sauront gré de reproduire ici les sages et utiles conseils que leur donne M. C. Defodon.

Pour peu que le livre que vous aurez choisi soit bon, il y a grosse chance à courir que ce que vous substitueriez à ce qu'il contient vaudra moins que ce qu'il contient, soit pour le fond, soit pour la forme. A supposer, d'ailleurs, que vous puissiez, vous professeur, vous passer de livre, il en faut un à votre élève pour lui garder la trace de votre leçon, très intéressante, je le veux bien, et d'autant plus intéressante qu'elle aura été plus personnelle, mais très fugitive aussi, et qui glissera sur ces esprits de si peu de prise et de si peu de ténacité. Il faut qu'ils aient un texte qui donne corps à votre doctrine, une page, je dis un recto ou un verso, où, matériellement, leurs yeux et leur mémoire puissent la retrouver, où ils puissent l'apprendre par cœur ; car, pour ma part, quoi qu'on en ait dit, je ne répugne pas, dans une juste mesure, à un texte appris par cœur.

Mais cela suppose que vous interprétiez votre livre.

Si vous vous contentez de servir, en quelque sorte, ce livre tout cru à vos élèves, si vous ne l'apprêtez pas, si vous ne le mâchez pas, si vous croyez qu'il suffise de dire, — c'est un procédé encore trop en vogue — : « Mes enfants, pour la prochaine fois, nous étudierons de la page tant à la page tant » ; ou encore que vous lisiez ou fassiez lire de la page tant à la page tant, qu'arrivera-t-il nécessairement ? Que le livre, qui est fait, je suppose, pour la moyenne des élèves à qui vous l'avez mis entre les mains, sera, momentanément au moins, et tant bien que mal, compris par cette moyenne. Mais les autres ? Mais, pour la moyenne même, comme la leçon glissera ! et comme elle leur échappera ! et, si vous la faites apprendre par cœur, que de mots pour des mots ! que de vides et de lacunes !

Non, je me figure tout autre l'emploi du livre. Je me figure qu'avant de le lire ou de le faire lire en classe, vous l'aurez lu vous-même préalablement : que, connaissant votre petit peuple, vous vous serez dit : Voici un mot que Pierre ne comprendra pas ; voici, par contre, un fait qui ne suffira pas à Jules ; ici, je ferai bien de revenir en arrière. Et c'est alors et ainsi que vous vous servirez du livre, soit que vous le lisiez, soit que vous le fassiez lire, soit que, le possédant suffisamment, vous le reproduisiez ou le transposiez, l'œil fixé sur votre auditoire, toujours prêt à relever et à forcer son attention par un changement de procédé, par une interrogation improvisée et soudaine, par un appel inattendu aux souvenirs de celui-ci ou à la logique de celui-là.

TABLE DES MATIÈRES

PROGRAMME OFFICIEL

Cours élémentaire. (*De 7 à 9 ans.*)

Principes de la numération parlée et de la numération écrite.

Calcul mental. — Les quatre règles appliquées intuitivement d'abord à des nombres de 1 à 10, puis de 1 à 20, puis de 1 à 100. — Étude de la table d'addition et de la table de multiplication.

Calcul écrit. — L'addition, la soustraction, la multiplication; règles générales des trois opérations sur les nombres entiers. La division bornée aux nombres de deux chiffres au diviseur.

Petits problèmes oraux ou écrits, portant sur les sujets les plus usuels; exercices de raisonnement sur les problèmes et sur les opérations exécutées.

Notions du mètre, du litre, du franc, du gramme, de ses multiples et sous-multiples.

Cours moyen. (*De 9 à 11 ans.*)

Revision du cours précédent. — La division des nombres entiers. — Idée générale des fractions; les fractions décimales.

Application des quatre règles aux nombres décimaux.

Règles de trois, d'intérêt simple.

Système légal des poids et mesures.

Problèmes et exercices d'application. Solutions raisonnées.

Suite et développement des exercices de calcul mental appliqués à toutes ces opérations.

Cours supérieur. (*De 11 à 13 ans.*)

Revision avec développement : d'une part, pour la théorie et le raisonnement; d'autre part, pour la recherche des procédés rapides, soit de calcul mental, soit de calcul écrit.

Nombres premiers. Caractères de divisibilité les plus importants. — Principes de la décomposition d'un nombre en ses facteurs premiers. — Plus grand commun diviseur. — Méthode de réduction à l'unité appliquée à la résolution des problèmes d'intérêt, d'escompte, de partage, de moyennes, etc.

Système métrique : applications à la mesure des volumes et à leurs rapports avec les poids.

Premières notions de comptabilité.

COURS GRADUÉ

D'ARITHMÉTIQUE

DEGRÉ SUPÉRIEUR

CHAPITRE I

DE LA NUMÉRATION DES NOMBRES ENTIERS

1. Nombre et unité. — Quand on veut savoir la population d'une école, on compte les élèves : *un, deux, trois,* etc., et si on trouve qu'il y en a *cinquante*, on dit que l'école contient *cinquante élèves*. Le terme *cinquante*, qui exprime combien il y a d'élèves dans l'école, est un *nombre*, et l'élève est *l'unité*.

De même, pour connaître la longueur de la table, on cherche combien de fois elle contient une certaine longueur adoptée par tous pour cet usage et qui porte le nom de *mètre*. Si, pour arriver d'une extrémité de la table à l'autre, on a porté le mètre *quatre* fois bout à bout, on dit que la longueur de la table a *quatre mètres* : ici *quatre* est le nombre et le *mètre* est l'unité.

Pour indiquer la valeur d'un livre, on dit qu'il vaut, par exemple, *trois* fois la valeur de la pièce d'argent nommée *franc*, ou plus simplement *trois francs*. Le nombre est *trois* et le *franc* est l'unité.

De ces explications résultent les définitions suivantes.

1° *On mesure ou on évalue une quantité plus ou moins grande de telle ou telle chose, en cherchant combien de fois elle contient ou elle vaut une certaine quantité de même espèce adoptée pour cet usage et nommée* **unité.**

2° *On appelle* **nombre** *l'expression qui indique combien il y a d'unités dans la quantité mesurée ou évaluée.*

2. Nombre entier et nombre fractionnaire. — On a souvent à mesurer une quantité moindre que l'unité. Prenons comme exemple la longueur d'un cahier.

Dans ce cas, le *mètre* qui est l'unité de longueur étant trop grand, on le divise en un certain nombre de parties égales, par exemple en *dix;* chacune de ces parties est alors appelée *dixième du mètre.* On cherche combien de fois elle est contenue dans le longueur du cahier, et si on trouve *trois* fois, on dit que la longueur du cahier a *trois dixièmes* de mètre.

L'unité employée ici est, non pas le mètre, mais le *dixième* du mètre. Comme elle n'est qu'une partie, qu'une fraction du mètre, on la nomme *unité fractionnaire.*

On appelle donc **unité fractionnaire** une certaine partie de l'unité qui est employée aussi comme unité, pour la mesure d'une quantité.

On appelle *nombre entier* celui qui n'exprime que des unités entières.

On appelle *nombre fractionnaire* celui qui exprime des unités fractionnaires. On lui donne particulièrement le nom de *fraction,* quand la quantité qu'il représente est moindre que l'unité.

Par exemple, *cinq* mètres, *sept* heures sont des nombres entiers.

Cinq tiers de mètre, *sept quarts* d'heure sont des nombres fractionnaires.

Deux tiers de mètre, *trois quarts* d'heure sont des fractions.

Nota. — Dans tout ce qui suit, on ne parlera que des nombres entiers jusqu'au chapitre des nombres fractionnaires.

3. Nombre abstrait et nombre concret. — Quand on énonce un nombre sans indiquer la nature des unités qu'il exprime : *un*, *deux*, *trois*, etc., par exemple, le nombre est dit *abstrait*.

Lorsqu'il est accompagné du nom de ses unités : *un mètre*, *deux heures*, *trois francs*, etc., il est dit *concret*.

4. Nécessité de la numération. — Le nombre qui n'exprime qu'*une* unité est désigné par le mot **un**.

En ajoutant *une* unité à *un*, on a le nombre **deux**; en ajoutant *une* unité à *deux*, on a le nombre **trois**, et ainsi de suite.

Comme on peut ajouter indéfiniment une unité au nombre précédent, on voit que les nombres croissent sans être arrêtés par aucune limite. Il y a donc une infinité de nombres, et, par conséquent, il serait impossible d'en fixer la suite dans la mémoire s'ils avaient tous des noms particuliers.

On appelle **numération** *l'ensemble des règles d'après lesquelles on peut former les noms de tous les nombres à l'aide de quelques mots seulement et les écrire au moyen de quelques caractères nommés chiffres.*

La partie de la numération qui enseigne à *nommer* les nombres est dite *numération parlée;* celle qui enseigne à les écrire est dite *numération écrite*.

QUESTIONNAIRE. — Montrez par des exemples ce qu'on appelle unité et comment l'unité sert pour la mesure d'une quantité de telle ou telle chose. — Qu'est-ce qu'un nombre? -- Expliquez par des exemples ce que c'est que l'unité fractionnaire. — Qu'est-ce qu'un nombre entier, un nombre fractionnaire, une fraction? — Qu'appelle-t-on nombre abstrait et nombre concret? — Dites ce que c'est que la numération et pourquoi elle est nécessaire.

NUMÉRATION PARLÉE

5. Unités, dizaines, centaines. — En ajoutant successivement *une* unité au nombre précédent, à partir de *un*, comme si on comptait sur ses doigts, on obtient d'abord les nombres désignés par les noms suivants :

un, deux, trois, quatre, cinq,
six, sept, huit, neuf, dix.

On considère la réunion de *dix unités* comme formant une nouvelle unité nommée **dizaine**, et on compte les objets un peu nombreux par dizaines, depuis *une dizaine* jusqu'à *neuf dizaines*.

Pour abréger, on dit :

dix pour *une dizaine ;*
vingt — *deux dizaines ;*
trente — *trois dizaines ;*
quarante — *quatre dizaines ;*
cinquante — *cinq dizaines ;*
soixante — *six dizaines ;*

soixante-dix au lieu de **septante** pour *sept dizaines ;*
quatre-vingts au lieu de **octante** pour *huit dizaines ;*
quatre-vingt-dix au lieu de **nonante** pour *neuf dizaines.*

On distingue ces deux espèces d'unités, dont l'une vaut dix fois l'autre, en disant que l'*unité simple* est l'unité du **premier ordre** et la *dizaine* l'unité du **deuxième ordre**.

Avec des dizaines un nombre peut contenir des unités simples, depuis une jusqu'à neuf ; on le désigne en joignant au nombre des dizaines le nombre des unités.

Les six premiers à partir de *dix* portent des noms tirés du latin :

onze	pour	*dix et un ;*	**quatorze**	pour	*dix-quatre ;*
douze	—	*dix-deux ;*	**quinze**	—	*dix-cinq ;*
treize	—	*dix-trois ;*	**seize**	—	*dix-six.*

Au delà, les noms se forment régulièrement :

dix-sept, dix-huit, dix-neuf, vingt, vingt et un, etc.

Le plus fort nombre auquel on arrive ainsi est composé de *neuf dizaines* et *neuf unités* : c'est **quatre-vingt-dix-neuf.**

En ajoutant une unité à ce nombre, on a un nouveau nombre qui se compose de *dix dizaines* : il s'appelle **cent**

On considère la réunion de *cent unités* comme une nouvelle unité nommée **centaine**, et on compte par centaines, depuis *une centaine* jusqu'à *neuf centaines*, en disant :

cent,	**quatre cents,**	**sept cents,**
deux cents,	**cinq cents,**	**huit cents,**
trois cents,	**six cents,**	**neuf cents.**

La centaine est l'unité du **troisième ordre.**

Avec des centaines un nombre peut contenir des dizaines et des unités ; on le désigne en joignant au nombre des centaines le nombre formé par les dizaines et les unités :

cent un, cent deux, cent trois, etc..., jusqu'à **cent quatre-vingt-dix-neuf ;**

deux cent un, deux cent deux, etc..., jusqu'à **deux cent quatre-vingt-dix-neuf,** etc.

Le nombre le plus fort, auquel on arrive ainsi, est composé de *neuf centaines, neuf dizaines* et *neuf unités* : ce nombre est **neuf cent quatre-vingt-dix-neuf.**

6. Mille. — Une unité ajoutée à ce dernier nombre *neuf cent quatre-vingt-dix-neuf* forme un nombre qui contient *dix centaines ;* il s'appelle **mille.**

On considère *mille* comme une nouvelle unité, et on compte par mille comme par unités simples. On a ainsi : les neuf nombres d'unités de mille :

mille, deux mille, trois mille, etc..., jusqu'à **neuf mille ;**

les neuf nombres de dizaines de mille :

dix mille, vingt mille, trente mille, etc..., jusqu'à **quatre-vingt-dix-mille ;**

les neuf nombres de centaines de mille :

cent mille, deux cent mille, trois cent mille, etc..., jusqu'à **neuf cent mille.**

L'*unité de mille* est l'unité du **quatrième ordre.**
La *dizaine de mille* est l'unité du **cinquième ordre.**
La *centaine de mille* est l'unité du **sixième ordre.**
Le plus fort nombre auquel on arrive ainsi contient :

neuf centaines, neuf dizaines et neuf unités de **mille,**
plus *neuf centaines, neuf dizaines et neuf* **unités simples**;

c'est le nombre : **neuf cent quatre-vingt-dix-neuf mille neuf cent quatre-vingt-dix-neuf.**

7. Millions. — Une unité ajoutée à ce dernier nombre forme un nombre qui contient *dix centaines de mille;* il s'appelle **million.**

On considère le *million* comme une nouvelle unité, et on compte par millions comme par unités de mille et par unités simples.

On a ainsi :

les neuf nombres d'unités de millions :

un million, deux millions, trois millions, etc., jusqu'à **neuf millions;**

les neuf nombres de dizaines de millions :

dix millions, vingt millions, trente millions, etc., jusqu'à **quatre-vingt-dix millions**;

les neuf nombres de centaines de millions :

cent millions, deux cent millions, etc., jusqu'à **neuf cent millions.**

L'*unité de million* est l'unité du **septième ordre.**
La *dizaine de millions* est l'unité du **huitième ordre.**
La *centaine de millions* est l'unité du **neuvième ordre.**

Le plus fort nombre auquel on arrive ainsi contient :

neuf centaines, neuf dizaines et neuf unités de **millions,**
plus *neuf centaines, neuf dizaines et neuf unités* de **mille,**
plus *neuf centaines, neuf dizaines et neuf* **unités simples.**

C'est le nombre :

neuf cent quatre-vingt-dix-neuf **millions** *neuf cent quatre-vingt-dix-neuf* **mille** *neuf cent quatre-vingt-dix-neuf* **unités**.

8. Billions. — Une unité ajoutée à ce dernier nombre forme un nombre qui contient *dix centaines de millions*; il s'appelle **billion**.

Le *billion* est considéré comme une nouvelle unité, qui est celle du **dixième ordre**.

Après viendraient : les **dizaines de billions** ou unités du **onzième ordre**;

les **centaines de billions** ou unités du **douzième ordre**.

La réunion de dix centaines de billions formerait une nouvelle unité qu'on appelle **trillion**; mais il est inutile de pousser cette nomenclature plus loin. Nous ajouterons seulement que, dans le langage des financiers, *un billion de francs* est désigné de préférence par un *milliard de francs*.

9. Résumé. — 1° *Les nombres se composent d'unités de diverses grandeurs ou, comme on dit habituellement, d'unités de divers ordres croissant de telle sorte qu'une unité d'un ordre quelconque vaut* **dix** *unités de l'ordre immédiatement inférieur.*

C'est là le principe fondamental de **la** numération et le nombre *dix* en est la base. Pour cette raison ce système est appelé système de *numération décimale*[1].

2° *Dans chaque ordre il n'y a jamais plus de neuf unités.*

3° Les divers ordres d'unités se partagent naturellement en groupes de trois ordres, contenant chacun :

des *unités*, des *dizaines*, et des *centaines*.

Le premier groupe est celui des *unités simples;* le second,

1. On aurait pu prendre tout autre nombre pour la base du système de numération; on en a un exemple dans l'usage vulgaire de compter par douzaines. Une réunion de douze douzaines porte même dans le commerce le nom de *grosse :* c'est le système *duodécimal*. La douzaine serait l'unité du deuxième ordre et la grosse l'unité du troisième.

celui des *mille;* le troisième, celui des *millions;* le quatrième, celui des *billions.*

Les *unités simples*, les *mille*, les *millions*, les *billions* sont regardés comme les **unités principales** et ces groupes sont les **classes** d'unités principales.

En voici le tableau; il doit être lu de droite à gauche.

4e CLASSE BILLIONS			3e CLASSE MILLIONS			2e CLASSE MILLE			1re CLASSE UNITÉS		
Centaines	Dizaines	Unités	Centaines	Dizaines	Unités	Centaines	Dizaines	Unités	Centaines	Dizaines	Unités
12e ordre	11e ordre	10e ordre	9e ordre	8e ordre	7e ordre	6e ordre	5e ordre	4e ordre	3e ordre	2e ordre	1er ordre

QUESTIONNAIRE. — Citez les noms des unités des divers ordres. — Combien une unité d'un ordre quelconque vaut-elle d'unités de l'ordre immédiatement inférieur? — Combien y a-t-il d'unités au plus dans chaque ordre? — Citez les noms des neuf nombres d'unités du premier ordre; des neuf nombres d'unités du deuxième ordre; des neuf nombres d'unités du troisième ordre, etc. — Comment forme-t-on le nom d'un nombre contenant des unités de divers ordres? — Qu'appelle-t-on classes d'unités principales?

NUMÉRATION ÉCRITE

10. Principe fondamental. — Comme dans un ordre quelconque il n'y a pas plus de neuf unités, on a représenté ces neuf nombres d'unités :

	un	*deux*	*trois*	*quatre*	*cinq*	*six*	*sept*	*huit*	*neuf*
par les chiffres	1	2	3	4	5	6	7	8	9.

Le chiffre 3, par exemple, sert à représenter aussi bien 3 unités d'un ordre quelconque que 3 unités du premier ordre ou du deuxième.

Mais au lieu d'écrire à la suite du chiffre le nom de l'ordre des unités qu'il exprime, on est convenu que *l'ordre des unités sera indiqué par le rang du chiffre dans le nombre à partir de la droite.*

Ainsi le chiffre des unités simples étant le premier à droite, celui des dizaines doit être au second rang; celui des centaines, au troisième, etc.

En outre, comme il peut arriver que dans un nombre il n'y ait pas d'unités d'un certain ordre, on met à sa place ce caractère particulier, 0, nommé *zéro.* Il n'a d'autre effet que de remplir une place vide, afin que chacun des autres chiffres conserve le rang correspondant à l'ordre de ses unités[1].

Soit, par exemple, le nombre *six cent huit.*

Il contient : 6 centaines 8 unités et n'a pas de dizaines.

On l'écrira ainsi : 608.

Soit encore le nombre *neuf cents.*

Il contient 9 centaines, sans dizaines ni unités.

On l'écrira ainsi : 900.

Toutes ces explications se résument dans le principe suivant, qui est le principe fondamental de la numération écrite :

Dans tout nombre un chiffre de rang quelconque exprime des unités qui valent dix fois les unités exprimées par le chiffre placé immédiatement à sa droite.

11. Règle pour lire un nombre. — 1° La lecture d'un nombre se réduit à celle d'un nombre de trois chiffres : le 1er à partir de la gauche exprime les centaines, le 2e les dizaines et le 3e les unités.

Le nombre 728 se lira ainsi : *sept cent vingt-huit unités.*

Le nombre 109 se lira ainsi : *cent neuf.*

Le nombre 530 se lira ainsi : *cinq cent trente.*

2° Pour lire un nombre ayant plus de trois chiffres, on le partage en tranches de trois chiffres en commençant à droite; il peut arriver qu'il ne reste qu'un ou deux chiffres pour la

1. C'est parce que le zéro ne désigne rien, que les autres chiffres sont appelés chiffres *significatifs.*

dernière. La première tranche à droite représente la classe des unités simples; la deuxième, la classe des mille; la troisième, la classe des millions; la quatrième, la classe des billions.

On lit ensuite chaque tranche à partir de la gauche, en ajoutant à la suite de chacune le nom des unités principales qui lui correspondent.

Par exemple le nombre 42 705 938 se lira ainsi :

42 millions 705 mille 938 unités.

12. Règle pour écrire un nombre. — 1° L'écriture d'un nombre se réduit à celle d'un nombre de trois chiffres. On écrit d'abord le chiffre des centaines, à sa droite celui des dizaines et enfin celui des unités.

On écrira, par exemple :

pour *cinq cents* 500
pour *cent trente* 130
pour *deux cent huit* 208
pour *neuf cent vingt-sept* . . . . 927.

2° Pour écrire un nombre contenant des unités supérieures aux centaines d'unités simples, on écrit d'abord la classe d'unités principales la plus élevée, à sa droite la classe suivante, et ainsi de suite jusqu'à celle des unités simples, en ayant soin de mettre un zéro à la place de chaque ordre où il n'y aurait pas d'unités[1].

Soit, par exemple, le nombre :

quatre cent deux mille trente-sept unités.

---

1. Quand un nombre contient plus de trois chiffres, il est bon de laisser un léger intervalle entre les tranches correspondant aux classes d'unités principales; mais il faut éviter soigneusement le mauvais usage adopté par les imprimeurs de marquer cette séparation par des virgules, la virgule ne devant avoir d'autre destination que celle de séparer la fraction décimale de la partie entière dans un nombre décimal, comme on l'expliquera plus loin. On ne doit pas davantage y employer le point. Un nombre est un nom; serait-il raisonnable de séparer par un point les syllabes d'un mot un peu long sous prétexte d'en faciliter la lecture?

Il contient 402 mille 37 unités. La classe des mille n'ayant pas de dizaines, on met un zéro à leur place entre 4 centaines de mille et 2 mille. La classe des unités simples n'ayant pas de centaines, on met un zéro à leur place entre 2 mille et 3 dizaines.

Le nombre sera ainsi écrit : 402 037.

Soit encore le nombre :

quinze millions neuf mille six cent treize.

Il contient 15 millions 9 mille 613 unités.

On l'écrira ainsi : 15 009 613.

13. Influence du zéro à droite d'un nombre entier. — *Si on écrit des zéros sur la droite d'un nombre entier, sa valeur devient* 10 *fois plus grande avec un zéro,* 100 *fois plus grande avec deux zéros,* 1000 *fois plus grande avec trois zéros,* etc.

En effet, écrivons sur la droite du nombre 453 deux zéros, ce qui donne 45 300.

Le chiffre 3, qui exprimait des unités simples, exprime dans le 2e des centaines;

le chiffre 5, qui exprimait des dizaines, exprime dans le 2e des unités de mille ;

le chiffre 4, qui exprimait des centaines, exprime dans le 2e des dizaines de mille.

Ainsi les unités de chaque chiffre sont devenues 100 fois plus grandes qu'elles n'étaient d'abord; la valeur du 2e nombre est donc 100 fois celle du premier[1].

Cette explication peut être abrégée de la manière suivante :

le 1er nombre exprime 453 unités simples; le 2e exprime 453 centaines : la valeur du 2e nombre est donc 100 fois celle du premier.

---

1. On voit qu'avec sa valeur propre un chiffre en prend une particulière d'après la place qu'il occupe dans un nombre. La première est sa valeur *absolue*; la seconde, sa *valeur relative*.

Réciproquement, *si on supprime sur la droite d'un nombre entier un zéro, il devient 10 fois plus petit; deux zéros, 100 fois plus petit*, etc.

14. Arithmétique et calcul. — La science qui enseigne les propriétés des nombres et les combinaisons auxquelles ils peuvent être soumis, s'appelle *Arithmétique*.

Ces combinaisons sont l'*addition*, la *soustraction*, la *multiplication* et la *division;* c'est ce qu'on appelle vulgairement les *quatre règles*.

Le *calcul* est l'application pure et simple de ces règles à les nombres donnés et sans explication théorique, pour en déduire certains nombres demandés[1].

Mais avant d'exposer ces règles, il est utile de fournir quelques indications sur la numération romaine et sur certaines unités d'un usage fréquent, qui se présentent souvent dans les problèmes destinés à servir aux applications des règles.

QUESTIONNAIRE. — Quel est le principe fondamental de la numération écrite? — Expliquez comment neuf chiffres suffisent avec le zéro pour qu'on puisse écrire tous les nombres. — Comment lit-on un nombre de trois chiffres? — Comment lit-on un nombre ayant plus de trois chiffres? — Comment écrit-on un nombre qui n'a pas plus de trois chiffres? — Comment écrit-on un nombre entier quelconque? — Quel changement produit-on en écrivant un ou plusieurs zéros sur la droite d'un nombre entier? — Quelle différence y a-t-il entre l'arithmétique et le calcul?

---

1. *Arithmétique* vient du grec *arithmos*, qui signifie *nombre*.

Calcul vient du latin *calculus*, qui signifie *petit caillou;* on se servait de petits cailloux pour compter.

Le *zéro* chez les Arabes portait le nom de *çafar*, qui signifie *vide*. Importé en Italie, ce nom devint *cifra* puis *zefiro*. Ce dernier se réduisit enfin à *zéro*, pendant que le premier finit par désigner les neuf autres caractères; notre terme *chiffre* n'est autre chose que le mot *cifra* avec la prononciation italienne du *c*. Les Anglais ont conservé au mot chiffre *(cipher)* son sens étymologique de zéro; les neuf autres caractères portent chez eux le nom de *figures*, qu'ils ont eu aussi en français.

CHAPITRE II

NUMÉRATION ROMAINE

15. — Les chiffres dont nous faisons usage sont généralement attribués aux Arabes; cependant il semblerait, d'après les savantes recherches de M. Chasles, qu'ils étaient déjà usités dans l'école pythagoricienne. Les Romains employaient pour représenter les nombres certaines lettres de l'alphabet auxquelles ils assignaient des valeurs particulières. Leur système de numération est beaucoup moins simple que le nôtre; mais comme il est encore employé assez fréquemment, par exemple, pour les numéros des chapitres d'un livre, pour les heures sur le cadran des horloges, pour les inscriptions sur les monuments, il est indispensable de savoir lire et écrire les nombres dans ce système.

16. On représente :

les nombres	1	5	10	50	100	500	1 000
par	I	V	X	L	C	D	M.

Pour écrire *deux*, *trois* unités de l'un des quatre premiers ordres, on écrit deux fois, trois fois la lettre qui représente cette unité.

On a ainsi :

II	pour 2,	XX	pour 20,	CC	pour 200,
III	pour 3,	XXX	pour 30,	CCC	pour 300.

Pour écrire *quatre* unités d'un ordre quelconque, on écrit *cinq unités moins une*, en plaçant l'unité à soustraire immédiatement à gauche du caractère qui représente les cinq unités.

On a ainsi :

IV pour 4, XL pour 40, CD pour 400.

Pour écrire *six*, *sept* ou *huit* unités, on écrit *cinq unités plus une*, *plus deux*, *plus trois*, en plaçant une unité, deux unités, trois unités immédiatement à droite de cinq.

On a ainsi :

VI	pour	6,	LX	pour 60,	DC	pour 600 ;
VII	pour	7,	LXX	pour 70,	DCC	pour 700 ;
VIII	pour	8,	LXXX	pour 80,	DCCC	pour 800.

Pour écrire *neuf*, on écrit : *dix moins un*, en plaçant l'unité à soustraire immédiatement à gauche de dix.

On a ainsi :

IX pour 9, XC pour 90, CM pour 900.

D'après ces explications, on voit que toute lettre (chiffre) est diminuée de la lettre moins forte qui la précède et augmentée de la lettre moins forte ou égale qui la suit.

Un nombre de mille est aussi indiqué par ce nombre surmonté d'un trait : $\overline{\text{V}}$ pour 5 mille, $\overline{\text{X}}$ pour 10 mille.

Nous terminerons par le tableau suivant, où les nombres ne dépassent pas 2000. Il n'y a aucune utilité à aller plus loin.

1	I	11	XI	21	XXI
2	II	12	XII	22	XXII
3	III	13	XIII	23	XXIII
4	IV	14	XIV	24	XXIV
5	V	15	XV	25	XXV
6	VI	16	XVI	26	XXVI
7	VII	17	XVII	27	XXVII
8	VIII	18	XVIII	28	XXVIII
9	IX	19	XIX	29	XXIX
10	X	20	XX	30	XXX
40	XL	100	C	700	DCC
50	L	200	CC	800	DCCC
60	LX	300	CCC	900	CM
70	LXX	400	CD	1000	M
80	LXXX	500	D	2000	MM
90	XC	600	DC	1883	MDCCCLXXXIII

Dans la date de l'impression de certains ouvrages des deux premiers siècles après la découverte de l'imprimerie, la ligne droite et le demi-cercle qui composent le caractère D (cinq cents) sont séparés ainsi I), et au lieu de M (mille) on trouve CI).

Par exemple CI)I)CLVIII exprime 1658 comme MDCLVIII.

Voici quelques exemples pris sur des monuments de Paris.

La porte Saint-Denis a été construite en MDCLXXII.
L'obélisque égyptien qui est au milieu de la place de la Concorde a été érigé en.... MDCCCXXXVI.

On lit sur une plaque de marbre dans une des chapelles de l'église Saint-Étienne-du-Mont :

Pascal mort en...................... MDCLXII.
Rollin mort en...................... MDCCXLI.

CHAPITRE III

NOTIONS SUR QUELQUES UNITÉS D'UN USAGE FRÉQUENT

17. Outre les divers objets que l'on a à compter, comme les œufs vendus par le marchand, les arbres qui couvrent un terrain, les élèves qui composent une classe, on a aussi souvent besoin de connaître la longueur ou la largeur d'une chambre, la durée d'un travail ou d'une course, etc. Il est donc utile d'indiquer dès à présent les principales unités employées suivant les cas.

18. Mesures de longueur. — La longueur, la largeur, la hauteur, l'épaisseur, la profondeur, sont une même chose. sous des noms divers: c'est toujours une ligne droite, mais dans des directions différentes.

L'unité adoptée pour mesurer les longueurs est une longueur appelée **mètre**; c'est à peu près la moitié de la hauteur d'un homme de très grande taille.

Le mètre est formé d'une règle droite, ou composé de dix pièces égales en cuivre ou en buis, qui peuvent se replier les unes sur les autres (fig. 1).

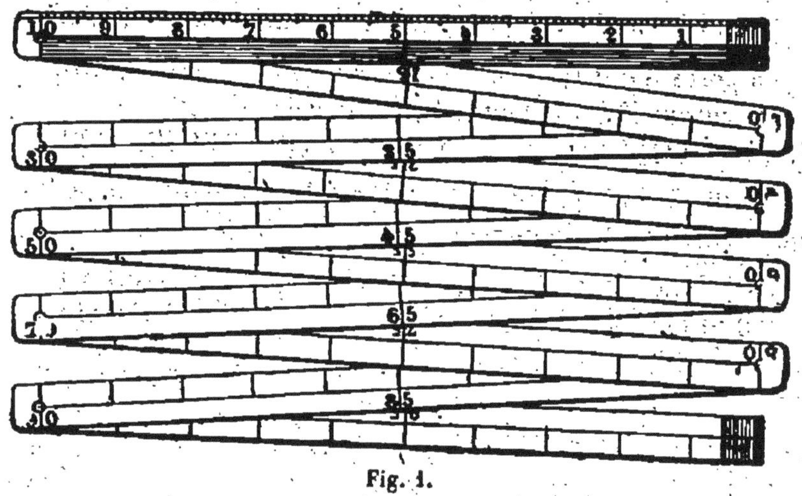

Fig. 1.

La figure 2 est la vraie grandeur de chacune des dix pièces égales qui composent le mètre.

Cette 10e partie du mètre est nommée **décimètre.**

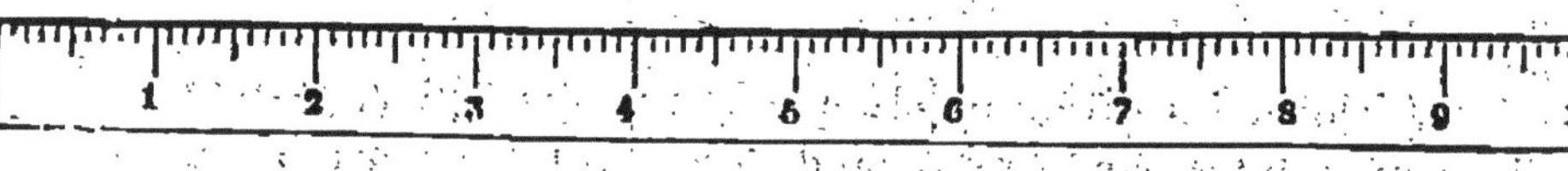

Fig. 2.

Les longueurs plus petites que le mètre, comme la largeur d'une planche, peuvent être évaluées en **décimètres** ou en **centimètres.**

Le centimètre est l'une des dix parties égales que l'on voit sur le décimètre (fig. 2). On l'appelle ainsi, parce qu'il y en a *cent* dans le mètre tout entier.

Les dix petites parties égales marquées par des traits serrés sur chaque centimètre s'appellent *millimètres,* parce qu'il y en a *mille.* dans le mètre entier

Pour les grandes distances comptées sur les routes d'une ville à l'autre, l'unité de longueur est égale à 1000 fois le mètre : elle se nomme **kilomètre** (*kilo* est un mot tiré du grec et qui signifie *mille*).

Les kilomètres sont marqués par des bornes en pierre le long des routes, ou par des poteaux en bois le long des chemins de fer.

Le kilomètre est à peu près la distance qu'un homme peut parcourir en dix minutes, d'un bon pas, sur une route unie.

On compte aussi les distances entre deux villes par *lieues* : la lieue est une distance de 4 kilomètres.

QUESTIONNAIRE. — Comment s'appelle l'unité ordinaire de longueur ? Citez des exemples de longueurs d'un mètre, de deux mètres. — Qu'est-ce que le décimètre, le centimètre? — Montrez des longueurs à peu près égales à un décimètre, à un centimètre. — Combien y a-t-il de décimètres dans un mètre ? — Combien de centimètres dans un décimètre? — Combien dans un mètre? — Que vaut l'unité employée pour mesurer les distances le long des routes? — Que signifie le mot *kilo* ? — Quel temps faut-il à un homme pour parcourir d'un bon pas un kilomètre? — Qu'est-ce que la lieue? — Combien faut-il de temps à peu près pour parcourir une lieue sur une route unie ?

19. Valeur des objets. — L'unité adoptée est la valeur de la pièce d'argent nommée **franc.** Cette pièce contient une petite partie de cuivre destinée à rendre l'argent plus dur.

On dit par exemple qu'un livre a coûté 1 franc, 2 francs, 3 francs, etc.; qu'un mètre de drap vaut 7 francs, 10 francs, 11 francs, etc.

Les valeurs moindres qu'un franc sont estimées en **centimes.** Le centime est une petite pièce de cuivre; il en faut 100 pour représenter la valeur d'un franc.

On compte souvent par **sous**; cependant il ne serait pas permis d'inscrire en sous la valeur d'une marchandise dans un livre de compte, dans une facture. Le sou vaut 5 centimes.

QUESTIONNAIRE. — Quelle est l'unité adoptée pour la valeur des objets ? — Quelle est l'unité pour les valeurs moindres qu'un franc? — De quelle matière sont formés le franc et le centime? — Combien faut-il de centimes pour représenter la valeur d'un franc ? — Qu'est-ce que le sou ? — Peut-on faire un compte par sous aussi bien que par centimes ?

20. Poids des objets. — Le poids d'un objet est la force avec laquelle il tend à tomber.

L'unité de poids adoptée est appelée **gramme**. Ce poids est le même que celui de la pièce d'un centime en cuivre.

La pièce d'un franc en argent pèse autant que 5 pièces d'un centime; son poids est donc de 5 grammes.

Pour les objets d'une consommation journalière, comme le pain, la viande, etc., le gramme serait un poids trop petit. L'unité usuelle est alors un poids de 1000 grammes, nommé pour cette raison **kilogramme**.

Quand il s'agit d'un poids moindre qu'un kilogramme, on compte par **hectogrammes**. L'hectogramme vaut 100 grammes (le mot *hecto* est un mot grec qui signifie *cent*) ; il y a 10 hectogrammes dans le kilogramme.

Le kilogramme, l'hectogramme et le gramme sont représentés par des cylindres massifs (corps ronds comme un rouleau) en cuivre jaune, surmontés d'un bouton (fig. 3).

Fig. 3.

Au moyen de ces poids on trouve le poids d'un corps à l'aide de la balance. Voici la forme d'une balance ordinaire, telle qu'on la voit chez tous les marchands (fig. 4).

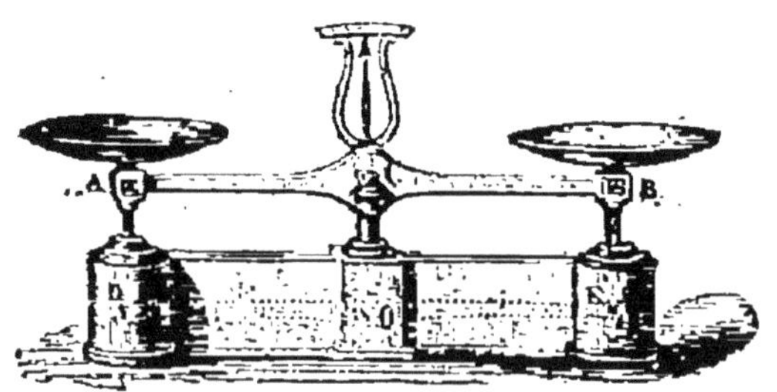

Fig. 4.

L'objet à peser étant sur le plateau A, on met dans le plateau B assez de grammes, ou d'hectogrammes, ou de kilogrammes pour établir l'équilibre, c'est-à-dire pour que l'un des plateaux ne penche pas plus que l'autre. Ce nombre de grammes, d'hectogrammes, de kilogrammes, indique le poids du corps.

Un poids considérable, comme le chargement d'une voiture, est souvent évalué en **quintaux**; le **quintal** est un poids de 100 kilogrammes.

On entend fréquemment évaluer le poids en **livres**. La **livre** est une ancienne unité de poids; il en faut deux pour faire un kilogramme. Un marchand ne doit pas inscrire la livre dans ses livres de compte.

Il faut éviter de dire *kilo* pour *kilogramme*.

QUESTIONNAIRE. — Qu'est-ce que le poids d'un corps ? — Par quelle unité évalue-t-on le poids d'un corps ? — Indiquez le poids du centime en cuivre; de la pièce d'argent d'un franc. — Quelles sont les unités de poids employées plus souvent que le gramme ? — Comment sont faits les poids qui servent à peser avec les balances ? — Qu'est-ce que le quintal ? — Qu'est-ce que la livre ? — Est-il permis d'écrire un compte par livres ?

21. Mesures de capacité. — La capacité ou la contenance d'un vase, d'un tonneau, d'un bassin, est mesurée par le nombre de fois qu'elle contient la capacité d'une boîte à six faces carrées, qui aurait intérieurement un décimètre de longueur, de largeur et de profondeur (fig. 5).

La capacité de cette boîte s'appelle **litre**.

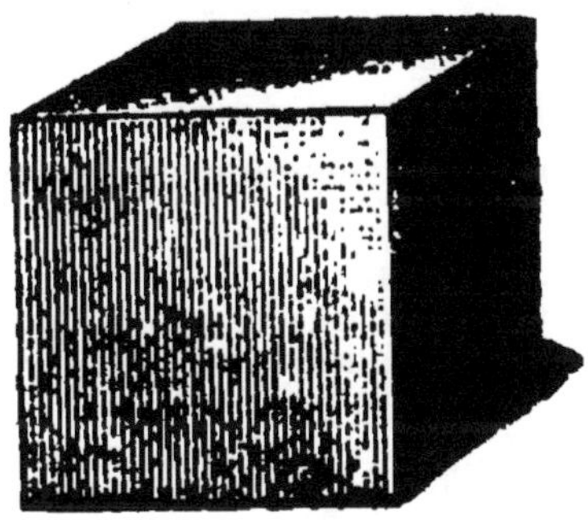

Fig. 5.

Une boîte formée par six carrés égaux est ce qu'on appelle **cube**. Aussi dit-on que *le litre est la capacité d'un décimètre cube.*

Le poids d'un litre d'eau est égal à un kilogramme.

Dans les achats et ventes de vins en grande quantité on évalue la capacité en **hectolitres**. L'hectolitre équivaut à 100 litres.

On mesure aussi les grains à l'hectolitre. Mais on emploie en même temps une mesure plus petite : c'est le **décalitre**, qui vaut 10 litres (le mot *déca* signifie *dix*).

La forme cubique ne serait pas commode pour les mesures de capacité ; c'est pour cette raison qu'on leur donne la forme cylindrique (fig. 6, 7, 8).

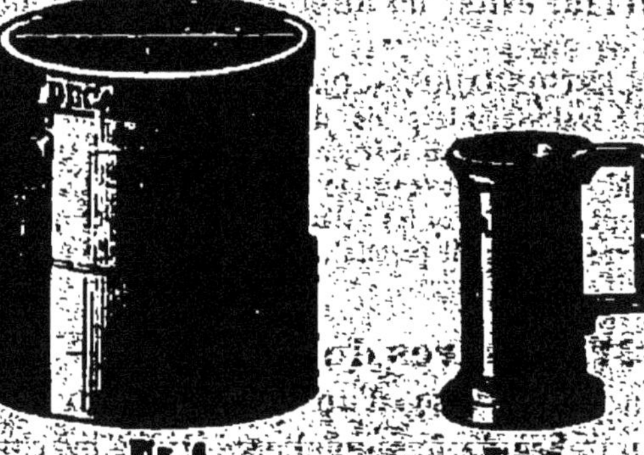

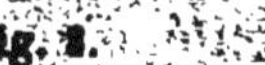

Fig. 8. Fig. 6. Fig. 7.

Le décalitre est en bois (fig. 6). Le litre employé à la mesure du vin, du vinaigre, de l'eau-de-vie (fig. 7), est en étain avec une profondeur double de son diamètre. Celles qui servent à la mesure du lait ou de l'huile sont en fer-blanc (fig. 8) ; elles ont une profondeur égale au diamètre, comme les mesures en bois qui servent pour les grains.

QUESTIONNAIRE. — Qu'est-ce qu'un cube ? — Avez-vous vu des objets ayant la forme d'un cube ? — Quelle est l'unité de capacité ? — Quel est le poids d'un litre d'eau ? — Quelles sont les unités employées pour le vin ? — Quelles sont les unités employées pour les grains ? — Comment sont faites les mesures employées pour les grains, celles qui servent pour le vin au détail, celles qui servent pour le lait et l'huile ? — Que signifient dans les noms de mesures les mots *déca, hecto, kilo* ?

22. Mesures de temps. — L'unité principale est le **jour**; c'est le temps qui s'écoule entre deux levers consécutifs du soleil. Il comprend deux parties: celle pendant laquelle le soleil nous éclaire, qui porte aussi le nom de *jour;* celle pendant laquelle il nous est caché, et qui s'appelle *nuit.*

Le jour se divise en 24 parties égales nommées **heures**; **l'heure** en 60 parties égales nommées **minutes**; la **minute**, en 60 parties égales nommées **secondes.**

Dans les usages de la vie, on le regarde comme composé de deux parties de 12 heures chacune, la première commençant à minuit et la deuxième à midi.

Le nombre d'heures et de minutes écoulées depuis un instant jusqu'à un autre est indiqué par la marche des aiguilles des montres et des horloges. La petite aiguille qui marque les heures fait le tour du cadran en 12 heures.

Il y a d'autres unités de temps plus grandes. La principale est l'**année**: c'est le temps qui s'écoule entre le moment où le jour est égal à la nuit au commencement du printemps et le moment où cette égalité se produit de nouveau au printemps suivant. L'année comprend 365 jours. Depuis un édit rendu par Charles IX en 1564, on la fait commencer au 1er janvier.

Elle se divise en 12 **mois**, qui n'ont pas tous le même nombre de jours. En voici les noms avec leur durée.

Janvier	31	Juillet	31
Février	28	Août	31
Mars	31	Septembre	30
Avril	30	Octobre	31
Mai	31	Novembre	30
Juin	30	Décembre	31.

Tous les quatre ans l'année doit avoir un jour de plus, excepté la 1re, la 2e, la 3e année séculaire dans chaque période de 400 ans, pour rester d'accord avec le commencement du printemps; cette année s'appelle **année bissextile.**

Le mois de février a 29 jours dans les années bissextiles[1].

L'année se divise aussi en **semaines** qui ont toutes 7 jours; elle contient 52 semaines plus 1 jour.

QUESTIONNAIRE. — Qu'est-ce que l'unité de temps appelée jour? — Le mot jour n'a-t-il pas un autre sens? — Comment se subdivise le jour? — Par quels moyens mesure-t-on le temps qui s'est écoulé entre deux instants donnés? — Qu'est-ce que l'unité de temps nommée année? — Indiquez les noms et la durée des mois. — Qu'est-ce que l'année bissextile? — Qu'est-ce que la semaine? — Combien y en a-t-il dans une année?

NOTA. — En procédant à l'établissement du système métrique, le gouvernement républicain imagina de remplacer aussi le calendrier grégorien par un autre fondé sur la division décimale. Les mois furent composés de 30 jours et subdivisés en trois décades; on complétait la durée de l'année en intercalant 5 jours, ou 6 jours dans les années bissextiles, entre la fin du douzième mois et le premier jour de l'année suivante. Le commencement de l'année fut porté au 22 septembre, jour de l'équinoxe d'automne.

Les trois mois qui comprenaient à peu près une saison reçurent des noms, ayant une terminaison commune: les voici dans leur ordre, à partir du 22 septembre.

Automne. — Vendémiaire, Brumaire, Frimaire.
Hiver. — Nivôse, Pluviôse, Ventôse.
Printemps. — Germinal, Floréal, Prairial.
Été. — Messidor, Thermidor, Fructidor.

La première année du nouveau calendrier commençait au 22 septembre 1792. Il fut supprimé à partir du 1er janvier 1806, qui correspondait au 11 nivôse de l'an XIV.

---

1. *Bissextile* (composé de *bis* deux fois, et *sex* six) signifie année qui a un *double six*. En effet, dans le calendrier des Romains, le jour supplémentaire à ajouter tous les quatre ans était placé immédiatement avant le 24 février, qui était compté le 6e à partir du 1er mars, ou, comme on disait, le 6 des calendes de mars. Le jour supplémentaire était donc le deuxième 6 des calendes de mars.

Les années *séculaires*, c'est-à-dire celles dont la date ne contient qu'un nombre entier de centaines (ou *siècles*), ne sont bissextiles que lorsque ce nombre de centaines est égal à un nombre entier de fois 4. Ainsi 1800 n'a pas été bissextile, car 18 ne contient pas un nombre exact de fois 4; 1900 ne le sera pas; mais l'année 2000 le sera. Cette règle relative aux années séculaires est ce qu'on appelle la *réforme grégorienne*, parce qu'elle fut décrétée par le pape Grégoire XIII en 1582.

OBSERVATION

Au point de vue de la simplification dans l'enseignement primaire, il y a un grand avantage à ne pas séparer les nombres décimaux des nombres entiers : c'est ce qui a été fait dans le volume qui comprend le *degré élémentaire* et le *degré moyen*. Mais tous les maîtres ne sont pas d'accord sur ce point.

En outre, il semble résulter du texte du programme, quoique d'une manière peu explicite, que l'étude des nombres entiers devrait précéder l'étude des fractions décimales[1]. Pour entrer dans les vues de ceux qui l'ont rédigé, nous exposerons d'abord la théorie des quatre règles appliquées aux nombres entiers, puis celle des fractions ordinaires et à la suite celle des fractions décimales.

Cependant les maîtres qui jugent préférable l'étude simultanée des nombres entiers et des nombres décimaux pourront suivre cette méthode aussi bien que l'autre dans cet ouvrage, en se guidant sur les indications qui, dans le cours de la théorie des nombres entiers, désignent les questions du chapitre des nombres décimaux qui doivent y être intercalés.

C'est ce qui a lieu ici avant le chapitre IV, où nous inscrivons l'indication suivante :

NOTA. — *Pour les nombres décimaux, étudier :*

Nos 101, 102, 103, 104.
Nos 130, 131, 132, 133, 134, 135.

CHAPITRE IV

ADDITION DES NOMBRES ENTIERS

23. Problème. — *Trois frères employés dans un magasin reçoivent par mois, le premier 345 francs; le second 320 francs : le troisième 204 francs. Quel est le total de ce qu'ils reçoivent ensemble à la fin du mois?*

On aura ce total en cherchant le total des unités, le total des dizaines et le total des centaines de ces trois nombres de francs. L'opération à faire en ce cas se nomme *addition*.

1. Voir au commencement le programme officiel : *Cours moyen*.

DÉFINITION. — **L'addition** *est une opération par laquelle on trouve un nombre qui vaut autant que plusieurs nombres donnés.*

Le résultat de l'addition se nomme **somme** ou **total.**

Il est évident qu'on ne pourrait pas additionner ensemble 4 mètres avec 5 francs par exemple; les nombres à additionner doivent donc exprimer des unités de même espèce et de même nom.

24. Signe de l'addition. Égalité. — Pour indiquer que deux ou plusieurs nombres doivent être additionnés ensemble, on les écrit sur une même ligne en plaçant entre eux ce signe +, qui remplace le mot *plus.*

Ainsi l'expression 4 + 3 + 6 signifie que 3 doit être ajouté à 4, ce qui donne 7, et 6 ajouté à 7, ce qui donne 13.

Elle se lit ainsi : 4 *plus* 3 *plus* 6.

Pour indiquer que le total de ces trois nombres est 13, on écrit ce total à la suite du dernier, en plaçant entre eux ce signe =, qui remplace le mot *égale.*

L'expression 4 + 3 + 6 = 13
se lit ainsi : 4 *plus* 3 *plus* 6 *égale* 13.

Cette expression, composée de deux parties égales, est nommée *égalité.* La partie qui est à gauche du signe = est le *premier membre* de l'égalité; la partie placée à droite est le *second membre.*

25. Addition de deux nombres d'un seul chiffre. — Soit à additionner par exemple 3 avec 4. On ajoute successivement à 4 chacune des trois unités qui forment le nombre 3. Pour cela, en comptant sur ses doigts, on dit :

4 et 1 font 5 et 1 font 6 et 1 font 7.

On compterait de la même manière pour additionner un nombre d'un chiffre avec un autre nombre quelconque.

Mais on ne doit pas garder cette habitude de compter sur ses doigts; il faut s'appliquer à retenir dans sa mémoire combien font deux nombres d'un seul chiffre additionnés ensemble.

26. Addition de plusieurs nombres. — L'opération se fait d'après la règle suivante.

Règle. — *On écrit les nombres les uns sous les autres, en disposant dans une même colonne les chiffres qui expriment les unités de même ordre, c'est-à-dire les unités sous les unités, les dizaines sous les dizaines, etc.; sous le dernier on tire un trait de gauche à droite. En commençant par la droite, on fait le total de chaque colonne; s'il ne surpasse pas 9, on l'écrit sous le trait dans la colonne correspondante; s'il surpasse 9, on écrit seulement sous le trait le chiffre des unités de ce total et on ajoute l'autre avec ceux de la colonne suivante. On opère sur cette colonne comme sur la première et on continue ainsi jusqu'à la dernière, dont le résultat s'écrit sous le trait tel qu'on l'obtient.*

1er exemple. — Soit à faire l'addition indiquée dans le problème énoncé plus haut.

On compte ainsi :

5 et 4 font 9 unités; j'écris 9 sous le trait dans la colonne des unités.

4 et 2 font 6 dizaines; j'écris 6 dans la colonne des dizaines.

3 et 3 font 6, et 2 font 8 centaines; j'écris 8 dans la colonne des centaines.

```
 345
 320
 204
 ---
 869
```

La somme demandée est 869 francs.

2e exemple. — Soit encore à additionner les trois nombres 7058, 9864, 8679.

On compte ainsi :

8 et 4 font 12 et 9 font 21 unités; j'écris 1 dans la colonne des unités et je retiens 2 dizaines pour les ajouter à celles de la 2e colonne.

2 dizaines de retenue et 5 font 7, et 6 font 13, et 7 font 20 dizaines ou 2 centaines; j'écris 0 à la place des dizaines, et je retiens les 2 centaines pour les ajouter aux centaines de la 3e colonne.

```
  7 058
  9 864
  8 679
 ------
 25 601
```

2 centaines de retenue et 8 font 10, et 6 font 16 centaines; j'écris 6 dans la colonne des centaines et je retiens 1 unité de mille pour l'ajouter aux unités de mille de la 4e colonne.

1 mille de retenue et 7 font 8, et 9 font 17, et 8 font 25 mille; j'écris 25 en plaçant le chiffre 5 des mille dans la colonne des unités de mille.

La somme des trois nombres est 25601.

Cette règle est évidente. En effet le résultat obtenu contenant le total des unités, le total des dizaines, etc., des nombres à additionner est bien égal au total de ces nombres.

NOTA. — *Pour les nombres décimaux voir le n° 137.*

27. Pourquoi on commence l'opération par la droite. — Si le total d'une colonne ne surpassait jamais 9, on pourrait commencer à gauche. Mais quand le total surpasse 9, il contient une ou plusieurs unités de l'ordre immédiatement supérieur; on serait donc obligé d'effacer le chiffre déjà écrit au total de la colonne précédente pour lui ajouter les unités de même ordre qui seraient fournies par l'addition de la colonne suivante.

28. Preuve. — *La preuve est une seconde opération que l'on fait pour s'assurer que la première est exacte.*

1° Pour faire la preuve de l'addition, on recommence l'opération en sens inverse, c'est-à-dire que, si la première fois elle a été faite de haut en bas, on l'effectue la seconde fois de bas en haut. On doit évidemment retrouver dans la seconde opération le même résultat que dans la première.

2° Quand l'addition comprend beaucoup de nombres, on peut additionner ces nombres par groupes de trois ou quatre, puis faire le total des sommes partielles ainsi obtenues. Ce total doit être égal à celui qu'on avait trouvé auparavant.

REMARQUE. — Il y a avantage à suivre cette deuxième marche pour trouver la somme elle-même dans le cas où il y a beaucoup de nombres à additionner, car on évite ainsi des retenues trop fortes à porter d'une colonne à l'autre, ce qui occasionnerait plus facilement des erreurs.

QUESTIONNAIRE. — Qu'est-ce que l'addition? — Indiquez le signe de l'addition. — Écrivez une égalité entre des nombres additionnés et leur total. — Comment additionne-t-on deux nombres d'un seul chiffre? — Comment additionne-t-on plusieurs nombres composés de plusieurs chiffres? — Pourquoi commence-t-on l'addition par la gauche? — Qu'appelle-t-on preuve d'une opération? — Comment fait-on la preuve de l'addition?

CHAPITRE V

SOUSTRACTION DES NOMBRES ENTIERS

29. Problème. — *On achète pour 368 francs de marchan-lises et on paye en même temps un acompte de 125 francs; quelle omme redoit-on?*

On aura la somme demandée en ôtant des unités, des lizaines et des centaines de la somme totale les unités, les lizaines et les centaines de celle qui a déjà été payée.

L'opération à faire en ce cas se nomme *soustraction.*

Définitions. — 1° *La* **soustraction** *est une opération ar laquelle on diminue un nombre d'un autre nombre plus etit.*

Le résultat se nomme **reste.**

Il exprime aussi la **différence** qu'il y a entre les deux ombres, ou l'**excès** du plus grand sur le plus petit.

Retrancher par exemple 3 de 5 revient à chercher ce qui nanque à 3 pour égaler 5; on peut donc donner encore cette utre définition :

2° *La* **soustraction** *entre deux nombres est une opération ar laquelle on cherche le nombre qu'il faut ajouter au plus etit pour avoir le plus grand.*

Il est évident qu'on ne peut retrancher un nombre d'un utre que lorsqu'ils expriment des unités de même espèce et e même nom.

30. Signe de la soustraction. — Pour indiquer qu'un ombre doit être retranché d'un autre, on écrit le plus petit la suite du plus grand en mettant entre eux ce signe —, qui emplace le mot *moins.*

Ainsi l'expression 7 — 4 signifie que 4 doit être retranch de 7 ou que 7 doit être diminué de 4.

Elle se lit : 7 *moins* 4.

Le reste de cette soustraction étant 3, on l'écrit en posan l'égalité suivante :

$$7 - 4 = 3.$$

On lit en disant :

7 *moins* 4 *égale* 3.

31. Soustraction de deux nombres d'un seu chiffre. — Pour retrancher 4 de 7 on peut retrancher suc cessivement de 7 les quatre unités qui composent le nombre 4 Pour cela, en comptant sur ses doigts, on dit :

1 ôté de 7, il reste 6; 1 ôté de 6, il reste 5; 1 ôté de 5, i reste 4; 1 ôté de 4, il reste 3.

On compterait de la même manière pour retrancher u nombre ayant un seul chiffre d'un nombre quelconque. Mai il faut abandonner ce moyen aussitôt que possible et s'appli quer à trouver sur-le-champ le reste des petites soustractions

Ce calcul ne présente point de difficulté quand on connai bien les sommes de deux nombres d'un chiffre.

32. Soustraction de deux nombres qui ont plu sieurs chiffres. — Règle. *On écrit le plus petit nombr sous le plus grand, en plaçant dans la même colonne les chiffre qui expriment les unités de même ordre; puis sous le plus peti on tire un trait de gauche à droite.*

En commençant par la droite, on soustrait chaque chiffre d nombre inférieur du chiffre correspondant du nombre supérieu et on écrit le reste au-dessous du trait, dans la colonne corres pondante.

Si un chiffre du nombre inférieur surpasse le chiffre corres pondant du nombre supérieur, on augmente de 10 le chiffre d nombre supérieur et on en retranche alors le chiffre du nombr inférieur; puis, dans la soustraction de la colonne suivante, o augmente de 1 le chiffre du nombre inférieur.

1er Exemple. — Soit à faire la soustraction indiquée dans le problème énoncé plus haut. On compte ainsi :

5 ôté de 8, il reste 3 unités; j'écris 3 sous le trait dans la colonne des unités.	368
2 ôté de 6, il reste 4 dizaines; j'écris 4 dans la colonne des dizaines.	125
1 ôté de 3, il reste 2 centaines; j'écris 2 dans la colonne des centaines.	243

La somme qu'on redoit est 243 francs.

2e Exemple. — Soit à retrancher 17 259 de 24 073.

Dans cet exemple, certains chiffres du plus petit nombre surpassent les chiffres correspondants desquels ils doivent être retranchés.

On opère de la manière suivante :

Ne pouvant ôter 9 de 3, j'augmente 3 de 10, et je retranche 9 de 13; il reste 4 unités; j'écris 4 dans la colonne des unités.	24 073
	17 259
	6 814

J'augmente 5 de 1, ce qui fait 6; je retranche 6 de 7: il reste 1 dizaine; j'écris 1 dans la colonne des dizaines.

Ne pouvant ôter 2 de 0, j'augmente 0 de 10 et je retranche 2 de 10; il reste 8 centaines; j'écris 8 dans la colonne des centaines.

J'augmente 7 de 1, ce qui fait 8; ne pouvant retrancher 8 de 4, j'augmente 4 de 10 et je retranche 8 de 14; il reste 6 mille; j'écris 6 dans la colonne des mille.

J'augmente 1 de 1, ce qui fait 2; 2 ôté de 2, il reste zéro, qu'il est inutile d'écrire.

Le reste est donc 6814.

Démonstration. — Dans le premier cas la règle est évidente et n'exige aucune explication.

Dans le deuxième cas il suffit d'observer qu'en augmentant de 10 un chiffre du nombre supérieur, puis de 1 le chiffre de la colonne suivante dans le nombre inférieur, on a augmenté les deux nombres de la même quantité, ce qui n'altère pas leur différence.

En effet, si deux personnes ont, par exemple, l'une 9 francs et l'autre 7 francs, la différence de 2 francs restera la même après qu'on aura donné une pièce de 5 francs à chacune.

33. Pourquoi on commence la soustraction par la droite. — Si aucun chiffre du nombre inférieur ne surpassait le chiffre correspondant du nombre supérieur, on pourrait opérer de gauche à droite. Dans le cas contraire l'augmentation de 10, qu'on est obligé de faire au chiffre trop faible du nombre supérieur, obligerait de revenir en arrière et de refaire la soustraction de la colonne précédente, en augmentant de 1 le chiffre du nombre inférieur.

NOTA. — *Pour les nombres décimaux voir le n° 137.*

34. Preuve. — 1° Pour faire la preuve de la soustraction, on additionne le reste avec le plus petit de deux nombres et on doit retrouver pour la somme le plus grand.

2° On peut aussi retrancher le reste du plus grand nombre, et on doit alors trouver pour résultat le plus petit des deux nombres de la soustraction.

AUTRES MÉTHODES DE SOUSTRACTION

35. Méthode par addition. — D'après la deuxième définition de la soustraction (n° 29), on peut aussi trouver le reste en cherchant le nombre qu'il faut ajouter au plus petit pour obtenir le plus grand.

Cette méthode est d'un fréquent usage; c'est celle que pratique le marchand quand il rend de la monnaie à un acheteur. Supposons, par exemple, que celui-ci ayant fait un achat de 2 francs 40 centimes, présente une pièce de 5 francs pour le solder.

Le marchand prenant la pièce donne en retour :

d'abord 2 fr. 40 centimes en marchandises;
puis 10 centimes, ce qui fait 2 fr. 50 centimes;
puis 50 centimes, ce qui fait 3 francs;
puis 1 fr., ce qui fait 4 francs;
puis 1 autre franc, ce qui fait 5 francs.

36. Méthode vulgairement dite par emprunt. — Soit à retrancher 14 259 de 80 073.

Le chiffre des unités simples 3 du nombre supérieur étant plus petit que le chiffre 9 du nombre inférieur, on prend sur les 7 dizaines 1 dizaine, qui vaut 10 unités; on ajoute ces 10 unités à 3 unités, ce qui en fait 13 et on retranche 9 de 13 : le reste est 4 unités.

```
 80 073
 14 259
 ------
 65 814
```

Au lieu de 7 dizaines dans le nombre supérieur il n'y en a plus que 6; on retranche 5 dizaines de 6 dizaines : le reste est 1 dizaine.

Il n'y a dans le nombre supérieur ni centaines ni unités de mille. On prend donc sur les 8 dizaines de mille 1 dizaine qui vaut 10 unités de mille; on en met 9 à la place des unités de mille et on porte l'autre unité de mille qui vaut 10 centaines à la place des centaines.

On retranche alors 2 centaines de 10 centaines, ce qui donne pour reste 8 centaines.

On retranche ensuite 4 mille de 9 mille, ce qui donne pour reste 5 mille.

Enfin on retranche 1 dizaine de mille de 7 dizaines de mille, ce qui donne pour reste 6 dizaines de mille.

Remarque. — Dans cette méthode on ne change rien à la valeur des deux nombres. C'est même la méthode la plus naturelle : car c'est ainsi que l'on opère, si l'on veut par exemple payer 6 francs en ayant seulement 3 pièces de 10 francs. On fait changer une pièce de 10 francs en 10 pièces de 1 franc et de ces 10 pièces on en donne 6 pour le payement.

Cette règle est exprimée de la manière suivante.

Règle. — *On augmente de 10 le chiffre trop faible du nombre supérieur et on diminue de 1 le premier chiffre significatif qui est à sa gauche; de plus, si entre ces deux chiffres il y a un ou plusieurs zéros, chacun de ces zéros est remplacé par 9.*

Cette règle est d'un emploi très commode, quand il s'agit de retrancher un nombre de plusieurs chiffres de l'unité ayant une valeur immédiatement supérieure à celle de ce nombre, par exemple, pour retrancher 7 462 de 10 000.

Le nombre 10 000 sera remplacé par 9 mille, 9 centaines, 9 dizaines et 10 unités; on retranche donc de 9 en allant de gauche à droite les chiffres du deuxième nombre et son dernier chiffre de 10.

La première méthode (n° 32) est d'un usage plus ordinaire dans le calcul, parce qu'on l'emploie dans la division, comme on le verra plus loin.

QUESTIONNAIRE. — Énoncez les deux définitions de la soustraction. — Indiquez le signe de la soustraction. — Écrivez une égalité entre deux nombres à soustraire l'un de l'autre et leur différence. — Comment opère-t-on la soustraction, quand le plus petit des deux nombres n'a qu'un seul chiffre? — Comment opère-t-on la soustraction sur deux nombres entiers quelconques? — Montrez par des exemples et en écrivant une égalité que la différence de deux nombres ne change pas, quand on les augmente de la même quantité. — Pourquoi commence-t-on la soustraction par la droite? — Fait-on souvent la soustraction en cherchant le nombre qu'il faut ajouter au plus petit pour obtenir le plus grand? — Expliquez la méthode de soustraction appelée méthode par emprunt. — Comment retranche-t-on d'un nombre composé d'un chiffre suivi de plusieurs zéros un nombre ayant autant de chiffres qu'il y a de zéros dans le premier?

ABRÉVIATION DES CALCULS

37. Calcul oral ou mental. — Quand les nombres sur lesquels doivent être effectuées les opérations ne sont pas trop forts, il est possible et même facile, dans bien des cas, de trouver le résultat sans rien écrire. C'est ce qui est pratiqué tous les jours au marché et dans les magasins, même par des gens qui n'ont jamais étudié les principes de l'arithmétique théorique. Ce genre de calcul est ce qu'on appelle *calcul oral* ou *calcul mental*. Il est très important de s'y exercer; ne serait-il pas en effet ridicule qu'un garçon muni de son certificat d'études fût réduit à prendre sa plume ou son crayon pour un petit calcul qu'un homme dépourvu de toute instruction aurait fait sur-le-champ?

Il n'y a pas de règles spéciales à ce calcul. On ne fait qu'y appliquer les règles ordinaires, en combinant les nombres entre eux d'après les indications que suggère le bon sens, de manière à fatiguer le moins possible la mémoire. Nous devons donc nous borner à l'enseigner par des exemples.

EXEMPLES D'ADDITION ET DE SOUSTRACTION

1° *Additionner* 28 *avec* 51. — On dit : 50 et 20 font 70 et 8 font 78 et 1 font 79.

2° *Additionner* 26 *avec* 45. — On dit : 45 et 20 font 65 et 5 font 70 et 1 font 71.

3° *Additionner* 26 *avec* 49. — En remplaçant 49 par 50 on dit : 50 et 20 font 70 et 6 font 76, et 1 de moins font 75.

4° *Additionner* 58 *avec* 421. — En remplaçant 58 par 60 on dit : 42 dizaines et 6 dizaines font 48 dizaines ou 480 ; puis ôtant 2 et ajoutant 1, c'est-à-dire en ôtant 1, on trouve 479.

5° *Additionner* 129 *avec* 259. — On ajoute 13 dizaines avec 26 dizaines, ce qui fait 39 dizaines ou 390 ; puis ôtant 2, on a 388.

6° *Retrancher* 18 *de* 59. — On retranche 18 de 58, ce qui donne 40 ; puis rétablissant 1 qui avait été négligé sur 59, on trouve 41.

7° *Retrancher* 23 *de* 68. — On retranche 23 de 63, ce qui donne 40 ; puis on ajoute 5, ce qui fait 45.

8° *Retrancher* 342 *francs de* 1 000 *francs.* — D'après la règle du n° 36, on retranche 3 de 9, puis 4 de 9, puis 2 de 10 ; on trouve ainsi 658.

CHAPITRE VI

DE LA MULTIPLICATION

Observations.

I. De la définition. — Presque tous les auteurs intercalent les noms de *multiplicande* et de *multiplicateur* dans la définition de la multiplication ; ils disent, par exemple : *La multiplication est une opération qui a pour but de répéter un nombre nommé* multiplicande *autant de fois qu'il y a d'unités dans un autre nombre nommé* multiplicateur.

Si les maîtres n'étaient pas familiarisés par une fâcheuse habitude avec ce langage, ils reconnaîtraient bien vite les défauts d'une telle définition. Ils jugeraient qu'il est peu raisonnable d'y introduire des termes nouveaux, ayant besoin eux-mêmes d'être expliqués. Quelle idée l'élève peut-il se faire de ces nombres désignés par des noms dont il ignore le sens ?

Ce n'est qu'après avoir exposé à l'aide d'un exemple le vrai caractère de la multiplication, celui d'être une addition de plusieurs nombres égaux, et avoir indiqué en même temps le rôle de chacun des deux nombres dans cette opération, qu'il convient de faire connaître le nom qui leur est attribué. Telle est la marche que nous avons suivie dans le numéro 38.

II. — Il importe d'insister sur ce point que la multiplication n'est qu'une addition abrégée de nombres égaux entre eux, et qu'elle conserve encore ce caractère quand le multiplicande est fractionnaire, pourvu que le multiplicateur soit un nombre entier. Les élèves n'auront aucune difficulté à le comprendre, même sans avoir étudié les fractions, pourvu qu'ils aient la notion bien nette de ce que nous appelons *unité fractionnaire* (voir nº 2 et nº 101).

Qu'on demande, par exemple, à l'un d'entre eux quelle est la longueur totale formée par 7 coupons de toile ayant chacun 3 quarts de mètre. Il n'hésitera pas pour répondre que 7 fois 3 quarts de mètre font 21 quarts de mètre, de même que 7 fois 3 francs font 21 francs. Il trouvera aussi facilement que dans ces 21 quarts de mètre il y a 5 mètres et un quart.

III. — Dans le petit raisonnement que fait un élève, en résolvant un problème qui donne lieu à une multiplication, on ne doit pas le laisser mettre indifféremment les deux facteurs l'un à la place de l'autre : chaque facteur doit conserver le rôle qui lui est propre.

En effet, qu'on pose la question suivante : *Trouver le prix de 34 mètres d'étoffe, le mètre coûtant 6 francs.* L'élève ne manque jamais de dire : *je multiplie 34 mètres par 6 francs.* S'il avait été habitué à réfléchir au sens des mots qu'il emploie, il serait choqué tout le premier d'un tel langage, et il se demanderait ce que peut produire la multiplication d'un *nombre de mètres* par un *nombre de francs.* Mais qu'on l'oblige à rendre compte de l'opération qu'il a à faire, il raisonnera de la manière suivante : la somme à payer doit être égale à autant de fois 6 francs qu'il y a de mètres achetés, c'est-à-dire à autant de fois 6 francs qu'il y a d'unités dans 34 ; on trouvera donc cette somme en multipliant 6 francs par 34 et non pas par 34 mètres[1].

C'est ainsi qu'il reconnaîtra que le multiplicateur n'est plus qu'un *nombre de fois,* en d'autres termes un *nombre abstrait,* que le multiplicande conserve son caractère de *nombre concret* et que le produit doit ainsi exprimer les mêmes unités que le multiplicande.

On fait observer, ensuite, qu'en effectuant la multiplication, il convient

---

1. Ces idées fausses prises à l'école ne disparaissent pas toujours dans le développement de la raison. Nous pouvons comme preuve citer un fait dont nous avons été témoin. Dans un cercle d'une petite ville où se réunissaient des juges, des avocats, des négociants, on discuta un jour très longuement pour savoir ce qu'on devait trouver *en multipliant 1 décilitre par 1 centilitre.* Ce ne fut pas sans peine qu'on parvint à leur prouver que l'objet de leur discussion était absurde.

de mettre au multiplicateur celui des deux facteurs qui a le moins de chiffres, afin d'abréger un peu le calcul.

IV. — Dans le cas où le multiplicateur est un nombre fractionnaire, décimal ou non, il est nécessaire de prendre pour base de l'explication un problème à résoudre, afin d'en faire sortir la définition, au lieu de l'énoncer d'avance. Nous pourrions nous contenter de renvoyer aux numéros 115 et 138; mais, en raison de l'importance de la question, nous allons la développer ici.

On proposera par exemple de trouver *la somme à payer pour un morceau de drap ayant 2m,4, au prix de 13 fr. 60 cent. le mètre.*

Un élève interrogé fera le raisonnement suivant :

Le morceau de drap a 24 décimètres; le prix de 1 décimètre est la 10e partie du prix d'un mètre, c.-à-d. 1 fr. 36 cent.; la somme demandée égale donc 24 fois 1 fr. 36 cent., c'est-à-dire : 1f,36 × 24 = 32f,64.

Les élèves voient que deux opérations distinctes ont été faites : la division du prix du mètre par 10, ce qui a fourni le prix de 1 décimètre, puis la multiplication du prix du décimètre par le nombre entier 24; que le produit trouvé est égal à 24 fois la 10e partie du prix du mètre, parce que la longueur du drap est égale à 24 fois la 10e partie de l'unité de longueur dont le prix est donné.

On leur fait observer que pour l'obtenir il suffirait de multiplier le prix du mètre par le nombre qui exprime la longueur achetée, sans faire attention à la virgule, sauf à la mettre à sa place dans le produit.

De là ressortent à la fois la définition de la multiplication et la démonstration de la règle à appliquer.

MULTIPLICATION DES NOMBRES ENTIERS

38. Problème. — *Un négociant a 6 employés qui reçoivent chacun 134 francs par mois. Quelle est la somme totale qu'il leur donne à la fin du mois?*

On aurait la somme demandée, en faisant l'addition de six nombres égaux à 134, ce qui donne 804. Mais les nombres à additionner étant tous égaux, on peut trouver plus rapidement le total, si l'on sait d'avance combien font 6 fois 4 unités, 6 fois 3 dizaines et 6 fois 1 centaine.

```
 134
 134
 134
 134
 134
 134
 ---
 804
```

L'opération abrégée qu'on effectue alors est nommée *multiplication.*

Définition. — **La multiplication** *d'un nombre par un autre est une opération par laquelle on trouve un troisième nombre qui vaut autant de fois le premier qu'il y a d'unités dans le second.*

Le résultat se nomme **produit.** Le nombre qui est multiplié porte le nom de **multiplicande** (mot tiré du latin où il signifie *devant être multiplié*); le second, celui de **multiplicateur.**

Deux nombres qui doivent être multipliés l'un par l'autre sont aussi nommés **facteurs.**

39. Signe de la multiplication. — Pour indiquer qu'un nombre doit être multiplié par un autre, on écrit le multiplicateur à droite du multiplicande, en mettant entre eux ce signe ×, qui remplace les mots *multiplié par*.

La multiplication à faire dans le problème précédent sera ainsi indiquée :

$$134 \times 6.$$

Comme le produit trouvé plus haut par une addition est 804, on peut écrire l'égalité :

$$134 \times 6 = 804.$$

Elle se lit : 134 *multiplié*[1] *par* 6 *égale* 804.

40. Nous distinguerons quatre cas dans la multiplication :

1° multiplication de deux facteurs d'un seul chiffre chacun ;

2° multiplication d'un nombre de plusieurs chiffres par un nombre d'un seul ;

3° multiplication d'un nombre de plusieurs chiffres par un nombre formé d'un chiffre significatif suivi d'un ou de plusieurs zéros ;

4° multiplication de deux nombres de plusieurs chiffres.

---

1. On entend quelquefois dire : *par multiplié* ou [illegible] pour traduire le signe × de la multiplication : 134 par multiplié 6 ou [illegible].
Ce signe renferme une idée de passif, *multiplié par*; il ne faut pas lui attribuer un sens différent. Le maître doit éviter avec soin toute confusion dans le langage de l'arithmétique, car elle amène aussi de la confusion dans les idées des élèves.

41. Cas où les deux facteurs n'ont qu'un chiffre. — Les produits de deux nombres d'un seul chiffre se trouvent nécessairement par l'addition. Ainsi pour avoir le produit de 6 par 3, on fait la somme de 3 nombres égaux à 6, ce qui donne 18.

Mais pour effectuer la multiplication des nombres de plusieurs chiffres il est indispensable de savoir ces produits par cœur. On les trouve disposés dans la table suivante, dont nous devons expliquer la construction[1].

1	2	3	4	5	6	7	8	9
2	4	6	8	10	12	14	16	18
3	6	9	12	15	18	21	24	27
4	8	12	16	20	24	28	32	36
5	10	15	20	25	30	35	40	45
6	12	18	24	30	36	42	48	54
7	14	21	28	35	42	49	56	63
8	16	24	32	40	48	56	64	72
9	18	27	36	45	54	63	72	81

On écrit les neuf premiers nombres sur une première ligne horizontale. On forme une deuxième ligne en écrivant au-dessous chaque nombre de la première ajouté à lui-même, ce qui donne les produits des nombres de la première ligne multipliés par 2.

---

1. Cette table est vulgairement appelé *table de Pythagore*. Nous n'employons pas cette dénomination : car il résulte des études de M. Chasles sur l'histoire des sciences dans l'antiquité que c'est à tort qu'on fait honneur de cette table au philosophe grec.

On ajoute ensuite chaque nombre de la première ligne au nombre correspondant de la deuxième ; les résultats inscrits sur une troisième ligne sont les produits des nombres de la première ligne multipliés par 3.

Aux nombres de la ligne précédente on ajoute les nombres correspondants de la première ligne ; les résultats inscrits sur la quatrième ligne sont les produits des nombres de la première multipliés par 4. On continue ainsi en ajoutant aux nombres de la dernière ligne les nombres correspondants de la première, jusqu'à ce qu'on ait écrit neuf lignes.

Pour trouver à l'aide de cette table le produit de deux facteurs d'un seul chiffre, on cherche le multiplicande dans la première ligne horizontale et on descend dans la colonne correspondante jusqu'au nombre situé sur la ligne qui commence à gauche par le multiplicateur ; ce nombre est le produit.

42. Le multiplicande a plusieurs chiffres et le multiplicateur un seul. — Reportons-nous à la multiplication de 134 par 6 indiquée au commencement du chapitre et à l'addition par laquelle a été trouvé le produit.

On voit qu'en sachant par cœur les produits de deux nombres d'un seul chiffre, on aura immédiatement les sommes de chaque colonne en disant :

```
134      134
134        6
134      ---
134      804
134
134
---
804
```

6 fois 4 font 24 unités ou 2 dizaines et 4 unités; j'écris 4 unités sous le trait et je retiens les 2 dizaines.

6 fois 3 dizaines font 18 dizaines et 2 de retenue font 20 dizaines ou 2 centaines; j'écris 0 à la place des dizaines et je retiens les 2 centaines.

6 fois 1 centaine font 6 centaines et 2 de retenue font 8 centaines; j'écris 8 à la droite du zéro des dizaines. Le produit est 804.

De cette explication résulte la règle suivante :

Règle. — *Pour multiplier un nombre entier par un nombre entier d'un seul chiffre, on écrit le multiplicateur sous le 1er chiffre à droite du multiplicande, et au-dessous du multiplicateur on tire un trait de gauche à droite. C'est sous ce trait qu'on doit écrire le produit. Puis en commençant par la droite, on multiplie chaque chiffre du multiplicande par le chiffre du multiplicateur; on écrit chaque produit sous le trait, en ayant soin, quand le produit surpasse 9, d'écrire seulement le 1er chiffre à droite de ce produit et de retenir l'autre pour l'ajouter au produit suivant, comme dans l'addition.*

43. Le multiplicateur est composé d'un chiffre suivi d'un ou de plusieurs zéros. — 1° On a déjà vu (n° 13) que, pour multiplier un nombre entier par 10, 100, 1000, etc., il suffit d'écrire un zéro sur sa droite pour 10, deux zéros pour 100, etc.

2° Étudions le cas où le multiplicateur est composé d'un autre chiffre que 1 suivi d'un ou de plusieurs zéros.

Soit, par exemple, à multiplier 216 par 30. Le produit doit être égal à la somme de 30 nombres égaux à 216.

Imaginons qu'on ait écrit en colonne ces 30 nombres.

Pour effectuer plus facilement cette longue addition, on peut la décomposer en 10 additions partielles, comprenant chacune trois nombres. Le total de chacune contenant 3 fois 216 est égal à 216 multiplié par 3; ce total est $216 \times 3 = 648$. Il n'y a plus qu'à trouver la somme des 10 sommes partielles égales chacune à 648, ce qui revient à multiplier 648 par 10, en écrivant un zéro sur sa droite.

$$\left.\begin{array}{r}216\\216\\216\end{array}\right\} = 216 \times 3 = 648$$
$$\left.\begin{array}{r}216\\216\\216\end{array}\right\} = 216 \times 3 = 648$$
$$\left.\begin{array}{r}216\\216\\216\end{array}\right\} = 216 \times 3 = 648$$

. . . .

. . . .

Le produit de 216 multiplié par 30 est donc 6480.

De cette explication nous tirerons la règle suivante :

Règle. — *Pour multiplier un nombre entier par un autre nombre composé d'un chiffre suivi d'un ou de plusieurs zéros, on multiplie le multiplicande par le chiffre du multiplicateur; puis on écrit sur la droite du résultat autant de zéros qu'il y en a sur la droite du multiplicateur.*

44. Les deux facteurs ont plusieurs chiffres. — Supposons qu'on ait à multiplier 1 758 par 324.

Le produit cherché doit contenir :

300 fois 1 758, plus 20 fois 1 758, plus 4 fois 1 758.

On multipliera donc 1 758 par 300 et 1 758 par 20, d'après la règle précédente; puis 1 758 par 4; enfin on additionnera ensemble les trois produits.

L'opération doit être disposée comme dans le tableau ci-contre.

1 758
324
7 032
3 516.
5 274..
569 592

On commence la multiplication par le chiffre des unités du multiplicateur. En outre, en plaçant les produits partiels les uns sous les autres, on n'écrit pas les zéros qui devraient se trouver à droite.

Cependant il ne serait point inutile, pour disposer plus régulièrement les colonnes, de remplacer ces zéros par des points, comme on le voit dans l'exemple.

Remarque. — Si dans le multiplicateur il y a des zéros entre le premier chiffre et le dernier, on n'y fait pas attention dans la multiplication; seulement on a soin d'écrire le premier chiffre de chaque produit partiel dans la colonne qui contient les unités du même ordre que le chiffre correspondant de ce multiplicateur.

5 329
70 608
42 632
31 974..
37 303....
376 270 032

C'est ce qui se présente dans l'exemple ci-contre, où il n'y a de produits partiels ni pour les dizaines ni pour les unités de mille du multiplicateur.

De ce qui précède, on déduit la règle suivante.

RÈGLE. — *Pour multiplier deux nombres entiers l'un par l'autre, on écrit le multiplicateur sous le multiplicande, en plaçant le 1er chiffre à droite du multiplicateur sous le premier du multiplicande, et sous le multiplicateur on tire un trait de gauche à droite. Puis en commençant à droite on multiplie le multiplicande par chacun des chiffres du multiplicateur; on écrit ces divers produits partiels les uns sous les autres au-dessous du trait, en ayant soin de mettre le 1er chiffre de chacun dans la colonne du chiffre correspondant du multiplicateur. On fait ensuite la somme de tous ces produits partiels.*

REMARQUE. — On pourrait aussi prendre les chiffres du multiplicateur de gauche à droite, mais il faudrait toujours avoir soin de placer les produits partiels les uns sous les autres, de manière que le dernier chiffre à droite fût dans la colonne du chiffre correspondant du multiplicateur.

NOTA. — *Pour les nombres décimaux, voir les nos 135 et 138.*

15. Cas où les deux facteurs sont terminés par des zéros. — *On effectue la multiplication sans faire attention aux zéros qui sont sur la droite des deux facteurs ; puis on écrit ces zéros sur la droite du produit.*

Soit, à multiplier 3 400 par 260. On multiplie 34 par 26, ce qui donne 884 ; puis à droite on écrit les deux zéros du multiplicande et celui du multiplicateur : le produit est 884 000.

En effet, le produit doit être égal à 10 fois 26 fois 34 centaines. Or 26 fois 34 centaines font 884 centaines ou 88 400.

Il ne reste plus qu'à rendre ce nombre 10 fois plus grand, en écrivant un zéro sur sa droite, ce qui fait 884 000.

QUESTIONNAIRE. — Énoncez la définition de la multiplication, en l'accompagnant d'un exemple. — Dans quel cas l'addition de plusieurs nombres peut-elle être remplacée par une multiplication? — Indiquez le signe de la multiplication et écrivez une égalité entre deux nombres à multiplier entre eux et leur produit. — Comment trouve-t-on les produits de deux nombres d'un seul chiffre? — Expliquez la construction de la table de multiplication. — Comment multiplie-t-on un nombre de plusieurs chiffres par un multiplicateur d'un seul chiffre? — Pourquoi commence-t-on par la droite? — Comment opère-t-on quand le multiplicateur est formé d'un chiffre significatif suivi d'un ou de plusieurs zéros? — Énoncez et expliquez sur un exemple la règle de la multiplication de deux nombres entiers quelconques. — Comment abrège-t-on l'opération quand les deux facteurs, ou un seul, sont terminés par des zéros?

PRINCIPES RELATIFS AU PRODUIT DE DEUX FACTEURS

46. Premier principe. — *Si dans une multiplication on rend le multiplicande un certain nombre de fois plus grand, le produit devient ce même nombre de fois plus grand.*

Soit par exemple 17 à multiplier par 3.

Si on remplace le multiplicande 17 par le nombre 68 qui est égal à 4 fois 17, le produit de 68 par 3 vaudra 4 fois le produit de 17 par 3.

En effet on a d'abord :

$$17 \times 3 = 17 + 17 + 17;$$
$$68 \times 3 = 68 + 68 + 68.$$

Mais si dans le produit 68×3 on remplace chacun des trois termes qui le composent par une colonne de 4 nombres égaux à 17, ce qui ne change rien à sa valeur, on obtient :

$$68 \times 3 = \begin{cases} 17 + 17 + 17 \\ 17 + 17 + 17 \\ 17 + 17 + 17 \\ 17 + 17 + 17. \end{cases}$$

Sous cette forme, on voit en effet que 68 multiplié par 3 vaut 4 fois $(17 + 17 + 17)$, c'est-à-dire 4 fois le produit de 17 multiplié par 3.

47. Deuxième principe. — *Si dans une multiplication on rend le multiplicateur un certain nombre de fois plus grand, le produit devient ce même nombre de fois plus grand.*

Soit par exemple 17 à multiplier par 3.

Si l'on remplace 3 par 12, qui est égal à 4 fois 3, le produit 17×12 vaudra 4 fois le produit 17×3.

En effet le produit 17×12 doit être la somme de 12 nombres égaux à 17. Pour l'obtenir on pourrait écrire quatre colonnes de trois nombres, faire l'addition des trois nombres de chacune, ce qui donne 51, et enfin additionner entre elles les 4 sommes partielles égales à 51, ce qui revient à multiplier 51 par 4 : le résultat est 204.

C'est ce que présente le tableau suivant :

$$\begin{array}{cccc} 17 & 17 & 17 & 17 \\ 17 & 17 & 17 & 17 \\ \underline{17} & \underline{17} & \underline{17} & \underline{17} \\ 51 + & 51 + & 51 + & 51. \end{array}$$

On voit par là que le produit de 17 multiplié par 12 vaut 4 fois le produit de 17 multiplié par 3.

REMARQUE. — Cette explication montre qu'au lieu de multiplier 17 par 12 d'après la règle ordinaire, on peut obtenir le produit en multipliant 17 par 3, puis le résultat par 4.

De là découle cet autre principe qui a une grande importance.

Troisième principe. — *Quand on doit multiplier un nombre par un autre qui est le produit de deux facteurs, on peut obtenir le produit en multipliant ce nombre par le 1er facteur du second et le résultat par le 2e facteur.*

48. Quatrième principe. — *On peut changer l'ordre des deux facteurs, sans altérer le produit.*

Pour abréger prenons deux facteurs d'un chiffre seulement, et soit par exemple 3×5.

Ce produit, devant contenir 5 fois 3, peut être exprimé de la manière suivante :

$$3 + 3 + 3 + 3 + 3.$$

Or, si on remplace chacune des 5 parties par trois unités, le produit ne change pas de valeur et prend cette autre forme :

$$\begin{array}{ccccc} 1 & 1 & 1 & 1 & 1 \\ 1 & 1 & 1 & 1 & 1 \\ 1 & 1 & 1 & 1 & 1. \end{array}$$

Si on fait la somme de toutes ces unités de haut en bas, elle contient 5 fois 3 unités ; elle est donc égale à 3×5.

Si on la fait de gauche à droite, elle contient 3 fois 5 unités ; elle est donc égale à 5×3.

Ainsi le produit 3×5 est la même chose que 5×3. Le principe est donc démontré.

49. Preuve de la multiplication. — On recommence la multiplication, après avoir mis les deux facteurs l'un à la place de l'autre. D'après le principe précédent la seconde multiplication doit donner le même produit que la première [1].

Dans certains cas on peut faire la preuve d'une autre manière.

1° Supposons, par exemple, que le multiplicateur n'ait qu'un chiffre, comme dans $23\,807 \times 4$.

On multiplie 23 807 par le nombre qui ajouté à 4 donne 10, c'est-à-dire par 6. Puis en ajoutant les deux produits on doit trouver un total égal à 10 fois le multiplicande.

On peut donner à l'opération la disposition suivante :

$$\begin{array}{r} 23\,807 \times 4 = 95\,228 \\ 23\,807 \times 6 = 142\,842 \\ \hline 238\,070 = 23\,807 \times 10. \end{array}$$

2° Soit encore cet autre exemple : $6\,417 \times 298$.

Au produit trouvé on ajoute le produit de 6 417 multiplié par 2 et on doit obtenir une somme égale à 300 fois 6 417

Voici la disposition à donner à ces calculs :

$$\begin{array}{r} 6\,417 \times 298 = 1\,912\,266 \\ 6\,417 \times 2 = 12\,834 \\ \hline 1\,925\,100 \\ 6\,417 \times 300 = 1\,925\,100. \end{array}$$

1. Voir au n° 91 la méthode dite *preuve par 9*.

50. Multiples. — Le produit de deux nombres entiers multipliés entre eux contient l'un un nombre entier de fois marqué par l'autre. Ainsi 24 contient 3 fois 8 ou 8 fois 3. C'est ce qu'on exprime, en disant que 24 est un *multiple* de 8 et un *multiple* de 3.

On appelle donc **multiple** *d'un nombre le produit de ce nombre multiplié par un nombre entier quelconque.*

Le *double* d'un nombre est appelé *nombre pair*, parce qu'il est composé de deux parties égales, comme deux choses égales qui forment une paire : une paire de bas, une paire de gants. Les nombres pairs sont terminés par un des chiffres 0, 2, 4, 6, 8.

Les autres sont nommés nombres *impairs*.

QUESTIONNAIRE. — Quel changement éprouve le produit de deux facteurs, quand on rend l'un des deux facteurs un certain nombre de fois plus grand ? — Donnez la démonstration pour le cas du multiplicande, puis pour le cas du multiplicateur. — Quand on multiplie un nombre par un 1er facteur, puis le résultat par un 2e facteur, par combien le nombre a-t-il été multiplié ? — Expliquez comment le produit de deux facteurs ne change pas, quel que soit l'ordre des deux facteurs. — Qu'appelle-t-on multiple d'un nombre ? — Combien un nombre peut-il avoir de multiples ? — Qu'appelle-t-on nombres pairs et nombres impairs ?

PRINCIPES RELATIFS AU PRODUIT DE PLUSIEURS FACTEURS

51. Des multiplications successives. — On peut avoir à multiplier un 1er facteur par un 2e, le produit de cette multiplication par un 3e, le nouveau produit par un 4e, et ainsi de suite.

On indique ces multiplications successives en écrivant les facteurs les uns à la suite des autres, unis deux à deux par le signe de la multiplication.

Soit, par exemple, $3 \times 5 \times 2 \times 7$.

Cette expression indique qu'il faut multiplier 3 par 5, ce qui donne 15 ; puis 15 par 2, ce qui donne 30 ; puis 30 par 7, ce qui donne 210.

On a donc : $3 \times 5 \times 2 \times 7 = 210$.

52. Changement dans l'ordre des facteurs. — *On peut changer l'ordre des facteurs d'une manière quelconque, sans altérer la valeur du produit.*

Ce principe a déjà été démontré (nº 48) pour le cas de deux facteurs. Il s'agit maintenant de prouver qu'il subsiste, quel que soit le nombre des facteurs.

Pour cela considérons : 1º un produit de trois facteurs ; 2º un produit d'un nombre quelconque de facteurs.

1º Soit le produit : $8 \times 4 \times 3$.

Comme on a déjà vu qu'on peut changer de place entre eux les deux premiers facteurs 8 et 4 ; il reste à démontrer qu'il en est de même des deux derniers 4 et 3.

D'abord le produit 8×4 étant la somme de 4 nombres égaux à 8 est égal à la somme :

$$8 + 8 + 8 + 8.$$

Ce résultat devant être multiplié par 3, la valeur du produit $8 \times 4 \times 3$ peut être représentée par la somme suivante :

$$\begin{array}{c} 8 + 8 + 8 + 8 \\ 8 + 8 + 8 + 8 \\ 8 + 8 + 8 + 8. \end{array}$$

Or, si on fait l'addition de toutes les parties de cette somme de haut en bas, la somme contient :

4 fois 3 fois 8, c.-à-d. $8 \times 3 \times 4$.

Si on la fait de gauche à droite, la somme contient :

3 fois 4 fois 8, c.-à-d. $8 \times 4 \times 3$.

Ainsi $8 \times 4 \times 3$ est la même chose que $8 \times 3 \times 4$.

Donc le principe est démontré pour trois facteurs.

2º Soit le produit $9 \times 4 \times 7 \times 2$, que nous désignerons par P pour abréger.

Nous allons montrer que le dernier facteur 2 peut passer à la place de tous les autres; pour cela nous reviendrons toujours au cas de trois facteurs.

En effet dans le produit P on doit d'abord multiplier 9 par 4, ce qui donne 36 ; on a donc :

$$P = 36 \times 7 \times 2.$$

Dans ce produit de trois facteurs on peut changer l'ordre des deux derniers, ce qui donne :

$$P = 36 \times 2 \times 7$$

ou $$P = 9 \times 4 \times 2 \times 7.$$

Dans le produit de trois facteurs $9 \times 4 \times 2$ on peut changer l'ordre des deux derniers et remplacer ainsi :

$$9 \times 4 \times 2 \quad \text{par} \quad 9 \times 2 \times 4.$$

On a donc :

$$P = 9 \times 2 \times 4 \times 7.$$

Enfin, on peut changer l'ordre des deux premiers facteurs 9 et 2 et on obtient :

$$P = 2 \times 9 \times 4 \times 7.$$

On voit ainsi que le facteur 2, qui était au dernier rang, a pu passer au 3e, puis au 2e, puis au 1er, sans que la valeur du produit P ait changé.

53. Multiplication par un produit de plusieurs facteurs. — Le 3e principe démontré au numéro 47 s'applique aussi au cas de plusieurs facteurs.

Pour multiplier un nombre par un autre qui est le produit de plusieurs facteurs, on peut multiplier ce nombre par le premier facteur, puis le résultat par le second facteur, et ainsi de suite.

Par exemple 24 étant égal à $2 \times 3 \times 4$, si on doit multiplier le nombre 17 par 24, on peut obtenir le produit en multipliant ce nombre par 2, puis le résultat par 3, puis ce dernier résultat par 4.

En effet, dans le produit 17×24 nous pouvons changer les deux facteurs de place entre eux.

Nous avons ainsi :

$$17 \times 24 = 24 \times 17.$$

Dans 24×17 on peut remplacer 24 par $2 \times 3 \times 4$; on a donc :

$$17 \times 24 = 2 \times 3 \times 4 \times 17.$$

Enfin, en replaçant le facteur 17 au 1er rang, on obtient :

$$17 \times 24 = 17 \times 2 \times 3 \times 4,$$

ce qui démontre le principe.

54. Changement d'un produit quand un facteur est multiplié par un nombre. — *Si on multiplie un des facteurs d'un produit par un nombre, le produit est lui-même multiplié par ce nombre.*

Soit le produit $2 \times 3 \times 4 \times 7$.

Si on multiplie, par exemple, 3 par 6, c'est-à-dire qu'on remplace 3 par 18, le nouveau produit $2 \times 18 \times 4 \times 7$ vaudra 6 fois le produit $2 \times 3 \times 4 \times 7$.

En effet, on a d'abord, d'après le principe du n° 52 :

$$2 \times 18 \times 4 \times 7 = 2 \times 4 \times 7 \times 18.$$

D'après le principe du n° 53, on a ensuite :

$$2 \times 4 \times 7 \times 18 = 2 \times 4 \times 7 \times 3 \times 6.$$

Enfin, en remettant le facteur 3 à sa place primitive, on obtient :

$$2 \times 4 \times 7 \times 3 \times 6 = 2 \times 3 \times 4 \times 7 \times 6.$$

Or, tous ces produits étant égaux, en prenant le premier et le dernier, on trouve :

$$2 \times 13 \times 4 \times 7 = 2 \times 3 \times 4 \times 7 \times 6,$$

ce qui démontre le principe énoncé.

Remarque. — On verrait de la même manière que *si on multiplie deux ou plusieurs facteurs d'un produit par divers nombres, ce produit se trouve lui-même multiplié par le produit de ces nombres.*

55. Puissances des nombres. — Lorsque tous les facteurs d'un produit sont égaux, on dit que ce produit est une *puissance* du facteur.

Par exemple, comme on a : $4 \times 4 \times 4 = 64$, le nombre 64 est une puissance de 4.

On appelle donc **puissance** *d'un nombre le produit de plusieurs facteurs égaux à ce nombre.*

Pour indiquer d'une manière abrégée une puissance d'un nombre, on écrit ce nombre en plaçant au-dessus de lui, mais un peu à droite, le nombre qui indique combien de fois il devait être écrit comme facteur. Ce dernier nombre est nommé *exposant.*

On aura par exemple :

$$4^3 = 4 \times 4 \times 4 = 64;$$
$$5^2 = 5 \times 5 = 25.$$

Les expressions 4^3 et 5^2 se lisent ainsi :

4 *puissance* ou *exposant* 3; 5 *puissance* ou *exposant* 2.

L'exposant *est un nombre qui, placé au-dessus d'un autre nombre et un peu à sa droite, indique combien de fois ce dernier doit être pris comme facteur.*

Le *degré* de la puissance d'un nombre est déterminé par le nombre de fois que ce nombre entre comme facteur dans la puissance ; il est donc marqué par l'exposant.

Ainsi 64 est la 3e puissance de 4, et 25 est la 2e puissance de 5.

La 1re puissance d'un nombre n'est autre chose que le nombre lui-même ; l'*exposant* 1 étant inutile ne s'écrit pas.

La 2e puissance d'un nombre s'appelle ordinairement *carré* du nombre, parce qu'elle exprime la surface d'un carré dont ce nombre représenterait la longueur.

Ainsi, 25 est le *carré* de 5.

La 3e puissance d'un nombre s'appelle de même *cube* de ce nombre, parce qu'elle exprime le volume d'un cube dont ce nombre représenterait l'arête. Ainsi 64 est le *cube* de 4.

56. — Produit de deux ou plusieurs puissances d'un même nombre. — *Pour avoir le produit de deux ou de plusieurs puissances d'un même nombre, il suffit d'écrire ce nombre avec un exposant égal à la somme des exposants qu'il a dans ces puissances.*

Soit, par exemple, $7^4 \times 7^2$.

Pour multiplier 7^4, c'est-à-dire $7 \times 7 \times 7 \times 7$ par 7^2, on peut multiplier successivement 7^4 par chacun des deux facteurs égaux de 7^2.

On a ainsi :

$$7^4 \times 7^2 = 7 \times 7 \times 7 \times 7 \times 7 \times 7,$$

ou

$$7^4 \times 7^2 = 7^6.$$

REMARQUES. — 1° Pour avoir la 2e puissance d'un nombre qui est le produit de plusieurs facteurs, en d'autres termes pour élever ce nombre au carré, il faut élever chaque facteur au carré, ce qui se fait en doublant les exposants de tous les facteurs.

Prenons comme exemple le nombre $5 \times 7^2 \times 8^3$.

Pour multiplier ce nombre par lui-même, on peut le multiplier successivement par ses divers facteurs.

On peut donc remplacer

le produit[1] $(5 \times 7^2 \times 8^3) \times (5 \times 7 \times 8^3)$

par $5 \times 7^2 \times 8^3 \times 5 \times 7^2 \times 8^3$.

En changeant l'ordre des facteurs dans ce dernier produit, on obtient :

$$5 \times 5 \times 7^2 \times 7^2 \times 8^3 \times 8^3,$$

ou

$$5^2 \times 7^4 \times 8^6.$$

---

1. Les parenthèses servent à indiquer que le produit $5 \times 7^2 \times 8^3$ est considéré comme effectué et que ce produit doit être multiplié par lui-même et non pas successivement par 5, par 7^2 et par 8^3.

QUESTIONNAIRE. — Expliquez ce que c'est que le produit de plusieurs facteurs. — Démontrez que dans un produit de plusieurs facteurs on peut changer l'ordre sans altérer le produit. — Comment peut-on faire la multiplication d'un nombre par un autre nombre qui est le produit de plusieurs facteurs? — Quel changement opère-t-on dans le produit de plusieurs facteurs quand on multiplie un ou plusieurs facteurs par des nombres? — Qu'appelle-t-on puissance d'un nombre? — Qu'est-ce que le degré d'une puissance? — Qu'est-ce que l'exposant? — Quels noms particuliers donne-t-on à la 2e et à la 3e puissance d'un nombre? — Comment trouve-t-on le produit de deux puissances d'un même nombre?

ABRÉVIATION DES CALCULS

57. Calcul oral ou mental.— 1° Le principe du n° 53 est la base de la plupart des abréviations dans la multiplication.

Multiplication par 4. — On multiplie le nombre par 2, puis le résultat par 2.

Multiplication par 8. — On multiplie le nombre par 4, puis le résultat par 2.

Multiplication par 6. — On multiplie le nombre par 3, puis le résultat par 2.

Multiplication par 15. — On multiplie le nombre par 5, puis le résultat par 3.

Multiplication par 20, 30, 40, *etc.* — On multiplie par 2, par 3, par 4 ; puis on joint au produit les zéros du multiplicateur.

Multiplier 17 *par* 12. — On dit 2 fois 17 font 34 ; 2 fois 34 font 68 ; 3 fois 68 font 3 fois 70 moins 3 fois 2, c'est-à-dire 210 moins 6 ou 204.

2° *Multiplication par* 9, 19, 29, 99.

On multiplie par 10 au lieu de 9, par 20 au lieu de 19, etc., et on diminue le résultat de la valeur du multiplicande.

Soit à trouver 39 fois 27 : on dit :
40 fois 27 font 800 plus 280 ou 1 080 ;
de 1 080 j'ôte 20 ce fait qui 1 060 ;
puis j'ôte encore 7 et je trouve ainsi 1 053.

Calcul écrit. — Des abréviations analogues aux précédentes peuvent être pratiquées dans les calculs écrits, quand les nombres sur lesquels on opère ont plusieurs chiffres.

Nous en donnerons quelques exemples. Pour simplifier nous désignerons par M le multiplicande et par P le produit cherché.

Multiplier 8 247 *par* 59. — On multiplie 8 247 par 60 et du produit on retranche 8247.

8 247 × 59

60 fois M 494 820
P = 486 573.

Multiplier 2 687 *par* 94. — On multiplie 2 687 par 100, et du produit on retranche 6 fois 2 687.

100 fois M.. 268 700
6 fois M.. 16 122
P = 252 578.

Multiplier 6 543 *par* 56. — Comme 56 est égal à 8×7, on multiplie 6 543 par 8, puis le résultat par 7.

8 fois M........... 52 344
7 fois 8 fois M ou P = 366 408.

Multiplier 7 624 par 1 608. — Le produit égalera.

8 fois 7 624 plus 200 fois 8 fois 7 624.

8 fois M....... 60 992
200 fois 8 fois M 12 198 400
P = 12 259 392.

Multiplier 7 653 par 1 248. — Le produit égalera :

1200 fois ou 300 fois 4 fois 7 653
plus 48 fois ou 4 fois 12 fois 7 653

4 fois M.. 30 612
1200 fois M.. 9 183 600
4 fois 12 fois M.. 367 344
P = 9 550 944.

Multiplier 32 647 *par* 10 428. — On peut prendre :
10 000 fois le multiplicande,

plus 100 fois 4 fois le multiplicande,
plus 7 fois 4 fois (pour 28 fois) le multiplicande.

On aura ainsi :

10 000 fois M............ 326 470 000
100 fois 4 fois M...... 13 058 800
7 fois 4 fois M,..... 914 116
P = 340 442 916.

OBSERVATION. — Ces diverses combinaisons, propres à abréger la multiplication, sont aussi autant de moyens de faire la preuve de l'opération qui aurait été effectuée d'après la règle ordinaire.

Nous n'avons pas besoin de dire que pour rendre ces exercices intéressants, il est indispensable de les appliquer d'abord à des nombres de deux chiffres et de n'aborder les nombres ayant plus de chiffres que lorsque les élèves sont tout à fait familiarisés avec les précédents.

CHAPITRE VII

DE LA DIVISION

Observations

I. — Généralement la division se montre aux commençants avec l'aspect d'une grosse opération chargée de calculs et compliquée dans sa théorie. Aussi, certains maîtres, sous l'influence de ce préjugé, se bornent-ils à en enseigner la pratique, se trouvant satisfaits quand ils ont amené leurs élèves à posséder le maniement de ce mécanisme et à savoir l'appliquer aux questions usuelles.

Ces difficultés sont-elles vraiment inhérentes à la question, ou ne proviennent-elles pas plutôt de ce qu'on n'y introduit pas les élèves par la voie naturelle? En effet, il n'est point indifférent de commencer par l'une ou l'autre des trois définitions que présentent généralement tous les traités d'arithmétique. En face de l'idée de partage déjà éveillée dans son esprit par le mot *division*, un enfant se trouve tout déconcerté quand il entend dire : *La division a pour but, étant donnés deux nombres, l'un appelé* dividende *et l'autre appelé* diviseur, *d'en trouver un troisième, appelé* quotient, *qui multiplié par le diviseur reproduise le dividende.*

Il s'attendait à quelque chose d'analogue à un partage, et voilà qu'il se trouve pour ainsi dire ramené en arrière, à l'idée d'une multiplication. De plus, au milieu d'une phrase d'une texture embarrassée, il vient se heurter à trois noms nouveaux, dont il ignore tout à fait le sens.

On écartera donc de la définition ces termes inconnus, comme nous l'avons recommandé pour la multiplication : ils ne devront apparaître qu'après qu'on aura indiqué le rôle des nombres auxquels ils seront appliqués.

Quant à la définition elle-même, c'est à l'aide d'un problème qu'elle prendra toute la clarté nécessaire, à condition qu'elle soit envisagée à son point de vue véritable, c'est-à-dire au point de vue d'un partage; les deux autres définitions en ressortiront ensuite comme de simples conséquences, ainsi qu'on voit dans le numéro 58.

Il ne faut pas craindre d'arrêter l'attention des élèves sur ces trois définitions, afin qu'ils apprennent à distinguer nettement quelle est celle des trois qui s'appliquera à un problème donné. Pour cela on leur proposera divers exemples, tels que les suivants.

Exemples pour la 1re définition. — 1° *Partager une pièce de toile de 28 mètres en 12 parties égales.*

2° *On a donné 60 fr. 75 cent. à un ouvrier pour lui payer 9 journées de travail : quel était le prix de sa journée?*

Avec cette définition le diviseur doit être un nombre entier, le dividende pouvant être indifféremment un nombre fractionnaire aussi bien qu'un nombre entier.

Exemple pour la 2e définition. — *On veut partager une pièce de toile de 28m,65 en morceaux ayant tous 2m,75 : trouver combien on aura de morceaux.*

Dans la seconde définition les deux nombres fournis par le problème doivent exprimer des unités de même nature. Ils peuvent être entiers ou fractionnaires; mais le diviseur doit être moindre que le dividende.

Il ne sera point sans intérêt pour les élèves d'observer que dans ce cas la division revient à une suite de soustractions, dans chacune desquelles le nombre à retrancher est toujours le diviseur.

3e définition. — La dernière définition est générale et s'applique à deux nombres quelconques; c'est surtout quand il s'agira de la division des nombres décimaux ou fractionnaires qu'on devra y insister. Cependant si les élèves ont appris dans le cours moyen, à l'occasion du système métrique, la règle à suivre pour calculer la surface d'un rectangle, on pourra leur proposer l'exemple suivant :

Un plancher rectangulaire ayant une surface de 132 mètres carrés, trouver sa largeur en sachant que sa longueur a 12m,50.

S'ils sont habitués à réfléchir avant de parler, ils ne donneront pas cette réponse absurde qu'on entend trop souvent dans les écoles ou même dans les examens : Il faut chercher combien de fois 12m,50 sont contenus dans 132 mètres carrés.

Ils diront : On trouvera la largeur en cherchant le nombre qui multiplié par 12,50 a donné pour produit 132; on divisera donc 132 par 12,50.

Là encore on doit veiller à ce qu'ils ne disent pas : il faut diviser 132 mètres carrés par 12m,50, mais seulement : il faut diviser 132 par 12,50.

II. — Étudiée au point de vue du partage d'un nombre en parties égales, la théorie de la division ne présente aucune difficulté, surtout si on prend la précaution de raisonner sur un problème, comme nous le faisons au numéro 65, et non pas seulement sur des nombres abstraits. L'élève le plus indifférent s'y intéresse; le moins intelligent peut la saisir assez bien pour la répéter sans effort sur d'autres exemples.

C'est la méthode que nous recommandions, même pour l'enseignement spécial, dans le cours de mathématiques que nous fûmes appelé à professer à l'École normale de Cluny, dès la première année de sa fondation. A plus forte raison doit-elle convenir et suffire à l'enseignement primaire. Cependant, pour répondre à un désir qui nous a été exprimé par quelques personnes, nous donnons dans ce volume, à la fin du chapitre, la théorie de la division considérée comme l'inverse de la multiplication; elle n'est là que pour la satisfaction des maîtres, dans l'école elle ne serait qu'un luxe inutile.

DIVISION DES NOMBRES ENTIERS

58. Problème. — *On doit distribuer 12 francs à 4 personnes par portions égales; combien chacune recevra-t-elle?*

Ce partage peut être effectué de la manière suivante.

On donne d'abord 1 franc à chaque personne, ce qui fait 4 francs donnés;

une 2e fois 1 franc à chaque personne, ce qui fait 8 francs;

une 3e fois 1 franc à chaque personne, ce qui fait 12 francs.

Ainsi chaque personne reçoit 3 fois 1 franc ou 3 francs, et il ne reste rien.

En raisonnant ainsi on trouve en même temps que le nombre 4, considéré comme un nombre de francs, est contenu 3 fois dans 12.

L'opération qu'on vient d'effectuer par des soustractions successives peut être abrégée; elle s'appelle alors *division*.

De là résultent les deux définitions suivantes.

Définitions. — 1° **La division** *d'un nombre par un autre est une opération qui sert à partager le 1er nombre en autant de parties égales qu'il y a d'unités dans le 2e.*

2° *Cette opération sert aussi à trouver combien de fois le deuxième nombre est contenu dans le premier.*

Le 1er nombre se nomme **dividende** (mot tiré du latin, où il signifie *qui doit être divisé*) ; le 2e se nomme **diviseur.**

Le résultat porte le nom de **quotient** (mot tiré du latin, où il signifie *combien de fois*).

Remarque. — Quand on divise un nombre en 2 parties égales, chaque partie se nomme *demie:* en 3 parties égales, chaque partie se nomme *tiers:* en 4 parties égales, chaque partie se nomme *quart*. Ainsi dans le problème ci-dessus on a trouvé le quart de 12 francs, qui est 3 francs.

Au delà on forme le nom de la partie en ajoutant la terminaison *ième* au nom du nombre qui sert de diviseur. On dit par exemple : la *cinquième partie*, la *sixième partie*, etc., d'un nombre, ou même le *cinquième*, le *sixième* du nombre.

D'après les explications données plus haut sur le problème, on voit que le diviseur multiplié par le quotient doit reproduire le dividende. De là vient cette troisième définition :

La division d'un nombre par un autre est une opération par laquelle on trouve le nombre qui, multiplié par le second, reproduit le premier.

A ce point de vue, la division est l'inverse de la multiplication. (Voir page 63.)

59. Signe de la division. — Pour indiquer qu'un nombre doit être divisé par un autre, on écrit le diviseur à droite du dividende en plaçant entre eux un double point, qui remplace les mots *divisé par*.

Par exemple, le quotient de la division de 12 par 4 étant 3, on peut écrire :

$$12 : 4 = 3.$$

Cette égalité se lit ainsi : 12 *divisé par* 4 *égale* 3.

60. Du reste de la division. — Il arrive souvent que le diviseur n'est pas contenu un nombre entier de fois dans le dividende, par exemple dans la division de 39 par 7.

On a, en effet, d'après la table de multiplication :

5 fois 7 font 35.
6 fois 7 font 42.

Le quotient de 39 divisé par 7 est donc compris entre 5 et 6 ; il est égal à 5 plus une certaine fraction.

Dans ce cas, le plus grand nombre entier contenu dans le quotient est ce qu'on appelle la *partie entière* du quotient, et on nomme *reste* l'excès du dividende sur le produit du diviseur multiplié par la partie entière du quotient.

Ainsi, dans la division de 39 par 7, la partie entière du quotient est 5 et le reste est 4.

C'est ce qu'on exprime aussi par l'égalité suivante :

$$39 = 7 \times 5 + 4.$$

Le reste est toujours plus petit que le diviseur.

Quand la division d'un nombre par un autre ne laisse pas de reste, on dit que le 1er nombre est *divisible* par le 2e.

Ainsi 35 est divisible par 7 et en même temps par 5. Cette expression revient à dire que le 1er nombre est un *multiple* du 2e.

OBSERVATION. — Dans ce chapitre nous devons nous borner à la recherche de la partie entière du quotient. Quant à la fraction complémentaire, nous en renvoyons l'étude au chapitre des fractions.

61. Nombre des chiffres du quotient. — Il est facile de reconnaître d'avance combien la partie entière du quotient doit avoir de chiffres.

Si le diviseur suivi d'un zéro surpasse le dividende, le dividende est moindre que 10 fois le diviseur; le quotient est donc moindre que 10 et par conséquent n'a qu'un chiffre.

Si le diviseur suivi d'un zéro, est inférieur au dividende, et. suivi de deux zéros, lui est supérieur, le dividende est plus grand que 10 fois le diviseur mais moindre que 100 fois le diviseur ; le quotient est donc compris entre 10 et 100 et par conséquent a deux chiffres, etc.

Ces explications peuvent se résumer dans la règle suivante : *On sépare sur la gauche du dividende une partie qui contienne le diviseur moins de 10 fois; le nombre des chiffres qui restent à droite plus 1 est le nombre des chiffres de la partie entière du quotient.*

62. — Nous distinguerons trois cas dans la division :

1° le diviseur n'ayant qu'un chiffre, le quotient n'en doit avoir qu'un ;

2° le diviseur ayant plusieurs chiffres, le quotient doit en avoir un seul ;

3° le diviseur ayant plusieurs chiffres, le quotient en doit avoir plusieurs.

63. Premier cas. — Dans ce cas le dividende a un ou deux chiffres, et il est moindre que le diviseur suivi d'un zéro.

On trouve immédiatement le quotient quand on sait bien la table de multiplication.

Soit 42 à diviser par 7 ; comme 6 fois 7 font 42, le quotient est 6.

Soit 42 à diviser par 8 ; comme 5 fois 8 font 40 et que 6 fois 8 font 48, le quotient est compris entre 5 et 6 ; on a donc 5 pour la partie entière du quotient.

64. Deuxième cas. — Le dividende et le diviseur ont plusieurs chiffres ; mais le dividende est moindre que le diviseur suivi d'un zéro.

Soit par exemple 2 743 à diviser par 452.

Pour trouver facilement le quotient, on néglige dans le diviseur tous les chiffres placés à la droite du premier et on en néglige autant sur la droite du dividende ; le dividende se réduit alors à un ou deux chiffres et le diviseur à un seul, et on cherche combien de fois le premier contient le second. Le chiffre ainsi trouvé est le chiffre du quotient ou un chiffre trop fort.

Ainsi, pour avoir le quotient de 2 743 par 452, on cherche combien de fois les 4 centaines du diviseur sont contenues dans les 27 centaines du dividende, c'est-à-dire combien de fois 4 est contenu dans 27 ; on trouve 6 fois.

Il reste à reconnaître si 6 fois 452 ne surpassent pas 2 743.

Comme on a $452 \times 6 = 2\,712$, le chiffre du quotient est bien 6.

Soit encore à diviser 2912 par 452.

En divisant 29 par 4, on trouve 7 pour quotient, mais comme 7 fois 452 valent 3164, nombre supérieur au dividende, le nombre 7 est trop fort. On le diminue donc de 1 et on reconnaît que 6 est le quotient cherché.

65. Troisième cas. — Soit à diviser 28746 par 34.

Pour rendre l'explication plus simple, sans qu'elle perde rien de l'exactitude nécessaire, supposons qu'il s'agisse de partager 28746 francs en parties égales à 34 personnes et que cette somme placée sur la table contienne :

28 *billets de* 1000 *francs;* 7 *billets de* 100 *francs;*
4 *pièces de* 10 *francs ;* 6 *pièces de* 1 *franc.*

Demandons à un homme qui n'a jamais appris l'arithmétique d'effectuer ce partage : voici comment il s'y prendra :

N'ayant pas assez de billets de 1000 fr. pour en donner à chacune des 34 personnes, il les change en billets de 100 fr. ce qui fait, avec les 7 qu'il a déjà, 287 billets de 100 francs à distribuer. Il en donne d'abord 1 à chaque personne, ce qui fait 34 ; puis encore 1 à chacune, ce qui fait une 2e fois 34 ; enfin il donne à chacune autant de billets de 100 francs qu'il y a de fois 34 dans 287 : ce nombre de fois est 8, comme on vient de l'expliquer au 2e cas.

Chaque personne reçoit donc 8 billets de 100 francs.

Mais 34 fois 8 font 272.

Il reste : 287 — 272 = 15 billets de 100 francs.

On change ces 15 billets de 100 fr. en pièces de 10 fr., ce qui, avec les 4 qu'il y a déjà, fait 154 pièces de 10 fr. à distribuer.

On en donne à chaque personne autant qu'il y a de fois 34 dans 154, c'est-à-dire 4.

Mais 4 fois 34 font 136.

Il reste 154 — 136 = 18 pièces de 10 francs.

On change ces 18 pièces de 10 fr. en pièces de 1 fr., ce qui, avec les 6 pièces qu'il y a déjà, fait 186 pièces de 1 fr. à distribuer.

On en donne à chaque personne autant qu'il y a de fois 34 dans 186, c'est-à-dire 5.

Mais 5 fois 34 font 170.

Il reste 186 — 170 = 16 pièces de 1 franc.

```
28746 | 34
272   |----
----  | 845
 154
 136
 ---
  186
  170
  ---
   16
```

Ainsi chacune des 34 parties égales de 28746 est 845, et il reste 16.

En examinant le tableau qui représente l'ensemble de toutes ces opérations successives et en observant que rien ne sera changé dans le raisonnement, si le dividende, au lieu d'être un nombre de francs, reste un nombre abstrait, on déduit de ce qui précède la règle suivante.

RÈGLE. — *Pour diviser deux nombres entiers l'un par l'autre, on écrit le diviseur à droite du dividende, en les séparant par un trait tiré de haut en bas; puis sous le diviseur on tire un autre trait de gauche à droite; sous ce trait on placera le quotient.*

On sépare sur la gauche du dividende assez de chiffres pour que la partie séparée contienne le diviseur moins de 10 fois; cette partie séparée est le 1er dividende partiel. On cherche combien ce 1er dividende partiel contient de fois le diviseur; ce nombre de fois est le 1er chiffre du quotient. On l'écrit sous le trait; on multiplie le diviseur par ce chiffre et on soustrait le produit du 1er dividende partiel.

A droite du reste on écrit, ou comme on dit habituellement, on abaisse le premier des chiffres du dividende qui restent à droite du 1er dividende partiel, ce qui forme le 2e dividende partiel. On cherche combien de fois il contient le diviseur; ce nombre de fois est le 2e chiffre du quotient. On l'écrit à droite du 1er; on multiplie le diviseur par ce chiffre et on soustrait le produit du 2e dividende partiel. On continue ainsi, jusqu'à ce qu'on ait employé tous les chiffres suivants du dividende.

Lorsqu'un dividende partiel est moindre que le diviseur, on écrit zéro à la droite du dernier chiffre obtenu au quotient, puis on abaisse à droite du dernier dividende partiel le chiffre suivant du dividende total et on continue comme auparavant.

66. REMARQUES. — 1° Chaque chiffre trouvé au quotient exprime le même ordre d'unités que le dividende partiel qui lui correspond. C'est pour cette raison que, si un dividende partiel ne contient pas le diviseur, il faut mettre zéro au quotient et continuer ensuite la division comme auparavant.

2° Le reste de chaque soustraction doit toujours être moindre que le diviseur. S'il était plus grand, le dernier chiffre mis au quotient serait trop faible; on devrait l'augmenter de 1 et refaire la multiplication et la soustraction.

67. Abréviation du calcul. — Au lieu d'écrire le produit du diviseur par le chiffre du quotient sous le dividende partiel et de faire ensuite la soustraction, on doit s'habituer à effectuer à la fois la multiplication et la division, de la manière suivante :

8 fois 4 font 32. Ne pouvant ôter 32 de 7, on le retranche du plus petit nombre contenant 32 et terminé par 7, c'est-à-dire de 37 ; il reste 5. Dans cette soustraction on a augmenté le dividende partiel 287 de 30 unités ou 3 dizaines.

8 fois 3 font 24 dizaines ; on augmente aussi 24 dizaines de 3 dizaines, ce qui en fait 27 ; 27 ôté de 28, il reste 1.

```
28746 | 34
 154  |----
  186 | 845
   16
```

Dans cette opération on a augmenté à la fois le dividende partiel 287 et le produit partiel de 34 par 8 de la même quantité 3 dizaines ; par conséquent le reste de la soustraction ne change pas.

Pour mieux se rappeler l'augmentation de 3 à faire au produit suivant, on dit :

32 ôté de 37 il reste 5 et je retiens 3 ; 8 fois 3 font 24 et 3 font 27 ; 27 ôté de 28, il reste 1.

68. — Lorsque le diviseur n'a qu'un chiffre, on abrège encore plus la division.

Prenons pour exemple la division de 5 946 par 8.

On effectue le calcul de la manière suivante :

Le 8e de 59 est 7 pour 56 ; il reste 3 centaines qui valent 30 dizaines ; 30 et 4 font 34 dizaines.

Le 8e de 34 est 4 pour 32 ; il reste 2 dizaines, qui valent 20 unités ; 20 et 6 font 26 unités.

Le 8e de 26 est 3 pour 24 ; il reste 2 unités.

Le quotient est donc 743 avec un reste égal à 2.

```
      5 946
8e...   743
```

69. — *Lorsque le dividende et le diviseur sont terminés par des zéros, on supprime sur leur droite autant de zéros qu'il s'en trouve dans celui qui en a le moins. On divise alors les deux nombres ainsi simplifiés et le quotient trouvé est celui des deux nombres proposés.*

Soit, à diviser 53 410 par 2 800. On divise 5 341 par 280 ; le quotient 19 est celui de 53 410 divisé par 2 800.

En effet, diviser 53 410 par 2 800, c'est chercher combien de fois 5 341 dizaines contiennent 280 dizaines, ce qui revient à chercher combien de fois 5 341 contient 280.

Ce nombre de fois est 19, et il reste 21 dizaines[1].

NOTA. — *Pour la division des nombres décimaux, voir le n° 139.*

70. Preuve de la division. — Pour faire la preuve, on multiplie le diviseur par le quotient ; au produit on ajoute le reste de la division et on doit ainsi retrouver le dividende.

REMARQUE. — La division fournit aussi un moyen de faire la preuve de la multiplication.

On divise le produit par l'un des deux facteurs et on doit retrouver l'autre facteur pour quotient sans reste.

NOTA. — On exposera plus loin au n° 91 la méthode dite *preuve par 9*, pour la division, en même temps que pour la multiplication.

71. Moyenne de plusieurs quantités. — Parmi les usages de la division, il y en a un que nous devons signaler ici. C'est la détermination de la **moyenne** de plusieurs quantités.

On désigne par le nom de *moyenne* le quotient qu'on obtient en divisant le total de plusieurs quantités par le nombre des quantités additionnées.

EXEMPLES. — 1° *Un marchand a gagné dans le 1er mois 540 fr. dans le 2e mois 625 fr. ; dans le 3e mois 665 fr. Quel a été son gain moyen par mois ?*

Le gain total pour les 3 mois est :

$$540 + 625 + 665 = 1\,830 \text{ fr.}$$

Le gain moyen par mois en est le tiers, c'est-à-dire

$$1\,830 : 3 = 610 \text{ fr.}$$

1. Cette explication n'est que l'application d'un principe qui sera démontré plus loin, au n° 75.

2° *Dans un ménage on a dépensé en une semaine : le lundi 9 fr.; le mardi 12 fr.; le mercredi 11 fr.; le jeudi 13 fr.; le vendredi 14 fr.; le samedi 10 fr.; le dimanche 15 fr. Quelle a été la dépense moyenne par jour?*

La dépense pour la semaine a été :

$$9 + 12 + 11 + 13 = 45^f$$
$$14 + 10 + 15 = 39^f$$
$$\text{Total.....} \quad 84^f.$$

La dépense moyenne par jour est $84 : 7 = 12^f$.

QUESTIONNAIRE. — Donnez la définition naturelle de la division à deux points de vue. — Déduisez-en la troisième définition qui rattache la division à la multiplication. — Indiquez le signe de la division, en écrivant une égalité. — Qu'appelle-t-on reste de la division? — Indiquez comment on peut connaître d'avance le nombre des chiffres que doit avoir le quotient. — Comment trouve-t-on le quotient quand il ne doit avoir qu'un chiffre et que le diviseur n'en a qu'un? — Comment trouve-t-on le quotient, quand il ne doit avoir qu'un chiffre et que le dividende et le diviseur en ont plusieurs? — Expliquez sur un exemple comment on effectue la division de deux nombres entiers quelconques. — Quelle est la valeur maximum que peut avoir le reste? — Comment opère-t-on quand le dividende et le diviseur sont terminés par des zéros? — Comment fait-on la preuve de la division? — Montrez comment la division peut servir à faire la preuve de la multiplication. — Qu'appelle-t-on moyenne de plusieurs quantités? — Comment trouve-t-on cette moyenne?

PRINCIPES RELATIFS A LA DIVISION

72. Premier principe. — *Quand on rend le dividende un certain nombre de fois plus grand, sans changer le diviseur, le quotient devient ce même nombre de fois plus grand.*

En effet, soit 42 à diviser par 7.

Si on remplace 42 par 126 qui est égal à 42×3, le nouveau dividende est égal à $42 + 42 + 42$.

Or pour avoir la 7e partie de ce dividende, on peut prendre la 7e partie de chacun des trois nombres dont il se compose; le quotient de 126 divisé par 7 est donc égal à 3 fois le quotient de 42 divisé par 7.

De même *si on rend le dividende un certain nombre de fois plus petit, le quotient devient ce même nombre de fois plus petit.*

73. Deuxième principe. — *Quand on rend le diviseur un certain nombre de fois plus grand, le quotient devient ce même nombre de fois plus petit.*

Soit par exemple 234 à diviser par 6.

Si on divise 234 par 18 qui est égal à 3 fois 6, le quotient de cette deuxième division sera 3 fois plus petit que celui de la première.

En effet si, après avoir divisé un nombre en 6 parties égales on divise le quotient, c'est-à-dire chacune de ces 6 parties en 3 parties égales, le nombre se trouve divisé en 6 fois 3 parties égales, c'est-à-dire en 18 parties égales. Donc la 18e partie de 234 est 3 fois plus petite que la 6e partie de 234.

De même *si on rend le diviseur un certain nombre de fois plus petit, le quotient devient ce même nombre de fois plus grand*

REMARQUE. — La démonstration qui précède met aussi en évidence le principe suivant, qui a une grande importance.

74. Troisième principe. — *Pour diviser un nombre par un autre qui est le produit de deux facteurs, on peut diviser ce nombre par le 1er facteur du second et le résultat par le 2e facteur.*

REMARQUE. — Ce principe s'applique aussi au cas où le diviseur est le produit de plus de deux facteurs.

Ainsi pour diviser un nombre par 24 qui est égal à $2 \times 3 \times 4$, on peut le diviser d'abord par 2, puis le quotient par 3 et enfin ce deuxième quotient par 4.

La démonstration se fait de la même manière.

75. Quatrième principe. — *Quand on multiplie ou qu'on divise le dividende et le diviseur par un même nombre, le quotient ne change pas; le reste seulement se trouve aussi multiplié ou divisé par ce nombre*[1].

1re DÉMONSTRATION. — Soit 45 à diviser par 6; le quotient est 7 et le reste 3.

Si on multiplie 45 et 6 par 12, les deux nouveaux nombres 45×12 et 6×12 peuvent être regardés comme exprimant,

1. Ce principe a déjà été expliqué au n° 69.

l'un 45 douzaines et l'autre 6 douzaines. Or le nombre de fois que 45 douzaines contiennent 6 douzaines est le nombre de fois que 45 contient 6, c'est-à-dire 7.

Le quotient de la deuxième division est donc 7 comme dans la première; mais le reste qui était 3 unités dans la première exprime 3 douzaines dans la seconde.

2ᵉ DÉMONSTRATION. — On a d'abord l'égalité suivante :

$$45 = 6 \times 7 + 3.$$

Si dans cette égalité on multiplie 45 et 6 par 12, il faut aussi multiplier le terme 3 par 12 pour que l'égalité subsiste; on a ainsi :

$$45 \times 12 = 6 \times 12 \times 7 + 3 \times 12.$$

Cette égalité exprime que 45×12 égale 7 fois 6×12 plus 3×12; donc en divisant 45×12 par 6×12 on aura 7 pour quotient et 3×12 pour reste.

76. Quatrième principe. — *Pour diviser par un nombre un produit de plusieurs facteurs, il suffit de diviser par ce nombre l'un des facteurs.*

Soit un nombre $D = 5 \times 7 \times 12 \times 11$.

Si l'on divise le facteur 12 par 3, c'est-à-dire qu'on remplace 12 par 4, le nombre D sera divisé par 3 et on aura

$$5 \times 7 \times 4 \times 11 = D : 3.$$

En effet remplaçons 12 par 3×4, puisque, au lieu de multiplier par 12 le produit 5×7 on peut le multiplier par les facteurs 3 et 4 de 12. Nous avons ainsi :

$$D = 5 \times 7 \times 3 \times 4 \times 11,$$

et en changeant l'ordre des facteurs :

$$D = 5 \times 7 \times 4 \times 11 \times 3 = (5 \times 7 \times 4 \times 11) \times 3.$$

On voit par ce dernier résultat que $5 \times 7 \times 4 \times 11$ est bien le quotient de D divisé par 3.

REMARQUE. — Si on supprime un des facteurs d'un produit, le produit se trouve divisé par ce facteur.

77. Cinquième principe. — *Pour diviser l'une par l'autre deux puissances d'un même nombre, on prend pour quotient ce nombre avec un exposant égal à l'excès de l'exposant du dividende sur celui du diviseur.*

Soit à diviser 7^5 par 7^2.

D'après la règle donnée au nº 55, on a :

$$7^2 \times 7^3 = 7^5.$$

Le quotient de 7^5 divisé par 7^2 est donc 7^3, ce qui démontre la règle énoncée.

QUESTIONNAIRE. — Quel changement le quotient éprouve-t-il, quand le dividende devient un certain nombre de fois plus grand ou plus petit? — Quel changement, quand le diviseur devient un certain nombre de fois plus grand ou plus petit? — Quand on doit diviser un nombre par un produit de deux ou de plusieurs facteurs, comment peut-on trouver le quotient? — Qu'arrive-t-il quand on multiplie le dividende et le diviseur par le même nombre? — Quel changement produit-on dans le produit de plusieurs facteurs en divisant l'un de ces facteurs par un nombre? — Comment trouve-t-on le quotient de deux puissances d'un même nombre?

ABRÉVIATION DES CALCULS

78. Calcul oral ou mental. — Le principe démontré au nº 74 est la base de toutes les simplifications de la division.

Division par 4. — On divise par 2, puis le résultat par 2.
Division par 8. — On divise par 4, puis le résultat par 2.
Division par 6. — On divise par 2, puis le résultat par 3.
Division par 9. — On divise par 3, puis le résultat par 3.
Division par 15. — On divise par 30, en divisant d'abord par 10, puis le résultat par 3; enfin on multiplie le quotient ainsi obtenu par 2.
Division par 28. — On divise par 4, puis le résultat par 7.
Division par 20. — On divise par 10, puis le résultat par 2.
Division par 5. — On divise par 10 et on multiplie le résultat par 2.
Division par 25. — On divise par 100 et on multiplie le résultat par 4.

EXEMPLES. — 1º *Trouver la* 8e *partie de* 1000 *francs.*

La moitié de 1000 est 500.
La moitié de 500 est 250.
La moitié de 250 est 125.

2° *Diviser une somme de 7 000 francs entre 8 personnes.*

On divise d'abord 1 000 par 8, ce qui donne 125; puis on multiplie 125 par 7.

Pour cette multiplication, on dit : 7 fois 12 dizaines font 84 dizaines; 7 fois 5 font 3 dizaines et 5 unités; le produit est donc 87 dizaines et 5 unités, c'est-a-dire 875.

Calcul écrit. — Les simplifications précédentes sont à peu près les seules qui puissent s'appliquer à la division écrite.

Nous ajouterons seulement que quand il s'agit de diviser par 11, il est bon de s'exercer à effectuer cette division comme dans les cas où le diviseur n'a qu'un chiffre (n° 68), parce que les produits de 11 par l'un des neuf nombres d'un chiffre sont aussi faciles à retenir que les produits de deux nombres d'un seul chiffre.

NOTA. — On appellera surtout l'attention des élèves sur la division par 11 des nombres dont tous les chiffres sont égaux, tels que les nombres suivants :

222; 3 333; 77 777, etc.

Ils devront arriver à indiquer sur-le-champ le quotient et à reconnaître que la division se fait sans reste, seulement quand le nombre des chiffres est pair.

THÉORIE DE LA DIVISION ENVISAGÉE COMME L'INVERSE DE LA MULTIPLICATION.

Définition. — *La division est une opération par laquelle on trouve l'un des deux facteurs d'un produit, quand on connaît ce produit et l'autre facteur.*

Le produit donné prend alors le nom de *dividende;* le facteur connu, celui de *diviseur;* le résultat cherché s'appelle *quotient.*

Théorie. — Soit 1 482 629 à diviser par 4 517.

Cherchons d'abord combien le quotient doit avoir de chiffres. Le dividende donné est moindre que 1 000 fois le diviseur, mais plus grand que 100 fois. Le quotient est donc compris entre 100 et 1 000; par conséquent il aura trois chiffres : un chiffre d'unités, un chiffre de dizaines et un chiffre de centaines. Par suite le dividende donné est la somme des trois produits partiels du diviseur multiplié par le chiffre des unités, par le chiffre des dizaines, par le chiffre des centaines du quotient; en outre il peut contenir un certain nombre d'unités moindre que le diviseur, si le dividende n'est pas un multiple exact du diviseur.

Si on pouvait séparer ces trois produits partiels, il serait facile d'obtenir chacun des trois chiffres du quotient.

Or le produit du diviseur par le chiffre des unités du quotient est un nombre d'unités ; mais comme il peut avoir *quatre* chiffres ou *cinq* chiffres, on ne sait pas s'il est contenu seulement dans 2 629 ou dans 82 629 : il n'est donc pas possible de l'isoler.

Le produit partiel du diviseur par le chiffre des dizaines du quotient est un nombre de dizaines ; mais comme il peut avoir aussi *quatre* ou *cinq* chiffres à partir de celui des dizaines, on ne sait pas s'il est contenu seulement dans 8 262 dizaines ou dans 48 262 dizaines.

Il est donc nécessaire de remonter au produit partiel des plus hautes unités du quotient, c'est-à-dire au produit du diviseur par le chiffre des centaines du quotient.

Ce produit devant exprimer des centaines se trouve contenu dans 14 826 centaines. Ce nombre de centaines est moindre que le diviseur multiplié par 4 centaines, mais plus grand que le diviseur multiplié par 3 centaines ; le chiffre des centaines du quotient est donc 3.

1 482 629	4 517
1 355 1	328
127 529	
90 34	
37 189	
36 136	
1 053	

Le produit partiel du diviseur 4 517 par 3 centaines est égal à 13 551 centaines. En le retranchant du dividende, on a pour reste 127 529.

Ce reste est la somme des deux produits partiels du diviseur multiplié par le chiffre des unités et par le chiffre des dizaines du quotient, plus un certain nombre d'unités moindre que le diviseur, si le quotient ne doit pas être un nombre entier.

En raisonnant comme précédemment, on voit qu'on ne peut pas trouver le produit partiel du diviseur par le chiffre des unités du quotient, et qu'il faut chercher celui des dizaines.

Le produit du diviseur par le chiffre des dizaines du quotient, exprimant des dizaines, sera contenu dans 12 752 dizaines. Or ce nombre de dizaines est moindre que le diviseur multiplié par 3 dizaines, mais plus grand que le diviseur multiplié par 2 dizaines ; donc 2 est le chiffre des dizaines du quotient

Le produit du diviseur 4 517 par 2 dizaines est égal à 9 034 dizaines. Si on le retranche de 127 529, le reste 37 189 contient le produit partiel du diviseur par le chiffre des unités du quotient, plus un nombre d'unités moindre que le diviseur, si le dividende n'est pas un multiple exact du diviseur.

On reconnait que le reste 37 189 surpasse 8 fois le diviseur, mais qu'il est moindre que 9 fois; donc 8 est le chiffre des unités du quotient.

Le produit du diviseur par 8 est égal à 36 136. En le retranchant de 37 189, on a pour reste 1 053.

Ainsi le dividende est égal au produit du diviseur multiplié par 328, plus 1 053.

Si on examine la marche suivie dans les calculs effectués successivement, on voit que pour avoir le chiffre des centaines du quotient, on a seulement employé 14 826 centaines, et que dans la division suivante, on a seulement employé 12 752 dizaines pour avoir le chiffre des dizaines.

De là on tire la règle ordinaire de la division.

Remarque. — Aux moyens indiqués à la page 58 (n° 70) pour faire la preuve de la division, on peut ajouter ici le suivant :

On divise le dividende par le quotient et on doit trouver pour le quotient de la 2e division le diviseur de la 1re, avec le même reste, si la 1re division en a laissé un.

CHAPITRE VIII

DE LA DIVISIBILITÉ DES NOMBRES

79. Définitions. — On a déjà dit (n° 60) qu'un nombre est *divisible* par un autre quand la division du premier par le second se fait sans reste. Dans ce cas, le premier est aussi appelé *multiple* du second et le second est un *diviseur* du premier.

Par exemple 12 étant divisible par 3 et par 4, les nombres 3 et 4 sont des *diviseurs* de 12.

Souvent on a besoin de savoir si un nombre donné est divisible par un des neuf premiers nombres; or il est facile de trouver les caractères de divisibilité d'un nombre par l'un des nombres : 2, 3, 4, 5, 8, 9. La recherche de ces caractères repose sur les deux principes suivants.

80. Premier principe. — *Tout diviseur commun à deux nombres divise aussi leur somme et leur différence.*

Soit, par exemple, 4, qui divise à la fois les deux nombres 52 et 28.

1° Le nombre 4 divisera la somme 52 + 28, c'est-à-dire 80. En effet on a :

52 = 13 fois 4
28 = 7 fois 4.

En faisant la somme on obtient :

52 + 28 = 13 fois 4 + 7 fois 4, c.-à-d. 20 fois 4.

La somme des deux nombres est donc divisible par 4.

2° Par la soustraction on trouve :

52 — 28 = 13 fois 4 — 7 fois 4, c.-à-d. 6 fois 4.

La différence des deux nombres est donc divisible par 4.

81. Deuxième principe. — *Tout diviseur d'un nombre divise aussi les multiples de ce nombre.*

Soit 4 qui divise 52. Il divisera aussi un multiple de 52, par exemple 312, qui vaut 6 fois 52.

En effet on a :

52 = 13 fois 4;
6 fois 52 = 6 fois 13 fois 4, c-à-d. 78 fois 4.

Le principe est donc démontré.

82. Divisibilité par 10, par 100, par 1 000. — On sait déjà qu'un nombre est divisible par 10, quand il est terminé par un zéro; divisible par 100, quand il est terminé par deux zéros; divisible par 1 000, quand il est terminé par trois zéros, etc.

83. Divisibilité par 2. — *Un nombre est divisible par 2, quand il est terminé par l'un des chiffres* 0, 2, 4, 6, 8.

En effet, soit le nombre 1 836. Si on le décompose en deux parties, les dizaines et les unités, on a :

$$1\,836 = 1\,830 + 6.$$

La 1re partie étant un multiple de 10 est aussi un multiple de 2, et par conséquent divisible par 2.

Si donc la 2e partie, formée du chiffre des unités est aussi divisible par 2, la somme des deux parties, c'est-à-dire le nombre lui-même, sera divisible par 2.

Remarque. — On a déjà expliqué (no 50) comment les nombres divisibles par 2 sont appelés nombres *pairs*.

84. Divisibilité par 5. — *Un nombre est divisible par 5 quand il est terminé par zéro ou par 5.*

En effet, d'après l'explication précédente, la partie des dizaines d'un nombre étant divisible par 10 est aussi divisible par 5; ce nombre sera donc divisible par 5 si l'autre partie est divisible par 5, c'est-à-dire si elle est terminée par 0 ou 5.

85. Divisibilité par 4. — *Un nombre est divisible par 4 lorsque le nombre formé par ses deux derniers chiffres est lui-même divisible par 4.*

En effet, décomposons le nombre 1 836 en deux parties, dont l'une soit les centaines; nous aurons :

$$1\,836 = 1\,800 + 36.$$

La 1re partie étant un multiple de 100 est aussi un multiple de 4, puisque 100 égale 25 fois 4; elle est donc divisible par 4. Si la 2e partie est divisible par 4, le nombre le sera aussi (no 80); si cette partie n'est pas divisible par 4, le nombre ne le sera pas [1].

---

1. Le nombre 1 000 étant égal à 125×8, on reconnaîtra de la même manière qu'un nombre n'est divisible par 8 que lorsque le nombre formé par ses trois derniers chiffres est lui-même divisible par 8.

86. Divisibilité par 9. — *Un nombre est divisible par 9 quand la somme de ses chiffres additionnés ensemble est divisible par 9.*

1° Démontrons d'abord qu'*une unité d'un ordre quelconque est égale à un multiple de 9 plus 1.*

En effet on a :

$$10 = 9 + 1,$$
$$100 = 99 + 1 = 11 \text{ fois } 9 + 1,$$
$$1000 = 999 + 1 = 111 \text{ fois } 9 + 1, \text{ etc.}$$

Donc 2, 3, 4... unités d'un ordre quelconque valent 2 fois, 3 fois, 4 fois... un multiple de 9 plus 2 fois 1, 3 fois 1, 4 fois 1, etc.; en d'autres termes 2, 3, 4... *unités d'un ordre quelconque valent un multiple de 9 plus 2, plus 3, plus 4, etc.*

2° Soit un nombre quelconque 4 563.

D'après ce qui vient d'être expliqué, on a[1] :

$$4\,000 = M. \text{ de } 9 + 4$$
$$500 = M. \text{ de } 9 + 5$$
$$60 = M. \text{ de } 9 + 6$$
$$3 = 3$$

En additionnant ces égalités membre à membre et en observant que la somme de trois multiples de 9 est elle-même un multiple de 9, on trouve :

$$4\,563 = M. \text{ de } 9 + (4 + 5 + 6 + 3).$$

Ainsi *tout nombre peut être regardé comme composé de deux parties : un multiple de 9 plus la somme de ses chiffres.*

La 1re partie étant divisible par 9, si la 2e partie l'est aussi, le nombre tout entier sera divisible par 9. Le principe est donc démontré.

REMARQUE. — Quand la somme des chiffres d'un nombre

---

1. Nous représentons dans ce qui suit le mot *multiple* par *M.*

n'est pas divisible par 9, le nombre lui-même n'est pas divisible par 9, et le reste de la division ne provient que de la somme des chiffres.

Donc pour connaître le reste de la division d'un nombre par 9, il suffit de diviser la somme de ses chiffres par 9 : c'est le reste de cette petite division qui est le reste cherché.

87. Divisibilité par 3. — *Un nombre est divisible par 3 quand la somme de ses chiffres est divisible par 3.*

En effet, on vient de montrer que tout nombre est la somme de deux parties : un multiple de 9 et la somme de ses chiffres. Or un multiple de 9 est aussi un multiple de 3; cette partie étant divisible par 3 si la somme des chiffres est elle-même divisible par 3, le nombre tout entier le sera aussi.

88. De la divisibilité par 6 et par 7. — Lorsqu'on veut savoir si un nombre est divisible par 7, on n'a qu'à essayer la division.

Quant au nombre 6 qui est égal à 2×3, on peut dire qu'un nombre est divisible par 6 quand il l'est par 2 et par 3. Cependant ce serait une erreur de croire qu'un nombre divisible par deux autres nombres est toujours divisible par leur produit; en effet 36, divisible à la fois par 4 et par 6, n'est pas divisible par leur produit 24.

C'est une question qui sera traitée plus loin, au n° 99.

89. Divisibilité par 11[1]. — *Un nombre est divisible par 11 quand la somme de ses chiffres de rangs impairs comptés de droite à gauche diminuée de la somme de ses chiffres de rangs pairs est nulle, ou 11 ou divisible par 11.*

1° Pour le démontrer, observons d'abord qu'*un nombre qui n'est formé que de chiffres égaux à 9, suivis ou non de zéros, est un multiple de 11 quand ces chiffres sont en nombre pair, et n'est pas divisible par 11 quand ces chiffres sont en nombre impair.*

On a en effet :

$$99 = 11 \times 9; \qquad 999 = 11 \times 90 + 9;$$
$$9\,999 = 11 \times 909; \qquad 99\,999 = 11 \times 9090 + 9.$$

1. Cette question, de nature à intéresser les élèves les plus intelligents, peut être omise dans le cours.

2° *Une unité de rang impair* (1er ordre, 3e ordre, etc.) *est égale à un multiple de 11 augmenté de 1, et une unité de rang pair* (2e ordre, 4e ordre, etc.) *est égale à un multiple de 11 diminué de 1.*

En effet, on a :

$$10 = 11 - 1.$$
$$100 = 99 + 1 \quad = M. \text{ de } 11 + 1.$$
$$1\,000 = 990 + 10 = 990 + 11 - 1 = M. \text{ de } 11 - 1.$$
$$10\,000 = 9\,999 + 1 = M. \text{ de } 11 + 1, \text{ etc.}$$

Donc 2, 3, 4... unités de *rangs impairs* valent 2, 3, 4... fois un multiple de 11 plus 2 fois, 3 fois, 4 fois... 1, c'est-à-dire valent un multiple de 11 plus 2, plus 3, plus 4... unités simples.

De même 2, 3, 4... unités de *rangs pairs* valent un multiple de 11 moins 2, moins 3, moins 4... unités simples.

3° Soit maintenant un nombre quelconque 94 325.

On a, d'après ce qui précède :

$$90\,000 = M. \text{ de } 11 + 9.$$
$$4\,000 = M. \text{ de } 11 - 4.$$
$$300 = M. \text{ de } 11 + 3.$$
$$20 = M. \text{ de } 11 - 2.$$
$$5 = \qquad\qquad 5.$$

En additionnant ces égalités membre à membre, on obtient :

$$94\,325 = M. \text{ de } 11 + (9 - 4 + 3 - 2 + 5).$$

En outre, comme au lieu de retrancher 4 puis 2 de la somme 9 + 3 + 5, on peut en retrancher en une seule fois 4 + 2, on a aussi :

$$94\,325 = M. \text{ de } 11 + (9 + 3 + 5) - (4 + 2).$$

On voit par là que tout nombre se compose de deux parties : l'une qui est un multiple de 11 et l'autre qui est l'excès de la somme de ses chiffres de rangs impairs sur la somme de ses chiffres de rangs pairs. La 1re partie étant divisible par 11, si la 2e partie est divisible par 11, le nombre lui-même sera divisible par 11.

Le principe est donc démontré.

QUESTIONNAIRE. — Qu'est-ce qu'un nombre divisible par un autre? — Qu'est-ce qu'un multiple d'un nombre? — Qu'est-ce qu'un diviseur d'un nombre? — Montrez que tout diviseur commun à deux nombres divise leur somme et leur différence. — Montrez que tout diviseur d'un nombre divise aussi les multiples de ce nombre. — Énoncez et démontrez les caractères de divisibilité d'un nombre par 2, par 5, par 4, par 9, par 3, par 11. — Comment reconnaît-on si un nombre est divisible par 6 ou par 7?

PREUVE DE LA MULTIPLICATION ET DE LA DIVISION PAR 9

90. Principe. — *Si on divise par 9 le produit de deux facteurs, le reste de la division est le même que celui qu'on obtient en divisant aussi par 9 le produit des restes que laisse la division des deux facteurs par 9.*

Soit, par exemple :

$$58 \times 47 = 2\,726.$$

On a :

$$58 = M.\ \text{de}\ 9 + 4$$
$$47 = M.\ \text{de}\ 9 + 2.$$

Or dans la multiplication de deux nombres, on doit multiplier les diverses parties du multiplicande par chacune des parties du multiplicateur, que ces parties soient formées par les chiffres écrits les uns à la suite des autres comme dans les nombres ordinaires, ou qu'elles soient unies entre elles par le signe d'addition.

En multipliant donc les deux parties de 58 par chacune des deux parties de 47, on obtient :

$$58 \times 47 = \left\{ \begin{array}{l} M.\ \text{de}\ 9 \times M.\ \text{de}\ 9 + 4 \times M.\ \text{de}\ 9 \\ + M.\ \text{de}\ 9 \times 2 + 4 \times 2. \end{array} \right.$$

Or la somme de trois multiples de 9 étant aussi un multiple de 9, on peut écrire :

$$58 \times 47 = 2\,726 = M.\ \text{de}\ 9 + 4 \times 2.$$

On voit par là que le produit des deux facteurs contient deux parties : un multiple de 9 et le produit des restes obtenus en divisant les deux facteurs par 9.

Si donc la division du produit des deux facteurs par 9 laisse un reste, ce reste est précisément celui que donne la 2e partie. Le principe est ainsi démontré [1].

---

1. Ce principe s'appliquerait à tout autre nombre que 9. On choisit 9 de préférence, à cause de la facilité qu'il y a à trouver le reste de la division par 9, sans être obligé d'effectuer la division elle-même.

91. Preuve par 9. — Le principe précédent fournit un moyen très commode de faire la preuve de la multiplication et de la division.

1° Pour faire la preuve de la multiplication de deux facteurs, on cherche les restes de la division des deux facteurs par 9, en additionnant les chiffres de chacun et en divisant les sommes par 9. On multiplie les deux restes entre eux et on divise leur produit par 9. Si l'opération a été bien faite, le reste de cette dernière division doit être le même que celui qu'on trouvera en divisant par 9 la somme des chiffres du produit des deux facteurs.

Par exemple, en multipliant 6 548 par 724, on a trouvé :

$$6\,548 \times 724 = 4\,740\,752.$$

La somme des chiffres du multiplicande est 23 ; cette somme divisée par 9 donne le reste 5 : on écrit 5 dans l'angle supérieur formé par deux droites.

	5	
2	×	2
	4	

La somme des chiffres du multiplicateur est 13 ; cette somme divisée par 9 donne le reste 4 : on écrit 4 dans l'angle inférieur.

On multiplie entre eux les deux restes 5 et 4, ce qui donne 20 ; ce produit divisé par 9 donne le reste 2 : on écrit ce reste dans l'angle de gauche.

Enfin la somme des chiffres du produit à vérifier est 29 ; cette somme divisée par 9 donne pour reste 2 : on l'écrit dans l'angle de droite : ce reste étant égal à celui qui est écrit à gauche, il est probable que les opérations sont exactes.

2° On opère de la même manière pour la division, en regardant le dividende comme le produit et le diviseur et le quotient comme les deux facteurs.

Mais si la division a laissé un reste, il faut d'abord retrancher ce reste du dividende, et c'est sur le dividende ainsi diminué qu'il faut faire la vérification.

QUESTIONNAIRE. — Énoncez et démontrez le principe sur lequel est fondée la preuve de la multiplication par 9. — Expliquez comment se fait la preuve de la multiplication par 9. — Expliquez comment cette méthode est employée pour la preuve de la division.

CHAPITRE IX

DES NOMBRES PREMIERS

92. Définition. — Un nombre peut être formé par l'addition ou par la multiplication de deux ou de plusieurs autres nombres.

On a, par exemple :

$$12 = 8 + 4 \quad \text{et} \quad 12 = 3 \times 4.$$

Or, tous les nombres au-dessus de 1 sont la somme de nombres inférieurs ; mais il en est autrement au point de vue de la multiplication. Il y a des nombres qui ne sont point les produits d'autres nombres entiers, par exemple les nombres 2, 3, 5,.... 11, 13, etc.

Ils doivent donc être regardés comme existant par eux-mêmes, avant les autres qui sont des produits. C'est pour cette raison qu'ils sont appelés *nombres premiers.*

Mais la définition ordinaire est la suivante.

On appelle **nombre premier** *tout nombre qui n'est divisible que par lui-même et par* 1.

Par analogie, on dit que deux nombres sont *premiers entre eux* lorsqu'ils n'ont pas d'autre diviseur commun que 1.

Par exemple 8 et 15 sont premiers entre eux, quoique chacun en particulier ne soit pas un nombre premier.

93. Décomposition d'un nombre en facteurs premiers. — Soit à trouver les facteurs premiers qui, multipliés entre eux, ont produit le nombre 6552.

D'abord ce nombre est divisible par 2 ; le quotient est 3276.

On a donc :

$$6\,552 = 2 \times 3\,276.$$

Le nombre 3 276 est divisible par 2 ; le quotient est 1 638. On a donc :

$$3\,276 = 2 \times 1\,638.$$

Le nombre 1 638 est divisible par 2 ; le quotient est 819. On a donc :

$$1\,638 = 2 \times 819.$$

Le nombre 819 n'est pas divisible par 2, mais il l'est par 3 ; le quotient est 273.

On a donc :

$$819 = 3 \times 273.$$

Le nombre 273 est aussi divisible par 3 ; le quotient est 91. On a donc :

$$273 = 3 \times 91.$$

Le nombre 91 n'est divisible ni par 3, ni par 5. Il l'est par 7 ; le quotient 13 est un nombre premier. On a donc :

$$91 = 7 \times 13.$$

En remplaçant maintenant dans chaque égalité le quotient par sa valeur donnée dans l'égalité suivante, on trouve :

$$\begin{aligned} 273 &= 3 \times 7 \times 13 \\ 819 &= 3 \times 3 \times 7 \times 13 = 3^2 \times 7 \times 13 \\ 1\,638 &= 2 \times 3^2 \times 7 \times 13 \\ 3\,276 &= 2 \times 2 \times 3^2 \times 7 \times 13 = 2^2 \times 3^2 \times 7 \times 13 \\ 6\,552 &= 2 \times 2^2 \times 3^2 \times 7 \times 13 \\ \text{ou } 6\,552 &= 2^3 \times 3^2 \times 7 \times 13. \end{aligned}$$

D'après ce qui précède, on peut énoncer la règle suivante :

RÈGLE. — *Pour décomposer un nombre en ses facteurs premiers on le divise d'abord par le plus petit facteur premier, qui est 2, s'il est divisible par 2 ; on divise ensuite par 2 le quotient de cette première division, le quotient de la deuxième, et ainsi de suite jusqu'à ce qu'on arrive à un quotient non divisible par 2.*

On divise ce quotient par 3, s'il est divisible par 3 ; on divise encore par 3 le quotient de la division précédente, jusqu'à ce qu'on trouve un quotient non divisible par 3. Puis on continue de la même manière, en essayant successivement les autres diviseurs premiers 5, 7, 11, 13... etc., jusqu'à ce qu'on arrive à un quotient qui soit lui-même un nombre premier.

On dispose les opérations comme dans le tableau ci-contre :

6 552	2
3 276	2
1 638	2
819	3
273	3
91	7
13	13

94. Propriété caractéristique des facteurs premiers. — De quelque manière qu'on cherche à effectuer cette décomposition, on ne trouvera jamais d'autres facteurs premiers que ceux qui ont été obtenus une première fois. Nous pouvons donc admettre comme évident le principe suivant :

Un nombre ne peut pas être formé de deux systèmes différents de facteurs premiers [1].

S'il s'agit de facteurs non premiers, il peut y avoir plusieurs systèmes différents de facteurs pour reproduire un même nombre.

On a par exemple :

$$48 = 2 \times 24 = 12 \times 4 = 3 \times 2 \times 8.$$

95. Reconnaître si un nombre donné est premier. — Soit, par exemple, le nombre 257.

On voit d'abord qu'il n'est divisible par aucun des nombres premiers 2, 3, 5. Il est inutile d'essayer les diviseurs non

1. Il existe pour ce principe une démonstration rigoureuse, qui repose sur la théorie de la recherche du plus grand commun diviseur de deux nombres à l'aide de divisions successives. Elle appartient à la théorie des nombres premiers, établie sur des raisonnements rigoureux dans l'enseignement classique. — Voir notre *Cours de 2e et de 3e année* de l'Enseignement spécial.

premiers, par exemple 6; car si le nombre était divisible par 6, il serait un multiple des facteurs premiers 2 et 3 qui composent 6.

On trouve ensuite que 257 n'est divisible ni par 7, ni par 11, ni par 13, ni par 17. Or, *la division par 17 donnant pour quotient le nombre 15 qui est moindre que le diviseur essayé*, on n'a pas besoin d'aller plus loin : le nombre 257 est premier.

En effet, s'il y avait pour 257 un diviseur premier supérieur à 17, la division par ce diviseur ne laisserait pas de reste et donnerait un quotient moindre que 17; ce quotient serait un diviseur du nombre 257. Ainsi 257 aurait un ou plusieurs diviseurs premiers inférieurs à 17, s'il pouvait en avoir un supérieur à 17; comme on ne lui en a trouvé aucun au-dessous de 17, il n'en a donc aucun au-dessus.

De là on peut déduire la règle suivante.

Lorsqu'on trouve qu'un nombre donné n'est divisible par aucun des nombres premiers depuis 2 jusqu'au nombre premier qui donne un quotient plus petit que lui-même, le nombre essayé est un nombre premier.

96. Composition de deux nombres divisibles entre eux. — 1° *Un nombre est divisible par un autre lorsqu'il contient tous les facteurs premiers du second avec des exposants au moins égaux à ceux qu'ils ont dans le second.*

Prenons les deux nombres suivants :

$$5\,544 = 2^3 \times 3^2 \times 7 \times 11;$$
$$132 = 2^2 \times 3 \times 11.$$

Tous les facteurs premiers de 132 étant contenus dans 5 544, le plus grand de ces deux nombres est divisible par l'autre.

En effet, écrivons les facteurs premiers de 5 544 en deux groupes, dont l'un contienne tous les facteurs de 132.

Nous aurons :

$$5\,544 = (2^2 \times 3 \times 11) \times (2 \times 3 \times 7),$$

ou

$$5\,544 = 132 \times (2 \times 3 \times 7).$$

On voit par là que 5 544 est égal au deuxième nombre multiplié par un nombre entier ; il est donc divisible par le second nombre.

Il est bon d'observer que, pour avoir le quotient de la division, il suffit de supprimer dans le plus grand tous les facteurs premiers qui composent le plus petit.

2° *Un nombre n'est pas divisible par un autre, quand il ne contient pas tous les facteurs premiers du second, ou qu'un des facteurs communs aux deux nombres a dans le second un exposant plus fort que dans le premier.*

Prenons pour exemple les deux nombres suivants :

$$5\,544 = 2^3 \times 3^2 \times 7 \times 11,$$
$$1\,078 = 2 \times 7^2 \times 11.$$

Comme il y a dans le 2e nombre deux facteurs égaux à 7 et qu'il n'y en a qu'un dans le 1er, celui-ci n'est pas divisible par l'autre.

En effet, quel que soit le nombre entier par lequel on multiplierait 1 078, le produit contiendra toujours deux facteurs premiers égaux à 7 ; il ne sera donc jamais égal à 5 544 qui contient un seul facteur 7.

97. Recherche du plus grand diviseur commun à plusieurs nombres. — *Pour trouver le plus grand diviseur commun à plusieurs nombres, on décompose d'abord ces nombres en facteurs premiers ; on forme ensuite le produit de tous les facteurs premiers communs à ces nombres, en donnant à chacun son plus petit exposant. Ce produit est le plus grand diviseur commun cherché.*

Soit par exemple à trouver le plus grand diviseur commun aux nombres : 1 428, 936, 324.

Par la décomposition en facteurs premiers, on obtient d'abord :

$$1\,428 = 2^2 \times 3 \times 7 \times 17$$
$$936 = 2^3 \times 3^2 \times 13$$
$$324 = 2^2 \times 3^4.$$

Or, pour qu'un nombre divise d'autres nombres, il ne doit contenir que des facteurs premiers communs à ces autres nombres. Ici les seuls facteurs premiers communs aux trois nombres proposés sont 2^2 et 3.

Leur plus grand commun diviseur est donc : $2^2 \times 3 = 12$.

Remarque. — Si on divise les trois nombres par leur plus grand commun diviseur, les trois quotients seront premiers entre eux, puisque la division revient à leur enlever tous les facteurs premiers qui leur sont communs.

98. Recherche du plus petit multiple commun de plusieurs nombres. — Si on multiplie entre eux deux ou plusieurs nombres, le produit est un multiple de chacun de ces nombres ou, comme on dit ordinairement, un *multiple commun* de ces nombres. En multipliant ensuite ce produit par des nombres entiers quelconques, on obtient encore des multiples communs des nombres proposés. Ainsi les multiples communs de deux ou de plusieurs nombres sont de plus en plus grands; mais ils ne peuvent pas diminuer indéfiniment. Il est nécessaire de savoir trouver le plus petit multiple commun de plusieurs nombres donnés.

Pour cela on décompose les nombres donnés en facteurs premiers; on forme le produit des divers facteurs premiers ainsi obtenus, en écrivant chacun une seule fois, mais avec son plus grand exposant. Ce produit est le plus petit multiple cherché.

Soit par exemple à former le plus petit multiple commun des trois nombres : 28, 18, 12.

Par la décomposition en facteurs premiers, on a d'abord :

$$28 = 2^2 \times 7$$
$$18 = 2 \times 3^2$$
$$12 = 2^2 \times 3.$$

Le plus petit multiple cherché sera :

$$2^2 \times 3^2 \times 7 = 252.$$

En effet il contient tous les facteurs premiers de chacun des trois nombres, et on ne peut lui en enlever un seul sans qu'il cesse d'être un multiple de l'un d'entre eux.

99. Divisibilité d'un nombre par le produit d'autres nombres. — *Quand un nombre est divisible par d'autres nombres premiers entre eux, il est divisible par les produits de ces nombres pris deux à deux, trois à trois, etc.*

Quand ces nombres ne sont pas premiers entre eux, il peut arriver que le premier nombre soit ou ne soit pas divisible par leurs produits.

1° Représentons par N un nombre divisible par chacun des nombres 7, 8, 15, qui sont premiers entre eux.

Le nombre N étant divisible par 7 contient le facteur 7.

Étant divisible par 8, il contient les facteurs $2 \times 2 \times 2$, qui forment 8.

Étant divisible par 15, il contient les facteurs 3×5, qui forment 15.

Si donc on désigne par p le produit des autres facteurs qui entrent dans le nombre considéré, on a :

$$N = 7 \times 2^3 \times 3 \times 5 \times p.$$

On voit ainsi que le nombre N est divisible par les produits :

7×2^3 c.-à-d. par 7×8;
$7 \times 3 \times 5$ c.-à-d. par 7×15;
$2^3 \times 3 \times 5$ c.-à-d. par 8×15;
$7 \times 2^3 \times 3 \times 5$, c.-à-d. par $7 \times 8 \times 15$.

2° Supposons maintenant qu'un nombre N soit divisible par chacun des nombres 7, 8, 10, dont les deux derniers ne sont pas premiers entre eux, puisqu'ils ont le facteur commun 2.

Pour que N soit divisible par ces nombres, il *suffit* qu'il contienne avec le facteur 7 les trois facteurs 2, qui forment 8, et le facteur 5, qui avec 2 compose 10.

S'il ne contient que trois facteurs 2, il ne sera pas divisible par le produit 8×10, qui est égal à $2^3 \times 2 \times 5$ et qui contient quatre facteurs 2.

QUESTIONNAIRE. — Qu'appelle-t-on nombre premier? — Que signifie cette dénomination? — Qu'appelle-t-on nombres premiers entre eux? — Indiquez la manière de décomposer un nombre en facteurs premiers. — Comment reconnait-on qu'un nombre est premier? — Quelle est la propriété caractéristique des facteurs premiers? — Quelle doit être la composition de deux nombres en facteurs premiers, pour que l'un soit divisible par l'autre? — Comment forme-t-on le plus grand commun diviseur de plusieurs nombres? — Comment trouve-t-on un multiple commun de plusieurs nombres? — Comment forme-t-on leur plus petit commun multiple? — Dans quel cas peut-on dire qu'un nombre divisible par d'autres nombres est aussi divisible par leur produit?

AUTRE MÉTHODE POUR LA RECHERCHE DU PLUS GRAND COMMUN DIVISEUR DE DEUX NOMBRES

100. Observation. — En mentionnant, pour la recherche du plus grand commun diviseur de deux nombres, la méthode qui est fondée sur la décomposition de ces nombres en facteurs premiers, le nouveau programme exclut par là même celle qui procède par une série de divisions successives. Nous ne pouvons qu'applaudir à cette décision ; car cette lourde théorie ne fait qu'encombrer sans profit le champ de l'arithmétique élémentaire : sa seule place est à la base de la théorie rigoureuse des nombres premiers. Cependant, comme elle figure dans tous les traités, même les plus modestes, notre livre pourrait passer pour incomplet aux yeux de ceux qui ne l'y trouveraient pas. C'est pour éviter ce reproche que nous croyons devoir lui donner ici l'hospitalité.

Cherchons le plus grand commun diviseur de 628 et 246. D'abord ce diviseur est tout au plus égal au plus petit de ces deux nombres, et si 246 divisait 628, il serait lui-même le plus grand commun diviseur cherché. Or la division de 628 par 246 donne le quotient 2 et le reste 136; le plus grand commun diviseur cherché est donc moindre que 246.

Nous allons montrer que ce plus grand commun diviseur doit être le même que celui du plus petit des deux nombres et du reste de la division, c'est-à-dire des nombres 246 et 136; pour cela nous allons faire voir que tous les diviseurs communs à 628 et 246 sont les mêmes que tous les diviseurs communs à 246 et 136.

En effet, on a :

$$628 = 246 \times 2 + 136.$$

Or tout diviseur commun aux nombres 628 et 246 divise 246 × 2 (n° 81), et par conséquent divise 136, qui est la différence entre 628 et 246 × 2 (n° 80).

Donc tous les diviseurs communs à 628 et 246 divisent à la fois les trois nombres : 628, 246, 136.

Réciproquement tout diviseur commun aux nombres 246 et 136, divise aussi 246 × 2, et par conséquent divise 628, qui est la somme des nombres 246 × 2 et 136.

Donc tous les diviseurs communs à 246 et 136 divisent à la fois les trois nombres : 628, 246, 136. Ils sont par conséquent les mêmes que ceux des nombres 628 et 246.

En répétant sur 246 et 136 le même raisonnement, on est amené à diviser 246 par 136 ; puis à diviser 136 par le reste 110 de cette deuxième division, et à continuer ainsi jusqu'à ce qu'on arrive à un reste nul, ce qui aura toujours lieu, puisque le diviseur diminue toujours d'une division à la suivante.

Si dans le cours de ces divisions successives, on trouve un reste qui est premier avec le diviseur correspondant, il est inutile de continuer les opérations ; les deux nombres proposés sont premiers entre eux, puisque, d'après le raisonnement précédent, leur plus grand commun diviseur doit être le même que celui du diviseur et du reste de l'une quelconque des divisions successives.

De ce raisonnement résulte la règle suivante :

Règle. — *Pour trouver le plus grand commun diviseur de deux nombres, on divise le plus grand par le plus petit ; puis le diviseur de cette 1re division par le reste ; le diviseur de 2e division par le reste, et ainsi de suite jusqu'à ce qu'on tro un reste nul. C'est le dernier diviseur employé qui est le pl plus grand commun divis·ur cherché.*

Quand la division du plus grand des deux nombres par plus petit se fait sans reste, c'est le plus petit qui est le grand commun diviseur cherché.

On dispose ordinairement l'opération de la manière suivante :

	2	1	1	4	4	3
628	246	136	110	26	6	2
492	136	110	104	24	6	
136	110	26	6	2	0	

Le plus grand commun diviseur des nombres 628 et 246 est le nombre 2.

Remarque. — Si on se reporte au principe du numéro 75 (page 66) on verra facilement à l'aide du tableau de ces opérations que si on multiplie deux nombres par un troisième, leur plus grand commun diviseur se trouve aussi multiplié par ce troisième nombre.

Réciproquement, si on divise deux nombres par leur plus grand commun diviseur, le plus grand commun diviseur des deux nouveaux nombres sera égal à celui des deux premiers divisé par lui-même ; il sera donc 1. En d'autres termes, quand on divise deux nombres par leur plus grand commun diviseur, les deux quotients sont premiers entre eux.

CHAPITRE X

DES FRACTIONS

Observations.

I. — L'étude des fractions ordinaires apparaît à la plupart des élèves comme un terrain hérissé de difficultés, et ils y marchent en effet avec si peu d'assurance qu'on les voit hésiter sur des questions même fort élémentaires, quand elles ne sont pas comprises dans le cadre de celles qui sont exposées dans tous les livres. Nous en avons souvent fait l'expérience. Qu'on demande, par exemple, à propos de l'addition des fractions de même dénominateur, pourquoi l'opération est effectuée sur les numérateurs seulement : on répond que si l'on additionnait aussi les dénominateurs, il arriverait ceci ou cela, mais jamais que le dénominateur n'est qu'un mot, le nom des *unités fractionnaires* écrit en chiffres.

Comment un élève pourrait-il en effet avoir la notion juste d'une fraction, après avoir appris cette définition qu'on entend presque partout : *On appelle fraction une ou plusieurs parties égales de l'unité, qui a été divisée ou qui est supposée divisée en parties égales?*

Dans cette phrase confuse il n'y a pour lui que des mots, qu'il a retenus à force de les répéter, et les fractions se montrent comme différant totalement des nombres qu'il a étudiés jusque-là.

Tout deviendrait clair et facile si on se décidait à sortir de la routine, en définissant d'abord ce que c'est que l'*unité fractionnaire* et en disant ensuite qu'on appelle *fraction* un nombre qui exprime des *unités fractionnaires*, comme nous le montrons au numéro 2 dès le commencement, et dans ce chapitre aux numéros 101, 102, 103.

Deux objections nous ont été faites à ce sujet. Les uns nous reprochent de manquer à la logique en faisant passer l'adjectif *fractionnaire* en première ligne avant le substantif *fraction* dont il est dérivé. Ce serait en effet une inconséquence, si le mot *fraction* n'était usité que dans l'arithmétique. Mais il appartient au langage vulgaire, où il désigne un fragment, un morceau, une partie d'une chose quelconque, et si l'arithmétique lui a attribué un sens spécial, elle ne nous enlève pas pour cela le droit de faire usage de l'adjectif *fractionnaire* là où ce mot nous paraît utile.

D'autres ont soutenu qu'au début la notion de l'*unité fractionnaire* est trop abstraite et reste au-dessus du niveau de l'intelligence des commençants. Nous répondrons que tout dépend de la manière de la présenter, et nous osons croire que les maîtres seront du même avis que nous, quand nous affirmons que les explications du numéro 2 et du numéro 101 sont accessibles même aux plus jeunes enfants de l'école.

Au reste, qu'on prenne la précaution de faire écrire quelquefois le dénominateur en un mot composé de lettres, aucune obscurité ne restera, et les calculs sur les fractions ordinaires deviendront aussi faciles que les calculs sur les nombres entiers.

Proposons, par exemple, la question suivante à l'élève le moins intelligent :

On a acheté une table dont on a payé seulement les 3 cinquièmes en donnant 12 francs : trouver le prix de la table.

Il raisonnera de la manière suivante :

3 cinquièmes du prix font 12 francs ;

1 cinquième du prix sera 3 fois moindre que 12 fr., c'est-à-dire 4 fr. : le prix total est donc 5 fois 4 fr., c'est-à-dire 20 francs.

C'est surtout sur le terrain des fractions ordinaires qu'il faut multiplier les exercices de calcul oral ou mental.

Les élèves apprennent ainsi, sans s'en douter pour ainsi dire, à multiplier et à diviser une fraction ordinaire par un nombre entier.

A l'aide d'un fil, ou seulement d'une ligne droite tracée à la craie sur le tableau, l'élève en la divisant successivement en parties égales, d'après les indications du maître, reconnaîtra que la moitié d'une demie est un quart, que la moitié d'un quart est un 8e; que le tiers d'une demie est un 6e; que le tiers d'un quart est un 12e, etc.

II. — Au sujet de la conversion des fractions ordinaires en fractions décimales, on ne peut s'empêcher d'éprouver un sentiment pénible, en voyant si souvent les élèves embarrassés dans les examens quand on leur demande la valeur en fractions décimales de fractions usuelles, telles que $\frac{1}{2}$, $\frac{1}{4}$, $\frac{1}{8}$, $\frac{1}{5}$ par exemple. Il leur semble que c'est à la règle générale de la conversion d'une fraction ordinaire en fraction décimale qu'ils doivent recourir. Cependant il suffirait, même avec des commençants, d'étendre un mètre pliant devant leurs yeux pour qu'ils reconnaissent que $\frac{1}{2}$ égale 0,5; que $\frac{1}{4}$ égale 0,25, etc.

DES FRACTIONS ORDINAIRES

101. Unité fractionnaire; fraction.— Si on divise une chose quelconque en 2 parties égales, chaque partie est une *moitié*, une **demie.** Si la chose est divisée en 3 parties égales, chaque partie est un **tiers**; en 4 parties égales, chaque partie est un **quart**; en 5 parties égales, chaque partie est un **cinquième**, etc.

Par exemple, la règle AB (fig. 9) est divisée :

en 2 demies, AM et MB;
en 4 quarts, AC, CM, MD, DB;
en 3 tiers, AF, FG, GB.

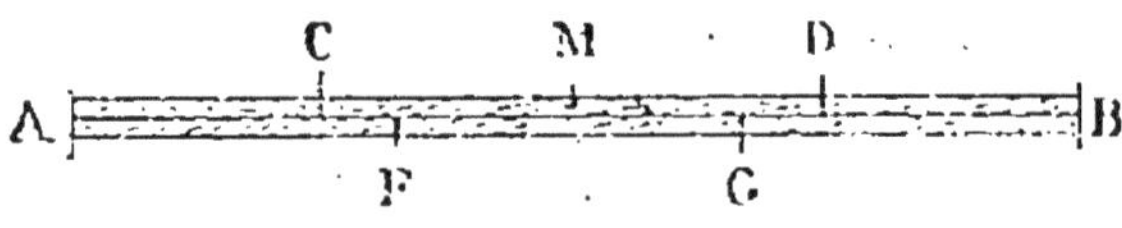

Fig. 9.

La portion AD est égale à 3 quarts de la règle; la portion AG est égale à 2 tiers de la règle

Supposons maintenant qu'on ait à mesurer une quantité moindre que l'unité qui lui correspond, par exemple la largeur de la table.

Le mètre, qui est l'unité de longueur, étant ici trop grand, on le partage en un certain nombre de parties égales, par exemple en 10 ; chacune de ces parties est appelée *dixième* de mètre. Elle est représentée en vraie longueur par la figure 10.

Fig. 10.

On porte cette 10e partie du mètre sur la largeur de la table d'une extrémité à l'autre, et si on trouve qu'elle y est contenue 3 fois par exemple, on fait connaître la largeur de la table en disant qu'elle est égale à 3 *dixièmes* de mètre.

L'unité dont on s'est servi dans ce cas n'étant qu'une partie, qu'une fraction de l'unité principale qui est le mètre, cette unité est appelée *unité fractionnaire*, et le nombre 3 qui exprime des unités fractionnaires est appelé *nombre fractionnaire*.

De là résultent les définitions suivantes.

102. 1° *On nomme* **unité fractionnaire** *une partie de l'unité entière qu'on obtient en divisant cette unité entière en un nombre quelconque de parties égales et qui sert aussi d'unité.*

On forme son nom en ajoutant la terminaison *ième* au nombre qui indique en combien de parties égales l'unité entière a été divisée. Mais au lieu de *deuxième, troisième* et *quatrième*, on dit *demie, tiers, quart.*

2° *On nomme* **nombre fractionnaire** *un nombre qui exprime des unités fractionnaires.*

Le nombre fractionnaire prend le nom de **fraction**, quand il exprime une quantité moindre que l'unité entière [1].

---

1. Il est bon d'observer que dans l'étude des nombres fractionnaires on emploie habituellement le mot *fraction*, qui, par sa brièveté, est plus commode que *nombre fractionnaire*.

EXEMPLES : 3 *quarts de mètre* est une fraction ;
7 *quarts de mètre* est un nombre fractionnaire.

3° On pourrait appeler **nombre mixte** celui qui est composé d'unités entières et d'unités fractionnaires, par exemple 2 *mètres 3 quarts*.

103. Termes d'une fraction.—Dans une fraction, il faut distinguer deux termes : le *dénominateur* et le *numérateur*.

Le **dénominateur** *est le nombre qui indique en combien de parties égales on a divisé l'unité entière, pour avoir l'unité fractionnaire.*

Il est ainsi désigné, parce qu'il *nomme* l'unité fractionnaire.

Le **numérateur** *est le nombre qui indique combien la fraction contient d'unités fractionnaires.*

Par exemple, dans la fraction 3 *quarts*, le dénominateur est 4 et le numérateur 3 ; dans la fraction 2 *tiers*, le dénominateur est 3 et le numérateur 2.

104. Règle pour écrire et lire une fraction. — *Pour écrire une fraction, on place le dénominateur sous le numérateur, en les séparant par un petit trait horizontal.*

Ainsi, pour 3 quarts de franc, 8 septièmes de mètre, on écrit :

$$\frac{3}{4} \text{ de fr. } ; \frac{8}{7} \text{ de m.}$$

Réciproquement, pour lire une fraction, on lit d'abord le numérateur, puis le dénominateur, en ajoutant à ce nombre la terminaison *ième*, excepté pour les dénominateurs 2, 3, 4, qu'on énonce en disant : *demie, tiers, quart*.

Ainsi pour les fractions : $\frac{2}{3}$, $\frac{4}{5}$, $\frac{7}{9}$, on lit :

2 tiers, 4 cinquièmes, 7 neuvièmes.

REMARQUE. — Il importe de ne pas perdre de vue qu'*on peut regarder le dénominateur comme étant le nom de l'unité fractionnaire écrit en chiffres.*

En effet les fractions ainsi envisagées ne sont autre chose que des nombres entiers exprimant des unités fractionnaires.

105. Relation entre une fraction et la division. — *Une fraction exprime aussi le quotient du numérateur divisé par le dénominateur.*

En effet, soit à diviser 7 francs entre 8 personnes.

Imaginons qu'on ait partagé séparément chacun des 7 francs en 8 parties égales. Sur chaque franc une personne aurait 1 *huitième* de franc ; donc sur les 7 francs chaque personne aura 7 *huitièmes* de franc ou $\frac{7}{8}$.

Par conséquent $\frac{7}{8}$ exprime le quotient de 7 divisé par 8.

Pour cette raison, au lieu d'indiquer la division de deux nombres par deux points placés entre eux, on peut écrire le diviseur sous le dividende en forme de fraction.

Ainsi 7 : 8 exprime la même chose que $\frac{7}{8}$.

106. Principes. — 1° *Quand on rend le numérateur un certain nombre de fois plus grand, sans changer le dénominateur, la fraction devient ce même nombre de fois plus grande.*

Soit la fraction $\frac{2}{9}$. Si on multiplie le numérateur par 4, la fraction $\frac{8}{9}$ ainsi obtenue vaut 4 fois la première.

En effet, la première fraction contient 2 unités fractionnaires appelées *neuvièmes ;* la seconde contient 4 fois 2 de ces mêmes unités ; elle vaut donc 4 fois la première.

Réciproquement, *quand on rend le numérateur un certain nombre de fois plus petit, la fraction devient ce même nombre de fois plus petite.*

2° *Quand on rend le dénominateur un certain nombre de fois plus grand, sans changer le numérateur, la fraction devient ce même nombre de fois plus petite.*

Soit la fraction $\frac{5}{6}$. Si on multiplie le dénominateur par 3, fraction obtenue $\frac{5}{18}$ est 3 fois moindre que la première.

En effet, les deux fractions contiennent l'une et l'autre *cinq* unités fractionnaires ; mais dans la première les unités fractionnaires sont des *sixièmes* et dans la seconde elles sont des *dix-huitièmes;* or un 18ᵉ est 3 fois plus petit qu'un 6ᵉ.

Pour le démontrer, considérons la droite AB (fig. 11), qui est divisée en 6 parties égales, c'est-à-dire en 6 *sixièmes*.

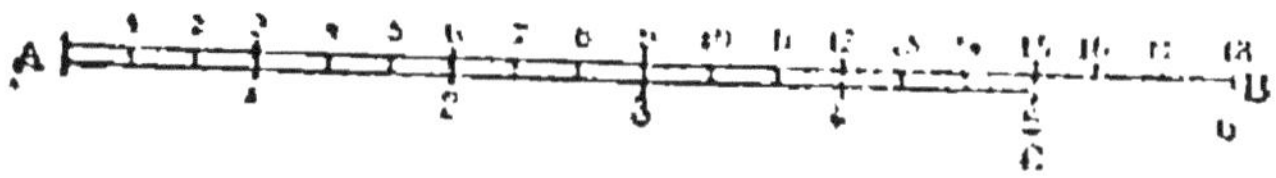

Fig. 11.

Chacune des 6 parties de AB étant encore divisée en 3 parties égales, la droite AB contient 6 fois 3, c'est-à-dire 18 de ces parties. La 18ᵉ partie de AB est donc le tiers du 6ᵉ de AB.

D'ailleurs il est facile de voir que la longueur comprise entre le point A et le nº 5 situé au-dessus de la ligne égale 5 *dix-huitièmes* de AB et qu'elle est la 3ᵉ partie de la longueur (A — 15), qui égale 5 *sixièmes* de AB.

Réciproquement, *quand on rend le dénominateur un certain nombre de fois plus petit, sans changer le numérateur, la fraction devient ce même nombre de fois plus grande.*

3º *Quand on multiplie ou qu'on divise les deux termes d'une fraction par un même nombre, la fraction conserve la même valeur.*

Soit, par exemple, la fraction $\frac{5}{6}$.

Si on multiplie les deux termes par 3, la fraction ainsi obtenue $\frac{15}{18}$ a la même valeur que $\frac{5}{6}$.

En effet, le nombre des unités fractionnaires est devenu 3 fois plus grand; mais en même temps ces unités fractionnaires sont devenues 3 fois plus petites. La valeur de la fraction est donc restée la même.

C'est ce que montre la figure ci-dessus. La portion AC qui est les $\frac{5}{6}$ de la droite AB en est aussi les $\frac{15}{18}$.

SUR L'AUGMENTATION OU LA DIMINUTION D'UN MÊME NOMBRE FAITE AUX DEUX TERMES D'UNE FRACTION

OBSERVATION. — Cette question n'a pas été insérée dans le *Livre de l'élève*. Il convient en effet de la réserver aux maîtres, qui pourront ainsi la proposer comme un utile exercice dans les interrogations adressées aux élèves.

Principe I. — *Lorsqu'on augmente d'un même nombre les deux termes d'une fraction (inférieure à 1), sa valeur augmente.*

Soit par exemple la fraction $\frac{3}{5}$.

Si on ajoute un même nombre 4 aux deux termes, la fraction $\frac{7}{9}$ ainsi obtenue est plus grande que la fraction $\frac{3}{5}$.

En effet la différence entre les deux termes, qui est 2, n'a pas changé. Or pour égaler l'unité il manque :

à la 1re fraction 2 *cinquièmes;* à la 2e fraction, 2 *neuvièmes*.

Mais 1 neuvième étant plus petit que 1 cinquième, la fraction $\frac{7}{9}$ diffère moins de 1 que la fraction $\frac{3}{5}$: elle est par conséquent plus grande que $\frac{3}{5}$.

Réciproquement, *si on diminue d'un même nombre les deux termes d'une fraction, sa valeur diminue.*

REMARQUE. — Imaginons que le nombre ajouté aux deux termes de la fraction devienne de plus en plus grand, le nombre d'unités fractionnaires qui manque à la fraction reste constant ; mais ces unités fractionnaires deviennent de plus en plus petites.

Ainsi la fraction se rapproche de plus en plus de 1, à mesure que le nombre ajouté à ses deux termes devient de plus en plus grand, mais sans pouvoir jamais arriver à lui être égale.

Pour cette raison on dit que *l'unité est la limite vers laquelle tend une fraction, à mesure qu'on ajoute à ses deux termes un nombre qui augmente indéfiniment.*

Principe II. — *Lorsqu'on augmente d'un même nombre les deux termes d'un nombre fractionnaire supérieur à 1, sa valeur diminue.*

Soit par exemple $\frac{5}{3}$. Si on augmente de 4 les deux termes, le nombre fractionnaire $\frac{9}{7}$ ainsi obtenu est moindre que $\frac{5}{3}$.

En effet $\frac{9}{7}$ surpasse 1 de 2 *septièmes*; $\frac{5}{3}$ surpasse 1 de 2 *tiers* or 2 septièmes sont moindres que 2 tiers.

Le nombre $\frac{9}{7}$ est donc moins grand que $\frac{5}{3}$.

Réciproquement, *si on diminue d'un même nombre les deux termes d'un nombre fractionnaire supérieur à 1, sa valeur augmente.*

REMARQUE. — Aux questions précédentes on peut rapporter la suivante qui n'est pas dépourvue d'intérêt :

Une fraction ayant ses termes composés d'un même nombre de chiffres, on écrit chaque terme à la suite de lui-même : la nouvelle fraction ainsi obtenue est-elle équivalente ou non à la fraction précédente ?

Soit par exemple la fraction $\frac{32}{45}$. En écrivant le numérateur 32 à la suite de 32 et le dénominateur 45 à la suite de 45, on a la fraction $\frac{3\,232}{4\,545}$.

Si on observe que 3 232 égale 3 200 + 32 ;
que 4 545 égale 4 500 + 45,

on reconnaît que les deux termes de la nouvelle fraction sont égaux à 101 fois les deux termes de la première les : deux fractions sont donc équivalentes.

107. Simplification des fractions. — Quoique les fractions $\frac{5}{6}$ et $\frac{15}{18}$ soient équivalentes, on donne cependant une idée plus nette de la longueur d'une règle, par exemple, en disant qu'elle a $\frac{5}{6}$ de mètre, au lieu de $\frac{15}{18}$ de mètre.

La fraction $\frac{5}{6}$ est donc plus *simple* que la fraction $\frac{15}{18}$.

Ainsi *simplifier une fraction, c'est la remplacer par une fraction équivalente ayant des termes moindres.*

Règle. — *Pour simplifier une fraction on divise ses deux termes par un même nombre, quand la division peut se faire sans reste.*

Soit par exemple $\frac{42}{56}$. Puisqu'on peut diviser les deux termes d'une fraction par un même nombre sans changer sa valeur, si on divise 42 et 56 par 2, la fraction $\frac{21}{28}$ ainsi obtenue est équivalente à la fraction $\frac{42}{56}$.

En divisant encore les deux termes de cette nouvelle fraction par 7, on trouve la fraction équivalente $\frac{3}{4}$.

Les deux termes de cette dernière fraction ne pouvant pas être divisés par un même nombre, on dit qu'elle est *la plus simple expression* de la fraction proposée $\frac{42}{56}$.

On a donc : $\frac{42}{56} = \frac{21}{28} = \frac{3}{4}$.

Une fraction est réduite à sa plus simple expression, quand ses deux termes sont premiers entre eux[1].

Remarque. — Diviser successivement les deux termes d'une fraction par tous les facteurs qui leur sont communs, revient à diviser les deux termes par leur plus grand commun diviseur.

---

1. Conformément aux prescriptions du programme, ce principe peut être admis ici comme évident.

Nous pouvons donc énoncer la règle suivante :

Pour réduire une fraction à sa plus simple expression, divise ses deux termes par leur plus grand commun diviseur.

108. Extraction des entiers contenus dans u nombre fractionnaire. — Lorsque les deux termes d'u nombre fractionnaire sont égaux, ce nombre est égal à 1.

Par exemple, on a : $\frac{3}{3} = \frac{8}{8} = \frac{15}{15} = 1.$

Quand le numérateur surpasse le dénominateur, le no bre fractionnaire surpasse 1 ; en ce cas, chercher combien contient d'unités entières, c'est *extraire les entiers.*

Règle. — *Pour extraire les entiers contenus dans un nomb fractionnaire, on divise le numérateur par le dénominateur; nombre entier obtenu au quotient exprime le nombre d'unit entières, et le reste indique combien il y a d'unités fractionna res en sus des unités entières.*

Soit, par exemple, un fil d'une longueur égale à $\frac{31}{7}$ de mètr

Puisqu'il faut 7 septièmes de mètre pour faire 1 mètr autant de fois il y a 7 septièmes de mètre dans 31 septièm de mètre, en d'autres termes, autant il y a de fois 7 dans 31 autant il y a de mètres. Or on trouve : 31 = 4 fois 7 + 3.

La longueur du fil est donc de $4^{m}\frac{3}{7}$.

109. Convertir un nombre mixte en un nombre fractionnaire. — Cette transformation est l'inverse d l'opération précédente.

Règle. — *Pour convertir un nombre entier joint à un fraction en un nombre fractionnaire, on multiplie le nombr entier par le dénominateur; au produit on ajoute le numérateu et au-dessous de la somme on écrit le dénominateur.*

Soit $2\frac{5}{8}$ à transformer en un nombre de *huitièmes.*

L'unité vaut 8 huitièmes; 2 unités valent 16 huitièmes.

Donc $2\frac{5}{8}$ valent 16 huitièmes plus 5 huitièmes, c.-à-d. $\frac{21}{8}$.

QUESTIONNAIRE. — Qu'est-ce que l'unité fractionnaire ? — Qu'appelle-t-on nombre fractionnaire et fraction ? — Expliquez la signification des deux termes d'une fraction. — Démontrez que la fraction représente aussi un quotient. — Énoncez et démontrez les principes relatifs au changement qu'éprouve une fraction, quand on rend l'un de ses termes un certain nombre de fois plus grand ou plus petit. — Qu'arrive-t-il, si l'on multiplie ou si l'on divise les termes par un même nombre ? — Qu'est-ce que simplifier une fraction ? — Comment réduit-on une fraction à sa plus simple expression ? — Comment peut-on extraire les unités entières contenues dans un nombre fractionnaire ? — Comment peut-on convertir un nombre entier accompagné d'une fraction en un nombre fractionnaire ?

RÉDUCTION DES FRACTIONS AU MÊME DÉNOMINATEUR

110. — Réduire des fractions au même dénominateur, c'est les remplacer par des fractions qui leur soient équivalentes, et ayant toutes le même dénominateur.

Cas de deux fractions. — RÈGLE GÉNÉRALE. *Pour réduire deux fractions au même dénominateur, on multiplie les deux termes de chacune par le dénominateur de l'autre.*

Prenons, par exemple, les deux fractions $\frac{3}{4}$ et $\frac{5}{7}$.

En multipliant les deux termes de la première par 7 et les deux termes de la seconde par 4, on obtient

$$\frac{21}{28} \text{ et } \frac{20}{28}.$$

Ces deux nouvelles fractions sont équivalentes aux deux autres, puisque pour les obtenir on a multiplié les deux termes de chacune des deux premières par un même nombre, ce qui n'altère pas la valeur des fractions.

RÈGLE PARTICULIÈRE. — *Lorsque le plus grand des deux dénominateurs est divisible par le plus petit, on prend le plus grand pour dénominateur commun ; pour cela on divise le plus grand par le plus petit et on multiplie le quotient par les deux termes de la fraction qui a le plus petit dénominateur.*

Prenons, par exemple, les fractions $\frac{1}{4}$ et $\frac{5}{12}$.

Comme 12 est égal à 4 × 3, il suffit de multiplier par 3 l deux termes de la fraction $\frac{1}{4}$. On a ainsi :

$$\frac{3}{12} \text{ et } \frac{5}{12} \text{ au lieu de } \frac{12}{48} \text{ et } \frac{20}{48}.$$

111. Cas de plusieurs fractions. — *Pour rédui plusieurs fractions au même dénominateur, on multiplie les de termes de chaque fraction par le produit obtenu en multiplia entre eux les dénominateurs des autres fractions.*

Soit à réduire au même dénominateur les fractions :

$$\frac{2}{3} \qquad \frac{1}{4} \qquad \frac{5}{8} \qquad \frac{7}{9}.$$

On multipliera :

les deux termes de la 1re par......... $4 \times 8 \times 9 = 28$
les deux termes de la 2e par......... $3 \times 8 \times 9 = 21$
les deux termes de la 3e par......... $3 \times 4 \times 9 = 10$
les deux termes de la 4e par......... $3 \times 4 \times 8 = \ 9$

Ces premiers calculs étant faits, on dispose l'opération la manière suivante :

$$\begin{array}{cccc} 288 & 216 & 108 & 96 \\ \frac{2}{3} & \frac{1}{4} & \frac{5}{8} & \frac{7}{9} \\ \frac{576}{864} & \frac{216}{864} & \frac{540}{864} & \frac{672}{864} \end{array}$$

Remarque. — Le dénominateur commun est égal au prod des dénominateurs de toutes les fractions.

112. Réduction des fractions au plus pe dénominateur commun. — Il arrive souvent que fractions peuvent être ramenées à un dénominateur comm moins fort que celui qu'on obtiendrait par la règle précéden

Voici la règle à suivre pour leur donner le *plus petit* dénominateur commun.

Règle. — *On cherche le plus petit multiple commun des dénominateurs des fractions proposées (n° 98); c'est ce nombre qui sera le plus petit dénominateur commun.*

Quand on l'a trouvé, on le divise par chaque dénominateur : puis on multiplie les deux termes de chaque fraction par le quotient correspondant.

Appliquons cette règle aux quatre fractions précédentes :

$$\frac{2}{3} \qquad \frac{1}{4} \qquad \frac{5}{8} \qquad \frac{7}{9}.$$

La décomposition des dénominateurs en facteurs premiers donne :

$$3 = 3; \quad 4 = 2^2; \quad 8 = 2^3; \quad 9 = 3^2.$$

Le plus petit multiple commun de ces dénominateurs est :

$$2^3 \times 3^2 = 8 \times 9 = 72.$$

En divisant 72 par le dénominateur de chacune des quatre fractions, on trouve :

$$\begin{aligned} 72 : 3 &= 24 \\ 72 : 4 &= 18 \\ 72 : 8 &= 9 \\ 72 : 9 &= 8. \end{aligned}$$

On multipliera donc les deux termes :

de $\frac{2}{3}$ par 24 ; de $\frac{1}{4}$ par 18 ; de $\frac{5}{8}$ par 9 ; de $\frac{7}{9}$ par 8.

On dispose le calcul de la manière suivante :

$$\begin{array}{cccc} 24 & 18 & 9 & 8 \\ \frac{2}{3} & \frac{1}{4} & \frac{5}{8} & \frac{7}{9} \\ \frac{48}{72} & \frac{18}{72} & \frac{45}{72} & \frac{56}{72}. \end{array}$$

REMARQUES. — 1° Avant d'appliquer les règles précédent il faut avoir soin de simplifier d'abord celles des fractions q ne seraient pas irréductibles. En prenant cette précaution, arrive plus sûrement au résultat.

2° Quand les dénominateurs n'ont pas plus de deux chiffr on doit s'exercer à trouver leur plus petit multiple sans écr la décomposition de ces nombres en facteurs premiers.

Si par exemple dans les fractions précédentes on obse que 8 vaut 2 fois le dénominateur 4 et que 9 vaut 3 fois dénominateur 3, on reconnaît que 72, produit de 8 par 9, divisible par tous les dénominateurs.

QUESTIONNAIRE. — Qu'est-ce que réduire des fractions au même déno nateur? — Énoncez la règle générale pour le cas de deux fractions. — Comm opère-t-on, quand l'un des deux dénominateurs est un multiple de l'autre? Énoncez la règle générale pour le cas de plusieurs fractions. — Quelle propr doit avoir un nombre, pour qu'il puisse être donné comme dénominateur comm à plusieurs fractions? — Comment réduit-on des fractions au plus petit déno nateur commun?

ADDITION ET SOUSTRACTION DES FRACTIONS

113. Addition. — 1re RÈGLE. *Pour additionner des fr tions qui ont le même dénominateur, on additionne seulem les numérateurs et on donne à la somme le dénominat commun.*

EXEMPLE. — *On a mis en ligne droite, l'une à la suite de l'au trois règles ayant en longueur : la première $\frac{3}{8}$ de mètre, seconde $\frac{7}{8}$ de mètre et la troisième $\frac{5}{8}$ de mètre. Quelle est longueur totale formée par ces trois règles?*

La longueur cherchée contient évidemment :

3 fois, plus 7 fois, plus 5 fois la 8e partie du mètre, c'est-à-dire 15 la 8e partie du mètre. On a donc :

$$\frac{3}{8}+\frac{7}{8}+\frac{5}{8}=\frac{15}{8}.$$

En extrayant les entiers du résultat, on trouve :

$$\frac{15^{m}}{8}=1^{m}\,\frac{7}{8}.$$

REMARQUE. — Il est bon d'observer que l'addition ne change rien au dénominateur commun, parce que le dénominateur n'est autre chose que le *nom de l'unité fractionnaire.*

2e RÈGLE. *Si les fractions à additionner ont des dénominateurs différents, on les réduit d'abord au même dénominateur; puis on leur applique la règle précédente.*

Cette transformation est nécessaire; car il n'est pas possible d'additionner ensemble des nombres exprimant des unités fractionnaires différentes, par exemple des *tiers* de mètre avec des *quarts* de mètre.

3° RÈGLE. *Pour additionner ensemble des nombres entiers accompagnés de fractions, on fait d'abord la somme des nombres entiers, puis celle des fractions. Si cette dernière contient des entiers, on les extrait pour les ajouter à la somme des nombres entiers.*

EXEMPLE. — *Quelle est la longueur totale formée par trois règles placées en ligne droite, l'une à la suite de l'autre et ayant, la première* $2^m\frac{3}{4}$, *la seconde* $1^m\frac{2}{3}$ *et la troisième* $1^m\frac{7}{8}$?

On a d'abord : $2^m + 1^m + 1^m = 4$ mètres.
On a ensuite, en prenant 24 pour dénominateur commun :

$$\frac{3}{4} + \frac{2}{3} + \frac{7}{8} = \frac{18}{24} + \frac{16}{24} + \frac{21}{24} = \frac{55}{24} = 2\,\frac{7}{24}.$$

La longueur demandée a donc :

$$4^m + 2^m\,\frac{7}{24},\ \text{c.-à-d.}\ 6^m\,\frac{7}{24}.$$

114. Soustraction. — 1re RÈGLE. *Pour retrancher deux fractions l'une de l'autre, quand elles ont le même dénominateur, on effectue la soustraction seulement sur les numérateurs et on donne au reste le dénominateur commun.*

EXEMPLE. — *D'un coupon de toile ayant une longueur égale à* $\frac{7}{8}$ *de mètre, on retranche* $\frac{5}{8}$ *de mètre. Quelle longueur reste-t-il?*

Il est évident que si on ôte 5 huitièmes de mètre de 7 huitièmes de mètre, il ne reste plus que 2 huitièmes de mètre.

On a donc :

$$\frac{7}{8}-\frac{5}{8}=\frac{2}{8}=\frac{1}{4}.$$

2e RÈGLE. *Si les deux fractions à soustraire ont des dénominateurs différents, on les réduit d'abord au même dénominateur; puis on leur applique la règle précédente.*

3e RÈGLE. *Lorsque les deux fractions sont jointes à des nombres entiers, on retranche les deux nombres entiers l'un de l'autre, puis les deux fractions l'une de l'autre.*

REMARQUE. — Il peut arriver que la fraction à retrancher surpasse l'autre fraction, comme dans la question suivante.

EXEMPLE. — *D'une corde qui avait* $5^m\,\frac{2}{3}$ *on a enlevé un morceau ayant* $1^m\,\frac{7}{9}$. *Quelle est la longueur du reste?*

En indiquant la soustraction et en réduisant les deux fractions au même dénominateur, on a d'abord :

$$5\,\frac{2}{3}-1\,\frac{7}{9}=5\,\frac{6}{9}-1\,\frac{7}{9}.$$

Ne pouvant ôter $\frac{7}{9}$ de $\frac{6}{9}$, on prend sur les 5 mètres 1 mètre qui vaut $\frac{9}{9}$.

On ajoute ces $\frac{9}{9}$ aux $\frac{6}{9}$, ce qui fait $\frac{15}{9}$. La soustraction proposée est alors ramenée à la soustraction suivante :

$$4\,\frac{15}{9}-1\,\frac{7}{9}=3^m\,\frac{8}{9}.$$

QUESTIONNAIRE. — Énoncez la règle de l'addition des fractions : dans le cas où elles ont le même dénominateur; dans le cas où elles ont des dénominateurs différents. — Pourquoi le dénominateur commun ne change-t-il pas dans l'addition? — Comment opère-t-on quand on doit additionner des nombres entiers et des fractions? — Énoncez la règle de la soustraction des fractions. — Montrez comment on opère, quand les fractions sont accompagnées de nombres entiers.

MULTIPLICATION DES FRACTIONS

115. Définition générale de la multiplication. — Pour comprendre comment on est amené à avoir une fraction pour multiplicateur, proposons-nous le problème suivant.

Le prix d'un mètre d'étoffe étant de 7 francs, combien payera-t-on : 1° pour 4 mètres ; 2° pour $\frac{4}{9}$ de mètre?

Dans le 1er cas, la somme demandée doit contenir 7 francs autant de fois qu'il y a d'unités dans 4 mètres ; elle est donc égale à 4 fois 7 francs, c'est-à-dire à 7 fr. multipliés par 4.

Dans le 2e cas, la longueur achetée contenant 4 fois la 9e partie d'un mètre ; la somme à payer sera égale à 4 fois la 9e partie de 7 francs.

On voit que dans les deux cas, la somme cherchée est formée du nombre 7 francs, de la même manière que le nombre de mètres achetés est formé de l'unité ; or, comme dans le 1er cas le résultat se trouve par une multiplication, on dit par analogie que, dans le 2e cas, on aura aussi le résultat en multipliant 7 par $\frac{4}{9}$.

De là vient cette définition générale :

La multiplication d'un nombre par un autre est une opération par laquelle on cherche un 3e nombre, qui soit formé du 1er comme le 2e est formé de l'unité.

Remarque. — Le produit est plus grand que le multiplicande, quand le multiplicateur est plus grand que l'unité.

Le produit est plus petit que le multiplicande, quand le multiplicateur est plus petit que l'unité.

Dans ce dernier cas, l'opération se compose d'une division et d'une multiplication ; car, comme on vient de l'expliquer, multiplier 7 par $\frac{4}{9}$ revient à chercher la 9e partie de 7 et à la multiplier ensuite par 4.

116. On distingue habituellement trois cas dans la multiplication des fractions :

1° multiplier une fraction par un nombre entier;

2° multiplier un nombre entier par une fraction;

3° multiplier une fraction par une fraction.

4° Nous ajouterons un autre cas :

celui où le multiplicande et le multiplicateur sont des nombres mixtes, c'est-à-dire formés d'un nombre entier accompagné d'une fraction.

117. 1er cas. **Multiplication d'une fraction par un nombre entier.** — *Pour multiplier une fraction par un nombre entier, il suffit de multiplier le numérateur par le nombre entier, en conservant le même dénominateur.*

En effet le dénominateur pouvant être regardé comme le *nom des unités fractionnaires* que contient la fraction, le numérateur exprime le *nombre* de ces unités fractionnaires; donc pour rendre la fraction un certain nombre de fois plus grande, il faut seulement rendre son numérateur ce nombre de fois plus grand.

Exemple. — *Un tisserand travaille à une pièce de toile et il fait chaque jour $\frac{2}{15}$ de la longueur qu'elle doit avoir; combien en a-t-il fait au bout de la semaine, en 6 jours de travail?*

Au bout de 6 jours, il a fait 6 fois la fraction 2 quinzièmes, c'est-à-dire 12 quinzièmes. C'est ce qu'on écrit ainsi :

$$\frac{2}{15} \times 6 = \frac{12}{15} = \frac{4}{5}.$$

Réponse. — Le tisserand a fait dans la semaine les $\frac{4}{5}$ de sa pièce.

Remarque. — Lorsque le dénominateur de la fraction est divisible par le nombre entier du multiplicateur, on peut obtenir le produit en divisant le dénominateur par le nombre entier et en conservant le même numérateur.

Soit, par exemple, $\frac{3}{8}$ à multiplier par 4,

Le produit doit être 4 fois plus grand que $\frac{3}{8}$; or on rend une fraction 4 fois plus grande en rendant son dénominateur 4 fois plus petit.

On a donc dans ce cas :

$$\frac{3}{8} \times 2 = \frac{3}{4} \text{ au lieu de } \frac{3}{8} \times 2 = \frac{6}{8}.$$

118. 2e cas. **Multiplication d'un nombre entier par une fraction.** — *Pour multiplier un nombre entier par une fraction, on multiplie le nombre entier par le numérateur et on écrit au-dessous du produit le même dénominateur.*

En effet, soit 7 à multiplier par $\frac{4}{9}$.

Le multiplicateur étant égal à 4 fois la 9e partie de l'unité, le produit doit être égal à 4 fois la 9e partie de 7.

Or la 9e partie de 7 est exprimée par la fraction $\frac{7}{9}$.

Pour avoir un nombre égal à 4 fois cette fraction, il faut multiplier son numérateur par 4. Le produit cherché est donc :

$$7 \times \frac{4}{9} = \frac{7 \times 4}{9},$$

ce qui démontre la règle énoncée.

Exemple. — *On achète, au prix de 5 francs le mètre, un coupon d'étoffe ayant $\frac{7}{8}$ de mètre. Quelle somme doit-on donner ?*

Cette somme vaudra 7 fois la 8e partie du prix du mètre.

La 8e partie de 5 francs est.......................... $\frac{5}{8}$ de franc.

La somme égale donc 7 fois $\frac{5}{8}$ de franc ou

$$\frac{5}{8} \times 7 = \frac{35}{8} = 4^{f}\ \frac{3}{8}.$$

119. 3e CAS. **Multiplication de deux fractions.** — *Pour multiplier une fraction par une fraction, il faut multiplier les numérateurs entre eux et les dénominateurs entre eux.*

Soit, par exemple, $\frac{7}{8}$ à multiplier par $\frac{4}{9}$.

Comme dans le cas précédent, le produit cherché doit être égal à 4 fois la 9e partie du multiplicande $\frac{7}{8}$.

On a d'abord la 9e partie de cette fraction en multipliant son dénominateur par 9, ce qui donne $\frac{7}{8 \times 9}$.

Pour rendre ce résultat 4 fois plus grand, il faut multiplier son numérateur par 4.

On trouve donc :

$$\frac{7}{8} \times \frac{4}{9} = \frac{7 \times 4}{8 \times 9} = \frac{28}{72},$$

ce qui démontre la règle énoncée.

EXEMPLE. — *Un homme paye les $\frac{2}{3}$ des $\frac{5}{8}$ d'une dette; quelle partie de sa dette a-t-il ainsi payée?*

Prendre les $\frac{2}{3}$ de $\frac{5}{8}$ revient à prendre 2 fois le tiers de $\frac{5}{8}$, ce qui se fait en multipliant la fraction $\frac{5}{8}$ par $\frac{2}{3}$.

La partie cherchée est donc :

$$\frac{5}{8} \times \frac{2}{3} = \frac{10}{24} = \frac{5}{12}.$$

Réponse. — On a payé les $\frac{5}{12}$ de la dette.

REMARQUE. — Soit $\frac{7}{8}$ à multiplier par $\frac{8}{9}$.

D'après la règle le produit serait $\frac{7 \times 8}{8 \times 9}$.

Mais si on divise les deux termes par 8, en supprimant le facteur 8 dans l'un et dans l'autre, on trouve pour produit simplifié $\frac{7}{9}$.

De là se déduit cette règle particulière : *pour avoir le produit de deux fractions dans lesquelles le numérateur de l'une est égal au dénominateur de l'autre, on prend une fraction formée de l'autre numérateur et de l'autre dénominateur.*

120. 4e CAS. **Multiplication de deux nombres mixtes.** — *Quand les deux facteurs sont composés d'un nombre entier accompagné d'une fraction, on convertit le nombre entier et la fraction en un nombre fractionnaire et on suit alors la règle de la multiplication de deux fractions.*

Soit $2\frac{5}{7}$ à multiplier par $3\frac{4}{9}$. On aura :

$$2\frac{5}{7} \times 3\frac{4}{9} = \frac{19}{7} \times \frac{31}{9} = \frac{589}{63} = 9\frac{22}{63}.$$

REMARQUE. — On peut aussi obtenir le produit, en multipliant chacune des deux parties du multiplicande par chacune des deux parties du multiplicateur et en additionnant ensuite les produits partiels.

En effet, le multiplicateur contenant 3 fois l'unité plus 4 fois la 9e partie de l'unité, le produit doit contenir :

3 fois le multiplicande plus 4 fois la 9e partie du multiplicande.

On aurait par cette méthode :

$$2\frac{5}{7} \times 3\frac{4}{9} = 6 + \frac{15}{7} + \frac{8}{9} + \frac{20}{63}.$$

Il reste à faire l'addition des quatre produits partiels.

121. Produit de plusieurs fractions. — Supposons qu'on ait à effectuer les multiplications suivantes :

$$\frac{2}{9} \times \frac{3}{7} \times \frac{5}{8}.$$

En multipliant d'abord la 1re fraction par la 2e on trouve

$$\frac{2}{9} \times \frac{3}{7} = \frac{2 \times 3}{9 \times 7}.$$

En multipliant ce résultat par la 3e fraction on obtient :

$$\frac{2 \times 3}{9 \times 7} \times \frac{5}{8} = \frac{2 \times 3 \times 5}{9 \times 7 \times 8}.$$

Ainsi, *pour avoir le produit de plusieurs fractions, on multiplie entre eux les numérateurs et entre eux les dénominateurs.*

122. Changement dans l'ordre des facteurs. — *Dans une multiplication de fractions on peut changer l'ordre des facteurs, comme dans la multiplication des nombres entiers.*

Soit en effet $\frac{3}{7} \times \frac{5}{9}$. On a pour produit : $\frac{3 \times 5}{7 \times 9}$.

Mais dans le numérateur 3×5 et dans le dénominateur 7×9, qui sont des produits de nombres entiers, on peut changer l'ordre des facteurs. Le produit devient ainsi :

$$\frac{5 \times 3}{9 \times 7} \text{ ce qui est la même chose que } \frac{5}{9} \times \frac{3}{7}.$$

Le principe est donc démontré.

QUESTIONNAIRE. — Expliquez sur un exemple comment il arrive qu'on ait à multiplier un nombre par un nombre fractionnaire. — Donnez la définition générale de la multiplication. — Combien distingue-t-on de cas dans la multiplication des fractions? — Énoncez les règles générales pour les trois premiers cas. — Énoncez les règles particulières qu'on peut leur appliquer. — Comment opère-t-on la multiplication, quand les facteurs sont des nombres mixtes? — Comment fait-on le produit de plusieurs fractions? — Montrez qu'on peut changer l'ordre des facteurs fractionnaires, sans altérer leur produit.

DIVISION DES FRACTIONS

123. Nous distinguerons aussi quatre cas dans la division :
1° division d'une fraction par un nombre entier;
2° division d'un nombre entier par une fraction;
3° division d'une fraction par une fraction;
4° cas où le dividende et le diviseur sont des nombres mixtes, c'est-à-dire composés d'un nombre entier accompagné d'une fraction.

124. 1er CAS. **Division d'une fraction par un nombre entier.** — *Pour diviser une fraction par un nombre entier, on multiplie le dénominateur par le nombre entier, en conservant le même numérateur.*

En effet, soit $\frac{3}{4}$ à diviser par 5.

Le quotient doit être 5 fois plus petit que le dividende. Or pour rendre une fraction 5 fois plus petite, il faut multiplier son dénominateur par 5. On obtient donc :

$$\frac{3}{4} : 5 = \frac{3}{4 \times 5} = \frac{3}{20}.$$

EXEMPLE. — *On veut partager en 5 parties égales un ruban qui a $\frac{7}{8}$ de mètre. Quelle sera la longueur de chaque partie?*

En divisant $\frac{7}{8}$ par 5, on obtient :

$$\frac{7}{8} : 5 = \frac{7}{40}.$$

Réponse. — Chaque partie aura $\frac{7}{40}$ de mètre.

REMARQUE. — Si le numérateur est divisible par le nombre entier du diviseur, on peut avoir le quotient en divisant le numérateur par le nombre entier et en conservant le dénominateur.

EXEMPLE. — *Un ruban qui a $\frac{8}{9}$ de mètre doit être coupé en 4 morceaux égaux; trouver la longueur de chaque morceau.*

Chaque morceau sera évidemment la 4e partie de 8 neuvièmes le mètre, c'est-à-dire 2 neuvièmes de mètre.

On trouve ainsi :

$$\frac{8}{9} : 4 = \frac{2}{9}.$$

125. 2e CAS. **Division d'un nombre entier par une fraction.** — *Pour diviser un nombre entier par une fraction, on multiplie le nombre entier par l'inverse de la fraction.*

On appelle *inverse* d'une fraction la fraction obtenue en mettant les deux termes l'un à la place de l'autre.

Soit 7 à diviser par $\frac{4}{9}$. D'après la définition générale, le quotient de cette division multiplié par $\frac{4}{9}$ doit donner 7.

Or, le produit du quotient par $\frac{4}{9}$ est les $\frac{4}{9}$ de ce quotient.

Donc les 4 neuvièmes du quotient inconnu valent 7.

1 neuvième de ce quotient vaut 4 fois moins, c.-à-d. $\frac{7}{4}$.

Le quotient vaudra 9 fois ce dernier résultat, c.-à-d. $\frac{7 \times 9}{4}$.

Le quotient trouvé $\frac{7 \times 9}{4}$ étant la même chose que $7 \times \frac{9}{4}$ la règle est démontrée.

126. 3e CAS. **Division de deux fractions.** — *Pour diviser deux fractions entre elles, on multiplie la fraction dividende par l'inverse de la fraction diviseur.*

En effet, soit à diviser $\frac{7}{8}$ par $\frac{4}{9}$. Le quotient multiplié par le diviseur doit reproduire le dividende.

Les 4 neuvièmes du quotient valent donc $\frac{7}{8}$.

1 neuvième vaudrait 4 fois moins, c.-à-d. $\frac{7}{8 \times 4}$.

Le quotient vaudra 9 fois ce résultat, c.-à-d. $\frac{7 \times 9}{8 \times 4}$.

Or le quotient $\frac{7 \times 9}{8 \times 4}$ est la même chose que $\frac{7}{8} \times \frac{9}{4}$.

La règle est ainsi démontrée.

REMARQUE. — Soit $\frac{7}{8}$ à diviser par $\frac{5}{8}$. Le quotient serait

$$\frac{7 \times 8}{5 \times 8} \text{ ou en simplifiant } \frac{7}{5}.$$

Donc, quand on doit diviser l'une par l'autre deux fractions ayant le même dénominateur, le quotient est une fraction ayant pour numérateur le numérateur du dividende et pour dénominateur le numérateur du diviseur.

127. 4e CAS. **Division de deux nombres mixtes.** — *Quand le dividende et le diviseur sont formés d'un nombre entier joint à une fraction, on convertit le nombre entier et la fraction en un nombre fractionnaire et on suit alors la règle de la division de deux fractions.*

Soit $2\frac{5}{7}$ à diviser par $3\frac{4}{9}$. D'après cette règle, on aura :

$$2\frac{5}{7} : 3\frac{4}{9} = \frac{19}{7} : \frac{31}{9} = \frac{19 \times 9}{7 \times 31} = \frac{171}{217}.$$

EXEMPLE. — *Un tailleur a un coupon d'étoffe de 8 mètres $\frac{1}{4}$ dont il veut faire des gilets. Combien en aura-t-il, si chaque gilet prend $\frac{2}{3}$ de mètre ?*

Le nombre de fois que $\frac{2}{3}$ est contenu dans $8\frac{1}{4}$ est

$$8\frac{1}{4} : \frac{2}{3} = \frac{33}{4} : \frac{2}{3} = \frac{33 \times 3}{4 \times 2} = \frac{99}{8} = 12\frac{3}{8}.$$

On aura 12 gilets avec un reste égal aux $\frac{3}{8}$ d'un gilet.

128. Remarque. — Quand le diviseur est plus grand que le quotient est plus petit que le dividende.

Quand le diviseur est plus petit que 1, le quotient est pl grand que le dividende, et il croît de plus en plus à mesu que le diviseur devient de plus en plus petit.

En effet diviser 5 par $\frac{1}{2}$ revient à chercher combien de f y a $\frac{1}{2}$ dans 5; ce nombre de fois est 10.

Or plus le diviseur est petit, plus il est contenu de f dans le dividende.

129. Rapport. — Pour indiquer le *rapport* qu'il y a, p exemple, entre une longueur de 8 mètres et une largeur 4 mètres, on dit que la longueur est *double* de la largeur, bien que la largeur est la *moitié* de la longueur. Ce rapp se trouve par une division. D'après cela nous dirons :

Le **rapport** *de deux nombres est le quotient obtenu en di sant l'un par l'autre.*

Le rapport entre 3 et 5, par exemple, est $\frac{3}{5}$, ce qui veut di que le plus petit de ces deux nombres est égal à 3 f la 5e partie du plus grand.

Le rapport entre 5 et 3 serait $\frac{5}{3}$, ce qui veut dire que le p grand de ces deux nombres vaut 5 fois la 3e partie du plus pet

Les deux rapports $\frac{3}{5}$ et $\frac{5}{3}$, comparés l'un à l'autre, sont d *rapports inverses.*

On peut avoir à chercher le rapport entre deux nomb fractionnaires, par exemple, entre deux longueurs, l'une 2 mètres $\frac{1}{4}$ et l'autre de 5 mètres $\frac{1}{3}$. Ce rapport serait :

$$2\frac{1}{4} : 5\frac{1}{3} = \frac{9}{4} : \frac{16}{3} = \frac{9 \times 3}{4 \times 16} = \frac{27}{64}.$$

Ainsi la plus petite de ces deux longueurs est 27 fois 64e partie de la plus grande.

QUESTIONNAIRE — Répétez les trois définitions de la division. — Combien distingue-t-on de cas dans la division des fractions? — Énoncez la règle générale pour chacun de ces trois premiers cas. — Indiquez les règles particulières qu'on peut leur appliquer. — Comment opère-t-on, quand le dividende et le diviseur sont des nombres mixtes? — Qu'appelle-t-on rapport de deux quantités? — Comment trouve-t-on le rapport de deux nombres? — Qu'appelle-t-on rapports inverses?

CHAPITRE XI

DES FRACTIONS DÉCIMALES

130. Définition. — On nomme **fractions décimales** les fractions qui expriment des *dixièmes*, des *centièmes*, des *millièmes*, etc., de l'unité. Elles ont pour dénominateur l'unité suivie d'un ou de plusieurs zéros.

Exemples : $\frac{3}{10}$ $\frac{7}{100}$ $\frac{8}{1\,000}$ $\frac{9}{10\,000}$.

Les *dixièmes*, les *centièmes*, les *millièmes*, etc., sont nommés *unités fractionnaires décimales* ou plus simplement **unités décimales,** parce que chacune de ces unités est la 10e partie de la précédente.

En effet, si on partage le *dixième* de l'unité en 10 parties égales, il y a 10 fois 10 de ces parties, c'est-à-dire 100, dans l'unité entière; donc le 10e du *dixième* est un *centième* de l'unité.

Si l'on partage le *centième* de l'unité en 10 parties égales, il y a 100 fois 10 de ces parties, c'est-à-dire 1 000, dans l'unité entière; donc le 10e du centième est un *millième* de l'unité, etc.

C'est ce qu'on voit sur le mètre pliant de la figure 12.

Les *unités décimales* sont donc la continuation décroissante des ordres d'unités entières, à partir de l'unité simple.

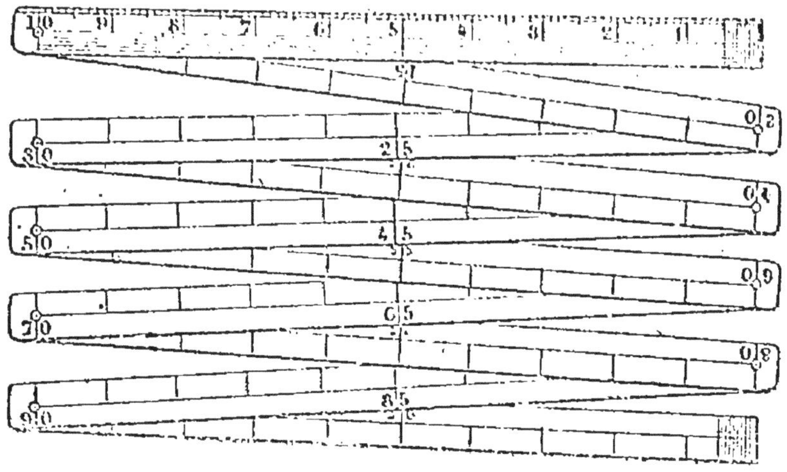

Fig. 12.

131. Propriété particulière aux fractions décimales. — *Les fractions décimales peuvent être écrites sans dénominateur.*

En effet, dans un nombre les unités d'un chiffre quelconque sont la 10e partie des unités du chiffre qui est immédiatement à sa gauche; donc un chiffre écrit à droite de celui des unités simples exprimera des *dixièmes;* le chiffre suivant, des *centièmes;* le suivant, des *millièmes*, etc.

On met une virgule entre le chiffre des unités simples et celui des dixièmes, afin de distinguer la fraction décimale de la partie qui exprime les unités entières. S'il n'y avait pas d'unités entières, on mettrait un zéro à leur place.

Exemple. — Le nombre 0,438 exprime :

4 dixièmes 3 centièmes et 8 millièmes.

Comme 4 dixièmes valent 40 centièmes, on peut dire aussi : 43 centièmes 8 millièmes.

Comme les 43 centièmes valent 430 millièmes, on peut encore dire : 438 millièmes.

Ainsi les nombres................ 0,4; 0,43; 0,438

sont la même chose que les fractions $\frac{4}{10}$ $\frac{43}{100}$ $\frac{438}{1000}$.

Nota. — Pour éviter toute équivoque, il est convenu que le nom de *fraction décimale* désigne la fraction écrite sans dénominateur.

Avec un dénominateur elle est regardée comme une fraction ordinaire.

132. Chiffres décimaux. — On appelle **nombre décimal** le nombre qui contient des unités entières jointes à une fraction décimale.

Par exemple 0,43 est une fraction décimale;

6,43 est un nombre décimal.

Cependant la fraction décimale est comprise dans le terme général de nombre décimal.

La partie d'un nombre décimal qui est à gauche de la virgule est ce qu'on appelle la *partie entière.*

Les chiffres placés à droite de la virgule se nomment *chiffres décimaux.*

Il faut se rappeler qu'à partir de la virgule :

le 1er chiffre exprime les *dixièmes*; le 2e les *centièmes;* le 3e les *millièmes;* le 4e les *dix-millièmes;* le 5e les *cent-millièmes;* le 6e les *millionièmes*, etc.

133. Règle pour énoncer un nombre décimal. — Les explications précédentes montrent qu'on peut énoncer un nombre décimal, de plusieurs manières.

1° Après avoir lu la partie entière, on lit successivement chaque chiffre décimal en lui ajoutant le nom des unités décimales qu'il exprime.

2° On peut partager la fraction décimale en tranches de deux chiffres, ou même de trois, à partir de la virgule, et lire chaque tranche, comme si elle était seule, en lui ajoutant le nom des unités décimales exprimées par son dernier chiffre.

Soit le nombre décimal : 7,204035.

On lira : 7 unités 2 dixièmes 4 millièmes 3 cent-millièmes 5 millionièmes,

7 unités 20 centièmes 4 millièmes 35 millionièmes.

REMARQUE. — On pourrait même lire tout le nombre décimal, sans faire attention à la virgule, comme un nombre entier, en y joignant le nom des unités décimales exprimées par son dernier chiffre.

Le nombre 7,204 sera lu ainsi : 7 204 millièmes.

134. Règle pour écrire un nombre décimal. — Pour écrire un nombre décimal, on écrit d'abord la partie entière, ou, s'il n'y en a pas, un zéro, puis une virgule et à la suite la partie décimale, de manière que son dernier chiffre soit au rang correspondant aux unités décimales qu'il exprime.

Soit le nombre : 18 *unités* 5 *centièmes* 42 *cent-millièmes*.

Le chiffre 5 des centièmes devant être le 2ᵉ après la virgule, on mettra un zéro avant lui pour tenir la place des dixièmes qui manquent; le chiffre 2 de 42 cent-millièmes devant être le 5ᵉ après la virgule, on mettra un zéro avant le chiffre 4 pour tenir la place des millièmes qui manquent.

Le nombre sera ainsi écrit : 18,05042.

135. Principes. — 1° *On peut écrire ou supprimer un ou plusieurs zéros sur la droite d'un nombre décimal, sans changer sa valeur.*

En effet, soit le nombre décimal 7,45. Si on met un zéro sur la droite, on a 7,450.

Le nombre des unités 7 est resté le même. Ensuite 450 millièmes valent 45 centièmes; car 1 centième vaut 10 millièmes.

2° *Pour rendre un nombre décimal* 10, 100, 1 000... *fois plus fort, on avance la virgule à droite d'un rang pour* 10, *de deux rangs pour* 100, *de trois rangs pour* 1 000, etc.

En effet, dans le nombre 4,327 avançons la virgule de deux rangs à droite, ce qui donne 432,7.

Les unités exprimées par chaque chiffre sont devenues 100 fois plus fortes; car le chiffre 4 des unités du premier nombre exprime dans le second 4 centaines; le chiffre 3 des dixièmes du premier exprime dans le second 3 dizaines, et une dizaine vaut 10 fois 10 dixièmes, c'est-à-dire 100 dixièmes, etc.

Donc la valeur du 1ᵉʳ nombre est devenue 100 fois plus grande.

Réciproquement, *on rend un nombre décimal 10, 100, 1 000... fois plus petit en reculant la virgule à gauche, d'un rang pour 10, de deux rangs pour 100, etc.*

REMARQUES. — 1° S'il n'y a pas assez de chiffres sur la droite ou sur la gauche du nombre pour le déplacement de la virgule, on y supplée par des zéros.

Ainsi pour avoir le nombre qui est 1000 fois plus faible que 3,4 on écrit 0,0034.

2° On rend un nombre entier 10, 100, 1 000... fois plus faible, en séparant sur sa droite, par une virgule, un chiffre décimal pour 10, deux chiffres décimaux pour 100, etc.

QUESTIONNAIRE. — Qu'est-ce qu'une fraction décimale? — Qu'appelle-t-on unités décimales? — Montrez que ces unités sont la continuation des ordres d'unités entières. — Expliquez comment les fractions décimales peuvent être écrites sans dénominateur. — Qu'appelle-t-on chiffres décimaux? — Comment lit-on une fraction décimale? — Qu'arrive-t-il si on écrit ou si l'on supprime des zéros sur la droite d'un nombre décimal? — Comment rend-on un nombre décimal 10, 100, 1000... fois plus grand ou plus petit? — Comment rend-on un nombre entier 10, 100, 1000... fois plus petit?

OPÉRATIONS SUR LES NOMBRES DÉCIMAUX

136. En rétablissant le dénominateur dans les fractions décimales, ou dans les nombres décimaux, on peut leur appliquer les règles relatives aux fractions ordinaires et déduire des résultats les règles qui se rapporteront aux nombres décimaux

Soit par exemple à multiplier 3,2 par 0,06. On aura :

$$3{,}2 \times 0{,}06 = \frac{32}{10} \times \frac{6}{100} = \frac{32 \times 6}{1000} = \frac{192}{1000} = 0{,}192.$$

On voit par là que *pour multiplier deux nombres décimaux entre eux, il faut les multiplier comme s'ils n'avaient point de virgule, puis séparer sur la droite du produit par une virgule autant de chiffres décimaux qu'il y en a dans les deux facteurs.*

Mais, en raison de l'importance que les nombres décimaux ont dans les calculs, il convient d'exposer la théorie des quatre opérations sur ces nombres, sans la déduire de celle des fractions ordinaires.

137. Addition et soustraction des nombres décimaux. — On effectue l'addition et la soustraction sur les nombres décimaux comme sur les nombres entiers; seulement on place une virgule au résultat entre le chiffre des unités simples et celui des dixièmes.

Cette règle est évidente et n'a pas besoin de démonstration.

REMARQUES. — 1° Si dans la soustraction le nombre supérieur a moins de chiffres décimaux que le nombre inférieur, on écrit des zéros sur sa droite pour qu'il y ait autant de chiffres décimaux dans le premier que dans le second.

EXEMPLE. — Retrancher 29,578 de 48,36.   48,360
On retranche 29,578 de 48,360.   29,578
18,782.

2° Il arrive souvent qu'on a à retrancher de l'unité une fraction décimale. C'est dans ce cas surtout qu'il convient d'employer la méthode de soustraction expliquée au n° 36, et connue sous le nom de méthode par *emprunt*.

Par exemple pour connaître l'excès de 1 sur la fraction décimale 0,64287, on retranche chaque chiffre de 9 à partir de la gauche et le dernier chiffre de 10.

On a ainsi : $1 - 0,64287 = 0,35713$.

138. Multiplication. — Nous distinguerons deux cas :
le cas où le multiplicateur est un nombre entier;
le cas où le multiplicateur est un nombre décimal.

1° LE MULTIPLICATEUR EST UN NOMBRE ENTIER. — Soit par exemple à multiplier 1,408 par 27.

Quand le multiplicateur est un nombre entier, la définition donnée au n° 38 s'applique aussi bien que si le multiplicande était lui-même un nombre entier.

Ainsi dans cet exemple le multiplicateur contenant 27 fois 1, le produit doit être égal à 27 fois 1 408 millièmes. On l'obtiendra donc en multipliant 1 408, c'est-à-dire le multiplicande considéré comme un nombre entier, par le multiplicateur 27. En outre le produit étant la somme de 27 nombres égaux de *millièmes*, exprime aussi des millièmes.

On trouve 38 016 millièmes, ce qui s'écrit ainsi : 38,016.

2° Le multiplicateur est un nombre décimal. — Soit par exemple 1,408 à multiplier par 2,7.

Quand le multiplicateur est un nombre entier, le produit est égal à autant de fois le multiplicande que le multiplicateur contient de fois 1.

De même quand le multiplicateur est un nombre décimal, le produit doit être égal à autant de fois la 10e, la 100e, la 1000e partie du multiplicande que le multiplicateur contient de fois la 10e, la 100e, la 1 000e partie de l'unité.

Le multiplicateur étant égal à 27 fois la 10e partie de l'unité, le produit vaudra 27 fois la 10e partie du multiplicande.

Or la 10e partie du multiplicande est 0,1408 c'est-à-dire 1 408 dix-millièmes. Le produit cherché vaudra 27 fois 1 408 dix-millièmes, c'est-à-dire 38 016 dix-millièmes ou 3,8016.

Des explications qui précèdent, on déduit la règle suivante.

Règle. — *Pour multiplier entre eux deux nombres décimaux, ou un nombre entier et un nombre décimal, on effectue la multiplication comme s'il n'y avait pas de virgule, puis on sépare sur la droite du produit, au moyen d'une virgule, autant de chiffres décimaux qu'il y en a dans les deux facteurs.*

Remarque. — Quand le multiplicateur est un nombre décimal, la multiplication comprend deux opérations : la division du multiplicande par 10, 100, 1 000, etc., puis la multiplication du résultat par un nombre entier.

139. Division. — Nous distinguerons deux cas :

le cas où le diviseur est un nombre entier;

le cas où le diviseur est un nombre décimal.

1° Le diviseur est un nombre entier. — Soit par exemple 58,617 à diviser par 23.

La question revient à partager 58 617 *millièmes* en 23 parties égales. On divise donc 58 617 par 23, ce qui donne 2 548; le quotient est 2 548 millièmes, ce qu'on écrit ainsi : 2,548.

De là résulte la règle suivante.

Règle. — *Pour diviser un nombre décimal par un nombre entier, on fait la division comme s'il n'y avait pas de virgule; puis on sépare sur la droite du quotient, par une virgule, autant de chiffres décimaux qu'il y en a au dividende.*

2° Le diviseur est un nombre décimal. — Soit par exemple 58,617 à diviser par 2,3.

D'après la définition générale de la division, le quotient multiplié par 2,3, c.-à-d. par 23 dixièmes, doit reproduire le dividende.

Les 23 dixièmes du quotient égalent donc 58,617.

Un dixième vaudrait 23 fois moins ou 58,617 : 23.

Le quotient cherché vaudra 10 fois ce dernier quotient.

Or pour rendre 10 fois plus grand le quotient de 58,617 : 23 il suffit de rendre le dividende 10 fois plus grand.

Le quotient cherché égale donc 586,17 : 23.

En effectuant la division, on trouve pour quotient 25,48.

Règle. — Ainsi *lorsque le diviseur est un nombre décimal, il faut supprimer la virgule au diviseur et avancer à droite celle du dividende d'autant de rangs qu'il y avait de chiffres décimaux au diviseur. Si le dividende était un nombre entier, on imaginerait à droite une virgule et des zéros. On revient ainsi à la division d'un nombre décimal par un nombre entier.*

Remarque. — Il est bon d'observer que dans l'application de cette règle, on multiplie le diviseur et le dividende par un même nombre, qui est l'unité suivie d'autant de zéros qu'il y a de chiffres décimaux dans le diviseur.

On a déjà expliqué en effet (n° 75) qu'on peut multiplier le dividende et le diviseur par un même nombre sans changer la valeur du quotient.

140. Conversion d'une fraction ordinaire en fraction décimale. — *Pour convertir une fraction ordinaire en une fraction décimale équivalente, on divise le numérateur comme s'il était suivi d'un nombre indéfini de zéros par le dénominateur; puis sur la droite du quotient, on sépare par une virgule, autant de chiffres décimaux qu'on a employé de zéros.*

Soit par exemple la fraction $\frac{7}{8}$. D'abord cette fraction exprime aussi la 8e partie de 7 (n° 105), c'est-à-dire le quotient de 7 divisé par 8. Pour avoir ce quotient, on peut convertir 7 en dixièmes ce qui en fait 70, ou en centièmes ce qui fait 700, ou en millièmes ce qui en fait 7 000, etc.

Or en divisant 7 000 par 8 on arrive à un reste nul et on a pour quotient 875. La 8e partie de 7 unités ou de 7 000 millièmes est 875 millièmes. On obtient donc :

$$\frac{7}{8} = 0,875.$$

REMARQUE. — La division ne se termine pas toujours, comme dans l'exemple précédent, et si on pousse l'opération assez loin, on arrive à avoir un quotient dans lequel les chiffres reviennent indéfiniment dans le même ordre.

On trouvera par exemple :

$$\frac{1}{3} = 0,3333\ldots\ldots ; \quad \frac{5}{11} = 0,45\,45\,45\ldots\ldots\ldots$$

$$\frac{5}{6} = 0,83333\ldots\ldots : \frac{37}{108} = 0,34\,259\,259\,259\ldots$$

Ces fractions décimales sont appelées *fractions périodiques.*

Quand les chiffres qui se répètent commencent immédiatement après la virgule, on dit que la fraction périodique est *simple.* Telles sont les fractions corrrespondantes à $\frac{1}{3}$ et à $\frac{5}{11}$.

Quand les chiffres qui se répètent ne commencent qu'après un ou plusieurs chiffres à droite de la virgule, comme dans les fractions correspondantes à $\frac{5}{6}$ et à $\frac{37}{108}$, la fraction décimale périodique est *mixte.*

On nomme *période* le groupe des chiffres qui se reproduisent régulièrement.

Dans les fractions correspondant à $\frac{1}{3}$ et à $\frac{5}{6}$, la période n'a qu'un chiffre qui est 3; dans la fraction correspondant à $\frac{5}{11}$ la période est 45; dans la quatrième, la période est 259.

141. Cas où la fraction ordinaire est réductible en fraction décimale. — *Si une fraction ordinaire est réduite à sa plus simple expression, on reconnait qu'elle peut être convertie exactement en fraction décimale, quand son dénominateur ne contient pas d'autres facteurs premiers que 2 et 5.*

Soit la fraction $\frac{7}{8}$, dont le dénominateur 8 est égal à 2^3.

Pour que le numérateur 7, suivi d'un certain nombre de zéros, soit divisible par le dénominateur 8, il faut qu'il contienne tous les facteurs premiers du dénominateur (nº 96). C'est ce qui arrive, quand le dénominateur ne contient que des facteurs premiers égaux à 2 et à 5 ; car chaque zéro écrit au numérateur le multiplie par 10 c'est-à-dire par 2 et par 5.

Si le dénominateur contient d'autres facteurs premiers que 2 et 5, la division ne se termine pas ; car le numérateur suivi d'un nombre quelconque de zéros ne contiendra jamais les facteurs premiers autres que 2 et 5, qui sont dans le dénominateur.

Soit la fraction $\frac{3}{7}$; la division de 3 suivi d'un nombre indéfini de zéros ne se terminera pas. Comme le reste est toujours inférieur au diviseur, il y aura au plus six restes différents ; donc après six divisions *au plus*, on verra revenir un des restes précédents. On retrouvera ainsi les mêmes dividendes partiels et les mêmes chiffres au quotient. On aura :

$$\frac{3}{7} = 0,428\,571\,428\,571\,\ldots..$$

QUESTIONNAIRE. — Montrez comment les règles du calcul des fractions ordinaires peuvent s'appliquer aux fractions décimales. — Comment fait-on l'addition et la soustraction des nombres décimaux ? — Quelle précaution doit-on prendre dans la soustraction ? — Comment cherche-t-on le reste, quand on doit retrancher une fraction décimale de 1 ? — Combien y a-t-il de cas à examiner dans la multiplication ? — Énoncez et démontrez la règle de la multiplication. — Combien y a-t-il de cas dans la division ? — Énoncez et démontrez la règle de la division pour chacun de ces deux cas. — Comment transforme-t-on une fraction ordinaire en fraction décimale ? — Qu'est-ce qu'une fraction périodique ? — Dans quel cas une fraction ordinaire peut-elle être convertie exactement en une fraction décimale ?

RECHERCHE DE LA FRACTION ORDINAIRE ÉQUIVALENTE A UNE FRACTION DÉCIMALE PÉRIODIQUE

142. Observation. — Cette question a peu d'utilité pratique. Nous ne la traitons ici qu'à titre d'exercice, et parce qu'elle est souvent proposée dans les examens du brevet élémentaire.

Fraction périodique simple. — *Pour avoir la fraction ordinaire équivalente à une fraction périodique simple, on prend pour numérateur la période, et pour dénominateur un nombre composé d'autant de 9 qu'il y a de chiffres dans la période.*

En effet soit la fraction périodique : 0,34 34 34.......

Pour abréger désignons par f sa valeur.

Portons la virgule à droite de la 1re période, ce qui revient à multiplier la fraction périodique par 100 ; nous avons :

$$100\ f = 34{,}34\ 34\ldots\ldots$$

Retranchons $\qquad f = \ 0{,}34\ 34\ldots\ldots$

On a pour reste $\quad 99\ f = 34.$

Ainsi 99 fois la valeur f égalent 34.

Cette valeur f est donc :

$$f = \frac{34}{99}.$$

La règle énoncée est ainsi démontrée.

Fraction périodique mixte. — *Pour avoir la fraction ordinaire équivalente à une fraction périodique mixte, on prend pour numérateur l'excès du nombre formé, abstraction faite de la virgule, par les chiffres non périodiques et la première période sur le nombre formé par les chiffres non périodiques ; pour dénominateur, un nombre composé d'autant de 9 qu'il y a de chiffres dans la période, suivis d'autant de zéros qu'il y a de chiffres non périodiques.*

Soit la fraction périodique : 0,6 34 34 34.....

Représentons encore sa valeur par f.

Portons la virgule à droite de la 1re période, ce qui revient à multiplier la fraction par 1000 ; portons-la aussi à gauche de la 1re période, ce qui revient à multiplier la fraction par 10. Nous aurons :

$$1000\ f = 634{,}34\ 34\ 34\ldots\ldots$$
$$10\ f = 6{,}34\ 34\ 34\ldots\ldots$$

En retranchant la valeur 10 f de la valeur 1000 f, on obtient :

$$990\ f = 634 - 6 = 628;$$

d'où $\quad f = \dfrac{628}{990}$

La règle énoncée est ainsi démontrée.

Nota. — Nous avons déjà fait observer au commencement du numéro 142, à la page précédente, qu'il n'y a aucune utilité pour l'instruction primaire à enseigner la recherche de la fraction ordinaire équivalente à une fraction périodique donnée, ou, comme on dit encore, la fraction ordinaire génératrice de la fraction périodique.

Ce qui est même plus inutile, c'est de déterminer les caractères auxquels on reconnaîtra qu'une fraction ordinaire produira une fraction périodique simple ou une fraction périodique mixte. Aussi est-il vraiment regrettable que cette question soit quelquefois posée dans les examens du brevet élémentaire, ce qui oblige les candidats à étudier et à mettre dans leur mémoire une règle dont ils n'auront jamais à faire aucune application. C'est pour ce motif que nous reproduisons ici les deux principes suivants. Quant à la démonstration qui les suit, elle est uniquement réservée aux maîtres.

Principe I. — *Une fraction ordinaire irréductible donne lieu à une fraction périodique simple, lorsque son dénominateur ne contient aucun des facteurs premiers 2 et 5.*

Pour le démontrer, supposons que la fraction ordinaire ait produit une fraction périodique mixte. En cherchant, d'après la règle précédente, la fraction ordinaire équivalente à cette fraction périodique, on trouverait une fraction dont le dénominateur sera terminé par un ou plusieurs zéros, et dont le numérateur n'en aura aucun sur sa droite, comme on l'a fait remarquer ci-dessus. Ainsi le dénominateur contiendrait autant de facteurs 2 et autant de facteurs 5 qu'il y aurait de zéros sur sa droite, et le numérateur ne contiendrait pas *à la fois* le facteur 2 et le facteur 5. Par conséquent, après avoir supprimé les facteurs premiers communs aux deux termes, on aurait une fraction dont le dénominateur renfermerait encore ou le facteur 2 ou le facteur 5, et qui par conséquent ne pourrait être égale à la fraction proposée.

Donc la fraction périodique ne peut être *mixte;* elle est par conséquent *simple.*

Principe II. — *Lorsque le dénominateur de la fraction ordinaire irréductible contient les facteurs 2 et 5, ou l'un seulement avec d'autres facteurs premiers, elle donne lieu à une fraction périodique mixte. En outre le nombre des chiffres irréguliers est marqué par le plus fort des exposants des facteurs 2 et 5 compris dans le dénominateur.*

Supposons en effet que la fraction ordinaire produise une fraction périodique simple. En cherchant, d'après la règle démontrée plus haut, la fraction ordinaire équivalente à cette fraction périodique simple, on trouverait une fraction dont le dénominateur sera formé uniquement de chiffres égaux à 9 et ne contiendra par conséquent ni le facteur 2 ni le facteur 5. Cette fraction ne sera donc pas équivalente à la fraction proposée; donc celle-ci ne peut donner qu'une fraction périodique mixte.

Pour expliquer plus clairement la seconde partie du principe, considérons, par exemple, la fraction $\frac{19}{75}$.

Réduite en fraction décimale, elle donne 0.25 3 3 3 3..............

En cherchant, d'après la règle, la fraction ordinaire équivalente à cette fraction périodique, on trouve :

$$\frac{253 - 25}{900} = \frac{228}{900}.$$

Or le numérateur, ne pouvant pas être terminé par un zéro, ne contient pas *à la fois* le facteur 2 et le facteur 5 ; ici le numérateur 228 contient le facteur 2. Par conséquent si l'on supprime tous les facteurs premiers communs aux deux termes, afin de retrouver la fraction primitive $\frac{19}{75}$, le dénominateur de la fraction irréductible ainsi obtenue conserve tous ses facteurs 5, c'est-à-dire autant de facteurs 5 qu'il avait de zéros sur sa droite, en d'autres termes, autant qu'il y avait de chiffres irréguliers. Le nombre de ces chiffres est donc égal au plus fort des exposants des facteurs 2 et 5 compris dans le dénominateur de la fraction proposée.

REMARQUE. — Nous terminerons cet article en appelant l'attention sur la fraction périodique : 0.9 9 9 9 9 9.....

En cherchant, d'après la règle, la fraction ordinaire qui lui a donné naissance, on obtient $\frac{9}{9}$, c'est-à-dire 1.

A première vue ce résultat paraît généralement un peu singulier; on ne s'attendait pas à trouver 1 pour la valeur d'une fraction décimale.

Mais observons d'abord que la fraction périodique se compose non pas d'un nombre limité de chiffres, mais d'une *infinité* de chiffres. Puis prenons successivement la fraction avec un nombre de chiffres de plus en plus grand, par exemple trois, six, neuf ... chiffres, etc.

Pour égaler l'unité, il manque :

1 millième à 0.999;

1 millionième à 0.999 999;

1 billionième à 0.999 999 999.

Ainsi plus est grand le nombre des chiffres décimaux, plus est faible la différence qui reste entre la fraction décimale et 1 : donc, quand le nombre des chiffres est *infini*, cette différence est *infiniment petite*, c'est-à-dire nulle.

L'unité est la *limite* vers laquelle tend la fraction périodique 0,999... à mesure que le nombre de ses chiffres augmente indéfiniment.

DE L'APPROXIMATION DANS LES NOMBRES DÉCIMAUX

143. Quotient approché. — Le plus souvent la division de deux nombres ne se termine pas et par suite le quotient obtenu n'a pas une valeur exacte. C'est ce qui arrive par exemple dans la division de 60,913 par 23.

60,913	23
14 9	2,648
1 11	
193	
9	

Quand tous les chiffres du dividende ont été employés, on a le quotient 2,648 et un reste égal à 9 millièmes.

Le quotient exact serait compris entre 2 648 millièmes et 2 649 millièmes; le quotient obtenu 2,648 est donc trop faible d'une quantité égale à la 23ᵉ partie de 9 millièmes, c'est-à-dire d'une quantité moindre que 1 millième. On dit en ce cas qu'il est *approché* par défaut à moins de 1 millième près.

On peut obtenir le quotient avec plus d'exactitude. Pour cela on convertit le reste 9 en dix-millièmes, en écrivant un zéro sur sa droite, puis on divise 90 par 23, ce qui donne au quotient 3 dix-millièmes, et pour reste 21 dix-millièmes.

On peut encore convertir ces 21 dix-millièmes en cent-millièmes, en écrivant un zéro sur la droite; puis on divise 210 cent-millièmes par 23, ce qui donne au quotient 9 cent-millièmes, avec un reste égal à 3 cent-millièmes.

Le quotient 2,64839 est plus approché du quotient exact que le précédent ; il en diffère seulement d'une quantité moindre que 1 cent-millième.

Ce qui précède s'applique aussi à la division de deux nombres entiers; car on peut toujours convertir le nombre entier du dividende en dixièmes en écrivant à sa droite une virgule et un zéro, en centièmes en écrivant deux zéros, etc.

De ces explications nous dégagerons la règle suivante.

Règle. — *Pour obtenir le quotient approché de deux nombres entiers ou décimaux avec une erreur moindre qu'une unité décimale donnée, on opère comme si le dividende avait sur sa droite un nombre indéfini de zéros, et on arrête la division quand on a obtenu au quotient le chiffre qui exprime des unités de même ordre que l'unité décimale donnée.*

144. Approximation à moins d'une demi-unité décimale. — Lorsque le premier des chiffres négligés sur la droite d'un nombre décimal est moindre que 5, l'erreur dont le nombre décimal est ainsi affecté est moindre qu'une demi-unité de l'ordre du dernier chiffre conservé. Si, par exemple, dans 2,648 on se borne au chiffre des *dixièmes*, la partie négligée, 48 millièmes, est moindre que 5 centièmes, c'est-à-dire moindre qu'un demi-dixième.

Lorsque le premier des chiffres négligés surpasse 5, la quantité ainsi supprimée surpasse une *demi-unité décimale* de l'ordre du dernier chiffre conservé. Par exemple, si dans 2,648 on prend seulement 2,64, les 8 millièmes supprimés font une quantité plus grande qu'un demi-centième.

Dans ce cas on augmente de 1 le dernier chiffre conservé, ce qui fait 2,65. Le nombre ainsi obtenu est approché par excès, mais la quantité dont il est trop fort est moindre qu'un *demi-centième*.

145. Erreur du produit quand un des deux facteurs est approché. — *Lorsque dans une multiplication de deux facteurs l'un est approché et l'autre exact, l'erreur du produit est égale à l'erreur du facteur approché multipliée par le facteur exact.*

Supposons, par exemple, qu'on doive payer 9 mètres d'étoffe du prix de 8 fr. 34 centimes le mètre. Si on néglige les 4 centimes sur le prix du mètre, la somme, qui est égale seulement à 9 fois 8f,30, est trop faible de 9 fois 4 centimes.

Ainsi le multiplicande 8,3 étant affecté d'une erreur égale à 4 centimes, l'erreur du produit $8,3 \times 9$ est égale à 9 fois celle du multiplicande.

146. Erreur du quotient quand le dividende est approché. — *Lorsque le dividende est approché et le diviseur exact, l'erreur du quotient est égale à l'erreur du dividende divisée par le diviseur.*

En effet, si un homme, devant partager à 6 personnes une somme de 180 fr. 75 cent., néglige les 75 centimes et donne seulement à chacune le 6e de 180 fr., c'est-à-dire 30 fr., il manquera à la part de chacune le 6e de 75 centimes.

Ainsi le dividende 180 étant affecté d'une erreur égale à 75 centimes l'erreur du quotient est seulement la 6e partie de celle du dividende.

Les deux principes précédents ont une grande importance; on ne doit jamais les perdre de vue dans les calculs qu'exige la résolution des problèmes. C'est ce qui va être mis en évidence par l'exemple suivant.

PROBLÈME. — *Un voyageur a payé 47f,30 pour aller de Paris à Lyon en 2e classe par le chemin de fer, la distance entre ces deux villes étant de 512 kilomètres. Il fait le calcul suivant pour savoir combien il payera de Lyon à Marseille, la distance entre ces deux villes étant de 352 kilomètres.*

Pour 512 kilomètres il a payé 47f,30.
Pour 1 kil. il payerait 512 fois moins, c'est-à-dire

$$47^{f},30 : 512 = 0^{f},09.$$

Pour 352 kil. il payera 352 fois 0f,09, c'est-à-dire

$$0^{f},09 \times 352 = 31^{f},68.$$

OBSERVATION. — Ce résultat est un peu inférieur au prix demandé par la Compagnie; car le voyageur sera obligé de donner 32 fr. 50 centimes.

Cette différence provient de ce qu'en arrêtant la division au chiffre des centimes, on néglige une certaine fraction de centime, qui serait exprimée par les chiffres décimaux suivants. En cherchant plus de chiffres décimaux, on aurait pour quotient 0,092382. Or 0,0025 font 1 quart de centime; le prix de 0,09 par kilomètre est donc trop faible de presque 1 quart de centime. Par suite au produit trouvé 31 fr. 68 centimes il manque à peu près 352 quarts de centime, ou 88 centimes.

On voit par là que lorsqu'on doit diviser un nombre par un autre et multiplier ensuite le quotient par un 3e nombre, il faut avoir soin de chercher au quotient un nombre de chiffres décimaux plus grand que le nombre des chiffres décimaux qu'exige la réponse du problème.

Il est facile de connaître le nombre des chiffres décimaux qu'il suffit de conserver au multiplicande.

En effet, l'erreur du produit cherché devant être inférieure à un centime, il faut que 352 fois l'erreur dont le multiplicande sera affecté forment une quantité moindre que 1 centime ; il faut par conséquent que l'erreur du multiplicande soit moindre que la 352e partie de 1 centime. Le résultat aura à plus forte raison le degré d'exactitude demandé, si on fait l'erreur du multiplicande moindre que la 1000e partie de 1 centime, c'est-à-dire moindre que 1 cent-millième.

On prendra donc pour multiplicande 0f,09238 et on aura :

$$0^f,09238 \times 352 = 32^f,51776$$

ou 32f,52, en forçant l'unité sur le chiffre des centimes.

De l'explication précédente on peut tirer la règle suivante.

Règle. — *Dans une multiplication où le multiplicande est seulement approché, le nombre des chiffres décimaux qu'il faut conserver dans le multiplicande est égal au nombre des chiffres décimaux qu'on veut avoir au produit, plus le nombre des chiffres de la partie entière du multiplicateur.*

Remarque. — On peut éviter l'emploi de cette règle. Pour cela, au lieu d'effectuer la division, on met d'abord le quotient sous la forme d'une fraction, puis on multiplie le dividende, c'est-à-dire le numérateur, par le 3e nombre et on fait en dernier lieu la division. En effet, on a vu que, si on rend le dividende un certain nombre de fois plus grand, le quotient devient ce même nombre de fois plus grand.

En suivant cette marche, on résoudra le problème de la manière suivante.

Pour 512 kilomètres on paye 47f,30.
Pour 1 kil. on payerait 512 fois moins, ou

$$\frac{47^f,30}{512}.$$

Pour 352 kil. on payera 352 fois le prix de 1 kilomètre, c'est-à-dire

$$\frac{47,30 \times 352}{512} = \frac{16649,6}{512} = 32,518.$$

QUESTIONNAIRE. — Quand est-ce qu'un nombre décimal est approché? — Comment obtient-on un quotient avec une erreur moindre qu'une unité décimale donnée? — Comment l'obtient-on avec une erreur moindre qu'une demi-unité décimale donnée? — Quelle est l'erreur d'un produit de deux facteurs dont l'un est approché et l'autre exact? — Quelle est l'erreur du quotient, quand le dividende est approché et le diviseur exact? — Quel est le nombre des chiffres décimaux qu'il faut employer au multiplicande, le multiplicateur étant exact, pour que le produit ait un degré d'exactitude donné? — Peut-on éviter l'emploi de cette règle, quand on doit d'abord chercher un quotient et le multiplier ensuite par un nombre?

NOTA. — On trouvera l'exposé simple et pratique de la théorie des approximations dans notre *Cours d'arithmétique pour l'Enseignement spécial : Cours de 2e et de 3e année.*

CHAPITRE XII

SYSTÈME MÉTRIQUE

147. Établissement du système métrique. — Nous avons déjà donné quelques notions sur les mesures usuelles (chap. III). Nous devons maintenant les compléter par l'exposition méthodique du **système métrique** : c'est l'ensemble des mesures qui ont pour base le mètre et qui sont les seules dont l'usage soit autorisé et imposé par la loi.

Quelques détails historiques sur ce sujet ne seront peut-être point sans intérêt.

Ce fut par un premier décret du 8 mai 1790 que l'Assemblée nationale en ordonna l'établissement, afin de substituer des mesures simples et faciles aux mesures nombreuses et compliquées qui étaient employées dans les diverses provinces de la France[1]. Par un autre décret rendu le 26 mai 1791, d'après un rapport de l'Académie des sciences, il fut décidé que la nouvelle unité de longueur, désignée par le nom de *mètre*, serait égale à la dix-millionième partie du quart du méridien et servirait de base aux diverses mesures qui devaient composer le nouveau système.

A cette époque, l'unité principale de longueur était la **toise**, qu'on peut regarder comme la taille la plus grande qu'un homme puisse atteindre ; elle se divisait en six **pieds**. Mais la toise n'avait pas partout la même

---

1. Voir à la page 151 les Notions sur les anciennes mesures.

longueur : la toise du Dauphiné différait de celle de la Provence, et celle de Paris n'était pas la même que celle de Bordeaux.

Conformément aux décrets de l'Assemblée nationale, deux astronomes, Delambre et Méchain, furent chargés d'effectuer la mesure de l'arc de méridien qui s'étend à travers la France, depuis Dunkerque au nord jusqu'à Barcelone au sud en Espagne, en passant par Paris. Delambre eut pour sa part l'arc de Dunkerque à Rodez, sur une distance de 360 000 toises; l'autre partie, de Rodez à Barcelone, réservée à Méchain, avait seulement 170 000 toises. Ils employèrent la toise nommée *toise du Pérou*, ainsi nommée parce que c'est celle dont se servirent les astronomes Bouguer et Lacondamine pour la mesure d'un arc de méridien au Pérou, en 1736.

Leurs travaux, commencés au mois de juin 1792, furent ralentis par les difficultés d'exécution, et même interrompus au milieu des agitations politiques du temps[1]; ils ne furent terminés que dans l'année 1798.

En combinant les résultats qu'ils obtinrent avec ceux que d'autres astronomes avaient trouvés dans des opérations précédentes, exécutées en divers lieux, on assigna une longueur de 5 130 740 toises au quart du méridien, sur la surface du sol considéré sans inégalités et comme étant la continuation de la surface de la mer.

On divisa cette longueur par 10 000 000, ce qui donne $0^t,513\,074$.

Cette longueur, égale à 513 fois la 1000e partie de la toise, fut la nouvelle unité de longueur, le **mètre**.

Le gouvernement fit fabriquer des règles de platine ayant exactement cette longueur, ainsi que des cylindres massifs en platine représentant avec la plus grande exactitude le poids du kilogramme, c'est-à-dire de 1 000 centimètres cubes d'eau distillée, pesés à la température de 4 degrés centigrades et dans le vide. Ces mètres et ces kilogrammes en platine se trouvent aujourd'hui aux Archives nationales, au Conservatoire des arts et métiers et au musée astronomique de l'Observatoire. D'autres mètres en fer et des kilogrammes en cuivre furent aussi construits pour servir à la vérification des mesures employées dans le commerce.

Mais le système métrique ne s'établit pas sans résistance de la part de la routine; c'est la loi du 4 juillet 1837 qui acheva de dissiper les obstacles, en rendant obligatoire l'emploi des nouvelles mesures et en interdisant l'usage des anciennes dans les actes publics à partir du 1er janvier 1840. Aujourd'hui ce système est adopté dans la plupart des États d'Europe et d'Amérique, excepté en Russie et en Turquie; en Angleterre, il est seulement autorisé.

148. Méridien. — La terre peut être regardée comme une immense sphère. Les inégalités que forment les montagnes sur sa surface sont négligeables relativement à l'étendue du globe : elles sont, en effet, moins sensibles que les aspérités que produiraient des grains de sable collés à la surface d'une boule grosse comme le poing.

---

1. Voir à la fin du volume la note IV, page 252.

Elle tourne sur elle-même en 24 heures, d'occident en orient, tandis que c'est le soleil qui semble tourner en sens inverse, d'orient en occident. Ce mouvement, qui produit successivement le jour et la nuit pour les divers lieux de la terre, s'effectue comme autour d'une immense ligne droite qui passerait par le centre du globe. Cette ligne droite est l'*axe* de la terre et les deux points où elle perce la surface de la terre sont les deux *pôles* (fig. 13).

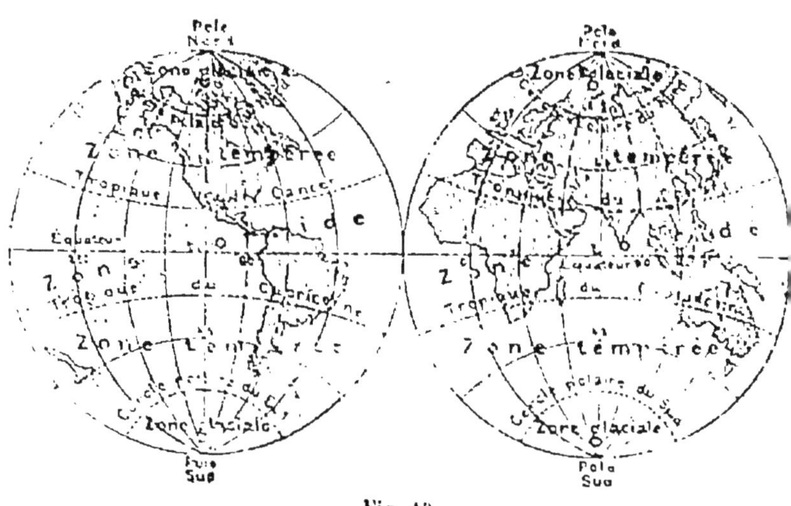

Fig. 13.

On nomme *méridien* un cercle qui environne la terre en passant par les deux pôles; on peut en imaginer un nombre quelconque. Celui qui passe par l'Observatoire de Paris est nommé *premier méridien*, parce que c'est à partir de celui-là que les autres sont comptés, à l'est et à l'ouest.

On nomme *équateur* un autre cercle qui environne la terre de l'est à l'ouest, en restant à égale distance des deux pôles. Le méridien est divisé par l'équateur et les deux pôles en quatre parties égales.

149. Espèces des mesures du système métrique. — Le système métrique contient des mesures de six espèces :

1° des mesures de *longueur*,
2° des mesures de *surface*,
3° des mesures de *volume*,
4° des mesures de *capacité*,
5° des mesures de *poids*,
6° des mesures pour la *valeur* en monnaie.

1° Une *longueur* est une simple ligne considérée sans largeur ni épaisseur.

2° La *surface* d'un corps est son étendue en longueur et en largeur, sans qu'on tienne compte de l'épaisseur. Il y a des surfaces *planes* comme celle d'une table, d'un jardin, et des surfaces *courbes* comme celle d'un tuyau, d'un abat-jour de lampe, etc.

On appelle *carré* (fig. 14) une figure plane formée par quatre lignes droites égales, se coupant deux à deux à angles droits.

Fig. 14.

3° Le *volume* d'un corps est l'espace qu'il occupe en longueur, en largeur et en hauteur ou épaisseur. Il y a des volumes à *faces planes* comme une brique, une poutre équarrie, et des volumes à *faces courbes* comme un rouleau, un chapeau, une boule, etc.

On nomme *cube* un corps ayant six faces carrées égales (fig. 15). Telle serait une brique dont la longueur, la largeur et l'épaisseur seraient égales entre elles.

Les lignes droites le long desquelles se joignent deux faces se nomment *arêtes*.

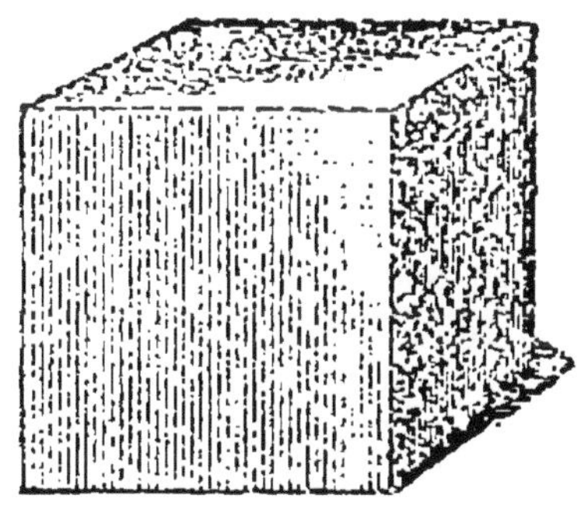

Fig. 15.

4° La *capacité* d'un corps creux n'est autre chose que le volume intérieur de ce corps.

150. Unités principales. — L'unité principale dans chaque espèce est :

1° pour les longueurs, le **mètre** ;
2° pour les surfaces, le **mètre carré** ;
3° pour les volumes, le **mètre cube** ;
4° pour la capacité, le **litre** ;
5° pour le poids, le **gramme** ;
6° pour la valeur des choses en monnaie, le **franc**.

Le **mètre** est égal à la dix-millionième partie de la longueur du quart du méridien terrestre, à partir de l'équateur jusqu'au pôle.

Sa longueur est égale à 10 fois la longueur de la règle de la figure 16, qui est en vraie longueur la 10ᵉ partie du mètre.

Fig. 16.

On appelle **mètre carré** un carré dont les quatre côtés ont 1 mètre. Telle serait la surface du tableau noir de la classe, si ses côtés avaient chacun 1 mètre.

On appelle **mètre cube** un cube dont les arêtes ont 1 mètre.

Par exemple, le sable qui remplirait une caisse ayant intérieurement 1 mètre en longueur, en largeur et en hauteur aurait un volume de 1 mètre cube.

On nomme **litre** la capacité d'un cube qui aurait intérieurement un 10ᵉ de mètre sur ses trois dimensions, c'est-à-dire la capacité d'un *décimètre cube*.

On appelle **gramme** le poids de l'eau distillée qui remplirait un petit cube ayant intérieurement un centième de mètre sur ses trois dimensions et qui serait à la température de 4 degrés du thermomètre[1].

On nomme **franc** la valeur représentée par une pièce de monnaie en argent, pesant 5 grammes et contenant les

1. Voir à la fin du volume la note 1, page 249.

9 dixièmes de son poids en argent pur et l'autre dixième en cuivre.

La pièce d'un franc fabriquée depuis 1865 pèse toujours 5 grammes; mais elle contient seulement 835 millièmes de son poids en argent, c'est-à-dire, un peu moins d'argent que le franc unité monétaire. La pièce actuelle ne vaut donc pas tout à fait 1 franc[1].

151. Multiples et sous-multiples[2]. — Une seule unité pour chaque espèce aurait été insuffisante. On emploie donc des unités plus grandes qui valent 10 fois, 100 fois, 1 000 fois, 10 000 fois l'unité principale, et des unités plus petites qui sont la 10ᵉ, la 100ᵉ, la 1 000ᵉ partie de l'unité principale.

Ces unités qui valent 10, 100, 1 000, 10 000 fois l'unité principale sont appelées **multiples**. Celles qui en sont la 10ᵉ, la 100ᵉ, la 1 000ᵉ partie sont appelées **sous-multiples**.

Pour désigner ces unités par un seul mot, on remplace :

les noms :	dix	cent	mille	dix mille
par les mots :	*déca*	*hecto*	*kilo*	*myria;*
les termes :	10ᵉ partie	100ᵉ partie	1000ᵉ partie	
par les mots :	*déci*	*centi*	*milli.*	

On joint à ces mots le nom de l'unité principale, par exemple : *décamètre* pour 10 mètres; *hectogramme* pour 100 grammes, etc. Cependant tous ces noms ne sont pas également usités, comme on l'indiquera dans ce qui suit.

152. Mesures effectives. — On fabrique et on met en vente des mesures égales à l'unité, à ses multiples et à ses sous-multiples : c'est ce qu'on appelle mesures *effectives* ou *réelles*. La loi autorise encore la fabrication d'autres mesures,

---

1. Les noms *mètre* et *gramme* viennent du grec. Le nom *litre* est une abréviation du mot *litron*, qui désignait une ancienne mesure de capacité.

Le mot *franc* était le nom d'une pièce de monnaie qui fut frappée en 1360, sous le règne du roi Jean, et sur laquelle on voyait le roi armé et autour ces deux mots : *Francorum rex*, roi des Francs.

2. Ces termes sont assez mal choisis, surtout le second où les deux mots qui le composent expriment deux idées contradictoires.

qui doivent être le *double* ou la *moitié* des mesures précédentes. Ainsi, on trouve des règles égales au demi-mètre et au double décimètre.

QUESTIONNAIRE. — Qu'est-ce que le système métrique? — Combien contient-il d'espèces de mesures? — Qu'est-ce qu'une ligne, une surface, un volume, une capacité? — Qu'est-ce qu'un carré? — Qu'est-ce qu'un cube? — Nommez l'unité de chaque espèce. — Qu'est-ce que le mètre? — Donnez des exemples de longueurs d'un mètre. — Qu'est-ce que le mètre carré? — Qu'est-ce que le litre? — Qu'est-ce que le gramme? — Qu'est-ce que le franc? — Qu'appelle-t-on multiples et sous-multiples des unités métriques? — Qu'appelle-t-on mesures effectives? — Que doivent-elles être par rapport à l'unité, à ses multiples et à ses sous-multiples?

UNITÉS DE LONGUEUR

153. Avec le **mètre** il y a pour unités de longueur plus grandes que le mètre :

le *décamètre*...... qui vaut 10 mètres ;
l'*hectomètre*....... qui vaut 100 mètres ;
le *kilomètre*....... qui vaut 1 000 mètres;
le *myriamètre*.... qui vaut 10 000 mètres;

pour unités plus petites que le mètre :

le *décimètre*...... qui est la 10e partie du mètre;
le *centimètre*...... qui est la 100e partie du mètre ;
le *millimètre*..... qui est la 1 000e partie du mètre.

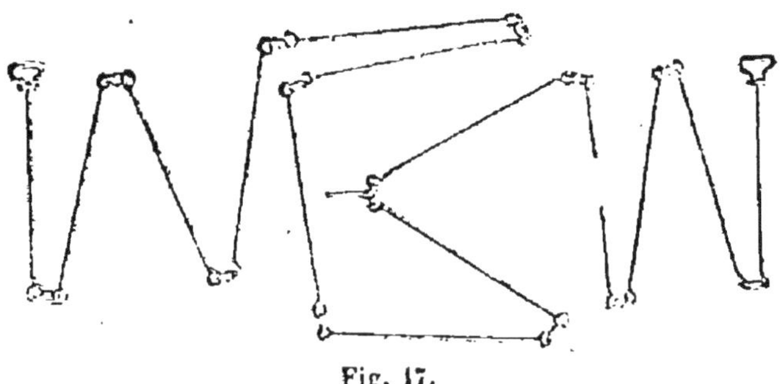

Fig. 17.

Les mesures effectives sont :

le *mètre*, le *double-mètre*, le *demi-mètre* ;

le *décamètre*, le *double décamètre* et le *demi-décamètre ;* le *décimètre* et le *double décimètre*.

On connaît le mètre pliant (fig. 18) composé de dix tiges égales, ordinairement en cuivre ou en buis.

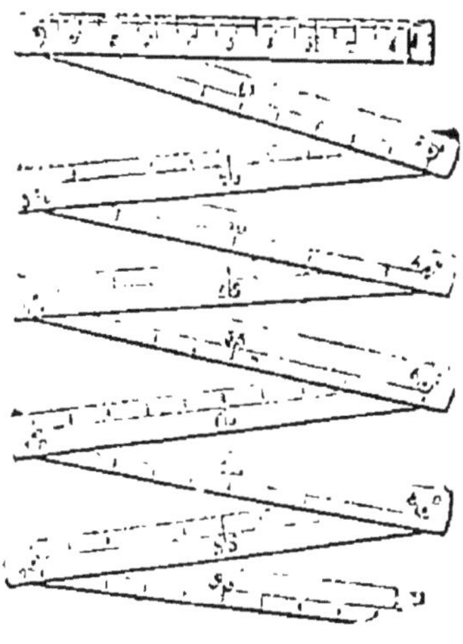

Fig. 18.

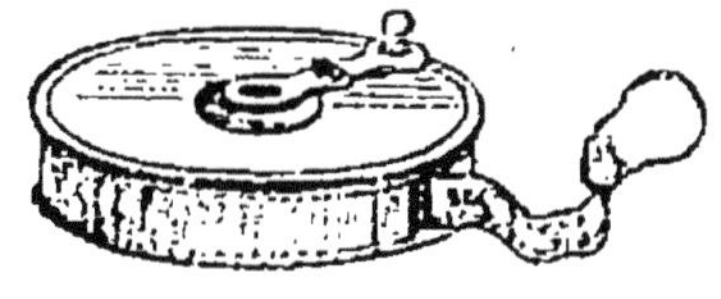

Fig. 19.

Il y a aussi des mètres formés d'un ruban, qui s'enroule dans une petite boîte circulaire, comme dans la figure 19.

La vraie longueur de chacune des dix pièces du mètre pliant, entre les deux clous autour desquels elles tournent, est celle de la figure 16 (page 122). On y voit la division du décimètre en 10 centimètres et en 100 millimètres.

Le *décamètre* est la longueur de la chaîne d'arpenteur représentée par la figure 17. Elle se compose de 50 chaînons en gros fil de fer, unis deux à deux par un anneau et terminés à ses deux extrémités par deux poignées, dont la longueur est comprise dans la longueur des 10 mètres de la chaîne.

Le kilomètre et le myriamètre sont employés pour évaluer les grandes distances, le long des routes ; pour cette raison ils sont nommés *mesures itinéraires*. On compte peu par myriamètres. Les kilomètres sont marqués sur le bord des routes par des bornes en pierre ; sur certaines routes on voit même les hectomètres indiqués par des bornes plus petites.

154. Lieue. — Il y a une autre mesure itinéraire qui est trop usitée pour qu'elle ne soit pas indiquée ici, quoiqu'elle ne soit pas comprise dans la nomenclature du système métrique : c'est la *lieue*.

On désigne par ce nom la 25e partie de la longueur du degré du méridien terrestre, comme l'indique cette expression : *lieues de 25 au degré*, qui se lit sur l'échelle des cartes géographiques.

Or la circonférence du méridien étant divisée en 360 parties égales nommées *degrés*, il y a 90 degrés dans le quart du méridien. On a donc :

90 degrés du méridien égalent 10 000 000 de mètres;
1 degré du méridien égale 90 fois moins, c.-à-d. 111 111 mètres.
La lieue est la 25e partie de cette distance, c.-à-d. 4 444 mètres.

Mais l'usage s'est établi de négliger les 444 mètres, de sorte que la lieue vulgaire a 4 kilomètres.

La *lieue marine* est la 20e partie du degré du méridien ; elle est égale à 5 555 mètres.

Les marins ont encore d'autres unités plus petites :

Le *mille* ou *nœud*, égal à la 60e partie de la longueur du degré du méridien, c'est-à-dire à 1 852 mètres;

La *brasse*, qui est égale à 1m,624;

L'*encablure*, qui est de 200 mètres.

QUESTIONNAIRE. — Quels sont les multiples et les sous-multiples du mètre? — Indiquez les mesures effectives de longueur. — Indiquez les mesures itinéraires. — Qu'est-ce que la lieue géographique et la lieue commune? — Qu'est-ce que la lieue marine? — Qu'est-ce que le mille marin? — Indiquez la longueur de la brasse et de l'encablure.

UNITÉS DE SURFACE

155. — L'unité fondamentale est le *mètre carré*, c'est-à-dire un carré dont les côtés ont 1 mètre de longueur.

Les unités plus petites sont :

le **décimètre carré**, c'est-à-dire un carré dont les côtés ont un décimètre ;

le **centimètre carré**, c'est-à-dire un carré dont les côtés ont un centimètre ;

le **millimètre carré**, c'est-à-dire un carré dont les côtés ont un millimètre.

156. *Le décimètre carré est la 100e partie du mètre carré ; le centimètre carré est la 100e partie du décimètre carré et la 10 000e partie du mètre carré ; le millimètre carré est la 100e partie du centimètre carré et la 1 000 000e partie du mètre carré.*

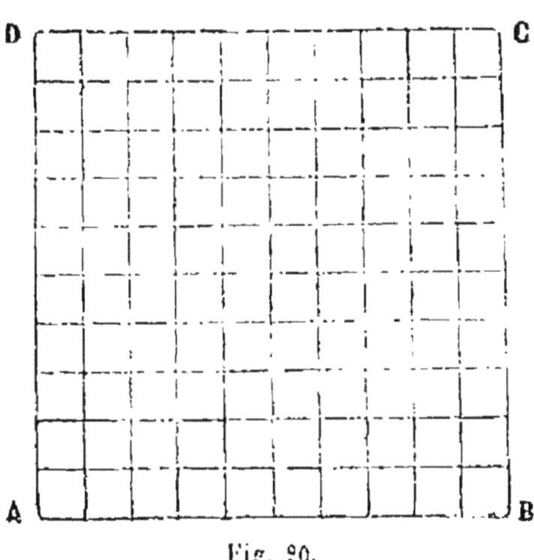

Fig. 20.

En effet, supposons que le carré ABCD (fig. 20) ait 1 mètre de côté. Partageons chaque côté en 10 parties égales, qui auront 1 décimètre. Joignons ensuite les côtés opposés par des droites menées entre les points de division correspondants, c'est-à-dire du 1er au 1er, du 2e au 2e, etc. Le carré ABCD se trouvera décomposé en 10 fois 10 carrés, ayant tous un décimètre de côté, c'est-à-dire en 100 décimètres carrés.

En supposant que ABCD soit un décimètre carré, on voit de même qu'il contient 100 centimètres carrés ; par conséquent le mètre carré contient 100 fois 100, c'est-à-dire 10 000 centimètres carrés, etc.

157. Règle. — *Pour lire la fraction décimale qui suit un nombre de mètres carrés, on la divise en tranches de deux chiffres à partir de la virgule, et s'il ne reste qu'un chiffre pour la dernière, on la complète par un zéro.*

La 1re exprime les décimètres carrés, la 2e les centimètres carrés et la 3e les millimètres carrés.

Supposons par exemple qu'en calculant la surface d'un plancher en mètres carrés, on ait trouvé : $8^{mq},136$.

Au lieu de lire : 8 mètres carrés 136 millièmes de mètre carré, on dira :

8 *mètres carrés* 13 *décimètres carrés* 60 *centimètres carrés*[1].

C'est ce qu'on écrit ainsi : $8^{mq}\ 13^{dmq}\ 60^{cmq}$.

En effet, le décimètre carré étant le 100e du mètre carré, les 13 centièmes de mètre carré sont 13 décimètres carrés.

Le centimètre carré étant le 10 000e du mètre carré, les 60 dix-millièmes de mètre carré sont 60 centimètres carrés.

REMARQUE. — La règle précédente indique comment on doit écrire un nombre représentant une surface, exprimée en décimètres carrés, en centimètres carrés et millimètres carrés. Il suffit de se rappeler que le chiffre du décimètre carré est le 2e à droite de la virgule, le chiffre du centimètre carré le 4e, le chiffre du millimètre carré le 6e.

Par conséquent si les nombres de décimètres carrés, de centimètres carrés et de millimètres carrés ont chacun deux chiffres, il n'y a qu'à les écrire les uns à la suite des autres à partir de la virgule.

Si un de ces nombres n'a qu'un chiffre, on met un zéro devant ce chiffre.

158. Mesures agraires. — Pour la surface des champs, l'unité est le *décamètre carré*, c'est-à-dire un carré dont les côtés ont une longueur de 10 mètres.

Le décamètre carré s'appelle **are.** L'unité plus grande est l'**hectare,** qui vaut 100 ares ; l'unité plus petite est le **centiare,** qui est la 100e partie de l'are.

Le *centiare* n'est autre chose que le mètre carré ; c'est ce que montre la figure 20 (page 127), si on regarde les côtés du carré comme ayant 10 mètres.

---

1. On ne devrait jamais employer le signe m^2 pour indiquer le mètre carré ; car d'après le sens attaché à l'exposant 2 dans le langage mathématique, m^2 signifierait *mètre multiplié par mètre* ou 2e *puissance du mètre*, ce qui est absurde. On ne doit désigner le mètre carré que par cette abréviation *mq*, le mot *carré* s'écrivant autrefois *quarré*. On réserve *mc* pour *mètre cube*, au lieu de m^3, qui ne peut pas plus être toléré que m^2.

L'*hectare* est un carré dont les côtés ont 100 mètres : c'est ce qu'on voit encore sur la même figure. En effet si les côtés du carré ont 100 mètres, les côtés des cent carrés partiels ont 10 mètres et ces carrés sont des décamètres carrés, c'est-à-dire des ares.

En résumé, les trois unités pour les surfaces agraires sont trois carrés dont les côtés ont :

1 mètre (*mètre carré* ou centiare) ;
10 mètres (*décamètre carré* ou are) ;
100 mètres (*hectomètre carré* ou hectare).

Quand il s'agit de surfaces plus étendues, comme celles d'un département, d'une province, d'un pays quelconque. on emploie pour unités de surface :

le **kilomètre carré**, c'est-à-dire un carré ayant un kilomètre de côté ;
le **myriamètre carré**, c'est-à-dire un carré ayant un myriamètre de côté.

Ces deux unités sont ce qu'on appelle des *mesures topographiques*.

Le myriamètre carré contient 100 kilomètres carrés; le kilomètre carré contient 100 hectomètres carrés ou 100 hectares.

159. Énoncer un nombre de mètres carrés en unités agraires. — RÈGLE. *Pour énoncer en hectares, ares et centiares la surface exprimée en mètres carrés, on sépare sur la droite du nombre de mètres carrés deux tranches de deux chiffres. La partie qui reste à gauche exprime les hectares ; la tranche suivante, les ares ; la seconde tranche, les centiares.*

Supposons que la surface d'un champ ait été trouvée égale à 24 837 mètres carrés.

Cette surface étant égale à 24 837 *centiares*, le chiffre 8 est le chiffre de l'are : on a ainsi 248 ares 37 centiares.

Le chiffre 2 exprime les hectares : on a donc :

$$24\,837^{mq} = 2^{ha}\ 48^{a}\ 37^{ca}.$$

160. Du rectangle. — On appelle **rectangle** la figure formée par quatre côtés égaux deux à deux et perpendiculaires entre eux.

C'est la figure des feuillets d'un livre, d'une vitre, d'une porte, du tableau noir de la classe, etc.

Le **carré** est compris parmi les rectangles; c'est un rectangle dont les quatre côtés sont égaux.

Comme le rectangle se montre partout, il est nécessaire de savoir en mesurer la surface.

RÈGLE. — *Pour trouver la surface d'un rectangle ou d'un carré, il suffit de multiplier la longueur par la largeur.*

Le produit exprime la surface en mètres carrés, si l'on a pris le mètre pour unité de longueur ; en décimètres carrés, si l'on a pris pour unité le décimètre, etc.

En effet, supposons qu'après avoir mesuré les deux dimensions d'une table rectangulaire ABDC (fig. 21), on ait trouvé 7 décimètres sur sa longueur AB et 3 décimètres sur sa largeur AC et qu'on les ait marqués par des points sur les deux côtés.

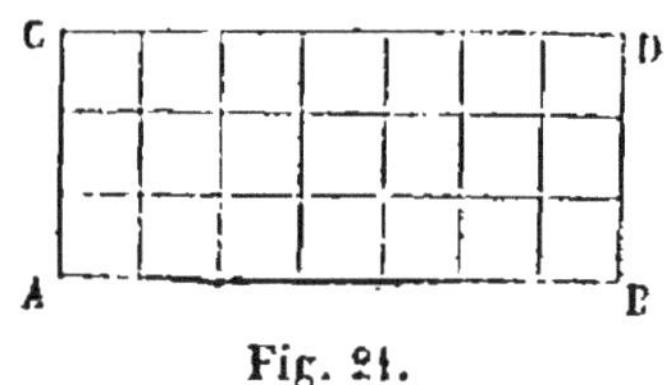

Fig. 21.

Si on joint les côtés opposés AB et CD, puis les deux autres côtés opposés AC et BD par des droites unissant les points de division correspondants, on voit que le rectangle contient 3 fois 7 décimètres carrés.

Donc, pour connaître la surface du rectangle il suffira de multiplier entre eux les deux nombres qui expriment sa longueur et sa largeur.

EXEMPLES. — 1° *Calculer la surface d'une table rectangulaire ayant* $1^{m},86$ *de longueur et* $1^{m},25$ *de largeur.*

La surface de cette table a :

$$1,86 \times 1,25 = 2^{mq},3250$$

c.-à-d. 2 mètres carrés 32 décimètres carrés 50 centimètres carrés.

2° *La longueur d'un jardin rectangulaire est de* $128^{m},56$ *et sa largeur de* $102^{m},35$. *Quelle est sa surface*[1] ?

La surface du jardin est

$$128,56 \times 102,35 = 13\,158^{mq},116$$

ou

1 hectare 31 ares 58 centiares,

ce qui s'écrit ainsi :

$$1^{ha}\ 31^{a}\ 58^{ca}.$$

RÈGLE. — *Quand on connaît la surface d'un rectangle et sa longueur, on trouve sa largeur en divisant la surface par la longueur.*

Dans ce problème, il faut prendre une précaution à laquelle les commençants ne pensent pas toujours, c'est de convertir d'abord la surface en mètres carrés, quand la longueur est exprimée en mètres ; le quotient de la division exprime alors aussi des mètres.

EXEMPLE. — *Un champ rectangulaire a une surface de 2 hectares 64 ares et sa longueur est de 180 mètres ; calculer sa largeur.*

On a d'abord

$$2^{ha}\ 64^{a} = 264^{a} = 26\,400^{mq}.$$

La largeur sera

$$26\,400 : 180 = 141^{m},98.$$

QUESTIONNAIRE. — Qu'est-ce que le mètre carré? — Indiquez les unités plus petites que le mètre carré. — Quel rapport y a-t-il entre chacune de ces unités et la précédente? — Démontrez-le. — Comment lit-on la fraction décimale qui suit un nombre de mètres carrés? — Indiquez les mesures agraires et le rapport qu'elles ont entre elles. — Comment lit-on un nombre de mètres carrés en hectares, ares et centiares? — Qu'est-ce qu'un rectangle? — Comment calcule-t-on sa surface? — Comment trouve-t-on l'une des dimensions d'un rectangle, quand on connaît sa surface et l'autre dimension?

---

1. Quand on indique la multiplication des deux nombres qui expriment la longueur et la largeur, on ne doit pas écrire au-dessus d'eux la lettre *m*, initiale du mot *mètre* : $1^{m},48 \times 1^{m},35$. En effet, on ne multiplie pas des mètres par des mètres, ce qui n'a aucun sens, mais seulement les nombres qui indiquent combien il y a d'unités de longueur dans les deux dimensions.

UNITÉS DE VOLUME

161. L'unité de volume est le **mètre cube,** c'est-à-dire un cube qui a 1 mètre en longueur, en largeur et en hauteur.

Les unités plus petites sont :

le **décimètre cube,** c'est-à-dire un cube ayant 1 décimètre d'arête ;

le **centimètre cube,** c'est-à-dire un cube ayant 1 centimètre d'arête ;

le **millimètre cube,** c'est-à-dire un cube ayant 1 millimètre d'arête.

On n'emploie pas d'unités supérieures au mètre cube.

162. *Le décimètre cube est la 1 000e partie du mètre cube ; le centimètre cube est la 1 000e partie du décimètre cube, et par conséquent la 1 000 000e partie du mètre cube ; le millimètre cube est la 1 000e partie du centimètre cube.*

Pour le démontrer, imaginons qu'on trace sur le plancher un mètre carré, et qu'on le divise en 100 décimètres carrés, comme dans la figure 20 (p. 127). Sur chaque décimètre carré posons un décimètre cube de carton ou de toute autre matière. Il en faut 100 pour couvrir le mètre carré et

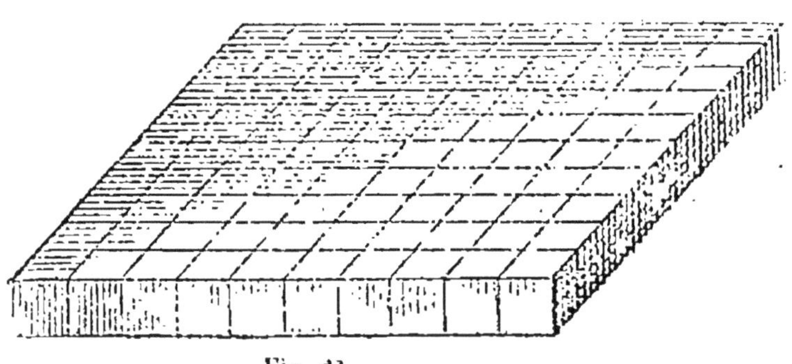

Fig. 22.

on forme ainsi une tranche carrée (fig. 22) ayant 1 mètre de long et de large et 1 décimètre d'épaisseur.

En plaçant 10 tranches pareilles les unes sur les autres, on a un mètre cube (fig. 23). Le mètre cube contient donc 10 fois 100 décimètres cubes, c'est-à-dire 1 000 décimètres cubes.

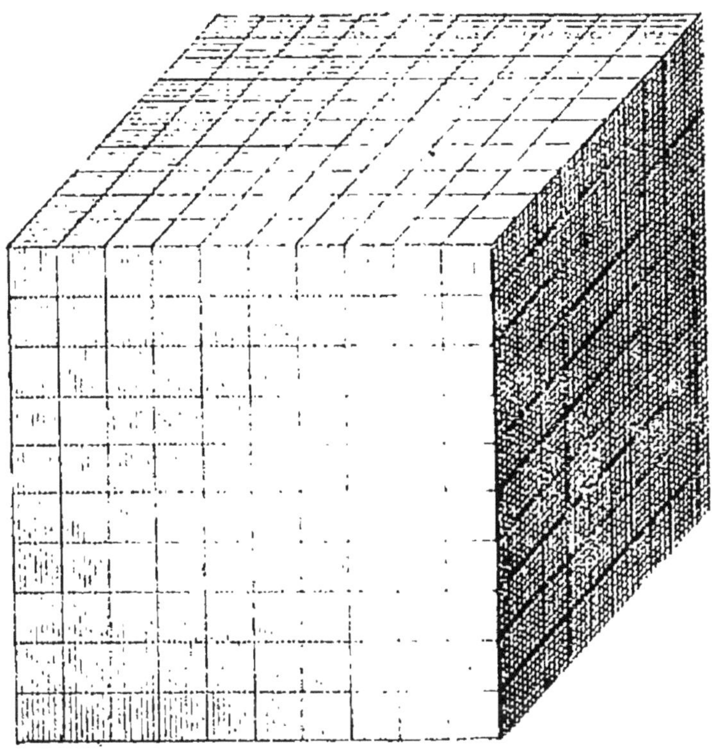

Fig. 23.

On verrait de la même manière que le décimètre cube contient 1 000 centimètres cubes et que le centimètre cube contient 1 000 millimètres cubes.

163. — *Pour lire la fraction décimale qui suit un nombre de mètres cubes, on la divise en tranches de trois chiffres à partir de la virgule, et s'il ne reste qu'un ou deux chiffres pour la dernière, on la complète par deux zéros ou un zéro.*

La 1re exprime les décimètres cubes; la 2e, les centimètres cubes; la 3e, les millimètres cubes.

Supposons par exemple qu'en calculant le volume d'un corps en mètres cubes, on ait trouvé 2mc,95483.

Au lieu de dire : 2 mètres cubes 954 millièmes 83 cen millièmes de mètre cube, on dira :

2 *mètres cubes* 954 *décimètres cubes* 830 *centimètres cubes*,

ce qu'on écrit ainsi : 2^{mc}, 954^{dmc} 830^{cmc}.

En effet, le décimètre cube étant la $1\,000^e$ partie du mèt cube, les 954 millièmes de mètre cube sont 954 décimètr cubes.

Le centimètre cube étant la $1\,000\,000^e$ partie du mèt cube, les 830 millionièmes de mètre cube sont 830 centimètr cubes.

164. Volume d'un corps à six faces rectan gulaires. — Nous n'avons à parler ici que du volume de corps qui ont la forme d'une brique, d'une boîte, d'une caiss et en général des corps ayant six faces, qui sont des rectan gles égaux deux à deux. Dans le langage de la géométrie, o les nomme **parallélipipèdes rectangles** ; nous les dés gnerons en disant seulement **corps à six faces rectan gulaires.**

Règle. — *Pour trouver le volume d'un corps à six faces re tangulaires, on multiplie entre elle les trois dimensions.*

Le produit exprime le volume en mètres cubes, si on pris le mètre pour unité de longueur; en décimètres cube si on a pris le décimètre, etc.

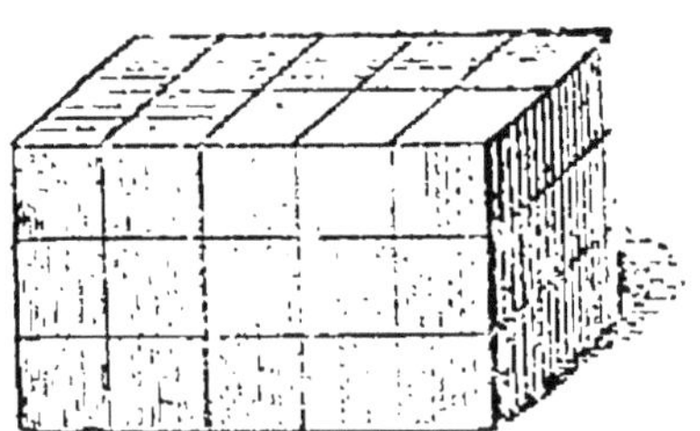

Fig. 24.

En effet, supposons que le fond d'une caisse (fig. 24) soit u rectangle ayant 5 décimètres de longueur et 2 décimètres d largeur. Sa surface contient 5 fois 2 ou 10 décimètres carrés

En plaçant un décimètre cube sur chaque décimètre carré, on forme sur le fond une tranche composée de 10 décimètres cubes. Or, la hauteur de la caisse étant de 3 décimètres, si on pose 3 tranches pareilles l'une sur l'autre, on remplit exactement la caisse. Elle contient donc 30 décimètres cubes. Or ce nombre est précisément égal à

$$5 \times 2 \times 3$$

c'est-à-dire au produit des trois dimensions.

La règle est ainsi démontrée.

Remarque. — La règle peut aussi être énoncée de la manière suivante : *Pour trouver le volume de ce corps, on multiplie la surface de la base par la hauteur.*

Observation. — Lorsqu'il s'agit d'un corps de petites dimensions, il ne faut pas conserver le mètre pour unité de longueur, ce qui amènerait des nombres ayant plusieurs zéros sur leur gauche. On prend alors le centimètre.

Exemple. — *Calculer le volume d'un cube massif de plomb ayant* $0^m,075$ *d'arête.*

En prenant le centimètre pour unité, on aura pour le volume en centimètres cubes :

$$7,5 \times 7,5 \times 7,5 = 421^{cmc},875.$$

165. Règle. — *Quand on connait le volume d'un corps à faces rectangulaires et sa hauteur, si on veut trouver la base, on divise le volume par la hauteur.*

Quand on connait le volume et deux des trois dimensions, pour avoir la troisième, il faut diviser le volume par le produit des deux dimensions connues.

Dans ces opérations, on doit avoir soin de faire exprimer des mètres aux dimensions, si le volume est exprimé en mètres cubes; des décimètres, si le volume est exprimé en décimètres cubes, etc.

Exemple. — *Un bassin rectangulaire contient 14 mètres cubes 700 décimètres cubes. Sa longueur intérieurement est de* $3^m,5$ *et sa largeur de* $2^m,8$ *; quelle est la profondeur de l'eau ?*

La capacité du bassin a $14^{mc},700$.
La surface du fond est

$$3,5 \times 2,8 = 9,8.$$

La profondeur est donc

$$14,700 : 9,8 = 1^{m},5.$$

166. Stère. — Le mètre cube s'appelle *stère*[1], quand s'agit du volume du bois de chauffage ; mais pour le bois de construction le volume est toujours évalué en mètres cubes.

On compte peu par *décastères*; on dit 10, 20, 30... stères plutôt que 1, 2, 3... décastères.

Dans les magasins, on mesure le stère de bois à brûler au moyen d'un appareil ou châssis (fig. 25), formé d'une pièce de bois posée horizontalement par terre et nommée *sole*, et de deux montants verticaux, consolidés dans cette position par deux petites pièces obliques nommées *contre-fiches*.

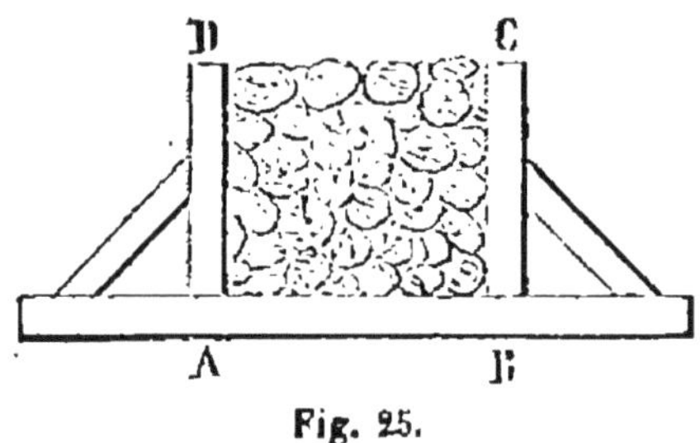

Fig. 25.

L'intervalle qui sépare les deux montants est de 1 mètre pour le stère, de 2 mètres pour le double stère et de 3 mètres pour le demi-décastère.

Si les bûches ont 1 mètre de longueur, on les place régulièrement couche par couche jusqu'à la hauteur d'un mètre pour le stère et le double stère.

Pour le demi-décastère et en général quand la longueur des bûches est plus grande ou plus petite qu'un mètre, il faut calculer la hauteur, d'après la règle du n° 165.

1. Le mot *stère* est emprunté au grec, où il signifie *solide*.

Dans les forêts on se borne à fixer en terre deux poteaux, aux deux extrémités de la pile de bois à élever (fig. 26).

Au reste, le bois à brûler se vend aussi au poids.

Fig. 26.

QUESTIONNAIRE. — Qu'est-ce que le mètre cube? — Indiquez les unités plus petites que le mètre cube. — Quel rapport y a-t-il entre chacune de ces unités et la précédente? — Démontrez-le. — Comment lit-on la fraction décimale qui suit un nombre de mètres cubes? — Comment calcule-t-on le volume d'un corps à six faces rectangulaires? — Comment calcule-t-on l'une des dimensions de ce corps, quand on connait les deux autres et le volume? — Comment calcule-t-on la surface de sa base, quand on connait le volume et la hauteur? — Qu'appelle-t-on stère? — Comment mesure-t-on le volume du bois de chauffage?

UNITÉS DE CAPACITÉ

167. — L'unité de capacité s'appelle **litre.** Ce n'est autre chose que la capacité d'un décimètre cube.

Les unités de capacité plus grandes que le litre sont :

le *décalitre*....... qui vaut 10 litres;
l'*hectolitre*........ qui vaut 100 litres.

Les unités plus petites que le litre sont :

le *décilitre*....... qui est la 10e partie du litre;
le *centilitre*....... qui est la 100e partie du litre.

Les liquides tels que le vin, l'huile, etc., sont mesurés au litre et à l'hectolitre; les grains à l'hectolitre, au décalitre et au litre.

Il est facile de transformer en litres un nombre exprimant des mètres cubes et suivi ou non d'une fraction décimale; le nombre de *décimètres cubes* n'est autre chose que le nombre de *litres*.

Si on a trouvé par exemple pour la capacité d'un bassin en mètres cubes $12^{mc},65$, on aura :

$$12^{mc},65 = 12\,650 \text{ litres} = 126 \text{ hectolitres } 50 \text{ litres}.$$

Le mètre cube contient 10 hectolitres.

168. Mesures effectives. — Les mesures effectives ont une forme *cylindrique*, c'est-à-dire la forme d'un tuyau rond de même largeur dans toute son étendue.

Celles qui sont employées pour les grains, le charbon, etc., sont en bois, ayant une profondeur égale au diamètre (fig. 27). Celles qui servent à la mesure du vin, du vinaigre, de l'eau-de-vie, sont en étain, avec une profondeur double du diamètre (fig. 28); celles qui sont employées pour le lait et l'huile sont en fer-blanc, avec une profondeur égale au diamètre (fig. 29).

Fig. 29. Fig. 27. Fig. 28.

Les mesures effectives en étain ou en fer-blanc vont du *double litre* au *centilitre;* elles sont au nombre de huit.

Les mesures les plus grandes vont du *demi-décalitre* au *double hectolitre;* leur profondeur est égale au diamètre.

QUESTIONNAIRE. — Qu'est-ce que le litre ? — Quelles sont les unités plus grandes que le litre ? — Quelles sont les unités plus petites ? — Comment lit-on un nombre de mètres cubes en litres ? — Combien le mètre cube contient-il d'hectolitres ? — Quelle différence y a-t-il entre le décimètre cube et le décilitre ? entre le centimètre cube et le centilitre ? — Indiquez les principales mesures effectives de capacité.

UNITÉS DE POIDS

169. L'unité de poids fondamentale s'appelle *gramme* : c'est le poids d'un centimètre cube d'eau distillée, à la température de 4 degrés du thermomètre centigrade [1].

Avec le **gramme**, il y a pour unités de poids plus grandes que le gramme :

le *décagramme*..... qui vaut 10 grammes ;
l'*hectogramme*...... qui vaut 100 grammes ;
le *kilogramme*...... qui vaut 1 000 grammes ;
le *myriagramme*.... qui vaut 10 000 grammes :

pour les mesures plus petites que le gramme :

le *décigramme*...... qui est la 10ᵉ partie du gramme ;
le *centigramme*..... qui est la 100ᵉ partie du gramme ;
le *milligramme*..... qui est la 1 000ᵉ partie du gramme.

Le poids le plus fréquemment employé est le kilogramme : c'est le poids d'un litre d'eau.

On fait peu usage du myriagramme ; mais on compte souvent par 100 kilogrammes : le poids de 100 kilogrammes est ce qu'on appelle *quintal métrique*.

On appelle *tonne* un poids de 10 quintaux, c'est-à-dire de 1 000 kilogrammes. On évalue en tonnes le chargement des wagons sur les chemins de fer. Pour le chargement des navires, on dit ordinairement *tonneau* et quelquefois *millier*.

170. Poids effectifs. — Les poids effectifs forment trois séries.

1. Voir à la fin du volume la note 1, page 249.

1° Les poids en fonte de fer au nombre de dix :

50 kilogr.; 20 kilogr; 10 kilogr.; 5 kilogr.; 2 kilogr.; 1 kilogr.; demi-kilogr.; 2 hectogr.; 1 hectogr.; demi-hectogr.

Ils ont la forme pyramidale, c'est-à-dire que la face supérieure est moins grande que la base. A cette face est attaché un anneau qui sert à soulever le poids.

Les deux gros poids de 50 et de 20 kilogrammes sont quadrangulaires (fig. 30); les autres ont six faces latérales (fig. 31).

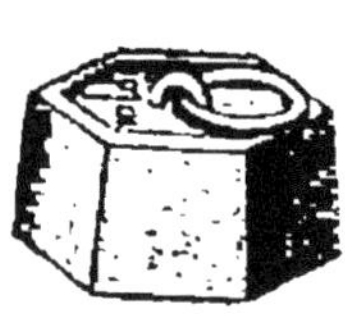

Fig. 31.

Fig. 30.

2° Les poids en cuivre jaune ou laiton sont des cylindres massifs, surmontés d'un bouton par lequel on les prend à la main (fig. 32).

Ils sont au nombre de treize :

20 kilogr.; 10 kilogr.; 5 kilogr.; 2 kilogr.; 1 kilogr.; demi-kilogr.; 2 hectogrammes; 1 hectogramme; 2 décagrammes; 1 décagramme; demi-décagramme; 2 grammes; 1 gramme.

Fig. 32.

On fabrique aussi des poids en cuivre jaune en forme de godets coniques, qui s'emboîtent les uns dans les autres, de manière qu'ils se trouvent tous ensemble enfermés dans le plus grand (fig 33).

3° Les poids inférieurs au gramme sont de petites lamelles carrées en cuivre (fig. 34). On en fait aussi en aluminium.

Ils sont au nombre de neuf :

5 décigrammes; 2 décigrammes; 1 décigramme;
5 centigrammes; 2 centigrammes; 1 centigramme;
5 milligrammes; 2 milligrammes; 1 milligramme.

On voit ces poids chez les pharmaciens et les bijoutiers.

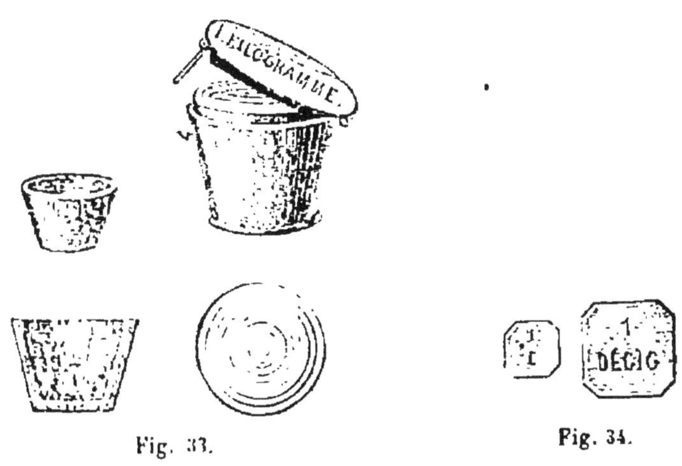

Fig. 33. Fig. 34.

Remarque. — Il n'y a aucune difficulté à se rappeler la nomenclature de ces poids. Ils représentent les unités, ainsi que le double et la moitié de chacune.

171. Relation entre le poids et le volume de l'eau. — Le *centimètre cube* d'eau pèse 1 gramme.

Le *litre* d'eau pèse 1 000 grammes, c.-à-d. 1 kilogramme.

Le *mètre cube* d'eau pèse 1 000 kilogrammes; c'est le poids nommé *tonne* ou *tonneau*.

De ces relations on tire un moyen facile de trouver le poids de l'eau qui remplit un vase d'une capacité connue, ou la capacité, quand on connaît le poids de l'eau.

Le nombre de grammes d'eau indique le nombre de centimètres cubes et réciproquement, si on néglige la petite variation de poids provenant de ce que l'eau n'est pas de l'eau distillée et à la température de 4 degrés.

172. Densité. — On appelle *densité* d'un corps le nombre qui indique combien de fois le poids de ce corps contient le poids du même volume d'eau ou quelle fraction il est du poids de ce volume d'eau. Au lieu de densité on dit aussi *poids spécifique.*

On trouve par exemple qu'un centimètre cube de fer pèse 7^{gr},8; or le centimètre cube d'eau pèse 1 gramme ou 10 décigrammes : la densité du fer est donc 7,8.

Un litre d'huile d'olive pèse 912 grammes ; or un litre d'eau pèse 1 000 grammes : la densité de cette huile est donc 0,912.

Ainsi pour avoir la densité d'un corps, il faut diviser le poids du corps par le poids même du volume d'eau.

On dira donc : *La densité d'un corps est le rapport qu'il y a entre le poids de ce corps et le poids du même volume d'eau*[1].

Règle. — *Quand on connaît le volume d'un corps et sa densité, on obtient son poids en multipliant son volume par sa densité.*

Si le volume est exprimé en centimètres cubes, le poids est exprimé en grammes ; si le volume est exprimé en décimètres cubes, le poids est exprimé en kilogrammes.

Pour le démontrer résolvons le problème suivant.

Problème. — *Une barre rectangulaire de fer a une longueur de* 0^{m},82, *une largeur de* 0^{m},054 *et une épaisseur de* 0^{m},036. *Trouver son poids, en sachant que la densité du fer est* 7,78.

Le centimètre étant pris pour unité, le volume de la barre est, en centimètres cubes :

$$82 \times 5,4 \times 3,6 = 1\,594^{cmc},08.$$

Or, la densité du fer étant 7,78, un centimètre cube de fer pèse 7^{gr},78. Donc le poids de la barre sera :

$$7^{gr},78 \times 1\,594,08 = 12\,401^{gr},9424,$$

c'est-à-dire 12 kilogr. 401 gr 942 milligrammes.

---

1. A l'occasion de cette définition, il faut rappeler aux élèves la notion du rapport, qui a été exposée au numéro 129.

FORMULE. — Si pour abréger on désigne le volume par v, la densité par d et le poids par p, la règle précédente sera exprimée de la manière suivante :

$$p = v \times d \quad \text{ou} \quad p = vd.$$

De cette règle on déduit ces deux autres :

1° *On trouve le volume d'un corps, en divisant son poids par sa densité.*

2° *On trouve la densité d'un corps, en divisant son poids par son volume*[1].

QUESTIONNAIRE. — Quelle est l'unité de poids appelée gramme? — Indiquez les unités plus grandes et les unités plus petites que le gramme. — Y a-t-il des unités usuelles dont le nom ne renferme pas le nom de gramme? — Combien distingue-t-on de séries de poids effectifs? — Indiquez les poids en fonte avec leurs formes. — Indiquez les poids en laiton. — Indiquez la série des petits poids. — Quelle relation y a-t-il entre le poids et le volume de l'eau? — Qu'appelle-t-on densité d'un corps? — Par quel calcul détermine-t-on la densité d'un corps? — Quelle relation y a-t-il entre le poids, le volume et la densité d'un corps? — De quelle utilité est cette relation? — Citez les densités de quelques-uns des corps les plus connus et les plus importants.

DES MONNAIES

173. Franc. — Il ne faut pas confondre l'unité monétaire appelée *franc* avec la *pièce d'argent* d'un franc.

Le *franc* est la valeur d'une pièce d'argent pesant 5 grammes et contenant 1 dixième de son poids en cuivre. Le poids de l'argent pur est donc les 9 dixièmes ou les 900 millièmes du poids de la pièce.

C'est ainsi qu'était composée autrefois la pièce d'un franc; mais depuis 1865 elle ne contient que 835 millièmes de son poids en argent pur. La pièce actuelle ne vaut donc pas tout à fait un franc.

Avec le franc on n'emploie aucun des mots *déca, hecto, kilo;* on dit : *dix* francs, *cent* francs, *mille* francs.

Le 10e du franc s'appelle *décime;* le 100e s'appelle *centime*[2].

---

1. Voir, note II, page 250, la Table des densités des corps principaux.
2. Il est regrettable que dans la refonte des monnaies de cuivre, le nom de décime n'ait pas été conservé sur les pièces de 10 centimes.

On emploie quelquefois le mot *millime* pour désigner la dixième partie du centime, quoiqu'il n'y ait pas de pièce de monnaie pour la représenter.

174. Monnaies françaises. — Nous avons trois espèces de monnaies : des monnaies d'or, des monnaies d'argent et des monnaies de cuivre dites aussi monnaies de bronze. Elles sont inscrites dans le tableau suivant, avec leurs poids et leurs diamètres.

	VALEUR	POIDS	DIAMÈTRES
ARGENT. .	5 francs.	25 grammes.	37 millimètres.
	2 —	10 —	27 —
	1 —	5 —	23 —
	50 centimes.	2 gr. 5 décigr.	18 —
	20 —	1 gramme.	16 —
OR.	100 francs.	32gr,2580	35 millimètres.
	50 —	16gr,1290	28 —
	20 —	6gr,4516	21 —
	10 —	3gr,2258	19 —
	5 —	1gr,6129	17 —
CUIVRE. . .	10 centimes.	10 grammes.	30 millimètres.
	5 —	5 —	25 —
	2 —	2 —	20 —
	1 —	1 —	15 —

175. Du titre. — Les pièces d'or et d'argent contiennent une certaine quantité de cuivre, qui a pour effet de durcir le métal et d'empêcher les pièces de s'user trop rapidement.

La fraction qui indique la partie du poids total de la pièce qui est d'or ou d'argent pur s'appelle **titre**.

Le **titre** *d'une monnaie d'or ou d'argent est le rapport qu'il y a entre le poids de l'or ou de l'argent pur et le poids total de la pièce.*

On le calcule jusqu'aux millièmes, en divisant le poids de l'or ou de l'argent pur par le poids total de la pièce.

Les pièces d'or et la pièce d'argent de 5 francs sont au titre de 0,900 ou plus simplement de 0,9.

Les autres pièces d'argent sont au titre de 0,835 seulement[1].

Le poids d'argent pur dans ces pièces est égal à 835 fois la 1 000e partie de leur poids; le poids du cuivre en est les 165 millièmes. N'ayant pas une valeur intrinsèque égale à leur valeur nominale, elles ne peuvent être données en payement pour des sommes dépassant 50 fr. En monnaie de bronze le payement ne peut excéder 5 fr.; mais les caisses de l'État n'en acceptent et n'en donnent que pour des sommes au-dessous de 50 centimes.

Les pièces de bronze contiennent :

0,95 de leur poids en cuivre; 0,04 en étain; 0,01 en zinc.

NOTA. — Il est inutile de parler de la *tolérance* de titre et de poids; ces petites fractions ne peuvent présenter aucun intérêt aux élèves.

176. Valeur relative de l'or et de l'argent monnayés. — L'or a plus de prix que l'argent; mais la valeur de ces métaux peut varier par diverses causes et surtout suivant qu'ils sont plus ou moins abondants. Cependant on a cru devoir, dans l'établissement du système métrique, fixer un rapport entre les valeurs de poids égaux d'or et d'argent monnayés au titre de 0,900

Ce rapport est 15,5, c'est-à-dire que *la valeur d'un poids de monnaie d'or est égale à 15 fois et demie la valeur du même poids de monnaie d'argent.*

De là résulte un moyen facile de calculer le poids d'une pièce d'or. On cherche le poids de la monnaie d'argent qui aurait la même valeur et on divise ce poids par 15,5.

---

1. C'est par suite d'une convention conclue en 1865 entre la France, la Belgique, la Suisse et l'Italie que les monnaies d'or et d'argent de ces quatre pays ont été rendues identiques pour le poids, le titre et le diamètre, de sorte que les monnaies de l'un ont cours légal dans les trois autres. La Grèce a adhéré à cette convention en 1868. D'autres pays, notamment la Roumanie, la Serbie et la plupart des républiques de l'Amérique du Sud ont aussi adopté notre système monétaire.

Voir à la fin du volume, page 250, la note III sur les monnaies étrangères.

Par exemple 20 francs en argent pesant 100 grammes, le poids de la pièce d'or de 20 francs sera :

$$100 : 15,5 = 6^{g},4516.$$

177. Valeur du kilogramme d'or et d'argent. Le cuivre qui est allié à l'or et à l'argent est considéré comme n'ayant pas de valeur. La valeur d'un lingot d'or ou d'argent dépend donc seulement du poids du métal fin qu'il contient : c'est ce qu'on appelle sa *valeur intrinsèque* ou encore *valeur au pair*.

Mais la transformation d'un lingot d'or ou d'argent en pièces de monnaie occasionne des frais, qui par un décret de 1854, confirmé par un autre décret de 1879, sont fixés à $6^{f},70$ par kilogramme d'or au titre de 900 millièmes et à $1^{f},50$ par kilogramme d'argent au même titre. La valeur de l'or et de l'argent, après déduction de ces frais est ce qu'on appelle *valeur au change des monnaies* ou *valeur au tarif*.

Voici comment se fait le calcul de la valeur au pair ou au change.

1° *Or*. — Le poids de 20 francs en argent est de 100 grammes.

Le poids de 20 francs en or serait $\frac{100}{15,5} = \frac{1\,000}{155} = \frac{200^{gr}}{31}$.

200^{gr} d'or à 0,9 valent $20^{f} \times 31$; 100^{gr} valent 310 fr.

Donc 1 kilogramme d'or au titre de 0,9 vaut 3 100 fr.

Mais le cuivre étant compté pour rien, il en résulte que 900 grammes d'or fin valent 3 100 fr.

Par suite 100 grammes d'or fin valent :

$$3\,100^{f} : 9 = 344^{f},444.$$

Donc 1 kilogramme d'or fin vaut $3\,444^{f},44$.

Mais 1 kilogramme d'or à 0,9 vaut seulement au change

$$3\,100^{f} - 6^{f},70 = 3\,093^{f},30.$$

Or cette retenue de $6^{f},70$ est faite sur un poids d'or fin de 900 gr.

Sur $1\,000^{gr}$ cette retenue serait $\frac{6^{f},70 \times 1\,000}{900} = 7^{f},44$.

La valeur de 1 kilogramme d'or fin au change est donc

$$3\,444^{f},44 - 7^{f},44 = 3\,437^{f}.$$

2° *Argent.* — En répétant le même raisonnement que pour l'or, on trouverait pour la valeur du kilogramme d'argent :

Argent fin au pair, 222f,22. — Argent fin au change, 220f,56.

NOTA. — Il est bon de savoir que ces valeurs sont purement théoriques et que le prix des matières d'or et d'argent, dans le commerce des métaux, varie comme celui d'une marchandise quelconque.

178. — Remarque générale sur les nombres relatifs au système métrique. — Il n'y a pas plus de difficulté à écrire un nombre exprimant des unités métriques qu'un nombre ordinaire. Il suffit de se rappeler que *déca* signifie dizaine ; *hecto*, centaine ; *kilo*, mille ; *myria*, dizaine de mille ; que *déci* signifie 10e partie ; *centi*, 100e partie ; *milli*, 1 000e partie. Voici quelques exemples.

1° Soit 3 kilomètres 6 hectomètres 8 mètres. Ce nombre équivaut à 3 mille 6 cent 8 mètres ; on écrira donc 3 608 mètres.

Si on prend le kilomètre pour unité, on place la virgule à droite du chiffre des unités de mille ; on a ainsi 3km,608.

Si on voulait compter par hectomètres, on aurait 36hm,08.

2° Soit 8 kilogrammes 7 hectogrammes 5 décagrammes 6 grammes. Ce nombre équivaut à 8 mille 7 cent 56 grammes ; on écrit donc 8 756 grammes.

Si on prend le kilogramme pour unité, on écrit 8kg,756.

Si on prend l'hectogramme, on écrit 87hg,56.

3° Pour énoncer en quintaux un nombre de kilogrammes, il suffit de se rappeler que le nombre de quintaux n'est autre chose que le nombre des centaines de kilogrammes.

On aura par exemple :

3 456 kilogr. = 34 quintaux 56 centièmes de quintal = 34qx,56.

OBSERVATION. — Il importe de ne pas perdre de vue dans l'écriture des unités métriques ce qui concerne les unités de surface et les unités de volume.

QUESTIONNAIRE. — Qu'est-ce que le franc? — Quelle distinction doit-on faire entre cette unité monétaire et la pièce de même nom? — Indiquez les pièces d'argent et les pièces de bronze avec leurs poids. — Nommez les pièces d'or et indiquez comment on peut calculer leurs poids. — Qu'appelle-t-on titre des monnaies d'or et d'argent? — Comment le calcule-t-on? — Quel est le titre des monnaies françaises? — Quelle est la composition des monnaies de bronze? — Qu'appelle-t-on valeur au pair des monnaies? — Qu'est-ce que leur valeur au change.

CHAPITRE XIII

DES NOMBRES COMPLEXES

179. Mesures de temps et division de la circonférence. — En dehors du système métrique il y a les mesures de temps et les fractions de la circonférence qui ne sont pas assujetties à la division décimale.

On a déjà indiqué (n° 22) ce qu'est l'unité de temps nommée *jour*; sa division en 24 heures ; la division de l'heure en 60 minutes et la division de la minute en 60 secondes.

De même, au lieu de partager la circonférence en dixièmes, en centièmes, en millièmes, on a conservé l'usage de diviser la circonférence en 360 parties égales nommées *degrés*, le degré en 60 parties égales nommées *minutes* et la minute en 60 parties égales nommées *secondes*[1].

Il ne faut pas confondre les minutes et secondes de la circonférence avec les minutes et secondes de temps.

Dans les calculs on représente :

la minute de temps par ^{m} et la seconde de temps par ^{s};
la minute de circonférence par $'$ et la seconde par $''$.

L'heure est indiquée par ^{h} et le degré par un petit rond $^\circ$.

Par exemple on écrit :

pour 32 minutes 45 secondes de temps $32^m\ 45^s$;
pour 32 minutes 45 secondes de circonférence $32'\ 45''$.

---

1. Dans l'établissement du système métrique on avait aussi divisé la circonférence en 400 parties égales nommées *grades;* le quart de la circonférence contenait 100 grades. Le grade se divisait en 100 *minutes* et la minute en 100 *secondes*.
Cette division n'a pu prévaloir sur l'ancienne. Cependant elle est employée en même temps que l'autre sur la carte de France de l'État-major, pour l'indication des longitudes et des latitudes.

180. Nombres complexes. — On appelle nombres *complexes* les nombres qui expriment des unités qui ne sont pas subdivisées en parties décimales [1]; par exemple :

3 heures 45 minutes 12 secondes ou......... $3^h\ 45^m\ 12^s$;

3 degrés 45 minutes 12 secondes ou......... $3^\circ\ 45'\ 12''$.

Les nombres complexes ne sont autre chose que des nombres fractionnaires qui, au lieu d'avoir un dénominateur, sont suivis du nom que l'usage a donné à leurs unités fractionnaires.

Ainsi il y a dans 1 heure 60 minutes; dans la minute 60 secondes, et par conséquent dans 1 heure 60 fois 60 secondes, c'est-à-dire 3 600 secondes.

La minute est $\frac{1}{60}$ de l'heure ; la seconde $\frac{1}{3600}$ de l'heure.

On peut donc écrire, en prenant l'heure pour unité :

$$2^h\,7^m\,19^s = 2^h + \frac{7}{60} + \frac{19}{3600}.$$

Les calculs sur les nombres complexes s'effectuent d'après les mêmes règles que les calculs des fractions ordinaires.

Nous donnerons seulement quelques exemples, en ajoutant qu'il faut mettre le plus grand soin à éviter les longueurs inutiles et à disposer les calculs dans le raisonnement avec toute la clarté possible [2].

181. Addition. — Problème. *Un homme voulant savoir combien de temps a duré l'huile dont il a rempli sa lampe, a noté que la* 1re *fois la lampe a brûlé pendant* $3^h\ 15^m\ 42^s$; *la* 2e *fois* $2^h\ 34^m\ 28^s$; *la* 3e *fois* $1^h\ 25^m\ 36^s$. *Trouver ce temps.*

L'addition des trois nombres de secondes donne 106^s ou $1^m\ 46^s$. On écrit donc 46^s au total et on ajoute la minute retenue au total des trois nombres de minutes. On trouve 75^m, qui font 1^h et 15^m.

$$\begin{array}{r} 3^h\ 15^m\ 42^s \\ 2^h\ 34^m\ 28^s \\ 1^h\ 25^m\ 36^s \\ \hline 7^h\ 15^m\ 46^s \end{array}$$

1. Les nombres exprimant les anciennes mesures sont des nombres complexes Voir à la fin du du chapitre celles qui sont les plus connues.
2. Voir notre *Arithmétique appliquée*. Livre des *Solutions raisonnées*.

On écrit 15m au total et on ajoute l'heure retenue avec les trois nombr d'heures, ce qui fait 7 heures.

Réponse. — Le temps demandé est 7h 15m 40s.

182. Soustraction. — PROBLÈME. *D'un arc de circonférence ayant 58° 14′ 25″ on retranche un arc de 32° 53′ 46″ Que reste-t-il?*

Ne pouvant ôter 46″ de 25″, on prend sur les 14′ une minute qui vau 60″; on porte ces 60″ sur les 25″, ce qui fait 85″, et on retranche 46″ d 85″, ce qui donne 39″.

De même on prend sur les 58° un degré qui vaut 60′; on ajoute 60′ 13′ qui restent au lieu de 14′ et on retranche 53′ de 73′, ce qui donne 20

Enfin on retranche 32° de 57°, ce qui donne 25°.

Ainsi la soustraction sur les nombres énoncés :

58° 14′ 25″
32° 53′ 46″

est remplacée par la soustraction suivante :

57° 73′ 85″
32° 53′ 46″
25° 20′ 39″

Réponse. — Il reste un arc de 25° 20′ 39″.

183. Multiplication. — PROBLÈME. *L'astronomie apprend qu'entre une nouvelle lune et la suivante il y a 29 jours 12 heures 44 minutes. Au bout de combien de temps commencera la 8e nouvelle lune?*

Le temps cherché est égal à 7 fois 29j 12h 44m.

On multiplie 44m par 7, ce qui fait 308m ou 5h 8m.

On écrit 8m au résultat et on retient 5h que l'on ajoute à 7 fois 12 heures, ou 84 heures.

On a ainsi 89h qui font 3 jours et 17 heures.

On écrit 17 heures au résultat et on ajoute les 3 jours à 7 fois 29 jours, ce qui donne 206 jours.

29j 12h 44m
7
206j 17h 8m

Réponse. — Entre la 1re nouvelle lune et la 8e il y a 206j 17h 8m.

184. Division. — PROBLÈME. *On divise en 9 parties égales un arc de circonférence ayant 76° 15′ 24″. Trouver combien chaque partie contient de degrés, minutes et secondes.*

On divise d'abord 76° par 9, ce qui donne 8° et un reste égal à 4.

On convertit ces 4° en minutes, ce qui en fait 240; on y ajoute les 15' du dividende, et on a alors à diviser 255' par 9, ce qui donne 28 avec un reste égal à 3'.

```
76° 15' 24"          | 9
72                   |-----------
--                   | 8° 28' 22"
 4 × 60 = 240
           15
          ----
          255'
          252
          ----
            3 × 60 = 180
                      24
                     ----
                     204"
                     198
                     ----
                       6
```

On convertit ces 3 minutes en secondes, ce qui fait 180"; on y ajoute les 24" du dividende et on divise alors 204" par 9.

On trouve 22" au quotient avec un reste égal à 6".

Réponse. — La 9e partie de l'arc a 8° 28' 22".

183. Avec les exemples qui précèdent, les deux problèmes suivants suffiront pour guider dans les opérations sur les nombres complexes.

PROBLÈME. — *Une fontaine fournit en 13 heures 26 minutes et demie 143 hectolitres d'eau; combien de mètres cubes d'eau fournirait-elle en 28 jours 17 heures 3 quarts?*

On a d'abord :

$$13^h\ 26^m\ \frac{1}{2} = 60^m \times 13 + 26^m\ \frac{1}{2} = 806^m,5.$$

$$28^j\ 17^h\ \frac{3}{4} = 24^h \times 28 + 17^h\ \frac{3}{4} = 689^h$$

$$28^j\ 17^h\ \frac{3}{4} = 60^m \times 689 + 45^m = 41\ 385^m.$$

En $806^m,5$ la fontaine donne 143 hectolitres.

En 1 minute elle donnera .... $\frac{143^{hl}}{806,5}$.

En $41\ 385^m$ elle donnera $\frac{143 \times 41\ 385}{806,5} = 7\ 337^{hl},9.$

Réponse. — 733 mètres cubes 7 hectolitres 90 litres.

Problème. — *La latitude de Dunkerque est de 51° 2′ 12″; celle de Barcelone est de 41° 22′ 59″. En outre, ces deux villes sont à peu près sur le même méridien, qui est celui de Paris. Trouver quelle est, en kilomètres, la distance qui les sépare.*

Dans l'arc de méridien qui unit Dunkerque à Barcelone, il y a :

$$51^\circ\ 2'\ 12'' - 41^\circ\ 22'\ 59''.$$

ou

$$50^\circ\ 61'\ 72'' - 41^\circ\ 22'\ 59'' = 9^\circ\ 39'\ 13''.$$

Or, on a pour le méridien :

$$90^\circ = 10\,000\,000 \text{ mètres};$$
$$1^\circ = 1\,000\,000 : 9 = 111\,111^m,11$$
$$1' = 111\,111^m,11 : 60 = 1851^m,85;$$
$$1'' = 1\,851^m,85 : 60 = 30^m,86.$$

On obtient donc :

$$9^\circ = 10\,000\,000 : 10 = 1\,000\,000^m,00$$
$$39' = 1\,851^m,85 \times 39 = 72\,222^m,15$$
$$13'' = 30^m,86 \times 13 = 401^m,18$$
$$\text{Total}\ldots\ 1\,072\,623^m,33.$$

Réponse. — La distance est de 1 072 kilomètres et demi.

186. Mesure de la circonférence. — La circonférence se rattachant aux nombres complexes par sa division en degrés, minutes et secondes, il est utile d'indiquer ici comment on peut calculer sa longueur, quand on connaît le diamètre.

La longueur de la circonférence surpasse le triple du diamètre d'une fraction qui est à peu près $\frac{1}{7}$ du diamètre : cette fraction ne peut être connue avec sa valeur exacte.

Règles. — 1° *Pour trouver la longueur de la circonférence, on multiplie son diamètre par le nombre* $3\frac{1}{7}$, *ou par* 3,14 *ou plus exactement* 3,1416.

Ce nombre est représenté dans les ouvrages de géométrie par la lettre grecque π. La valeur 3,1416 est trop forte, mais d'une quantité moindre que 1 cent-millième.

2° *Pour trouver le diamètre quand on connaît la longueur de la circonférence, on divise cette longueur par le nombre* π.

Exemples. — 1° *Une table circulaire a un diamètre égal à* 1m,36. *On veut border d'une frange un tapis qui la recouvre; quelle longueur de frange faut-il acheter?*

Le tour de la table a :

$$1^m,36 \times 3,14 = 4^m,2704.$$

Réponse. — On achètera 4m,27.

2° *Un homme voulant connaître le diamètre d'un bassin circulaire plein d'eau, en a mesuré la circonférence et a trouvé* 14m,13. *Quel est le diamètre?*

Ce diamètre est égal à

$$\frac{14,13}{3,14} = \frac{1413}{314} = 4^m,50.$$

3° *Calculer la longueur d'un arc de* 62° 48′ *pris sur une circonférence qui a un rayon de* 1m,345.

La longueur de la demi-circonférence serait :

$$1^m,345 \times 3,1416 = 4^m,225452.$$

Un arc de 180° égale donc 4m,225452.
On aura par conséquent :

$$\text{arc de } 1° = \frac{4^m,225452}{180} = \frac{0^m,21127}{9} = 0^m,02347;$$

$$\text{arc de } 1' = \frac{0^m,02347}{60} = \frac{0,002347}{6} = 0^m,00039.$$

On obtient donc :

arc 62°.................	$0^m,02347 \times 62 =$	$1^m,45514$
arc 48′.................	$0^m,00039 \times 48 =$	$0^m,01872$
arc 62° 48′..................................		$1^m,47386$

c'est-à-dire 1m,474.

NOTIONS

SUR LES ANCIENNES MESURES

Aux nombres complexes se rattachent les anciennes mesures. Quoique leur usage soit interdit par la loi, il est cependant utile de connaître celles dont les noms se présentent encore assez souvent et le rapport qu'elles ont avec les nouvelles.

MESURES DE LONGUEUR

Les mesures de longueur étaient :
la *toise*, le *pied*, le *pouce*, la *ligne* et le *point*.

1 toise = 6 pieds; 1 pied = 12 pouces;
1 pouce = 12 lignes; 1 ligne = 12 points.

Il y avait encore l'*aune*, qui servait spécialement pour la mesure des étoffes; elle se divisait en *demies*, *tiers*, *quarts* et *huitièmes*.

1 aune = 3 pieds 7 pouces 10 lignes 10 points.

Le *pied* a son origine dans le pied de l'homme, dont on se servit d'abord pour mesurer certaines distances, comme font encore aujourd'hui les écoliers dans leurs jeux.

La *toise* fut d'abord la hauteur d'un homme de très grande taille.

La toise qui servait d'étalon était la *toise de l'Académie*, plus connue sous le nom de *toise du Pérou*, parce que c'est celle dont les astronomes Bouguer et Lacondamine firent usage dans leur expédition en 1736 au Pérou, où ils procédèrent à la mesure d'un arc de méridien.

La toise du Pérou est une règle de fer qu'on peut voir au Musée astronomique de l'Observatoire.

En partant de la relation fondamentale :

10 000 000 de mètres = 5 130 740 toises,

on trouve :

1 toise = $1^m,94904$; 1 pied = $0^m,32484$.
1 aune = $1^m,188$, c.-à-d. à peu près 1 mètre et un 5e.

C'est ainsi qu'on peut former les tables de conversion des anciennes mesures en mesures nouvelles.

MESURES DE SURFACE

Les mesures de surface étaient des carrés, ayant leurs côtés égaux aux unités de longueur. Il y avait :

la *toise carrée*, le *pied carré*, le *pouce carré*.

Les mesures agraires étaient fort nombreuses. Voici celles qui étaient en usage à Paris :

la *perche de Paris*, carré de 18 pieds de côté;
la *perche des Eaux et Forêts*, carré de 22 pieds de côté;
l'*arpent de Paris*, contenant 100 perches de Paris;
l'*arpent des Eaux et Forêts*, égal à 100 perches des Eaux et Forêts.

MESURES DE VOLUME

Les mesures de volume étaient des cubes, ayant leurs arêtes égales aux unités de longueur. Il y avait :

la *toise cube*, le *pied cube*, le *pouce cube*.

Comme mesures de capacité, on employait à Paris :
pour les liquides, la *pinte*, la *chopine* et le *muid*.

1 pinte = 2 chopines = 92 centilitres;
1 muid = 264 litres;

pour les grains, le *setier*, le *boisseau*, le *litron*.

1 setier = 12 boisseaux;
1 boisseau = 16 litrons = 13 litres.

MESURES DE POIDS

Les poids étaient :

la *livre*, l'*once*, le *gros*, le *scrupule* ou *denier* et le *grain*.
1 livre = 16 onces; 1 once = 8 gros; 1 gros = 72 grains.

La livre se divisait aussi en 2 marcs. Le scrupule n'était employé que chez les pharmaciens. L'ancien quintal était égal à 100 livres.

En partant du rapport fondamental :

1 kilogr. = 18 827 grains 15 centièmes,

on trouve :

1 livre = 489 grammes 51 centigrammes;
1 once = 30 grammes 59 centigrammes.

Au Conservatoire des arts et métiers se trouve le célèbre étalon de poids, connu sous le nom de *pile de Charlemagne*. C'est un ensemble de poids à godets, emboîtés les uns dans les autres, comme dans la figure 33 de la page 141. Ils forment un poids total de 50 marcs, ce qui correspond à 12 kilogr. 223 grammes.

Les diamants se pèsent au *carat*, poids de 205 milligrammes.

Le mot *carat* était aussi employé pour l'évaluation du titre des monnaies d'or : dans ce cas il signifiait 24e *partie*. Ainsi, de l'or à 18 carats serait de l'or où le poids du métal fin vaut 18 fois la 24e partie du poids total.

MONNAIES

Les unités principales étaient :

la *livre tournois*, le *sou* et le *denier*.
1 livre = 20 sous; 1 sou = 12 deniers.

Le sou se divisait aussi en 4 *liards*.

La livre ordinaire était appelée *livre tournois* (livre frappée à Tours) pour être distinguée de la *livre parisis* (livre frappée à Paris) qui valait 25 sous au lieu de 20.

On trouve la valeur de ces unités en francs, décimes et centimes, en partant de cette relation fondamentale :

$$81 \text{ livres} = 80 \text{ francs}.$$

Calculer par exemple la valeur de $6^L\ 9^s\ 7^d$ en francs, décimes et centimes.

On aura :

$$1^L = \frac{80^f}{81}; \quad 1^s = \frac{4^f}{81}; \quad 1^d = \frac{1^f}{243}.$$

$$6^L = \frac{80 \times 6}{81} = \frac{480}{81} = 5^f,925$$

$$9^s = \frac{4 \times 9}{81} = \frac{36}{81} = 0^f,444$$

$$7^d = \frac{1 \times 7}{343} = \frac{7}{343} = 0^f,020$$

$$6^L\ 9^s\ \ 7^d = 6^f,389 \text{ c.-à-d. } 6^f,39.$$

CHAPITRE XIV

DE LA RÉSOLUTION DES PROBLÈMES

187. — Les problèmes auxquels s'applique l'arithmétique sont trop variés pour qu'il soit possible de tracer en quelques lignes une règle à l'aide de laquelle on parvienne à les résoudre. C'est en se pénétrant bien du sens de l'énoncé, en se rendant compte des conditions qu'il exprime, qu'on reconnaît les opérations à effectuer sur les données du problème pour en déduire la valeur des inconnues. Cependant il y a certaines catégories de problèmes pour lesquels il est possible de formuler une règle qui leur soit applicable : c'est ce que nous devons étudier maintenant.

RÈGLE DE TROIS

188. Règle de trois simple. — Sous ce titre bizarre, emprunté aux vieux traités d'arithmétique, les auteurs placent certains problèmes qui, renfermant trois nombres connus et un nombre inconnu, se résolvent par une multiplication et une division. Ils sont si faciles qu'ils n'exigent pour ainsi dire aucune explication, et tous les détails que les livres renferment à ce sujet n'ont d'autre résultat que de donner à la question la plus simple un aspect compliqué.

Problème 1. — *On a payé* 558 *francs pour* 12 *hectolitres de vin, combien auraient coûté* 9 *hectolitres du même vin?*

12 hectolitres ont coûté 558 francs.

1 hectol. coûtera 12 fois moins, c.-à-d. $\frac{558 \text{ fr.}}{12}$

9 hectolitres coûteront 9 fois le prix d'un seul, c.-à-d.

$$\frac{558 \times 9}{12} = \frac{5022}{12} = 418^{f},50.$$

Réponse. — Pour 9 hectolitres on payera 418 fr. 50 centimes.

PROBLÈME 2. — *Pour faire tisser un certain nombre de mètres de toile en 15 jours, un fabricant a employé 7 ouvriers. Combien aurait-il dû employer d'ouvriers, s'il avait voulu que le travail eût été fait en 12 jours, ces ouvriers travaillant avec la même activité que les autres?*

Pour faire l'ouvrage en 15 jours il a fallu 7 ouvriers.
Pour le faire en 1 jour il aurait fallu 15 fois plus d'ouvriers, c.-à-d.

$$7^o \times 15.$$

En 12 jours il faudra 12 fois moins d'ouvriers qu'en 1 jour, c.-à-d.

$$\frac{7^o \times 15}{12} = \frac{105}{12} = 8^o \frac{9}{12} = 8^o \frac{3}{4}.$$

Réponse. — Il faudrait 8 ouvriers, plus un ouvrier qui n'aurait que les 3 quarts de la tâche des autres.

189. REMARQUES. — 1° La méthode qui a été suivie dans ces deux problèmes est celle qui se présente tout naturellement à l'esprit. Comme elle descend de l'un des deux nombres de même espèce connus à l'unité pour remonter de là au second de ces deux nombres, elle se nomme méthode de *réduction à l'unité.* Elle peut s'appliquer aussi bien à des nombres fractionnaires qu'à des nombres entiers.

2° Si l'on examine la composition des deux problèmes précédents, il est facile d'en tirer les caractères auxquels on reconnait qu'un problème donne lieu à une règle de trois.

Il faut : 1° *qu'il contienne quatre nombres dont un inconnu;* 2° *que ces quatre nombres expriment deux à deux des unités de même espèce ;* 3° *que le 2e nombre de la 1re espèce correspondant à l'inconnu étant par exemple un certain nombre de fois plus petit que le 1er nombre de son espèce, l'inconnu doive être ce même nombre de fois plus petit ou plus grand que le 1er nombre de son espèce.*

3° Pour mieux distinguer les relations qui existent entre les quatre nombres du problème, il est bon d'écrire l'énoncé en abrégé, en plaçant seulement sur une même ligne les deux nombres d'espèces différentes qui se correspondent, le nombre inconnu étant réprésenté par la lettre x, selon l'usage.

Par exemple, pour les deux problèmes précédents on écrira[1] :

PROBLÈME 1.	PROBLÈME 2.
12^{hl} 558^{fr}	15^{j} 7°
9 x.	12 x.

4° Lorsque, le 2e nombre de la 1re espèce étant par exemple un certain nombre de fois plus *petit* que le 1er nombre, on reconnaît que le nombre inconnu doit être aussi ce même nombre de fois plus *petit* que le 1er nombre de son espèce, la règle de trois est dite *directe*. Tel est le problème 1.

Si au contraire le 2e nombre de la 1re espèce étant un certain nombre de fois plus *petit* que le 1er nombre, on reconnaît que le nombre inconnu doit être ce même nombre de fois plus *grand* que le 1er nombre de son espèce, la règle de trois est dite *inverse*. Le problème 2 en fournit un exemple.

190. Autre méthode. — Malgré toute la simplicité de la méthode de *réduction à l'unité*, on ne doit cependant pas l'appliquer aveuglément à tous les problèmes du même genre. Dans certains cas, on aperçoit pour ainsi dire sur-le-champ combien de fois le nombre demandé vaut le nombre connu de même espèce que lui ou quelle partie il en doit être ; c'est ce qui arrive pour les problèmes 3 et 4 qui suivent.

Dans d'autres cas, en raison de la nature des données de la question, la réduction à l'unité serait peu naturelle, tout en conduisant au résultat cherché. On en trouve un exemple dans le problème 5.

PROBLÈME 3. — *Un homme employé dans une usine reçoit 480 francs tous les 3 mois. Quel est son traitement annuel ?*

L'année entière contient 4 fois 3 mois.
Le traitement annuel vaut donc 4 fois celui de 3 mois c.-à-d.

$$480^{f} \times 4 = 1\,920^{f}.$$

Réponse. — Le traitement annuel est de 1 920 francs.

1. Cette précaution est bonne à prendre pour la plupart des problèmes qu'on a à résoudre, surtout si l'énoncé est un peu long.

PROBLÈME 4. — *Un homme a payé 57 francs 60 centimes pour 32 litres d'eau-de-vie; combien recevra-t-il pour 4 litres qu'il remet à son voisin au prix coûtant?*

4 litres sont la 8e partie de 32 litres.
Le prix de 4 litres est donc la 8e partie de 57f,60 c.-à-d.

$$57^f,60 : 8 = 7^f,20.$$

Réponse. — Pour 4 litres il recevra 7f,20.

PROBLÈME 5. — *Une fontaine donne 150 litres d'eau en 2 heures. En combien de temps remplira-t-elle un bassin de 825 litres?*

MÉTHODE DE L'UNITÉ. — Pour remplir 150 litres il faut 2 heures ou 120 minutes.

Pour remplir 1 litre il faudrait 150 fois moins de temps, c'est-à-dire

$$120^m : 150 = 0^m,8$$

Pour remplir 825 litres il faudra 825 fois plus de temps que pour 1 litre, c'est-à-dire

$$0^m,8 \times 825 = 6600 \text{ minutes.}$$

En divisant ce nombre de minutes par 60, on trouve

$$6\,600^m : 60 = 11 \text{ heures.}$$

Réponse. — Le temps cherché est 11 heures.

REMARQUE. — Si l'on pense à la grande quantité d'eau que donne la fontaine, on voit qu'il n'est guère naturel de chercher combien de temps il lui faudrait pour remplir 1 litre; ce serait permis, s'il s'agissait d'un petit filet d'eau coulant lentement. Voici le raisonnement à faire en pareil cas.

2e MÉTHODE. — Pour remplir 825 litres, il faudra autant de fois 2 heures qu'il y a de fois 150 litres dans 825 litres.

Ce nombre de fois est marqué par le quotient

$$825 : 150 = 5,5.$$

Le nombre d'heures cherché est donc

$$2^h \times 5,5 = 11 \text{ heures.}$$

191. Règle de trois composée. — Certains problèmes peuvent se résoudre par des règles de trois simples successives; la règle à suivre alors est appelée *règle de trois composée.*

PROBLÈME 6. — *Pour faire 124 mètres d'un certain ouvrage en 14 jours on a employé 6 ouvriers, qui travaillaient 9 heures par jour ; combien aurait-il fallu de jours à 7 ouvriers travaillant 8 heures par jour, avec la même activité que les autres, pour faire 150 mètres du même ouvrage ?*

$$\begin{array}{cccc} 124^{m} & 6^{o} & 9^{h} & 14^{j} \\ 150 & 7 & 8 & x. \end{array}$$

1° En ne considérant d'abord que les deux nombres de mètres et les deux nombres de jours, on a ce problème :

$$\begin{array}{cccc} 124^{m} & 6^{o} & 9^{h} & 14^{j} \\ 150 & 6 & 9 & y, \end{array}$$

y représentant le nombre de jours qu'il faudrait à 6° travaillant 9ʰ par jour pour faire 150ᵐ.

Pour faire 124ᵐ en travaillant 9ʰ par jour, les 6° ont mis 14ʲ.

Pour faire 1ᵐ ils mettraient $\frac{14^{j}}{124}$.

Pour faire 150ᵐ ils mettront............. $\frac{14^{j} \times 150}{124}$ ou $14^{j} \times \frac{150}{124}$.

On trouve donc :

$$y = 14^{j} \times \frac{150}{124}.$$

2° On a maintenant ce deuxième problème :

$$\begin{array}{cccc} 150^{m} & 6^{o} & 9^{h} & y^{j} \\ 150 & 7 & 9 & z, \end{array}$$

z représentant le nombre de jours qu'il faudrait à 7° travaillant aussi 9ʰ par jour, pour faire 150ᵐ.

Avec 6° travaillant 9ʰ par jour pour faire 150ᵐ il a fallu un nombre de jours égal à $14^{j} \times \frac{150}{124}$

Avec 1° seulement, il faudrait 9 fois plus de temps, c'est-à-dire

$$14^{j} \times \frac{150}{124} \times 6.$$

Avec 7° il faudra 7 fois moins de jours qu'avec 1 ouvrier, c.-à-d

$$z = 14^{j} \times \frac{150}{124} \times \frac{6}{7}.$$

3° Il reste à résoudre ce troisième problème

150^m	7°	9^h	2j
150	7	8	x,

x représentant le nombre de jours qu'il faudra à 7 ouvriers qui travaillent 8 heures par jour pour faire 150 mètres, c'est-à-dire le nombre de jours demandé.

En travaillant 9^h par jour pour faire 150^m les 7° ont mis un nombre de jours égal à.............................. $14j \times \frac{150}{124} \times \frac{6}{7}$.

En travaillant seulement 1^h par jour, il leur faudrait 9 fois plus de jours, c'est-à-dire.......................... $14j \times \frac{150}{124} \times \frac{6}{7} \times 9$.

En travaillant 8^h par jour, il leur faudra 8 fois moins de jours qu'en travaillant 1^h par jour.

Le nombre de jours demandé est donc $14j \times \frac{150}{124} \times \frac{6}{7} \times \frac{9}{8}$.

Des explications qui précèdent résulte la règle suivante:

RÈGLE. — Pour qu'un problème donne lieu à une règle de trois composée il faut : 1° *que les données du problème, y compris le nombre inconnu, soient en nombre pair;* 2° *que ces nombres expriment deux à deux des unités de même espèce;* 3° *que le rapport*[1] *entre les deux nombres connus de chaque espèce soit égal au rapport qui doit exister entre le nombre inconnu et le nombre connu de son espèce, soit dans le même sens que dans le premier, soit en sens inverse.*

Dans ce cas on a la valeur du nombre inconnu en multipliant le nombre connu de son espèce par le rapport des deux nombres connus de chacune des autres espèces, en plaçant le plus petit des deux nombres au numérateur, quand, d'après la condition exprimée par ces deux nombres, l'inconnu doit être moindre que le nombre connu de son espèce, et le plus grand au numérateur, quand l'inconnu doit au contraire être plus grand[2].

---

1. Revoir au n° 129 ce qui a été expliqué sur le *rapport* de deux nombres.

2. Les problèmes de ce genre ont fort peu d'utilité pratique. Ils ne servent qu'à exercer le raisonnement et à familiariser l'esprit avec l'idée du rapport de deux nombres. Aussi conviendrait-il de les réserver pour les élèves avancés après l'étude des proportions : chapitre XX.

Remarque. — Avant d'effectuer les opérations indiquées dans le résultat, on doit d'abord faire les simplifications possibles, en divisant le dividende et le diviseur par les diviseurs communs qu'on peut découvrir facilement.

Ainsi dans le résultat du problème précédent :

$$x = 14 \times \frac{150}{124} \times \frac{6}{7} \times \frac{9}{8} \quad \text{ou} \quad x = \frac{14 \times 150 \times 6 \times 9}{124 \times 7 \times 8},$$

on obtient successivement :

$$x = \frac{7 \times 150 \times 6 \times 9}{62 \times 7 \times 8} = \frac{150 \times 3 \times 9}{62 \times 4} = \frac{75 \times 27}{62 \times 2} = \frac{2025}{124} = 16,33.$$

Réponse. — Les 7 ouvriers mettraient 16 jours plus un autre jour où la durée du travail serait les 0,33 de 8 h., à peu près le tiers de 8 heures.

PROBLÈMES SUR LES FRACTIONS ORDINAIRES

192. Les problèmes dans lesquels entrent des fractions ordinaires ne présentent pas plus de difficultés que s'il s'agissait seulement de nombres entiers, pourvu qu'on se rappelle bien que dans la plupart des cas on peut regarder le dénominateur comme n'étant autre chose que le *nom de l'unité fractionnaire* écrit en chiffres.

Problème 7. — *On a payé une dette en 3 fois. La 1re fois on en a payé* $\frac{1}{3}$*, la 2e fois* $\frac{1}{5}$ *et la 3e fois on a achevé le payement en donnant 56 francs. Quel était le montant de la dette?*

La partie de la dette payée dans les deux premières fois est

$$\frac{1}{3} + \frac{1}{5} = \frac{5}{15} + \frac{3}{15} = \frac{8}{15} \text{ de la dette.}$$

La partie payée dans la 3e fois est donc

$$\frac{15}{15} - \frac{8}{15} = \frac{7}{15} \text{ de la dette.}$$

Or 7 quinzièmes de la dette valent 56 francs.
1 quinzième vaut la 7e partie de 56 fr., c'est-à-dire 8 fr.
La dette entière vaut donc 15 fois 8 fr., c'est-à-dire 120 fr.

PROBLÈME 8. — *Les $\frac{5}{8}$ d'un mètre de ruban ont coûté 4f,50. Combien coûteront 2 mètres et demi?*

5 huitièmes de mètre ont coûté 4f,50.

1 huitième coûterait 5 fois moins, c.-à-d. $\frac{4,50}{5} = 0^f,90$

Le mètre coûtera 8 fois 0f,90, c.-à-d. $0^f,90 \times 8 = 7^f,20$.

$2^m\frac{1}{2}$ coûteront .... $7^f,2 \times 2,5 = 18$ fr.

PROBLÈME 9. — *On emploie $\frac{3}{4}$ d'heure pour faire les $\frac{2}{9}$ d'un ouvrage; combien mettra-t-on de temps pour en faire les $\frac{7}{8}$?*

Pour faire $\frac{2}{9}$ de l'ouvrage on met $\frac{3}{4}^h$.

Pour $\frac{1}{9}$ de l'ouvrage on mettrait 2 fois moins, c.-à-d. $\frac{3^h}{4 \times 2}$.

Pour l'ouvrage entier on mettra un nombre d'heures 9 fois plus grand que ce dernier, c'est-à-dire .... $\frac{3 \times 9}{4 \times 2}^h$.

Pour $\frac{1}{8}$ de l'ouvrage le temps serait $\frac{3 \times 9}{4 \times 2 \times 8}^h$.

Pour $\frac{7}{8}$ de l'ouvrage il faudra un temps égal à

$$\frac{3 \times 9 \times 7}{4 \times 2 \times 8} = \frac{189}{64} = 2^h\,\frac{61}{64} = 2^h\ 56^m.$$

PROBLÈME 10. — *Un auteur ayant à faire copier un manuscrit emploie à ce travail deux copistes. L'un pourrait seul copier le manuscrit entier en 5 jours; l'autre, qui va moins vite, ne pourrait le copier qu'en 6 jours. Combien mettront-ils de jours pour faire ce travail ensemble?*

Par jour ils font : le 1er $\frac{1}{5}$ de l'ouvrage ; le 2e $\frac{1}{6}$ de l'ouvrage.

Par jour, ils font ensemble :

$$\frac{1}{5} + \frac{1}{6} = \frac{6}{30} + \frac{5}{30} = \frac{11}{30} \text{ de l'ouvrage.}$$

Pour terminer l'ouvrage ensemble, ils mettront autant de jours qu'il y a de fois 11 *trentièmes* dans 30 *trentièmes*.

En divisant 30 par 11, on trouve :

$$30 : 11 = 2j\,\frac{8}{30} = 2\,\frac{4}{15}$$

Réponse. — Ils travailleront 2 jours, plus un 3e jour où ils n'auront à faire que les 4 quinzièmes du travail de chacun des deux autres jours.

CHAPITRE XV

DES INTÉRÊTS

193. Définitions. — Un homme qui emprunte de l'argent est obligé de payer ce service, comme il paye le loyer d'une maison. La somme empruntée s'appelle *capital* : la somme payée pour l'emprunt s'appelle *intérêt*.

L'intérêt est réglé à raison de tant pour cent par an ; l'intérêt de 100 francs par an est appelé *taux* (taxe). On dit que le taux est 3 pour cent, 4 pour cent, 5 pour cent, quand l'intérêt de 100 francs est 3 francs, 4 francs, 5 francs par an.

L'expression *pour cent* est représentée par ce signe %.

Dire que le taux est 3, 4, 5 pour 100 signifie aussi que l'intérêt est 3 fois, 4 fois, 5 fois la 100e partie du capital.

Le capital est placé ou prêté à *intérêt* simple, quand l'intérêt est payé chaque année au prêteur ; il est placé à *intérêts composés*, quand l'intérêt est ajouté au capital au bout de chaque année, ce qui forme un nouveau capital plus grand.

Nous n'avons à traiter ici que l'intérêt simple ; nous donnerons cependant un exemple pour l'intérêt composé.

Dans le calcul des intérêts, on a adopté l'usage de compter l'année avec 360 jours au lieu de 365, à cause de la simplification qui en résulte pour les calculs.

Le mois est alors regardé comme ayant 30 jours.

194. Calcul de l'intérêt. — PROBLÈME 1. *Un homme emprunte 846 francs au taux de 4 % : quel intérêt doit-il payer au bout de l'année ?*

Pour 100 fr. l'intérêt est de 4 fr.
Pour 1 fr. il sera 100 fois moindre, c'est-à-dire 0f,04.
Pour 846 fr. il sera 846 fois l'intérêt de 1 fr., c'est-à-dire

$$0^{f},04 \times 846 = 33^{f},84.$$

Si l'on indique seulement la division par 100, au lieu de l'effectuer, on obtiendra pour l'intérêt :

$$\frac{4}{100} \times 846 \quad \text{ou} \quad \frac{846 \times 4}{100}.$$

De là résulte la règle suivante :

RÈGLE I. — *Pour trouver l'intérêt d'un capital au bout d'un an, on multiplie le capital par le taux et on divise le produit par 100.*

REMARQUES. — 1° Quand le capital est un nombre entier de centaines de francs, on multiplie seulement le taux par le nombre de centaines.

Ainsi l'intérêt de 1 600 francs à 4 % vaut 16 fois l'intérêt de 100 francs ; il est donc égal à

$$4^{f} \times 16 = 64 \text{ fr.}$$

2° Quand le taux est 5 %, l'intérêt est la 20e partie du capital. Pour connaître l'intérêt, on divise le capital par 10 et on prend la moitié du résultat.

PROBLÈME 2. — *Trouver l'intérêt de 846 francs à 4 % au bout de 5 mois.*

Pour 1 an l'intérêt est $\frac{846 \times 4}{100}$.

Pour 1 mois il en est le 12e, c'est-à-dire $\frac{846 \times 4}{100 \times 12}$.

Pour 5 mois l'intérêt sera

$$\frac{846 \times 4 \times 5}{100 \times 12} \quad \text{ou} \quad \frac{846 \times 4 \times 5}{1200}.$$

De là résulte la règle suivante :

RÈGLE II. — *Pour trouver l'intérêt pendant un certain nombre de mois on multiplie le capital par le taux et par le nombre de mois et on divise le produit par 1 200.*

REMARQUE. — Pour 6 mois on prend la moitié de l'intérêt d'un an ; pour 3 mois, le quart ; pour 4 mois, le tiers.

PROBLÈME 3. — *Trouver l'intérêt de 846 francs à 4 °/₀ pour 152 jours.*

Pour 1 an l'intérêt est $\frac{846 \times 4}{100}$.

Pour 1 jour il en est la 360ᵉ partie, c'est-à-dire $\frac{846 \times 4}{100 \times 360}$.

Pour 152 jours l'intérêt vaut 152 fois celui d'un jour, c'est-à-dire

$$\frac{846 \times 4 \times 152}{100 \times 360} \text{ ou } \frac{846 \times 4 \times 152}{36\,000}.$$

De là résulte cette autre règle :

RÈGLE III. — *Pour trouver l'intérêt d'un capital au bout d'un certain nombre de jours*[1], *on multiplie le capital par le taux et par le nombre de jours et on divise le produit par* 36 000.

195. Calcul du taux. — Ce calcul revient à trouver l'intérêt que produirait un capital de 100 francs en 1 an.

PROBLÈME 4. — *A quel taux un homme a-t-il prêté* 6 380 *fr., quand au bout de* 75 *jours on lui rend son capital avec* 59ᶠ,81 *d'intérêt ?*

6 380ᶠ ont produit en 75ʲ un intérêt de 59ᶠ,81.

L'intérêt de ce capital en 1 jour serait $\frac{59^f,81}{75}$.

L'intérêt de 1 fr. en 1 jour serait.................... $\frac{59^f,81}{75 \times 6\,380}$.

L'intérêt de 100 fr. en 1 jour sera................ $\frac{59^f,81 \times 100}{75 \times 6\,380}$.

L'intérêt de 100 fr. pour 1 an est donc

$$\frac{59^f,81 \times 100 \times 360}{75 \times 6\,380} \text{ ou } \frac{5\,981 \times 36}{75 \times 638}.$$

On trouve pour le taux demandé 4ᶠ,50 °/₀.

---

1. Le calcul de l'intérêt par la méthode dite des *nombres* sera exposée à la fin, au chapitre des *Notions de comptabilité*.

196. Calcul du capital. — PROBLÈME 5. *Trouver le capital qui, placé au taux de $4\frac{1}{4}$ p. 100, a produit au bout de 7 mois un intérêt de* $59^f,50$.

7 mois sont les $\frac{7}{12}$ de l'année.

L'intérêt de 100 fr. au bout de 7 mois sera les $\frac{7}{12}$ de $4^f,25$, c.-à-d.

$$4^f,25 \times \frac{7}{12} = \frac{29,75}{12} = 2^f,479166.$$

Autant de fois l'intérêt de 100 fr. est contenu dans $59^f,50$, autant il y a de fois 100 fr. dans le capital demandé.

Il faut donc diviser 59,50 par 2,479166 et multiplier ensuite le quotient par 100.

OBSERVATION. — L'intérêt de 100 fr. ne peut pas ici être obtenu exactement. En prenant cet intérêt avec plusieurs chiffres décimaux, on aurait à faire, en divisant l'intérêt donné par celui de 100 francs, une opération longue, et on ne trouverait pas le capital exact.

Dans ce cas il est préférable d'indiquer seulement les opérations à l'aide des signes, pour ne les effectuer qu'à la fin. On procèdera de la manière suivante.

L'intérêt de 100 fr. pour 7 mois est :

$$4^f,25 \times \frac{7}{12} = \frac{29,75}{12}.$$

Le nombre de fois que l'intérêt de 100 fr. est contenu dans l'intérêt donné est exprimé par le quotient suivant :

$$59,5 : \frac{29,75}{12} = \frac{59,5 \times 12}{29,75}.$$

Le capital demandé est donc

$$\frac{59,5 \times 12 \times 100}{29,75} = 2 \times 12 \times 100 = 2\,400 \text{ fr.}$$

197. Calcul du temps. — Problème 6. — *Trouver au bout de combien de temps un capital de 1 850 francs, prêté à 5,50 % a produit 35 francs d'intérêt.*

L'intérêt de 1 850 fr. pour 1 an serait............ $0^f,055 \times 1\,850$.

Pour 1 jour, il serait $\frac{0,055 \times 1\,850}{360} = \frac{55 \times 185}{36\,000}$.

Autant de fois cet intérêt est contenu dans 35 fr., autant il y a de jours dans le temps demandé.

Ce nombre de jours est donc :

$$35 : \frac{55 \times 185}{36\,000} = \frac{35 \times 36\,000}{55 \times 185} = \frac{7 \times 36\,000}{11 \times 185} = \frac{252\,000}{2\,035}.$$

On trouve pour quotient de la division 123,8.

Réponse. — Le temps cherché est 124 jours.

198. Valeur acquise par un capital augmenté de ses intérêts. — Pour trouver cette valeur il suffit évidemment de calculer l'intérêt et de l'ajouter au capital.

Cependant on peut suivre une autre marche, qui n'est autre chose que la méthode de réduction à l'unité.

Nous allons l'expliquer sur un exemple.

Problème 7. — *Quelle est la valeur acquise par un capital de 738 francs, quand il est augmenté de ses intérêts à 4 % au bout de 9 mois?*

L'intérêt de 1 fr. au bout de 1 an est..................... $0^f,04$.

Au bout de 9 mois ou $\frac{3}{4}$ d'année il est .... $0^f,03$.

Ainsi 1 fr. au bout de 9 mois vaut .... $1^f,03$.

La valeur de 738 fr. au bout de ce temps sera donc :

$$1^f,03 \times 738 = 760^f,14.$$

De ce résultat nous déduirons la règle suivante :

Règle. — *Pour trouver la valeur acquise par un capital qui a été augmenté de ses intérêts au bout d'un certain temps, on cherche d'abord l'intérêt de 1 franc au bout de ce temps et on multiplie le capital par 1 augmenté de cet intérêt de 1 franc.*

Nota. — Cette règle est particulièrement utilisée dans les calculs relatifs à l'escompte en dedans.

199. Intérêts composés. — PROBLÈME 8. *On place dans une banque une somme de 650 francs à intérêts composés au taux de 5 %. Quelle somme retirera-t-on au bout de 3 ans?*

On peut calculer l'intérêt pendant la 1re année et l'ajouter au capital, ce qui forme un nouveau capital qui est placé pendant la 2e année.

On cherche l'intérêt de ce capital pendant la 2e année et on l'ajoute au capital, ce qui fait un troisième capital placé pendant la 3e année, et on continue ainsi.

Mais il est plus commode d'appliquer ici la règle établie dans le numéro précédent.

La valeur de 1 franc à 5 % au bout de 1 an étant 1f,05, on multipliera la valeur du capital au commencement de chaque année par 1,05 pour avoir sa valeur à la fin de cette année.

D'après cette règle, les valeurs successives de 650 francs au bout de chaque année seront :

1re année............................ $650 \times 1{,}05$;
2e année...... $650 \times 1{,}05 \times 1{,}05 = 650 \times 1{,}05^2$;
3e année...... $650 \times 1{,}05^2 \times 1{,}05 = 650 \times 1{,}05^3$.

En effectuant les calculs on trouve :

$$1{,}05^2 = 1{,}05 \times 1{,}05 = 1{,}1025;$$
$$1{,}05^3 = 1{,}1025 \times 1{,}05 = 1{,}157625;$$
$$650 \times 1{,}157625 = 752{,}45625.$$

La valeur de 650 francs au bout de 3 ans est 752f,45.

De ce qui précède résulte la règle suivante :

RÈGLE. — *Pour trouver la valeur acquise par un capital à intérêts composés au bout d'un certain nombre d'années, on ajoute à 1 franc son intérêt pour 1 an; on élève cette somme à une puissance d'un degré marqué par le nombre des années et on multiplie le capital par cette puissance.*

Observation. — Cette règle très commode à énoncer n'est pas d'une application aussi facile quand il s'agit d'un placement fait pour plusieurs années, à cause du grand nombre de décimales qui se trouvent alors dans le nombre obtenu en élevant à une puissance d'un degré marqué par le nombre des années le nombre 1 augmenté de l'intérêt annuel de 1 franc.

Supposons que dans le problème précédent on demande la valeur acquise par le capital de 650 francs au bout de 6 ans, au lieu de 3 ans. On aura à calculer la 6e puissance de 1,05.

On a déjà : $1,05^3 = 1,157625$.

La 6e puissance de 1,05 sera $1,05^3 \times 1,05^3$ ou $1,157625 \times 1,157625$, c'est-à-dire un nombre ayant *douze* chiffres décimaux. Or ces chiffres ne sont pas tous absolument nécessaires pour que le résultat demandé ait le degré d'exactitude exigé par la question.

En ce cas il faudrait savoir d'avance combien on doit avoir *au moins* de chiffres décimaux dans la 6e puissance de 1,05 pour qu'en la multipliant ensuite par 650 on trouve un produit exact jusqu'aux centimes. C'est ce qui a déjà été expliqué dans les numéros 143, 144, 145, 146.

Voici au reste le raisonnement à faire.

L'erreur du produit de deux facteurs dont l'un seulement est exact est égale à l'erreur du facteur approché multipliée par le facteur exact. L'erreur dont pourra être affectée la 6e puissance de 1,05 doit donc être moindre que la 650e partie de 1 centime, ou mieux moindre que la 1000e partie de 1 centime, c'est-à-dire moindre que 1 cent-millième de franc ; par conséquent, il suffit de connaître la 6e puissance de 1,05 avec les *cinq* premiers chiffres décimaux seulement au lieu de *douze*.

Quel est le moyen d'obtenir ce nombre d'une manière plus rapide, sans effectuer les calculs inutiles ? On y parvient en s'appuyant sur les principes de la théorie des *approximations numériques* ou à l'aide de la méthode dite *multiplication abrégée*. Les maîtres trouveront cette théorie et cette méthode dans notre *Cours d'arithmétique pour l'Enseignement spécial*, au *volume de 2e et de 3e année*, qui peut servir de complément au volume du *Degré supérieur* de l'Enseignement primaire, pour les maîtres et pour tous ceux qui se préparent à l'examen du brevet supérieur.

A défaut de ces méthodes qui ne sortent pas du cadre de l'arithmétique, on serait obligé de recourir à l'emploi du calcul logarithmique[1].

1. Voir la théorie des logarithmes et celle des intérêts composés dans notre *Algèbre simplifiée*.

Pour faciliter les calculs d'intérêts composés dans les banques et autres établissements financiers, on a des tables renfermant avec six décimales les valeurs acquises par 1 franc depuis 1 an jusqu'à un nombre d'années plus ou moins considérable, aux taux les plus usités : 2, $2\frac{1}{2}$, 3, $3\frac{1}{2}$ ... jusqu'à 6 %.

A l'aide de ces tables on n'a qu'à multiplier le capital par la valeur de 1 franc placé dans la table pour le temps et le taux indiqués.

On trouve ces tables dans l'*Annuaire du Bureau des longitudes*.

Des explications dans lesquelles nous venons d'entrer, il résulte que la marche la plus avantageuse à indiquer aux élèves de l'enseignement primaire consiste à calculer d'année en année les valeurs acquises successivement par le capital, soit en cherchant l'intérêt du capital à la fin de chaque année pour l'ajouter au capital, soit en multipliant le capital de chaque année par 1 augmenté de l'intérêt annuel de 1 franc.

Ici, comme du reste dans tous les problèmes, on doit avoir soin d'habituer les élèves à donner à leur rédaction une qualité importante, malheureusement trop négligée : la concision du langage et la clarté dans la disposition des indications des calculs, comme on le voit dans tous les problèmes de cet ouvrage et dans la solution que nous allons présenter ici pour le problème du nº 199.

PROBLÈME. — *Trouver la valeur acquise au bout de 3 ans par une somme de 650 francs placée à intérêts composés au taux de 5 °/₀, les intérêts étant capitalisés à la fin de chaque année.*

Capital placé pendant la 1re année		650
Intérêt pendant cette année.	0.05 × 650	= 32,50
Capital placé pendant la 2e année.		682,50
Intérêt de ce capital.	0,05 × 682,5	= 34,125
Capital placé pendant la 3e année		716,625
Intérêt de ce capital.	0,05 × 716,625	= 35,831
		752,456

Réponse. — Le capital de 650 fr. est devenu 752f,45.

REMARQUE. — Il arrive que dans les banques les intérêts soient capitalisés tous les six mois. La règle à suivre est la même, avec la seule différence qu'on opère alors par semestres et non par années, et avec un taux égal à la moitié du taux annuel.

Ainsi dans le problème précédent, si on suppose que les intérêts sont ajoutés au capital tous les six mois, on prendra pour le taux 2,50 °/₀ et on aura à chercher successivement les six valeurs prises successivement à la fin de chaque semestre par le capital donné.

C'est un exercice utile à proposer aux élèves. Ils remarqueront en outre que la capitalisation par semestre est plus avantageuse que la capitalisation par année. Ils trouveront en effet que dans ce cas le capital de 650 fr. aura au bout de 3 ans une valeur de 753f,80.

200. Rentes sur l'État. — L'État, comme les particuliers, emprunte de l'argent ; mais il s'engage seulement à payer toujours les intérêts, sans rembourser le capital. Le prêteur, en échange de son argent, reçoit un titre appelé *inscription de rente*, avec lequel il se fait payer par l'État, à des époques déterminées, l'intérêt de son argent : cet intérêt est appelé *rente* sur l'État.

Il est payé tous les trois mois, par quarts de l'intérêt annuel.

Quand le porteur de ce titre a besoin de son capital, il vend son titre. Si l'État est dans une situation prospère, on a l'assurance que la rente sera payée exactement, et en raison de cette sécurité la valeur du titre augmente. Dans le cas contraire, on peut appréhender que le payement de la rente ne s'effectue pas régulièrement ; le titre perd alors de sa valeur et se vend à un prix plus ou moins bas. Ce prix variable est ce qu'on nomme *cours* de la rente. Quand ce prix est à 100 francs, on dit que la rente est au *pair*.

La vente de ces titres se fait à Paris et dans quelques autres grandes villes dans un local spécial nommé la *Bourse* et par l'intermédiaire des *agents de change*.

Les deux principales rentes sur l'État sont actuellement :

$$\text{la rente } 3 \text{ p. } 100 \text{ et la rente } 4\,\frac{1}{2} \text{ p. } 100.$$

Dire que le cours de la rente 3 °/₀ est 78,50 signifie que pour acheter une rente de 3 francs il faut payer $78^f,50$. De même, quand le cours de la rente $4\,\frac{1}{2}$ °/₀ est 108,25, il faut payer $108^f,25$ pour acheter une rente de $4^f,50$.

Nous n'avons pas à parler ici des frais qu'entraînent ces négociations; nous dirons seulement que les calculs relatifs aux rentes ne sont que des calculs d'intérêt. En voici deux exemples.

Problème 9. — *Trouver le capital qu'il faut débourser pour acheter 250 francs de rentes $4\,\frac{1}{2}$ °/₀ au cours de $102^f,25$.*

Une rente de $4^f,50$ coûte $102^f,25$.
Une rente de 1 fr. coûterait $102^f,25 : 4,5 = 22^f,7222$.
Une rente de 250 fr. coûtera :

$$22^f,7222 \times 250 = 5\,680^f,55.$$

On déboursera $5\,680^f,55$, plus les frais à payer à l'agent de change.

PROBLÈME 10. — *A quel taux place-t-on son argent, quand on achète de la rente 3 °/₀ au cours de 74f,25 ?*

74f,25 rapportent une rente de 3 fr.

L'intérêt rapporté par 1 fr. serait $\frac{3}{74,25}$.

L'intérêt rapporté par 100 fr. sera :

$$\frac{3 \times 100}{74,25} = \frac{30\,000}{7\,425} = 4,04.$$

Le taux est 4,04 pour cent.

DU CALCUL DES INTÉRÊTS A LA CAISSE D'ÉPARGNE

201. Extrait des règlements. — La loi du 9 avril 1881, relative à l'établissement de la Caisse d'épargne postale, et le décret du 3 décembre de la même année, ont apporté quelques modifications dans les règlements des Caisses d'épargne ordinaires.

Tout versement, soit à la Caisse postale, soit aux autres Caisses, doit être un nombre rond de francs sans centimes, depuis 1 franc jusqu'à 2 000 francs, qui est le maximum.

L'intérêt payé par la Caisse postale est de 3 pour 100. L'intérêt payé par les autres Caisses varie entre 3 et 3,75 pour 100. Il est compté par quinzaines du 1er et du 16 de chaque mois, après le jour du versement ; il cesse de courir à partir du 1er et du 16 qui aura précédé le jour du remboursement.

Au 31 décembre de chaque année l'intérêt acquis s'ajoute au capital et devient lui-même productif d'intérêt. Les fractions de franc ne produisent aucun intérêt.

Lorsque le total des versements et des intérêts dépasse 2 000 francs, le déposant en est informé, pour qu'il retire l'excédent, ou le fasse placer par la Caisse en rentes sur l'État.

202. Calcul des intérêts. — *Paul a versé à la Caisse d'épargne 72 francs le 10 mars ; puis il a retiré 48 francs le 5 septembre. Établir son compte au 31 décembre suivant, au taux de 3 p. 100.*

1° MÉTHODE ORDINAIRE. — Calculons l'intérêt de 72 fr. jusqu'à l'époque du remboursement.

Du 16 mars au 1er septembre il y a 11 quinzaines.

L'intérêt de 72 fr. pour 11 quinzaines est

$$\frac{0,03 \times 72 \times 11}{24} = 0^f,99.$$

Au 1er septembre l'avoir du déposant est.........	$72^f,99$
Le déposant retire dans la quinzaine qui suit.....	$48^f,00$
Son avoir au 1er septembre est...	$24^f,99.$

Du 1er septembre au 31 décembre il y a 8 quinzaines.

L'intérêt de 24 fr. (les centimes ne produisent pas d'intérêt) pour 8 quinzaines est

$$\frac{0,03 \times 24 \times 8}{24} = 0^f,24.$$

L'avoir du déposant au 31 décembre est donc

$$24^f,99 + 0^f,24 = 25^f,23.$$

2° MÉTHODE PRATIQUÉE A LA CAISSE D'ÉPARGNE. — Au moment du dépôt on inscrit avec la somme versée son intérêt jusqu'à la fin de l'année : cet intérêt est dit *intérêt anticipé*.

Du 16 mars à la fin de l'année il y a 19 quinzaines.

L'intérêt de 72 fr. pour 19 quinzaines est

$$\frac{0,03 \times 72 \times 19}{24} = 1^f,71.$$

Jusqu'au moment de la demande de remboursement des 48 fr., au jour du 5 septembre, il s'est écoulé depuis le commencement de l'année 16 quinzaines; il en reste 8 jusqu'à la fin de l'année.

On calcule l'intérêt que ces 48 fr. auraient produit pendant ces 8 quinzaines. Cet intérêt est

$$\frac{0,03 \times 48 \times 8}{24} = 0^f,48.$$

Cet intérêt doit être retranché de l'intérêt anticipé; pour cette raison il est dit *intérêt rétrograde*.

On a ainsi le tableau suivant pour le calcul.

Dépôt,	72^f	Int. anticipé,	$1^f,71$
Remb.,	48^f	Int. rétrograde,	$0^f,48$
	24^f		$1^f,23$

Avoir au 31 décembre : $25^f,23$.

CHAPITRE XVI

Observations sur l'escompte.

I. — A ce mot d'escompte nous avons entendu souvent non seulment les élèves, mais aussi des maîtres déclarer que cette question e une de celles qui leur donnent le plus de peine. Ces difficultés dont i se plaignent tiennent plutôt à la forme qu'au fond; elles viennent un quement de ce que les auteurs se croient obligés de distinguer dès commencement les deux escomptes et de donner en même temps définition de chacun.

Pour l'escompte commercial, nommé aussi, on ne sait trop pourqu *escompte en dehors*, rien n'est plus facile, puisqu'il n'est autre ch que l'intérêt de la somme désignée (voir n° 204). Il n'en est plus même de l'autre escompte, nommé *escompte en dedans* ou *escomp rationnel*.

En effet, dans cette seconde méthode, le montant du billet à escompt est considéré comme comprenant deux parties : 1° le capital suppo prêté au jour de l'escompte : 2° l'intérêt de ce capital. Ce capital est qu'on nomme la *valeur actuelle* du montant du billet, et l'escompte dedans du billet est alors l'intérêt de cette valeur actuelle et non p l'intérêt du montant du billet.

Comment donc serait-il possible de donner une définition claire l'escompte en dedans, puisqu'elle doit se rapporter à un autre éléme la valeur actuelle du billet, qui devrait d'abord être elle-même défi auparavant ?

Rien n'est plus facile que de faire la lumière complète et de dissi toute confusion entre les deux escomptes.

Pour cela, après avoir défini l'escompte, on doit se garder de parler deux espèces d'escomptes; on se borne à dire que la méthode pratiqu en France, dans le commerce et les maisons de banque, consiste à préle comme escompte l'intérêt de la somme à escompter, pour le temps co pris à partir du jour de l'escompte jusqu'au jour de l'échéance exc sivement. Il y a donc un intérêt à calculer et rien de plus.

C'est alors seulement qu'on apprend aux élèves qu'il existe une au méthode, pratiquée non chez nous, mais à l'étranger, et connue sous nom d'*escompte en dedans*. Puis, au lieu de s'attacher à définir escompte, on dit ce que c'est qu'escompter en dedans, comme nous le faiso au numéro 205. Ainsi, en substituant le verbe au substantif, on revi à un problème ordinaire et les élèves, familiarisés avec la règle te que nous l'exposons, n'éprouveront plus aucun embarras dans ces qu tions.

Nous ajouterons encore une recommandation. Comme il est probable qu'un examinateur, obéissant à l'usage habituel, demandera la définition des deux espèces d'escomptes, l'élève interrogé devra d'abord donner la définition de l'escompte en dehors, puis il dira ce que c'est qu'*escompter une somme en dedans*, au lieu de définir cet escompte lui-même.

II. — En exposant, comme dans la remarque du numéro 205, ce qui distingue les deux escomptes, il est bon de montrer aussi pourquoi l'escompte en dehors ne s'applique qu'à une échéance peu éloignée, ne dépassant guère un an. Rien n'est plus propre à mettre en évidence le motif de cette restriction que de faire calculer l'escompte en dehors à 5 % d'une somme qu'on supposerait payable dans 20 ans : car l'escompte serait alors égal à la somme elle-même, et par suite celle-ci se réduirait à zéro, ce qui est contraire à la raison.

III. — Il y a entre les deux escomptes d'une même somme une relation qu'il n'est point inutile de signaler ici, mais pour les maîtres seulement :

La différence entre les deux escomptes d'une même somme est égale à l'escompte en dehors du montant de l'escompte en dedans, ou à l'escompte en dedans du montant de l'escompte en dehors.

En effet, pour mettre les choses sous les yeux, supposons qu'il s'agisse d'un billet désigné par B, payable à une certaine échéance.

Désignons par V la valeur actuelle au jour de l'escompte et par i l'intérêt de V, c'est-à-dire l'escompte en dedans du billet B.

D'après ce qui a été expliqué, on peut écrire l'égalité :

$$B = V + i.$$

On a par conséquent :

$$\text{Int. de B} = \text{Int. de V} + \text{Int. de } i.$$

Mais l'intérêt de B est l'escompte en dehors du billet B.

L'intérêt de V est l'escompte en dedans du même billet B.

L'intérêt de i est l'escompte en dehors de i, c'est-à-dire l'escompte en dehors du montant de l'escompte en dedans du billet B.

La première partie de cette relation est donc démontrée.

Quant à la seconde, observons que la somme i, supposée payable à l'échéance du billet B, comprend : sa valeur actuelle, plus l'intérêt de cette valeur actuelle de i. Or cet intérêt de la valeur actuelle de i n'est autre chose que l'escompte en dedans de i.

Nota. — On trouvera cette question traitée complètement en langage algébrique dans notre *Algèbre simplifiée*.

DE L'ESCOMPTE

203. Définition. — On appelle **escompte** une diminution faite sur une somme qui est payée avant le terme fixé [1].

Cette diminution est accordée, par exemple, quand un homme achète comptant des marchandises pour le payement desquelles il aurait un délai plus ou moins long ; cet escompte est aussi désigné par le nom de *remise*.

L'escompte est surtout pratiqué par les banquiers sur les *billets à ordre*. Un *billet* est un acte écrit par lequel un débiteur s'engage à payer à une certaine époque, autrement dit à une certaine *échéance*, une somme qu'il doit. Si le créancier porteur de ce titre a besoin de son argent, il remet le billet à un banquier, qui en échange lui en donne le montant, moyennant une petite diminution qui est *l'escompte*. C'est ensuite au banquier que le souscripteur du billet en paye le montant complet, à l'échéance fixée.

Nota. — Dans la plupart des traités d'arithmétique, la définition de l'escompte n'est appliquée qu'à un billet, ce qui ne donne aux élèves qu'une idée incomplète de l'escompte. L'escompte est prélevé sur toute somme payée avant l'échéance, qu'elle soit le montant d'un billet ou le prix d'un achat de marchandises.

204. Escompte commercial. — Dans la banque et le commerce, l'escompte n'est autre chose que l'intérêt de la somme énoncée pour le temps compris entre le jour du payement et celui de l'échéance, l'un de ces deux jours seulement étant compté. Tel est l'escompte *commercial*. Il porte aussi le nom d'*escompte en dehors*.

Par conséquent les règles indiquées précédemment pour l'intérêt s'appliquent sans aucune différence à l'escompte commercial. Ce n'est qu'un changement de nom : *escompte* au lieu d'*intérêt*.

---

1. Escompte, mot composé de la préposition latine *ex*, hors de, et du mot *compte*, signifie *somme mise hors de compte*.

OBSERVATION. — Le temps pour lequel l'escompte est accordé est généralement inférieur à une année.

205. Escompte en dedans. — Dans plusieurs pays étrangers on suit pour l'escompte une méthode un peu différente, qui est désignée dans les traités d'arithmétique par le nom d'*escompte en dedans.*

Au lieu de définir l'*escompte en dedans*, ce qui ne peut se faire avec toute la clarté suffisante, nous dirons de préférence ce que c'est qu'*escompter en dedans.*

DÉFINITION. — *Escompter une somme par la méthode en dedans, c'est remplacer cette somme par le capital qui, après avoir été augmenté de son intérêt pendant le temps compris entre le jour du payement et celui de l'échéance, prendrait une valeur égale à cette somme.*

PROBLÈME 1. — *Une somme a été prêtée au taux de 5 %, pour 108 jours; augmentée de ses intérêts au bout de ce temps, elle a pris une valeur égale à 852f,60. Calculer cette somme.*

L'intérêt de 1 franc au bout de 108 jours serait

$$0^f,05 \times \frac{108}{360} = \frac{5,40}{360} = \frac{0,54}{36} = 0^f,015.$$

Ainsi 1 fr. au bout de 108 jours vaudrait 1f,015.

Donc autant de fois il y a 1f,015 dans 852f,60, autant il y a de francs dans la somme prêtée.

Cette somme est $\frac{852,60}{1,015} = 840$ fr.

De ce raisonnement se déduit la règle suivante:

RÈGLE. — *Pour trouver à combien se réduit une somme escomptée par la méthode en dedans, il suffit de diviser cette somme par 1 augmenté de l'intérêt de 1 franc pour le temps indiqué.*

Le montant de l'escompte est la différence qu'il y a entre la somme à escompter et sa valeur après l'escompte.

REMARQUE. — Pour se faire une idée aussi nette que possible de la différence des deux méthodes, il est bon de les appliquer à un même capital très simple, par exemple à une somme de 100 francs qui serait payable dans un an.

Escomptée aujourd'hui au taux de 5 % elle devient :
par l'escompte commercial

$$100 - 5 = 95 \text{ fr.};$$

par l'escompte en dedans

$$100 : 1{,}05 = 95^{f}{,}238.$$

206. Valeur actuelle d'un billet. — Le capital auquel se réduit par l'escompte en dedans une somme portée sur un billet, est ce qu'on appelle la *valeur actuelle* de ce billet.

En effet si un billet de $852^{f},60$ n'est payable que dans 108 jours, sa valeur réelle aujourd'hui est inférieure à sa valeur nominale, puisqu'il faut attendre 108 jours pour toucher cette valeur nominale de $852^{f},60$. La valeur réelle est celle qui, après avoir été augmentée de son intérêt, devient précisément égale à la somme portée sur le billet.

C'est pour cette raison que l'*escompte en dedans* est appelé aussi *escompte rationnel*.

Remarque. — Dans l'exemple précédent le montant de l'escompte en dedans sur une somme de $852^{f},60$ payable au bout de 108 jours est

$$852^{f}{,}60 - 840 = 12^{f}{,}60.$$

Le montant de l'*escompte en dedans* d'une somme est l'intérêt de la valeur actuelle de cette somme.

Le montant de l'*escompte en dehors* d'une somme est l'intérêt de la somme elle-même.

207. Observation. — Le plus souvent on ne peut pas obtenir la valeur exacte de l'intérêt de 1 franc, et par suite en divisant la somme donnée par 1 augmenté de cet intérêt, on ne trouve pour quotient qu'un résultat approché, sans qu'on puisse en reconnaître facilement le degré d'exactitude.

Pour éviter cet inconvénient, il vaut mieux conserver l'intérêt de 1 franc sous la forme fractionnaire, comme on va le montrer dans le problème suivant [1].

---

1. On trouvera dans notre *Arithmétique appliquée* un grand nombre de problèmes, présentant toute la variété possible, sur les questions d'escompte en dedans et en dehors

Problème 2. — *Trouver à combien se réduit par l'escompte en dedans une somme de 1 483 francs payable dans 158 jours, le taux de l'escompte étant de 5 %.*

L'intérêt de 1 franc pour 158 jours à 5 % est

$$0,05 \times \frac{158}{360} = \frac{0,79}{36}.$$

La somme cherchée sera donc :

$$\frac{1\,483}{1 + \frac{0,79}{36}} = \frac{1483 \times 36}{36,79} = \frac{5\,338\,800}{3\,679} = 1451^{f},177$$

C'est-à-dire 1451f,18.

208. Échéance moyenne. — Lorsqu'un débiteur doit au même créancier plusieurs sommes payables à des époques différentes, ils préfèrent souvent, en réglant leur compte, réunir ces sommes en une seule égale à leur total. Il s'agit alors de déterminer pour ce total une échéance telle qu'il n'y ait ni perte ni profit pour aucun.

C'est ce qu'on appelle règle de l'*échéance moyenne* ou encore *échéance commune*.

Nous allons l'expliquer dans les deux problèmes suivants.

Problème 3. — *Un homme doit au même créancier trois sommes : 2 468 fr. payables dans 4 mois ; 1 850 fr. payables dans 7 mois ; 2 645 fr. payables dans 1 an. A quelle époque devra avoir lieu le payement de ces trois sommes en une somme unique, égale à leur total ?*

En gardant 2 468 fr. pendant 4 mois, le débiteur peut en retirer le même intérêt que s'il gardait pendant 1 mois une somme 4 fois plus forte, qui serait.............................. 2 468 × 4 = 9 872 fr.

Avec 1 850 fr. qu'il garderait pendant 7 mois, il peut retirer le même intérêt que s'il gardait pendant 1 mois une somme 7 fois plus forte, qui serait.............................. 1 850 × 7 = 12 950 fr.

Avec 2 645 fr. qu'il garderait pendant 12 mois, il peut retirer le même intérêt que s'il gardait pendant 1 mois une somme 12 fois plus forte, qui serait.............................. 2 645 × 12 = 31 740 fr.

Le total de ces trois nouvelles sommes est............... 54 562 fr.

Le total des trois sommes à payer est.................. 6 963 fr.

Le débiteur devra garder cette dernière somme assez de temps pour qu'il en retire le même intérêt qu'avec 54 562 fr. en 1 mois.

Or si cette somme de 6 963 fr. était 2 fois, 3 fois... plus petite que la somme de 54 562 fr., on devrait la garder pendant un temps 2 fois, 3 fois.... plus grand. Le nombre de mois cherché est donc égal au quotient de 54 562 divisé par 6 963.

En effectuant la division on trouve 7 mois et 25 jours.

Voici le tableau des opérations.

2 468 × 4 =	9 872		
1 850 × 7 =	12 950		
2 645 × 12 =	31 740		
6 963	54 562	6 963	
	58 221	7m 25j	
	30		
	174 630		
	35 370		
	555		

De ce tableau on déduit la règle suivante pour le calcul de l'échéance moyenne:

Règle. — *On multiplie chaque somme par le temps compris depuis le moment du règlement jusqu'au jour de son échéance; on fait le total des produits et on le divise par le total des sommes à payer. Le quotient indique le temps au bout duquel arrivera l'échéance moyenne du payement unique.*

Problème 4. — *Un homme qui devait une somme de 850 fr., payable le 20 août, donne à son créancier un acompte de 225 fr. le 1er juillet et un autre acompte de 375 fr. le 1er août. A quelle époque a-t-il le droit de renvoyer le payement du reste?*

Le payement fait le 1er juillet est devancé de 50 jours; celui du 1er août est devancé de 19 jours.

Le montant du 2e payement sera de 250 francs.

En payant 225 fr. le 1er juillet le débiteur perd un intérêt égal à celui que produirait en 1 jour une somme 50 fois plus forte, qui serait .... 225 × 50 = 11 250 fr.

En payant 375 fr. le 1er août, il perd un intérêt égal à celui que produirait en 1 jour une somme 19 fois plus forte, qui serait .... 375 × 19 = 7 125 fr.

Ainsi par ces deux payements anticipés, il perd un intérêt égal à celui que produirait en 1 jour une somme égale à

11 250 + 7 125 = 18 375 fr.

Par compensation il doit reporter le payement des 250 francs qui restent à une époque telle que les 250 francs lui rapportent depuis le 20 août jusqu'à cette époque un intérêt *égal* à celui qu'il perd.

On trouvera le nombre de jours compris depuis le 20 août jusqu'à l'époque cherchée en divisant 18 375 par 250.

$$
\begin{array}{l}
225 \times 50 = 11\,250 \\
375 \times 19 = \underline{\ \ 7\,125} \\
250 \qquad\qquad 18\,375 \ \big|\ \underline{250} \\
\qquad\qquad\qquad\ \ 875 \ \big|\ \ 73 \\
\qquad\qquad\qquad\ \ 125
\end{array}
$$

Réponse. — Le payement des 250 fr. qui restent aura lieu 73 jours après le 20 août, c'est-à-dire le 1er novembre.

CHAPITRE XVII

PARTAGES PROPORTIONNELS

Observations.

I. — La notion de la proportionnalité est si importante, et il est si rare de la trouver établie dans l'esprit des élèves avec toute la clarté nécessaire, que nous ne saurions recommander trop souvent aux maîtres d'y insister longuement et en toute occasion. Il convient donc, avant de commencer l'étude de ce chapitre, de ramener l'attention sur la définition du rapport déjà exposée au numéro 129. Puis on développera par des interrogations nombreuses l'idée de la proportionnalité, d'après les explications qu'on trouve au numéro 209.

Dans certains examens, il nous est arrivé d'entendre dire que le rapport de deux nombres est la différence de ces nombres. C'est là comme un écho des vieilles théories, qui distinguaient autrefois un *rapport par différence* et un *rapport par quotient*. Il faut donc veiller à ce que cette idée fausse n'entre pas dans l'esprit des élèves, et qu'ils sachent bien qu'un rapport n'est qu'un quotient et pas autre chose.

Avec la connaissance bien nette de la notion de rapport et de proportionnalité, les élèves sont en état d'apprendre à résoudre tous les problèmes de partages proportionnels, sans avoir besoin d'étudier la théorie des proportions. C'est pour ce motif que nous avons reporté cette théorie plus loin, où elle fait l'objet du chapitre XX.

II. — Dans le présent chapitre nous montrons comment le partage d'un nombre en parties proportionnelles, ou même inversement proportionnelles, à des nombres donnés se ramène au partage d'un nombre en parties ayant entre elles, deux à deux, des relations très simples. Ainsi transformé le problème devient facile, surtout si on a soin de prendre des nombres concrets pour points de départ dans le raisonnement, comme on le voit dans les problèmes qui servent d'exemples. L'élève suit de cette manière la voie toute naturelle qu'il entrevoyait déjà et que la réflexion éclaire devant lui.

Pourquoi donc ces questions semblent-elles d'un ordre élevé dans l'étude de l'arithmétique, et accessibles seulement à des élèves avancés? Cela tient uniquement à ce que la plupart des auteurs n'appuient le raisonnement que sur des nombres abstraits, qui, ne représentant rien de net à l'esprit, ne sauraient être une base réellement solide ; ce sont là des procédés purement artificiels.

Comment les élèves pourraient-ils en tirer quelque profit, surtout quand ces procédés ont une forme si singulière qu'ils paraissent à peu près inintelligibles, quoiqu'ils semblent être d'un usage général, à en juger par les réponses qu'on entend dans les examens?

Nous allons reproduire textuellement ces réponses dans la résolution du problème suivant.

Partager une somme de 72 francs entre deux personnes, de manière que la part de la seconde soit les $\frac{4}{5}$ de la part de la première.

Il est bien rare que le candidat ne raisonne pas de la façon qui suit :

« Je représente la part de la 1re personne par $\frac{5}{5}$.

« La part de la 2e sera $\frac{4}{5}$, ce qui fait $\frac{9}{5}$.

« La part de la 1re sera donc $\frac{5}{9}$ de la somme à partager, c'est-à-dire 40 fr. ; la part de la 2e en sera les $\frac{4}{9}$, c'est-à-dire 32 francs. »

Nous restons toujours stupéfait, en entendant un tel jargon, et nous nous demandons comment des maitres intelligents peuvent sérieusement façonner leurs élèves au maniement d'un mécanisme aussi baroque. Qu'est-ce que ces 5 cinquièmes et ces 4 cinquièmes qui sont chargés de représenter les deux parts demandées? De quelle chose ces cinquièmes sont-ils formés ? Qu'est-ce que ces 9 cinquièmes qui semblent indiquer plus que la chose elle-même?

Supposez qu'un paysan dépourvu de toute instruction assiste à une pareille leçon. Il en sera tout ahuri : il hochera la tête et dira que lui-même n'irait pas ainsi par quatre chemins.

« Je donne 5 francs à l'une, s'écrierait-il, et par conséquent 4 francs à l'autre, ce qui fait un total de 9 francs.

« Comme il y a 8 fois 9 francs dans 72 francs, je dois donner :

« à la 1re personne, 8 fois 5 francs, c'est-à-dire 40 fr ;

« à la 2e personne, 8 fois 4 francs, c'est-à-dire 32 fr. »

De cette leçon si claire et si courte dictée par le bon sens, il sera facile de tirer la règle suivante :

Pour diviser un nombre en deux parties devant avoir entre elles un rapport donné, on additionne ensemble le numérateur et le dénominateur du rapport ; puis on multiplie le quotient par chacun des deux termes.

Telle est la méthode que nous indiquons pour effectuer des partages analogues en un nombre quelconque de parties.

PARTAGES PROPORTIONNELS[1]

209. Définition. — Diviser un nombre *proportionnellement* à des nombres donnés, c'est le diviser en autant de parties qu'il y a de nombres donnés, et de telle sorte que le rapport entre la 1re partie et la 2e soit égal au rapport qu'il y a entre le 1er nombre et le 2e ; que le rapport entre la 2e partie et la 3e soit égal au rapport qu'il y a entre le 2e nombre et le 3e, etc.

Supposons par exemple que l'on doive diviser 46 en deux parties proportionnelles aux nombres 2 et 3. Comme 2 est les $\frac{2}{3}$ de 3, la 1re partie doit être les deux tiers de la 2e.

Supposons encore que 46 doive être partagé en trois parties proportionnelles aux nombres 2, 3, 7. Comme 2 est les $\frac{2}{3}$ de 3 et que 3 est les $\frac{3}{7}$ de 7, la 1re partie doit être les $\frac{2}{3}$ de la 2e et la 2e doit être les $\frac{3}{7}$ de la 3e.

1. Plus loin, au chapitre xx, est exposée la théorie des proportions.

210. — PROBLÈME 1. *Partager une somme de 600 francs entre trois frères proportionnellement à leurs âges, le plus jeune ayant 3 ans, le second 4 ans et l'aîné 5 ans.*

Considérons la somme comme composée de plusieurs parties égales.
Supposons qu'on donne au plus jeune............ 3 de ces parties
Le second devra en recevoir...................... 4.
L'aîné devra en recevoir......................... 5.
On a ainsi un total de............ $3 + 4 + 5 = 12$ parties égales.
La 12e partie de 600 fr. est $600 : 12 = 50$ fr.
Les trois parts seront donc :

pour le plus jeune............................ 50 fr. $\times 3 = 150$ fr.
pour le second................................ 50 fr. $\times 4 = 200$ fr.
pour l'aîné................................... 50 fr. $\times 5 = 250$ fr.

De ce raisonnement nous tirerons la règle suivante :

RÈGLE. — *Pour partager un nombre proportionnellement à des nombres donnés, on fait le total de ces nombres; on divise le nombre à partager par ce total et on multiplie le quotient par chacun des nombres donnés. Les produits sont les nombres demandés.*

REMARQUE. — Il peut arriver qu'on ait à diviser un nombre proportionnellement à des fractions.

On réduit alors ces fractions au même dénominateur et on divise le nombre proportionnellement aux numérateurs.

On est ainsi ramené à la règle précédente.

Soit par exemple à diviser 600 proportionnellement aux fractions :

$$\frac{1}{2}, \quad \frac{2}{3}, \quad \frac{5}{6}.$$

Ces trois fractions réduites au même dénominateur deviennent :

$$\frac{6}{12}, \quad \frac{8}{12}, \quad \frac{10}{12}$$

ou 6 *douzièmes*, 8 *douzièmes*, 10 *douzièmes*.

La question revient ainsi à partager 600 en trois parties proportionnelles aux *nombres entiers :* 6, 8, 10.

211. Répartition inversement proportionnelle à des nombres donnés. — Pour expliquer clairement le sens de cette expression, prenons l'exemple suivant.

PROBLÈME 2. — *Partager 600 francs entre trois frères en parties inversement proportionnelles à leurs âges, qui sont 3 ans, 4 ans et 5 ans.*

Si l'âge de l'aîné était 2 fois plus grand que l'âge du cadet, la part de l'aîné devrait être 2 fois plus petite que celle du cadet. En d'autres termes, le rapport entre la part de l'aîné et celle du cadet doit être égal au rapport de leurs âges pris en sens inverse, c'est-à-dire égal au rapport qu'il y a entre l'âge du cadet et l'âge de l'aîné.

D'après ces explications, on résoudra le problème de la manière suivante[1].

L'âge du cadet étant 3 ans et celui du second 4 ans, la part du cadet doit être $\frac{4}{3}$ de la part du second.

L'âge du second étant 4 ans et celui de l'aîné 5 ans, la part du second doit être $\frac{5}{4}$ de la part de l'aîné.

Le problème est donc transformé en celui-ci :

PROBLÈME 3. — *Partager 600 francs en trois parties telles que que la 1re soit les $\frac{4}{3}$ de la 2e et que la 2e soit les $\frac{5}{4}$ de la 3e.*

1re part $\frac{4}{3}$ de la 2e part ; 2e part $\frac{5}{4}$ de la 3e part.	Les parts doivent se déduire de la 3e. Considérons donc la somme comme composée de plusieurs parties égales.

Supposons qu'on prenne pour la 3e part 12 de ces parties.

La 2e part contiendra $\frac{5}{4}$ de 12 parties, c.-à-d. 15 parties.

La 1re part contiendra $\frac{4}{3}$ de 15 parties c.-à-d. 20 parties.

Les trois parts égalent donc ensemble : $12 + 15 + 20 = 47$ parties.

Or la 47e partie de 600 fr. est égale à $\frac{600}{47} = 12^f,7659$.

Les trois parts seront :

3e part $12,7659 \times 12 = 153,1908$ c.-à-d. 153f,19.
2e ... $12,7659 \times 15 = 191,4885$ c.-à-d. 191f,49.
1re ... $12,7659 \times 20 = 255,3180$ c.-à-d. 255f,32.

1. Voir au chapitre XV, n° 233, une règle très commode pour résoudre promptement les problèmes de cette espèce.

212. — Afin de ne laisser aucune difficulté sans éclaircissement dans les problèmes analogues à ceux qui précèdent, nous traiterons encore le suivant. Il complètera les indications nécessaires pour guider sûrement les élèves dans toutes les questions du même genre.

PROBLÈME 4. — *On doit partager une somme de 600 francs entre trois personnes de manière que la 2e ait les $\frac{2}{3}$ de la part de la 1re plus 20 francs, et que la 3e ait les $\frac{4}{5}$ de la part de la 2e plus 15 francs. Que revient-il à chacun?*

2e $\frac{2}{3}$ de la 1re + 20 fr. 3e $\frac{4}{5}$ de la 2e + 15 fr.	Regardons la somme comme composée de plusieurs parties égales.

Supposons que la 1re personne reçoive. . . . . 15 de ces parties.

La 2e aura les $\frac{2}{3}$ de 15 parties plus 20 fr., c.-à-d. $10^p + 20$ fr.

La 3e aura les $\frac{4}{5}$ de 10 parties plus les $\frac{4}{5}$ de 20 fr. plus 15 fr., c.-à-d. $8^p + 16^{fr}, + 15^{fr}$ ou. . . . . . $8^p + 31^{fr}$.

La somme contient donc. . . . . $33^p + 51^{fr}$.

Prélevons d'abord 51 fr. sur les 600 francs; il reste 549 francs à diviser en 33 parties égales.

Chacune de ces parties vaudra

$$549 : 33 = 16^f,6363.$$

Les parts des trois personnes seront donc :

1re.	$16^f,6363 \times 15 = 249^f,5445$	ou	$249^f,55$
2e.	$16^f,6363 \times 10 + 20 = 186^f,3630$	ou	$186^f,36$
3e.	$16^f,6363 \times 8 + 31 = 164^f,0940$	ou	$164^f,09$.
		Vérification.	$600^f,00$.

REMARQUE. — On pourrait prendre pour la première part, c'est-à-dire pour celle dont dépendent les autres, un nombre de parties quelconque; mais en ayant soin de choisir de préférence le produit des dénominateurs des fractions qui rattachent les parts entre elles, on a l'avantage d'obtenir aussi pour les autres des nombres *entiers* de parties.

C'est une simplification qu'il ne faut jamais négliger.

213. Règle de société. — La règle de répartition proportionnelle s'appelle *règle de société*, quand il s'agit du partage d'un bénéfice ou même d'une perte entre plusieurs associés dans une entreprise commerciale, d'après leurs mises.

Nous nous bornerons à deux exemples.

1° Règle de société simple. — On dit que la règle de société est *simple*, quand les mises sont restées dans l'association pendant des temps égaux.

Problème 5. — *Trois personnes associées pour un commerce ont mis en commun : la 1re 12 400 francs ; la 2e 15 800 francs ; la 3e 23 700 francs. Au bout de l'année elles ont à se partager un bénéfice de 11 200 francs. Que revient-il à chacune ?*

Mise de la 1re personne	12 400 fr.
Mise de la 2e —	15 800
Mise de la 3e —	23 700
Total des mises	51 900 fr.

Avec 519 centaines de francs on a gagné 11 200 francs.

Avec 1 centaine de francs le gain serait $\frac{11\,200^f}{519}$.

Les parts des trois personnes seront donc :

$$1^{re} \quad \frac{11\,200}{519} \times 124 = 2\,675^f,915.$$

$$2^e \quad \frac{11\,200}{519} \times 158 = 3\,409^f,633.$$

$$3^e \quad \frac{11\,200}{519} \times 237 = 5\,114^f,450.$$

On voit par ce problème qu'*il faut diviser le bénéfice total par la somme des mises et multiplier le quotient par la mise de chaque associé.*

2° Règle de société composée. — On dit que la règle de société est *composée*, lorsque les mises différentes sont restées dans l'association pendant des temps inégaux.

Le bénéfice doit être alors partagé proportionnellement aux mises et aux temps. On y parvient à l'aide d'un raisonnement analogue à celui qui a été fait dans la règle de l'échéance moyenne (n° 208).

PROBLÈME 6. — *Partager entre trois associés un bénéfice de 3428 fr. Le 1er a fourni 4110 fr. qui sont restés dans l'association pendant 1 an; le 2e 3620 fr. qui y sont restés pendant 8 mois, le 3e 2540 fr. qui y sont restés pendant 7 mois. Que revient-il à chacun?*

Le 1er a mis 4110 fr. pendant 12 mois.

Il aura le même bénéfice que s'il avait mis pendant 1 mois une somme 12 fois plus forte, c.-à-d.................. $4110 \times 12 = 49320$ fr.

Le 2e a mis 3620 fr. pendant 8 mois.

Il aura le même bénéfice que s'il avait mis pendant 1 mois une somme 8 fois plus forte, c.-à-d.................... $3620 \times 8 = 28960$ fr.

Le 3e a mis 2540 fr. pendant 7 mois.

Il aura le même bénéfice que s'il avait mis pendant 1 mois une somme 7 fois plus forte, c.-à-d.................... $2540 \times 7 = 17780$ fr.

Le problème revient donc à partager le bénéfice de 3428 francs, d'après la règle du 1er cas, comme si les mises des associés étaient :

pour le 1er 49320 fr.; pour le 2e 28960 fr.; pour le 3e 17780 fr.

CHAPITRE XVIII

PROBLÈMES SUR LES MÉLANGES

214. — Nous en distinguerons deux espèces principales.

1re ESPÈCE. — Dans la première sont les problèmes où il s'agit de trouver le prix d'un mélange, en connaissant les prix et les quantités des substances mélangées.

Tels sont les problèmes de *moyenne* résolus au chapitre de la division (no 71, page 58). En voici encore un exemple.

PROBLÈME 1. — *Un marchand de vin remplit un tonneau, en y mettant 24 litres de vin du prix de 0f,45 le litre; 36 litres du prix de 0f,52 le litre; 48 litres du prix de 0f,60 le litre. A combien revient le litre du mélange?*

24l à 0f,45	valent......	0f,45 × 24 = 10f,80
36l à 0f,52	—	0f,52 × 36 = 18f,72
48l à 0f,60	—	0f,60 × 48 = 28f,80
108 litres de mélange valent........		58f,32.

1 litre vaut 108 fois moins, c'est-à-dire

$$58^f,32 : 108 = 0^f,54.$$

Réponse. — Le litre du mélange revient à 54 centimes.

215. 2ᵉ ESPÈCE. — Dans la seconde espèce, la question revient en général à former un mélange d'un prix donné avec des substances de prix connus. Les exemples suivants suffiront pour indiquer la marche à suivre.

PROBLÈME 2. — *Un marchand, qui a 64 litres de vin du prix de 0f,58 le litre, veut y mettre de l'eau, de manière que le prix du litre du mélange ne soit que de 0f,45. Combien de litres d'eau doit-il y ajouter ?*

64 litres de vin à 0f,58 valent............. $0^f,58 \times 64 = 37^f,12$.
Le mélange total aura autant de litres qu'il y a de fois 0f,45 dans 37f,12. Ce nombre total sera

$$\frac{37,12}{0,45} = \frac{3712}{45} = 82^l,48 \quad \text{ou à peu près } 82^l,5$$

Le nombre de litres d'eau à ajouter égalera

$$82^l,5 - 64^l = 18^l,5.$$

Réponse. — On doit ajouter 18 litres d'eau et 5 décilitres.

PROBLÈME 3. — *Un marchand de vin veut remplir un tonneau avec du vin de deux qualités, la 1re coûtant 45 centimes le litre et la 2e coûtant 52 centimes. Dans quelle proportion doit-il faire le mélange, pour que le litre du mélange revienne à 50 centimes?*

Chercher ensuite combien il faudra de litres de chaque qualité, si le tonneau doit contenir 216 litres.

1° Si le marchand met dans le tonneau 1 litre de la 1re qualité, il gagne

$$50 - 45 = 5 \text{ centimes}.$$

S'il y met 1 litre de la 2e qualité, il perd

$$52 - 50 = 2 \text{ centimes}.$$

D'après cela il devra mettre :
Pour 2 litres de la 1re qualité 5 litres de la 2e.

En effet, avec 2 litres de la 1re, il gagne 2 fois 5 centimes.
Avec 5 litres de la 2e, il perd 5 fois 2 centimes.
Or 2 fois 5 centimes sont la même chose que 5 fois 2 centimes.
La perte est ainsi compensée par le gain.

Si on dispose les nombres de la manière suivante :

0f,45		2
	0,50	
0f,52		5

on retiendra mieux la règle qui découle du raisonnement précédent.

Règle. — *Pour trouver dans quel rapport il faut mêler deux substances dont l'unité a des prix différents, afin d'obtenir un mélange dont l'unité ait un prix donné, intermédiaire entre ces deux prix, on prend la différence entre le plus petit de ces deux prix et le prix intermédiaire et on l'écrit vis-à-vis le plus grand; la différence entre le plus grand des deux prix et le prix intermédiaire, et on l'écrit vis-à-vis le plus petit. Ces deux différences écrites en nombres entiers sont les termes du rapport dans lequel on doit mélanger les deux qualités.*

2° Le nombre de litres contenus dans le mélange doit être 216.
Or 2l de la 1re qualité plus 5l de la 2e font 7l du mélange.
Pour avoir 1 litre du mélange il faudra :
$\frac{2}{7}$ de litre de la 1re qualité et $\frac{5}{7}$ de litre de la 2e.
Pour avoir 216 litres du mélange, on prendra :
de la 1re qualité $\frac{2^l}{7} \times 216 = \frac{432^l}{7} = 61^l,714$;

de la 2e qualité $\frac{5^l}{7} \times 216 = \frac{1080^l}{7} = 154^l,29$.

Réponse. — 1re qualité, $61^l,71$; 2e qualité, $154^l,29$.

Remarque. — Au lieu de chercher quelle quantité on doit prendre de chaque qualité pour avoir 1 litre du mélange, on peut faire le raisonnement suivant, qui est plus court et aussi clair.

Autant de fois il y a 16 litres dans 216 litres, autant de fois on prendra 2 litres de la 1re qualité et autant de fois 5 litres de la 2e.

Ce nombre de fois est exprimé par $\frac{216}{7}$.

On prendra donc :

de la 1re qualité $2^l \times \frac{216}{7}$; de la 2e qualité $5^l \times \frac{216}{7}$, etc.

PROBLÈME 4. — *Un marchand veut mêler des vins de trois qualités, de manière que le litre du mélange lui revienne à 65 centimes. La 1re qualité coûte 56 centimes le litre ; la 2e 62 centimes et la 3e 70 centimes. Dans quelle proportion doit-il faire le mélange?*

0f,56		5	Cette question revient aux deux problèmes suivants :
0f,62		5	
	0f,65		
0f,70		9+3	

1° *Dans quelle proportion faut-il mêler du vin de 56 centimes le litre et du vin de 70 centimes, pour que le litre du mélange revienne à 65 centimes?*

2° *Dans quelle proportion faut-il mêler du vin de 62 centimes le litre et du vin de 70 centimes, pour que le litre du mélange revienne à 65 centimes?*

En appliquant la règle précédente à chacun de ces deux problèmes on trouve que pour 5 litres de la 1re qualité il en faut 9 de la 3e, et que pour 5 litres de la 2e qualité il en faut 3 de la 3e. On fera donc le mélange dans la proportion suivante :

5 litres de la 1re et 5 litres de la 2e pour 12 litres de la 3e.

DES ALLIAGES D'OR OU D'ARGENT

216. Du titre. — Les objets d'or ou d'argent contiennent tous, comme les monnaies, une certaine quantité de cuivre ; leur *titre* est le rapport qu'il y a entre le poids de l'or ou de l'argent pur qu'ils renferment et leur poids total.

Dans nos monnaies d'or et la pièce de 5 francs en argent, le titre est 0,9 ; dans les autres pièces d'argent, il est 0,835.

Pour les autres objets d'or, la loi ne permet que les trois titres : 0,750; 0,840; 0,920.

Pour les objets d'argent, elle ne permet que les deux titres : 0,950; 0,800.

Nous diviserons les problèmes d'alliage en trois catégories.

217. — 1° Trouver le titre d'un alliage formé d'alliages ayant des poids et des titres connus.

Règle. — *On cherche le poids du métal précieux contenu dans chaque alliage, en multipliant le poids de l'alliage par son titre, on fait la somme des produits et on la divise par la somme des poids des alliages.*

Problème 1. — *On fond ensemble trois lingots d'or. Le 1er au titre de 0,927, pèse 72 kilogr.; le 2e, au titre de 0,892, pèse 84 kilogr.; le 3e, au titre de 0,900, pèse 100 kilogr. Quel est le titre du lingot ainsi obtenu ?*

Le poids de l'or pur de chaque lingot est:

dans les 72kg..................	72kg × 0,927 = 66kg,744
dans les 84kg..................	84kg × 0,892 = 74kg,928
dans les 100kg..................	100kg × 0,9 = 90kg,000
Poids total 256 kilogr.	Poids d'or fin 231kg,672.

Titre du lingot $\frac{231,672}{256} = 0,9049$, c.-à-d. 0,905.

218. — 2° Trouver le poids de métal à ajouter à un alliage pour qu'il prenne un titre donné.

Observation. — Pour résoudre ces problèmes de la manière la plus naturelle et en même temps la plus simple, il suffit d'observer que le poids de l'un des deux métaux contenus dans l'alliage donné reste le même dans le lingot à former.

Si le titre du lingot donné doit être abaissé, le poids du métal précieux ne change pas; c'est celui du cuivre qui varie.

Si le titre du lingot donné doit être élevé, c'est le poids du métal précieux qui change : celui du cuivre ne varie pas.

On cherche donc quel est dans le lingot donné le poids du métal qui ne doit pas changer. En connaissant le rapport que ce poids doit avoir avec le poids total du nouveau lingot, on calcule ce poids total. La différence entre le poids de ce lingot et le poids du lingot donné fait connaître le poids de métal à ajouter.

Problème 2. — *Un alliage d'or et de cuivre pesant 128 grammes est au titre de 0,915. Combien faut-il y ajouter de cuivre pour abaisser le titre à 0,840?*

Dans l'alliage donné, le poids d'or pur est :

$$128^{gr} \times 0,915 = 117^{gr},120.$$

Ce poids d'or pur doit être les 0,84 du poids du nouvel alliage.

0,01 du poids du nouveau lingot serait.................. $\frac{117,12}{84}$.

Le poids de ce lingot sera $\frac{117,12 \times 100}{84} = 139^{gr},42857$.

Le poids du cuivre à ajouter est donc :

$$139^{gr},42857 - 128^{gr} = 11^{gr},42857.$$

c'est-à-dire 11 grammes 428 milligrammes.

Problème 3. — *Un lingot d'argent pesant 1 245 grammes est au titre de 0,800. Quel poids d'argent faut-il lui ajouter, pour en élever le titre à 0,950?*

Le poids d'argent pur du lingot est. ...... $1\,245^{gr} \times 0,8 = 996$ gr.
Le poids du cuivre est .... $1\,245 - 996 = 249$ gr.
Ces 249 gr. de cuivre sont 0,05 du poids du lingot à former.
0,01 du poids de ce lingot sera............. $249^{gr} : 5 = 49^{gr},8$
Le poids entier sera.................. $49^{gr},8 \times 100 = 4980^{gr}$.
Le poids de l'argent à ajouter est donc :

$$4\,980^{gr} - 1\,245^{gr} = 3\,735^{gr}.$$

219. — 3° Former avec deux alliages donnés un alliage ayant un titre donné.

Ces problèmes se résolvent par la même règle que celle qui se trouve à la suite du problème 3 (page 186), et le raisonnement est tout à fait semblable ; cependant, il en diffère un peu par les termes. En effet, si l'on veut que le langage soit d'accord avec la nature des quantités qui entrent dans le problème, il ne saurait y être question de gain ou de perte, comme les élèves le répètent généralement, plus préoccupés d'appliquer aveuglément une règle mécanique que de se rendre compte de l'emploi qu'ils en font.

Problème 4. — *Deux alliages d'argent sont l'un au titre de 0,76 et l'autre au titre de 0,92; trouver quels poids il faut prendre de l'un et de l'autre pour obtenir, en les fondant ensemble, un alliage au titre de 0,85.*

D'abord le poids d'argent pur contenu dans 1 gramme de chacun des trois lingots est :

dans le 1er 0gr,76; dans le 2e 0gr,92; dans le 3e 0gr,85.

Mettons 1 gr. du 1er lingot dans le creuset où doit se faire le mélange; il lui manque un poids d'argent pur égal à

0gr,85 — 0gr,76 = 9 centigrammes.

Mettons ensuite 1 gr. du 2e lingot; il contient en trop un poids d'argent pur égal à

0gr,92 — 0gr,85 = 7 centigrammes.

D'après cela on devra prendre :

avec 7 grammes du 1er lingot 9 grammes du 2e.

En effet, à 7 gr. du 1er, il manque un poids d'argent pur qui est égal à 7 fois 9 centigrammes.

Dans 9 gr. du 2e, il y a de trop un poids d'argent pur qui est égal à 9 fois 7 centigrammes.

Ces deux poids étant égaux, ce qui manque d'un côté est compensé par ce qui est de trop de l'autre et l'alliage ainsi formé est bien au titre demandé 0,85.

0,76		7	Si on dispose les nombres comme dans le tableau ci-contre, on retrouve la règle énoncée au problème 3 (page 186).
	0,85		
0,92		9	

Nota. — Nous recommandons d'écrire en nombres entiers les différences qu'il y a entre chacun des titres des deux lingots et le titre du lingot à obtenir.

Problème 5. — *Les alliages d'or et de cuivre employés dans l'orfèvrerie peuvent avoir les trois titres :* 0,920; 0,840; 0,750. *On demande quel poids de chacun des alliages à* 0,920 *et à* 0,750 *il faudra fondre ensemble, pour obtenir un lingot au titre de* 0,840 *et pesant* 500 *grammes.*

0,92		9	En raisonnant comme dans le problème précédent, on trouve d'abord qu'on doit mettre : pour 9 gr. du 1er lingot 8 gr. du 2e.
	0,84		
0,75		8	

Or, 9 gr. du 1er plus 8 gr. du 2e font 17 gr. d'alliage.

Ainsi le poids à prendre dans le 1er est les $\frac{9}{17}$ du poids du lingot à former: le poids à prendre dans le 2e en est les $\frac{8}{17}$.

Pour faire un alliage de 500 gr. on prendra :

du 1er........................ $500 \times \frac{9}{17} = 264^{gr},705$;

du 2e .... $500 \times \frac{8}{17} = 235^{gr},294$.

Le lingot formé contient :
en or pur.............................. $500^{gr} \times 0,84 = 420$ gr.
en cuivre.............................. $500^{gr} \times 0,16 = 80$ gr.

PROBLÈME 6. — *Un lingot au titre de 0,900 a été formé avec 65 grammes au titre de 0,835 et le reste était au titre de 0,950. On demande le poids du lingot.*

0,835 — 50
0,900
0,950 — 65

On a mis :
50 gr. du 1er lingot avec 65 gr. du 2e
ou 10 gr. du 1er avec 13 gr. du 2e.

Avec 1 gr. du 1er on aurait mis $1^{gr},3$ du 2e.
Avec 65 gr. du 1er on a mis du 2e.......... $1^{gr},3 \times 65 = 84^{gr},5$.
Le poids du lingot est donc : $65^{gr} + 84^{gr},5 = 149^{gr},5$.

PROBLÈME 7. — *On a trois alliages composés d'or et de cuivre, ayant les titres de 0,750 ; 0,840 ; 0,920. Trouver quels poids il faut prendre de chacun pour obtenir un alliage pesant 4 kilogr. 5 décagr. au titre de 0,890, le poids pris dans le 1er lingot devant être les $\frac{2}{7}$ du poids pris dans le second.*

1° On forme d'abord un lingot auxiliaire en prenant :
2 kilogr. du 1er et 7 kilogr. du 2e.
Dans les 2 kil. le poids d'or fin est........ $2^{kg} \times 0,75 = 1^{kg},50$.
Dans les 7 kil. le poids d'or fin est........ $7^{kg} \times 0,84 = 5^{kg},88$.
Dans 9 kil. de ce lingot auxiliaire il y a en or fin....... $7^{kg},38$.
Le titre de ce lingot est donc $7,38 : 9 = 0,820$.

2° On a maintenant à résoudre cette question :
Deux lingots sont l'un au titre de 0,820 et l'autre au titre de 0,920 ; trouver quels poids il faut prendre de chacun pour former un alliage de 4050 grammes au titre de 0,890.

0,82 — 3
0,89
0,92 — 7

On devra prendre :
avec 3 gr. du lingot auxiliaire 7 gr. du 3e.
Or 3 gr. de l'un et 7 gr. de l'autre font 10 gr.

Le poids à prendre dans le lingot auxiliaire doit être 0,3 du poids demandé, c.-à-d. .... 4 050gr × 0,3 = 1 215gr.

Le poids à prendre dans le 3e doit être 0,7 du poids du lingot demandé, c.-à-d. .... 4 050gr × 0,7 = 2 835gr.

3° Il faut maintenant partager 1215 gr. en deux parties dont l'une soit les $\frac{2}{7}$ de l'autre.

Pour cela on partage 1215 en 2 + 7 c.-à-d. en 9 parties égales.
La 9e partie de 1215 est 1215gr : 9 = 135gr.
On trouve ensuite :

1re partie : 135gr × 2 = 270gr.
2e partie : 135gr × 7 = 945gr.

Réponse. -- On prendra : du 1er lingot, 270 gr.; du 2e, 945 gr. du 3e, 2835 gr.

CHAPITRE XIX

SUR LA MÉTHODE DITE RÈGLE DE FAUSSE POSITION

220. Après avoir exposé les règles concernant la résolution de certaines catégories de problèmes qui pouvaient être classés sous des titres communs, nous ne devons pas terminer cette étude sans indiquer une méthode applicable à certains problèmes d'une nature particulière. Elle consiste à supposer des nombres arbitraires pour les nombres cherchés et à modifier ensuite ces nombres d'après le désaccord qu'il y a entre les résultats qu'ils fournissent et les données de la question. C'est la méthode à laquelle les vieux auteurs donnent la dénomination naïve de règle de *fausse position*. Quelques exemples suffiront pour la faire comprendre.

PROBLÈME 1. — *On a payé une somme de 120 francs, en donnant 33 pièces de monnaie, les unes de 2 francs et les autres de 5 francs. Trouver le nombre de pièces de chaque espèce.*

Supposons qu'on ne donne que des pièces de 2 francs.
La somme ainsi payée est seulement égale à

$$2^{f} \times 33 = 66 \text{ fr.}$$

Il manque alors.........................120 — 66 = 54 fr.
Or, si l'on remplace une des 33 pièces de 2 fr. par une pièce de 5 fr., la somme perd 2 fr. et reçoit 5 fr.; elle augmente de 3 fr.
Une 2ᵉ pièce de 5 fr. substituée à une 2ᵉ pièce de 2 fr. produit encore dans la somme une augmentation de 3 fr.
Donc pour augmenter de 54 fr. la somme obtenue 66 fr. et trouver la somme réellement payée, il faut qu'il y ait autant de pièces de 5 francs qu'il y a de fois 3 fr. dans 54 fr.
Le nombre des pièces de 5 fr. est.................. 54 : 3 = 18.
Le nombre des pièces de 2 fr. sera................ 33 — 18 = 15.

PROBLÈME 2. — *Un ouvrier s'engage à travailler chez un patron régulièrement 6 jours par semaine, au prix de 5 francs par jour, en payant 1 franc au patron pour chaque journée où il ne travaillera pas. Au bout de 4 semaines, le patron lui règle son compte, en lui donnant 102 francs. Trouver combien l'ouvrier a fait de journées de travail et combien il en a perdu.*

Le nombre des journées pendant les 4 semaines est 24.
Si l'ouvrier avait travaillé tous les jours, il aurait reçu

$$5^{f} \times 24 = 120 \text{ fr.}$$

Or il ne reçoit que 102 fr.; il a donc perdu

$$120^{f} - 102^{f} = 18 \text{ fr.}$$

Mais pour chaque jour non employé, l'ouvrier perd 5 fr. qu'il ne reçoit pas, plus 1 franc qu'il doit débourser, c'est-à-dire 6 francs.
Il a donc perdu autant de journées qu'il y a de fois 6 fr. dans 18 fr.
Le nombre de journées perdues est.................. 18 : 6 = 3.
Le nombre de journées de travail est............. 24 — 3 = 21.

OBSERVATION. — Cette méthode peut s'appliquer aussi aux problèmes de mélange. Reprenons par exemple le problème suivant déjà traité au nº 215 (page 185).

PROBLÈME 3. — *Un marchand de vin veut remplir un tonneau avec du vin de deux qualités, la 1re coûtant 45 centimes le litre et la 2e coûtant 52 centimes. Dans quelle proportion doit-il faire le mélange, pour que le litre du mélange revienne à 50 centimes ?*

Chercher ensuite combien il faudra de litres de chaque qualité, si le tonneau doit contenir 216 litres.

Supposons que le marchand prenne seulement du vin de la 2e qualité. Il perd par litre 2 centimes et avec 216 litres il perd

$$0^{f},02 \times 216 = 4^{f},32.$$

Or s'il remplace 1 litre de la 2e qualité par 1 litre de la 1re, il gagne les 2 centimes qu'il perdait plus un bénéfice de 5 centimes produit par chaque litre de la 1re qualité substitué à 1 des 216 litres de la 2e; il diminue de 7 centimes la perte de 432 centimes.

Pour réduire cette perte à zéro, il faut donc mettre autant de litres de la 1re qualité qu'il y a de fois 7 dans 432.

Le nombre de litres de la 1re qualité est........ $432 : 7 = 61^{l},71.$

Le nombre de litres de la 2e est........ $216^{l} - 61^{l},71 = 154^{l},29.$

PROBLÈME 4. — *Deux capitaux réunis font ensemble 167 280 francs. Le 1er, placé à 4 °/₀ pendant 3 mois, produirait un intérêt double de celui que produirait le 2e, placé à 5 °/₀ pendant 7 mois. Quels sont ces deux capitaux ?*

Supposons qu'il y ait 1 000 fr. placés à 5 °/o pour 7 mois.

Il y aura 166 280 fr. placés à 4 °/o pour 3 mois.

L'intérêt des 166 280 fr. sera $1\,662^{f},80$.

L'intérêt des 1 000 fr. sera $\frac{5 \times 10 \times 7}{12}$ c.-à-d. $\frac{175^{f}}{6}$.

Le double de cet intérêt est $\frac{175^{f}}{3}$.

Or ce double diffère de l'intérêt des 166 280 fr. d'une somme égale à

$$1\,662,80 - \frac{175}{3} = \frac{4\,988,4}{3} - \frac{175}{3} = \frac{4\,813,4}{3}.$$

Ainsi le capital qui est placé à 5 °/o n'est pas 1 000 francs.

Augmentons-le de 1 000 fr., ce qui fait 2 000 fr. placés à 5 °/o.

Il y a alors 165 280 fr. placés à 4 °/o.

L'intérêt de ces 165 280 fr. sera $1\,652^{f},80$.

L'intérêt des 2 000 fr. sera $\frac{175}{3}$, dont le double est $\frac{350}{3}$.

La différence entre ce double et l'intérêt des 165 280 fr. est

$$1\,652,80 - \frac{350}{3} = \frac{4\,958,4}{3} - \frac{350}{3} = \frac{4\,608,4}{3}.$$

Ainsi quand on augmente de 1000 fr. le capital supposé de 1000 fr. à 5 %, la différence entre le double de son intérêt et l'intérêt de l'autre capital diminue d'une quantité égale à

$$\frac{4\,813,4}{3} - \frac{4\,608,4}{3} = \frac{205}{3}.$$

Pour réduire cette différence à zéro, il faudra ajouter au capital de 1000 francs, qu'on avait supposé en commençant, autant de fois 1 000 fr. qu'il y a de fois $\frac{205}{3}$ dans $\frac{4\,813,4}{3}$.

Ce nombre de fois est exprimé par le quotient

$$4\,813,4 : 205 = 23,48.$$

Le capital placé à 5 % est donc

$$1\,000^f + 1\,000^f \times 23,48 = 24\,480 \text{ fr.}$$

Le capital placé à 4 % est

$$167\,280 - 24\,480 = 142\,800 \text{ fr.}$$

221. REMARQUE. — On voit par ce dernier exemple combien est lente la règle de *fausse position ;* ce n'est pour ainsi dire qu'une marche boiteuse, où un faux pas est corrigé par un autre faux pas.

Dans ces questions, il y a tout avantage à emprunter à l'algèbre ses procédés abréviatifs. Au lieu de supposer un nombre arbitraire pour l'inconnue, on la désigne par un nom très court, x selon l'usage ; puis on transcrit littéralement l'énoncé du problème, en indiquant à l'aide des signes les opérations qui rattachent entre elles les données et les inconnues de la question : le problème se trouve ainsi traduit par une égalité. Il ne s'agit plus que de dégager de cette égalité, autrement dite *équation*, la valeur de l'inconnue, ce qui n'exige nullement qu'on ait fait une étude préalable de toutes les règles du calcul algébrique[1].

---

1 Voir notre *Algèbre simplifiée*.

CHAPITRE XX

DÉFINITION DES PROPORTIONS

222. Rapport. — Quoiqu'on ait déjà défini (n° 129) en quoi consiste le *rapport* de deux quantités de même espè ou de deux nombres, il ne sera point inutile de répéter i cette définition.

On appelle **rapport** *de deux nombres le quotient de l'* *quelconque de ces nombres divisé par l'autre.*

Par exemple, le rapport entre 5 et 8 est $\frac{5}{8}$, ce qui signifie q le plus petit de ces deux nombres est égal à 5 fois la 8ᵉ par du plus grand. Pris en sens inverse, le rapport de ces de nombres serait $\frac{8}{5}$, ce qui signifie que le plus grand est ég à 8 fois la 5ᵉ partie du plus petit.

Les deux rapports $\frac{5}{8}$ et $\frac{8}{5}$ sont dits *rapports inverses.*

Si on les multiplie entre eux, leur produit est égal à 1.

Un rapport peut toujours être considéré comme une expre sion fractionnaire.

223. Proportion. — On dit que *deux quantités de mê espèce sont proportionnelles à deux autres quantités qui s aussi entre elles de même espèce, lorsque le rapport des de premières est égal au rapport des deux autres.*

Supposons, par exemple, que deux personnes achètent l'u 5 mètres et l'autre 8 mètres de la même étoffe, la longue achetée par la première étant les $\frac{5}{8}$ de la longueur ache par la seconde, il est évident que la somme donnée par première doit être les $\frac{5}{8}$ de celle que donne la seconde.

Les prix payés pour ces deux achats sont donc proportionnels aux deux nombres de mètres.

De même, on dit que *deux nombres sont proportionnels à deux autres nombres, lorsque le rapport des deux premiers est égal au rapport des deux derniers.*

Par exemple les nombres 5 et 8 sont proportionnels aux nombres 10 et 16; car le rapport $\frac{5}{8}$ est égal au rapport $\frac{10}{16}$.

On appelle **proportion** *une égalité formée de deux rapports égaux.*

Ainsi l'égalité $\frac{5}{8} = \frac{10}{16}$ est une proportion.

On la lit en disant : 5 *sur* 8 *égale* 10 *sur* 16.

Le 1er terme et le 4e (5 et 16) s'appellent habituellement les *extrêmes*; le 2e et le 3e (8 et 10) sont les deux *moyens*.

221. Grandeurs proportionnelles. — Quand deux quantités de natures différentes dépendent l'une de l'autre, de telle sorte que si l'une devient 2, 3, 4... fois plus grande, l'autre doit devenir aussi le même nombre de fois plus grande, on dit que ces deux quantités sont *proportionnelles*.

Par exemple, le *prix* payé pour une marchandise est *proportionnel* à la *quantité* achetée.

Quoiqu'il n'y ait en apparence que deux quantités nommées, il n'en existe pas moins dans l'esprit une proportion entre quatre quantités deux à deux de même espèce ; car cela revient à dire qu'*il y a entre la quantité achetée et son unité le même rapport qu'entre le prix de cette quantité et le prix de cette unité.*

C'est de la même manière qu'on dit en parlant d'un corps soumis à un mouvement uniforme : *l'espace parcouru par ce corps est proportionnel au temps pendant lequel il a marché.*

Dans d'autres cas, les deux quantités sont telles que l'une devenant 2, 3, 4... fois plus *grande*, l'autre devient le même nombre de fois plus *petite*. On dit alors que ces deux quantités sont *inversement proportionnelles*.

Par exemple, le nombre des journées de travail nécessaires

pour faire un certain ouvrage est *inversement proportionnel* au nombre d'heures de travail de la journée.

De même dans une division le quotient est *proportionnel* au dividende, mais *inversement proportionnel* au diviseur.

PROPRIÉTÉS DES PROPORTIONS

Les proportions jouissent de plusieurs propriétés qu'il est utile de connaître; nous allons indiquer ici les plus importantes.

225. Principe Ier. — *Dans toute proportion le produit des extrêmes est égal au produit des moyens.*

Soit la proportion $\frac{3}{4} = \frac{6}{8}$.

Pour démontrer ce principe, il suffit de réduire les deux fractions au même dénominateur, d'après la règle générale et en indiquant seulement les opérations au lieu de les effectuer. On obtient en effet :

$$\frac{3 \times 8}{4 \times 8} = \frac{6 \times 4}{4 \times 8}.$$

Or ces deux nouvelles fractions étant encore égales et ayant le même dénominateur, leurs numérateurs sont nécessairement égaux et l'on a par conséquent

$$3 \times 8 = 6 \times 4.$$

Par cette égalité on voit, sans effectuer les multiplications, que le produit des extrêmes 3 et 8 de la proportion considérée est égal au produit des moyens 4 et 6.

Règle. — De ce principe résulte la règle suivante : *pour trouver un terme d'une proportion dont les trois autres sont connus, il faut, si l'inconnu est un extrême, multiplier les deux moyens entre eux et diviser leur produit par l'extrême connu.*

Si l'inconnu est un moyen, il faut multiplier les deux extrêmes entre eux et diviser leur produit par le moyen connu.

Soit par exemple à trouver le 4e terme de la proportion

$$\frac{6}{7} = \frac{9}{x}.$$

Les prix payés pour ces deux achats sont donc proportionnels aux deux nombres de mètres.

De même, on dit que *deux nombres sont proportionnels à deux autres nombres, lorsque le rapport des deux premiers est égal au rapport des deux derniers.*

Par exemple les nombres 5 et 8 sont proportionnels aux nombres 10 et 16; car le rapport $\frac{5}{8}$ est égal au rapport $\frac{10}{16}$.

On appelle **proportion** *une égalité formée de deux rapports égaux.*

Ainsi l'égalité $\frac{5}{8} = \frac{10}{16}$ est une proportion.

On la lit en disant : 5 *sur* 8 *égale* 10 *sur* 16.

Le 1er terme et le 4e (5 et 16) s'appellent habituellement les *extrêmes;* le 2e et le 3e (8 et 10) sont les deux *moyens.*

224. Grandeurs proportionnelles. — Quand deux quantités de natures différentes dépendent l'une de l'autre, de telle sorte que si l'une devient 2, 3, 4... fois plus grande, l'autre doit devenir aussi le même nombre de fois plus grande, on dit que ces deux quantités sont *proportionnelles.*

Par exemple, le *prix* payé pour une marchandise est *proportionnel* à la *quantité* achetée.

Quoiqu'il n'y ait en apparence que deux quantités nommées, il n'en existe pas moins dans l'esprit une proportion entre quatre quantités deux à deux de même espèce ; car cela revient à dire qu'*il y a entre la quantité achetée et son unité le même rapport qu'entre le prix de cette quantité et le prix de cette unité.*

C'est de la même manière qu'on dit en parlant d'un corps soumis à un mouvement uniforme : *l'espace parcouru par ce corps est proportionnel au temps pendant lequel il a marché.*

Dans d'autres cas, les deux quantités sont telles que l'une devenant 2, 3, 4... fois plus *grande*, l'autre devient le même nombre de fois plus *petite.* On dit alors que ces deux quantités sont *inversement proportionnelles.*

Par exemple, le nombre des journées de travail nécessaires

227. Principe III. — *Dans une proportion ou dans une suite de rapports égaux, le rapport entre la somme des numérateurs et la somme des dénominateurs est égal à chacun de ces rapports.*

En effet, soit la suite des rapports égaux :

$$\frac{2}{5} = \frac{4}{10} = \frac{6}{15} = \frac{8}{20}.$$

1° Chaque numérateur étant les $\frac{2}{5}$ de son dénominateur, la somme $2 + 4 + 6 + 8$ est composée de quatre parties, qui sont respectivement les $\frac{2}{5}$ des quatre parties de la somme $5 + 10 + 15 + 20$. La 1re est donc les $\frac{2}{5}$ de la 2e, et on a

$$\frac{2 + 4 + 6 + 8}{5 + 10 + 15 + 20} = \frac{2}{5}.$$

2° La démonstration peut être présentée sous la forme suivante.

D'après l'égalité des rapports, on a d'abord :

$$2 = \frac{2}{5} \text{ de } 5 \text{ ou } 2 = 5 \times \frac{2}{5},$$

$$4 = \frac{2}{5} \text{ de } 10 \text{ ou } 4 = 10 \times \frac{2}{5},$$

$$6 = \frac{2}{5} \text{ de } 15 \text{ ou } 6 = 15 \times \frac{2}{5},$$

$$8 = \frac{2}{5} \text{ de } 20 \text{ ou } 8 = 20 \times \frac{2}{5}.$$

En additionnant membre à membre ces égalités, on trouve

$$2 + 4 + 6 + 8 = (5 + 10 + 15 + 20) \times \frac{2}{5}.$$

Enfin, en divisant les deux membres de cette dernière égalité par le facteur $(5 + 10 + 15 + 20)$, on obtient la proportion :

$$\frac{2 + 4 + 6 + 8}{5 + 10 + 15 + 20} = \frac{2}{5}.$$

228. Principe IV. — *Dans toute proportion on peut augmenter ou diminuer chaque numérateur de son dénominateur sans altérer la proportion.*

En effet, soit la proportion $\frac{7}{3} = \frac{14}{6}$.

Si l'on augmente de 1 les deux membres de l'égalité, on a :

$$\frac{7}{3} + 1 = \frac{14}{6} + 1 \text{ ou } \frac{7}{3} + \frac{3}{3} = \frac{14}{6} + \frac{6}{6},$$

c'est-à-dire :

$$\frac{7+3}{3} = \frac{14+6}{6}.$$

Ainsi, augmenter chaque numérateur de son dénominateur revient à augmenter de 1 les deux rapports de la proportion; l'égalité subsiste donc après comme auparavant.

La démonstration est la même pour le cas où l'on diminue chaque numérateur de son dénominateur.

Remarque. — Puisqu'on peut changer de place entre eux le numérateur et le dénominateur dans les deux rapports d'une proportion, ce qui a été dit du numérateur s'applique aussi au dénominateur. De là cet autre principe :

Dans toute proportion on peut augmenter ou diminuer chaque dénominateur de son numérateur sans altérer la proportion.

229. Principe V. — *Dans toute proportion le rapport entre la somme et la différence des deux premiers termes est égal au rapport entre la somme et la différence des deux derniers.*

En effet, soit la proportion $\frac{7}{3} = \frac{14}{6}$.

D'après les deux principes du n° 228, on a les égalités :

$$\frac{7+3}{3} = \frac{14+6}{6} \text{ et } \frac{7-3}{3} = \frac{14-6}{6}.$$

En divisant ces deux égalités membre à membre, on obtient :

$$\frac{7+3}{7-3} = \frac{14+6}{14-6}.$$

Ce résultat démontre le principe énoncé.

APPLICATIONS DES PROPORTIONS

230. Règle de trois. — Reprenons les deux problè déjà résolus, sous cette traditionnelle dénomination, pa méthode de l'unité; au nº 188.

PROBLÈME 1. — *On a payé 558 francs pour 12 hectolitre vin; combien auraient coûté 9 hectolitres du même vin?*

12 hectol. 558 fr.
9 x.

Pour ne pas répéter ce qui a déjà été expliqué, nous nous borner faire observer que le rapport entre les deux nombres de francs doit le même que le rapport entre les deux nombres correspondants d'h litres. Les deux nombres de la 2e espèce sont donc *proportionnels* deux nombres de la 1re espèce. On a ainsi :

$$\frac{9}{12} = \frac{x}{558}, \text{ d'où } x = 558^f \times \frac{9}{12}.$$

PROBLÈME 2. — *Pour faire tisser un certain nombre de mè de toile en 15 jours un fabricant a employé 7 ouvriers. Com aurait-il dû employer d'ouvriers, s'il avait voulu que le tra eût été fait en 12 jours, ces ouvriers travaillant avec la m activité que les autres?*

15 jours 7 ouvriers.
12 x.

Dans ce problème, le rapport entre les deux nombres d'ouvriers est au rapport *inverse* des deux nombres de jours (voir nº 211), c'est-à que le rapport entre x et 7 est égal au rapport entre 15 et 12.

On aura donc :

$$\frac{x}{7} = \frac{15}{12}, \text{ d'où } x = 7 \times \frac{15}{12}.$$

231. OBSERVATION. — La notion de rapport est innée d l'esprit de l'enfant; il en fait l'application à chaque instan sans effort à des nombres simples, par exemple, quand il que pour un travail double, triple, etc., on doit recevoir somme double, triple, etc. Si donc on a eu soin de dévelop cette notion à chaque pas sur le terrain de l'arithmétique, élèves reconnaîtront sans peine ces rapports avec des nombl entiers quelconques.

Dans le 1er problème ils diront :

Le second nombre d'hectolitres est les $\frac{9}{12}$ du premier.

Le nombre inconnu de francs sera aussi les $\frac{9}{12}$ du premier.

Donc on a :

$$x = 558^{f} \times \frac{9}{12}.$$

Dans l'autre problème ils diront :

Le second nombre de jours est les $\frac{12}{15}$ du premier.

Le nombre inconnu d'ouvriers sera les $\frac{15}{12}$ du premier.

Donc on aura :

$$x = 7^{o} \times \frac{15}{12}.$$

De ces remarques il ressort une conséquence toute naturelle : c'est que pour les problèmes qui sont soumis à la *règle de trois*, il est à peu près inutile d'écrire la proportion, quand les données de la question sont des nombres entiers.

232. Des partages proportionnels. — On dit que *des nombres* a, b, c, d... *sont proportionnels à d'autres nombres* m, n, p, q..., *lorsque le rapport entre deux nombres quelconques de la première suite est égal au rapport entre les deux nombres correspondants de la seconde.*

On aura ainsi :

$$\frac{a}{b} = \frac{m}{n}; \ \frac{b}{c} = \frac{n}{p}; \ \frac{c}{d} = \frac{p}{q}.$$

Mais ces relations peuvent être présentées plus simplement. En effet, si on change les moyens de place entre eux dans ces proportions, on obtient :

$$\frac{a}{m} = \frac{b}{n}; \ \frac{b}{n} = \frac{c}{p}; \ \frac{c}{p} = \frac{d}{q}.$$

Par conséquent on peut écrire :

$$\frac{a}{m} = \frac{b}{n} = \frac{c}{p} = \frac{d}{q}.$$

D'après ce résultat, on peut dire aussi que *des nombres sor proportionnels à d'autres nombres, lorsque le quotient d'i nombre de la 1re suite divisé par le nombre correspondant la 2e est constant.*

Faisons l'application de ces principes au problème suivan

PROBLÈME. — *Partager 274 en trois parties proportionnell aux nombres 6, 9, 12.*

Désignons par x la 1re partie, par y la 2e et par z la 3e.

Nous aurons d'après la seconde définition du numéro précédent :

$$\frac{x}{6} = \frac{y}{9} = \frac{z}{12},$$

avec cette égalité :

$$x + y + z = 274.$$

Or dans une suite de rapports égaux, le rapport entre la somme d numérateurs et la somme des dénominateurs est égal à chacun de c rapports (n° 227). On a donc :

$$\frac{x + y + z}{6 + 9 + 12} = \frac{x}{6} = \frac{y}{9} = \frac{z}{12},$$

ou

$$\frac{274}{27} = \frac{x}{6} = \frac{y}{9} = \frac{z}{12}.$$

De là on tire :

$$\frac{x}{6} = \frac{274}{27} \text{ d'où } x = \frac{274 \times 6}{27} = 60,888;$$

$$\frac{y}{9} = \frac{274}{27} \text{ d'où } y = \frac{274 \times 9}{27} = 91,333;$$

$$\frac{z}{12} = \frac{274}{27} \text{ d'où } z = \frac{274 \times 12}{27} = 121,777.$$

On retrouve ainsi, mais moins simplement, la règle énoncé au n° 210 : *Pour partager un nombre proportionnellement des nombres donnés, on fait le total de ces nombres; on divise nombre à partager par ce total et on multiplie le quotient pa chacun des nombres donnés. Les produits sont les nombre demandés.*

233. Répartition inversement proportionnell à des nombres donnés. — Cette question a déjà ét traitée au n° 211 ; nous allons lui appliquer ici la théorie de proportions, en reprenant le même problème.

PROBLÈME. — *Partager 600 francs entre trois frères en trois parties inversement proportionnelles à leurs âges qui sont 3 ans, 4 ans et 5 ans.*

Désignons par x la part du plus jeune, par y celle du second et par z celle de l'aîné. On aura :

$$\frac{x}{y} = \frac{4}{3} \quad \text{d'où} \quad y = x \times \frac{3}{4};$$
$$\frac{x}{z} = \frac{5}{3} \quad \text{d'où} \quad z = x \times \frac{3}{5}.$$

Ces égalités signifient que la part du 2e doit être les $\frac{3}{4}$ de la part du plus jeune et que la part de l'aîné doit être les $\frac{3}{5}$ de celle du plus jeune.

Si donc le plus jeune avait 1 franc, le second aurait $\frac{3}{4}$ de franc et l'aîné $\frac{3}{5}$ de franc.

Enfin, en divisant ces trois nombres par 3, on voit que si le plus jeune avait $\frac{1}{3}$ de fr., le 2e aurait $\frac{1}{4}$ de fr. et l'aîné $\frac{1}{5}$ de fr.

Or les nombres $\frac{1}{3}, \frac{1}{4}, \frac{1}{5}$ étant les inverses des nombres qui expriment les âges des trois frères, on trouve la règle suivante :

RÈGLE. — *Pour diviser un nombre en parties inversement proportionnelles à des nombres donnés, il faut le diviser proportionnellement aux inverses de ces nombres.*

OBSERVATION. — Nous ne devons pas terminer ce chapitre sans faire remarquer que l'application des proportions à la résolution des problèmes d'arithmétique n'est pas autre chose que l'emploi de la méthode algébrique. Or les adversaires les plus obstinés de cette méthode sont précisément les plus fidèles partisans de la *règle de trois*. En mettant un x dans une proportion, ils font de l'algèbre sans s'en douter.

Le problème du n° 232 est même un exemple de la résolution de trois équations à trois inconnues.

CHAPITRE XXI

RACINE CARRÉE

234. Définitions. — 1° *Le* **carré** *d'un nombre, ou la 2 puissance de ce nombre, est le produit qu'on obtient en multiplian ce nombre par lui-même.* (Voir n° 55.)

On indique le carré d'un nombre en écrivant au-dessus d lui et un peu à droite le chiffre 2, qui se nomme alor *exposant*.

On a par exemple :

$$3 \times 3 = 3^2 = 9\ ;\ 5 \times 5 = 5^2 = 25.$$

3° **La racine carrée** *d'un nombre est le nombre qui multipli par lui-même reproduit le premier nombre.*

On indique la racine carrée d'un nombre en l'écrivant au dessous de ce signe $\sqrt{}$, qui se nomme *radical*.

On a par exemple :

$$\sqrt{9} = 3\ ;\ \sqrt{25} = 5.$$

3° Le carré d'un nombre supérieur à 1 est plus grand que ce nombre; le carré d'un nombre inférieur à 1 est moindre que ce nombre.

Le carré d'un nombre d'unités exprime des unités; le carré d'un nombre de dizaines exprime des centaines, etc.

On a par exemple :

$$13^2 = 169\ ;\ 130^2 = 16900.$$

Le carré d'un nombre de dixièmes exprime des centièmes le carré d'un nombre de centièmes exprime des dix millièmes, etc.

On a par exemple :

$$1,3^2 = 1,69\ ;\ 0,13^2 = 0,0169.$$

On forme le carré d'une fraction ordinaire en élevant chacun de ses termes au carré.

On a ainsi :

$$\left(\frac{3}{4}\right)^2 = \frac{3}{4} \times \frac{3}{4} = \frac{9}{16}\cdot$$

Voici les carrés des dix premiers nombres entiers :

Nombres....	1	2	3	4	5	6	7	8	9	10.
Carrés.....	1	4	9	16	25	36	49	64	81	100.

235. Racine incommensurable. — En examinant les carrés des dix premiers nombres entiers, on voit que parmi les cent premiers nombres entiers, il n'y en a que dix dont les racines carrées soient des nombres entiers ; les racines de tous les autres sont fractionnaires. Par exemple la racine carrée de 12 est comprise entre celle de 9 et celle de 16, c'est-à-dire entre 3 et 4 ; elle est donc égale à 3 plus une fraction.

Or il n'est pas possible d'obtenir la valeur exacte de la racine fractionnaire d'un nombre entier. Supposons en effet que la racine carrée de 12 soit 3 plus $\frac{5}{6}$, c'est-à-dire $\frac{23}{6}$, nombre fractionnaire dont les deux termes sont premiers entre eux. Si $\frac{23}{6}$ était la racine carrée exacte de 12, le carré de $\frac{23}{6}$ serait égal au nombre entier 12 et par conséquent 23^2 serait divisible par 6^2 ; mais 23^2 ne contient pas d'autres facteurs premiers que ceux de 23, et 6^2 n'en contient pas d'autres que ceux de 6. Or il n'y avait aucun facteur commun à 23 et 6 ; donc 23^2 et 6^2 sont aussi premiers entre eux et par suite le quotient de 23^2 divisé par 6^2 ne peut être un nombre entier.

Il en sera de même, quelle que soit la fraction qu'on ajouterait à 3 ; donc quand la racine carrée d'un nombre entier n'est pas elle-même un nombre entier, elle ne peut être exprimée exactement par aucun nombre fractionnaire. Cette racine carrée est dite *incommensurable*.

On dit qu'un nombre est un *carré parfait*, quand il est le carré d'un nombre entier ou fractionnaire dont on peut connaître la valeur exacte.

236. Carré de la somme de deux nombres. — *Le carré d'un nombre qui est la somme de deux parties égale le carré de la 1re, plus le carré de la 2e, plus le double produit de 1re multipliée par la 2e.*

Ce principe sert de base à toute la théorie de l'extraction d[e] la racine carrée. Pour le démontrer, prenons par exemple [le] nombre 57, en le considérant comme égal à $50 + 7$.

Pour en faire le carré il faut multiplier $50 + 7$ par $50 + 7$. Comme le multiplicateur contient 50 fois 1 plus 7 fois 1, l[e] carré cherché contiendra 50 fois le multiplicande $50 + 7$ plu[s] 7 fois ce multiplicande. Les opérations faites de gauche [à] droite sont présentées dans le tableau suivant :

$$\begin{array}{l} 50 + 7 \\ 50 + 7 \\ \hline 50^2 + 7 \times 50 \\ \quad + 50 \times 7 + 7^2 \\ \hline 50^2 + (50 \times 7) \times 2 + 7^2. \end{array}$$

Ce résultat démontre le principe énoncé.

Par conséquent *le carré d'un nombre qui contient des dizaine[s] et des unités égale le carré des dizaines, plus le double produi[t] des dizaines multipliées par les unités, plus le carré des unités.*

237. Différence entre les carrés de deux nombres entiers consécutifs. — *La différence qui exist[e] entre les carrés de deux nombres entiers consécutifs est égale a[u] double du plus petit de ces deux nombres plus 1.*

Ce principe, qui sera utilisé dans l'extraction de la racin[e] carrée, n'est qu'une conséquence du précédent.

En effet, soit le nombre 9 qui est égal à $8 + 1$. On aura :

$$(8 + 1)^2 = 8^2 + 8 \times 1 \times 2 + 1^2$$

ou

$$9^2 = 8^2 + 8 \times 2 + 1.$$

Cette égalité montre que le carré de 9 surpasse le carré de 8 de 2 fois 8 plus 1.

238. Caractères indiquant qu'un nombre n'est pas un carré parfait. — Un nombre entier n'est pas un carré parfait :

1° lorsqu'il est terminé par un nombre impair de zéros;

2° lorsqu'il est terminé par un des chiffres 2, 3, 7, 8, puis qu'aucun des carrés des neuf premiers nombres entiers n'est terminé par un de ces chiffres.

3° Un nombre décimal n'est pas un carré parfait, si après la suppression des zéros qui pourraient se trouver sur sa droite, le nombre des chiffres décimaux est impair.

239. Extraction de la racine carrée d'un nombre entier. — Nous ne nous arrêterons pas à un nombre moindre que 100 ; la partie entière de sa racine carrée n'a qu'un chiffre : on la trouve par la table de multiplication.

1° Considérons d'abord un nombre de *trois* ou *quatre* chiffres, par exemple, 4218. Ce nombre étant compris entre 100 et 10000, sa racine est comprise entre 10 et 100 ; elle aura donc deux chiffres à sa partie entière : un chiffre de dizaines et un chiffre d'unités. Par conséquent le nombre 4218 contient : le carré du chiffre des dizaines de la racine, plus le double produit du chiffre des dizaines multiplié par celui des unités, plus le carré du chiffre des unités, plus un certain nombre d'unités en sus, si le nombre proposé n'est pas un carré parfait.

Si l'on pouvait séparer les trois parties qui entrent dans le nombre, il serait facile d'obtenir les deux chiffres de la racine.

Or le carré du chiffre des unités de la racine exprime des unités ; mais il peut avoir un ou deux chiffres : il n'est donc pas possible de le trouver dans 4218.

Le carré du chiffre des dizaines exprime des centaines et fournit aussi les plus hautes unités du nombre proposé ; il est donc contenu dans 42 centaines ; mais dans ces 42 centaines il peut y avoir avec le carré du chiffre des dizaines de la racine d'autres centaines provenant du double produit des dizaines par le chiffre des unités de la racine.

42.18	64
36	124
61.8	4
49 6	496
12 2	

En extrayant la racine carrée de 42 centaines, c'est-à-dire la racine du plus grand carré parfait contenu dans 42, on trouve 6 ; c'est le chiffre des dizaines de la racine. En effet 6 ne peut pas être trop faible, car il provient d'un nombre qui est au moins égal au carré des dizaines; il n'est pas trop fort, puisque le carré de 6 dizaines, qui est 36 centaines, est moindre que 42 centaines, et à plus forte raison moindre que le nombre proposé.

Retranchons 3600 de 4218; le reste 618 contient encore le produit du double des dizaines de la racine multiplié par le chiffre des unités, plus le carré des unités, plus quelques unités en sus, si le nombre 4218 n'est pas un carré parfait. Or le double des dizaines de la racine est 12 dizaines et le produit de 12 dizaines par le chiffre inconnu des unités est un nombre exact de dizaines : il est donc contenu dans les dizaines de 618, c'est-à-dire dans 61 dizaines. Mais 61 peut contenir de plus d'autres dizaines provenant du carré du chiffre des unités. Si donc on divise 61 par 12, on aura ou le chiffre des unités ou un chiffre plus fort.

Le quotient de 61 divisé par 12 est 5. Pour savoir si 5 surpasse le chiffre des unités, on pourrait faire le carré de 65 et voir si ce carré surpasse le nombre donné.

On fait cette vérification plus simplement en écrivant 5 à droite de 12 dizaines, ce qui donne 125, et en multipliant 125 par 5. Le produit contient le carré de 5 unités (5 fois 5) plus le produit du double des dizaines par le chiffre 5 des unités (5 fois 120) : ce produit qui est 625 surpassant 618, le chiffre 5 est trop fort. En prenant 4 et en faisant la même vérification, on trouve que 124 multiplié par 4 donne 496; donc 4 est le chiffre des unités.

En retranchant 496 de 618 on a pour reste 122. Le nombre proposé 4218 est donc égal au carré de 64 plus 122. En d'autres termes la racine carrée de 4218 est comprise entre 64 et 65, et 64 en est la valeur approchée à moins de 1 unité près.

2° Soit à extraire la racine carrée d'un nombre ayant plus de quatre chiffres, par exemple de 421835.

Sa racine carrée aura trois chiffres à sa partie entière; cependant on peut encore la regarder comme composée de deux parties : les dizaines qui sont un nombre de deux chiffres et le chiffre des unités.

En raisonnant comme dans l'exemple précédent, on cherche d'abord les dizaines de la racine, en extrayant la racine carrée de 4218, qui est 64 dizaines. De 4218 on a retranché en deux fois le carré de 64 dizaines. Le reste, 122 centaines, suivi de 35 unités forme le nombre 12235, qui contient le double produit des dizaines par le chiffre des unités de la racine plus le carré du chiffre des unités, plus quelques autres unités, si le nombre proposé n'est pas un carré parfait. On obtiendra le chiffre des unités en divisant 1223 dizaines par le double des dizaines trouvées, c'est-à-dire par 128 dizaines. On vérifiera si le quotient 9 n'est pas supérieur au chiffre des unités cherché, en l'écrivant à droite du diviseur 128 et en multipliant par 9 le nombre 1289. Le produit 11601 ne surpassant pas 12235, le chiffre 9 n'est pas trop fort et la partie entière de la racine carrée du nombre proposé est 649.

L'opération est exposée dans le tableau suivant :

42.18.35	649	
36	124	1289
61.8	4	9
49 6	496	11601
1223.5		
11601		
634		

De tout ce qui précède résulte la règle suivante.

Règle. — *Pour extraire la racine carrée d'un nombre entier, on le décompose en tranches de deux chiffres à partir de la droite, la dernière pouvant n'avoir qu'un chiffre. On extrait la racine carrée du plus grand carré parfait contenu dans la première tranche à gauche, ce qui donne le premier chiffre de la racine, et on soustrait le carré de ce chiffre de la première tranche. A la droite du reste on abaisse la deuxième tranche; on en sépare le premier chiffre qui est sur la droite par un point, et on divise ce qui reste à gauche du point par le double du chiffre écrit à la racine. Le quotient est le second chiffre de la racine, ou un chiffre trop fort. On l'écrit à la droite du diviseur, et on multiplie le nombre ainsi formé par ce même chiffre. Si le produit peut être retranché du nombre composé du dividende et du chiffre qu'on avait négligé sur la droite, le quotient est le second chiffre cherché; si ce produit est plus fort, on diminue ce chiffre de 1, et on essaye ainsi, jusqu'à ce que la soustraction puisse être effectuée.*

A la droite du deuxième reste on abaisse la troisième tranche, on en sépare le dernier chiffre par un point, et on divise ce qui reste à gauche du point par le double de la racine déjà obtenue; le quotient sera le troisième chiffre de la racine, ou un chiffre trop fort. On opère pour ce troisième chiffre comme pour le second, et on continue ainsi jusqu'à ce qu'on ait employé toutes les tranches.

Si l'une des divisions donnait 0 pour quotient, on écrirait 0 à la racine, puis on abaisserait la tranche suivante pour continuer comme auparavant.

240. Valeur maximum du reste. — *Dans tout le cours de l'extraction de la racine carrée, le reste de chaque soustraction ne doit pas surpasser le double du nombre obtenu à la racine.*

En effet, on a trouvé plus haut 64 pour la racine carrée de 4218, avec un reste assez fort, 122. Or, si la racine de 4218 était 65 exactement, le nombre 4218 surpasserait le carré de 64 de 2 fois 64 plus 1; donc, s'il le surpassait seulement de 2 fois 64, il ne serait pas assez grand pour être le carré de 65. Ainsi la plus grande valeur que puisse avoir le reste est le double de la racine correspondante.

241. Valeur approchée de la racine carrée. — Quand la racine carrée d'un nombre entier est incommensurable, on peut obtenir sa valeur avec une approximation d'un degré quelconque.

Si on veut avoir la racine en *dixièmes,* il faut convertir le nombre entier en *centièmes,* puisque le carré d'un nombre de dixièmes est un nombre de centièmes.

Si on veut avoir la racine en *centièmes,* il faut convertir le nombre entier en *dix-millièmes,* puisque le carré d'un nombre de centièmes est un nombre de dix-millièmes, etc. On opère comme si le nombre suivi de zéros était un nombre entier.

RÈGLE. — *Pour obtenir la racine carrée d'un nombre entier avec un certain nombre de chiffres décimaux, on écrit à sa droite autant de tranches de deux zéros qu'on veut avoir de chiffres décimaux à la racine. On opère alors comme si le nombre suivi de zéros était un nombre entier et on sépare par une virgule, sur la droite de la racine obtenue, autant de chiffres décimaux qu'on a employé de tranches de deux zéros.*

Par exemple, pour avoir la racine carrée de 2 jusqu'aux millièmes, on extraira la racine carrée de 2 00 00 00.

On trouvera :

$$\sqrt{2} = 1,414....$$

242. Extraction de la racine carrée d'un nombre décimal. — D'après ce qui vient d'être expliqué, il faut d'abord que le nombre des chiffres décimaux du nombre proposé soit pair ; par conséquent s'il est impair, on écrit un zéro sur sa droite.

On extrait alors la racine carrée comme si le nombre était entier et on sépare sur la droite de la racine autant de chiffres décimaux qu'il y avait de tranches de deux chiffres décimaux dans le nombre.

243. Extraction de la racine carrée d'une fraction ordinaire. — 1° Puisque pour faire le carré d'une fraction ordinaire, il faut élever ses deux termes au carré, réciproquement pour avoir la racine carrée d'une fraction ordinaire, il faut extraire la racine carrée de chacun de ses deux termes. On aura par exemple :

$$\sqrt{\frac{25}{49}} = \frac{\sqrt{25}}{\sqrt{49}} = \frac{5}{7}.$$

2° Le plus souvent les termes de la fraction ne sont pas des carrés parfaits. Si le dénominateur seul est un carré parfait, on extrait la racine carrée du numérateur à moins d'une unité et celle du dénominateur.

Soit, par exemple, à extraire la racine carrée de $\frac{32}{81}$.

La racine sera plus grande que $\frac{5}{9}$, mais plus petite que $\frac{6}{9}$;

donc $\frac{5}{9}$ est la racine carrée de $\frac{32}{81}$, avec une erreur en moins plus faible que $\frac{1}{9}$.

3° Quand le dénominateur n'est pas un carré parfait, on ramène la fraction au cas précédent, en multipliant les deux termes de la fraction par son dénominateur.

On aura par exemple :

$$\sqrt{\frac{7}{12}} = \sqrt{\frac{7 \times 12}{12^2}} = \sqrt{\frac{84}{12^2}} = \frac{9}{12} \text{ à moins de } \frac{1}{12} \text{ près.}$$

4° Lorsqu'on doit chercher la racine carrée d'une fraction ordinaire avec une approximation marquée par une unité décimale donnée, il est préférable de convertir d'abord la fraction ordinaire en fraction décimale et d'opérer ensuite sur la fraction décimale conformément à la règle du n° 242.

D'après cette règle il serait nécessaire d'avoir dans la fraction décimale 2 fois plus de chiffres décimaux que la racine ne doit en contenir; mais cela n'est pas nécessaire. On démontre qu'*il suffit, en convertissant la fraction ordinaire en fraction décimale, d'obtenir seulement plus de la moitié du nombre des chiffres décimaux exigé par la règle ordinaire et de remplacer les autres par des zéros.* L'erreur qui en résulte pour la racine carrée est moindre qu'une unité de son dernier chiffre.

Soit, par exemple, à extraire la racine carrée de $\frac{8}{7}$ à 1 millième près. Cette racine devant avoir *trois* chiffres décimaux, le nombre décimal qui remplacera $\frac{8}{7}$ devrait avoir *six* chiffres décimaux, ce qui avec le chiffre des unités fait un total de *sept* chiffres. On se bornera à chercher les *quatre* premiers chiffres du nombre décimal qui remplacera $\frac{8}{7}$ et on mettra à la suite trois zéros, ce qui donne 1,142000. On extrait alors la racine carrée de 1,142000 qui est 1,068. Comme on a opéré sur un nombre trop faible, la racine 1,068 avec tous les chiffres qui devraient suivre le dernier 8 est trop faible. En négligeant ces chiffres, on devra augmenter de 1 le chiffre 8 pour diminuer l'erreur ; on aura ainsi 1,069 pour la racine carrée de $\frac{8}{7}$ à moins de 1 millième près.

(Voir la *Théorie des approximations numériques* dans notre volume du *Cours de 2e et de 3e année* de l'Enseignement spécial.)

241. Applications de la racine carrée. — C'est surtout dans les questions de géométrie qu'on a à faire usage de la racine carrée.

EXEMPLE. — *Trouver la longueur qu'il faut donner à un jardin carré, pour que sa superficie soit équivalente à celle d'un jardin rectangulaire ayant 125m,4 de longueur et 86m,5 de largeur.*

La surface est.................... 125,4 × 86,5 = 10 847mq.10.
La longueur du jardin carré sera le nombre qui, multiplié par lui-même, reproduira 10 847.10 : c'est donc la racine carrée de la surface.
On trouve, en extrayant cette racine :

$$\sqrt{10\,847,10} = 104^m,1.$$

DÉFINITION. — Le nombre qui est égal à la racine carrée du produit de deux nombres est dit *moyen proportionnel* entre ces deux nombres.

REMARQUE. — La racine carrée de 2 et celle de 3 sont d'un emploi très fréquent dans certaines questions usuelles de géométrie ; il est donc utile de retenir leur valeur jusqu'aux millièmes.
Ces valeurs avec cinq décimales sont :

$$\sqrt{2} = 1,414\,21\ ;\ \sqrt{3} = 1,732\,05.$$

On sait par exemple que la longueur de la diagonale d'un carré est égale à la longueur du côté multipliée par $\sqrt{2}$. Si donc le côté d'une place carrée avait 100 mètres, sa diagonale aurait 141 mètres.
De même la hauteur d'un triangle équilatéral étant égale à la moitié du côté multipliée par $\sqrt{3}$, si le côté d'un triangle équilatéral était de 20 mètres, sa hauteur aurait 17m,32.
Nous donnerons encore les racines carrées suivantes :

$$\sqrt{10} = 3,162\,28\ ;\ \sqrt{\tfrac{1}{2}} = 0,707\,11\ ;\ \sqrt{\tfrac{1}{3}} = 0,577\,35.$$

le cube d'un nombre de dizaines exprime des unités de mille; le cube d'un nombre de centaines exprime des unités de millions.

Le cube d'un nombre de dixièmes exprime des millièmes; le cube d'un nombre de centièmes exprime des millionièmes, etc.

Voici les cubes des dix premiers nombres entiers :

Nombres..	1	2	3	4	5	6	7	8	9	10.
Cubes....	1	4	27	64	125	216	343	512	729	1000.

La racine cubique d'un nombre entier qui n'est pas exprimée exactement par un nombre entier, ne peut l'être par aucun nombre fractionnaire; comme la racine carrée, elle est *incommensurable*.

246. Cube de la somme de deux nombres. — L'extraction de la racine cubique d'un nombre entier repose sur le principe suivant :

Le cube d'un nombre qui est la somme de deux parties égale le cube de la 1re, plus le triple produit de la 2e multiplié par le carré de la 1re, plus le triple produit de la 1re multiplié par le carré de la 2e, plus le cube de la 2e.

Pour le démontrer, il suffirait de multiplier par $50 + 7$ le carré de $50 + 7$ tel qu'il se trouve formé au n° 236.

Nota. — L'extraction d'une racine cubique de plusieurs chiffres, étant une opération assez laborieuse, n'est pas d'un usage fréquent; on lui substitue l'emploi des logarithmes. Aussi suffira-t-il de donner ici la règle, sans en exposer la théorie, qui a du reste une grande analogie avec celle de la racine carrée.

247. Règle. — 1° *L'extraction de la racine cubique d'un nombre s'effectue de la même manière, que le nombre soit décimal ou entier. Seulement il est nécessaire, quand il s'agit d'un nombre décimal, qu'il y ait à sa partie décimale un nombre de chiffres décimaux multiple de 3, c'est-à-dire égal à 3 ou 6 ou 9, ce qu'on fait en écrivant à sa droite un ou deux zéros.*

On décompose alors le nombre en tranches de trois chiffres à partir de la droite, la dernière pouvant n'avoir qu'un ou deux chiffres. On extrait la racine cubique du plus grand cube parfait contenu dans la première tranche à gauche, ce qui donne le premier chiffre de la racine, et on soustrait le cube de ce chiffre de la première tranche. A la droite du reste, on abaisse la deuxième tranche; on en sépare les deux premiers chiffres à droite par un point, et on divise ce qui reste à gauche du point par le triple carré du chiffre écrit à la racine. Le quotient est le second chiffre de la racine, ou un chiffre trop fort. On le place à la droite du chiffre déjà écrit à la racine, et on fait le cube du nombre ainsi obtenu. Si ce cube peut être retranché du nombre formé par les deux premières tranches, le quotient est le deuxième chiffre cherché; si ce cube surpasse ce nombre, on diminue le quotient de 1, de 2, jusqu'à ce que le cube de la racine puisse être soustrait du nombre formé par les deux tranches.

A droite du reste, on abaisse la troisième tranche; on en sépare les deux premiers chiffres à droite par un point, et on divise ce qui reste à gauche du point par le triple du carré du nombre déjà trouvé à la racine. On s'assure si le chiffre du quotient est trop fort ou non, comme pour le second chiffre, et on continue ainsi l'opération jusqu'à ce qu'on ait employé toutes les tranches.

On sépare ensuite sur la droite du résultat, au moyen d'une virgule, autant de chiffres décimaux qu'il y a de tranches de trois chiffres décimaux sur la droite du nombre dont on a extrait la racine.

248. Racine cubique d'une fraction. — Pour extraire la racine cubique d'une fraction ordinaire, on peut suivre la marche qui a été indiquée pour la racine carrée; mais en général il vaut mieux convertir d'abord la fraction ordinaire en fraction décimale et extraire ensuite la racine cubique de cette fraction décimale.

D'après la règle précédente, il faudrait obtenir cette fraction décimale avec autant de tranches de trois chiffres décimaux qu'on veut avoir de chiffres décimaux à la racine; mais, comme pour la racine carrée, il suffira de calculer dans la division un nombre de chiffres plus grand que la moitié du nombre des chiffres qu'exigerait la règle ordinaire et de remplacer les autres par des zéros.

EXEMPLE. — *Calculer jusqu'au centimètre l'arête d'un cube ayant un volume de 8 mètres cubes et* $\frac{2}{7}$.

D'abord $8^{mc}\frac{2}{7}$ font $\frac{58}{7}$ de mètre cube.

Il s'agit donc de trouver la racine cubique de $\frac{58}{7}$ avec deux chiffres décimaux.

Le nombre décimal qui remplacera $\frac{58}{7}$ devrait avoir *six* chiffres décimaux, ce qui fait *sept* chiffres en tout, avec celui des unités.

On se bornera à obtenir les quatre premiers chiffres et à remplacer les trois autres par des zéros, ce qui donne 8 285 000.

En extrayant la racine cubique de ce nombre on trouve pour l'arête cherchée 2 023, c'est-à-dire $2^m,02$.

249. Extraction de la racine 4ᵉ et de la racine 6ᵉ. — En extrayant la racine carrée de la racine carrée d'un nombre on obtient la racine 4ᵉ de ce nombre.

En effet soit a la racine carrée d'un nombre n, on aura :

$$n = a \times a.$$

Désignons maintenant par b la racine carrée de a, nous aurons :

$$a = b \times b.$$

En remplaçant a par cette valeur dans celle de n, on trouve :

$$n = b \times b \times b \times b.$$

Ce résultat montre que b est la racine 4ᵉ du nombre n.

Par un raisonnement semblable on démontrera qu'en extrayant la racine cubique de la racine carrée d'un nombre, on aura la racine 6ᵉ de ce nombre.

CHAPITRE XXII

RÉSUMÉ DE GÉOMÉTRIE PRATIQUE SUR LA MESURE DES SURFACES ET DES VOLUMES

SURFACE DES POLYGONES ET DU CERCLE

250. — On a déjà expliqué dans le système métrique comment on peut calculer la surface du rectangle et du carré et le volume des corps à six faces rectangulaires. Nous compléterons ici cette question par l'exposé sommaire des règles concernant la surface et le volume des autres figures qui sont d'un emploi fréquent.

Nous ne répéterons pas la définition des lignes et des polygones, qui se trouve déjà dans le volume destiné au *Degré élémentaire* et au *Degré moyen* [1].

POLYGONES

251. Triangle. — *La surface d'un triangle est égale au demi-produit de sa base multipliée par sa hauteur.*

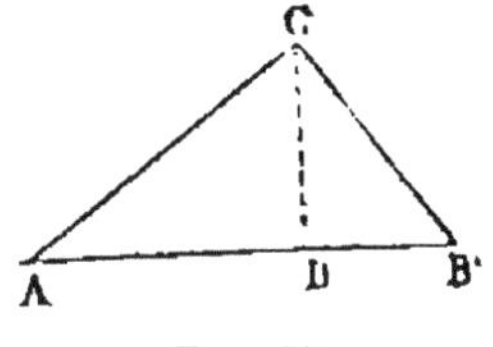

Fig. 35.

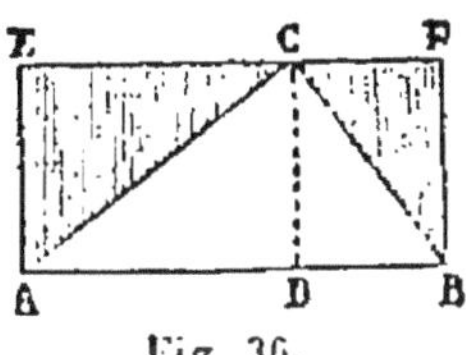

Fig. 36.

En effet, en menant la hauteur CD (fig. 35), on voit que le triangle ACB est la moitié du rectangle ABFE (fig. 36), qu'on obtiendrait en élevant aux extrémités de la base AB deux perpendiculaires et par le sommet C une droite parallèle à la base. Ce rectangle a la même base et la même hauteur que le triangle. Or si on désigne sa base par b et sa hauteur par h, sa surface est exprimée par le produit $b \times h$.

Celle du triangle sera donc $\frac{b \times h}{2}$.

1. Pour acquérir une connaissance méthodique des notions de géométrie qui entrent dans le cadre de l'instruction primaire, on pourra faire usage de notre *Géométrie simplifiée* à l'usage des écoles primaires, ou pour une étude moins abrégée, de notre *Géométrie élémentaire*, exposée dans ses applications au dessin linéaire et à la mesure des surfaces et des volumes.

252. Losange. — *La surface d'un losange est égale demi-produit de ses deux diagonales multipliées entre elles.*

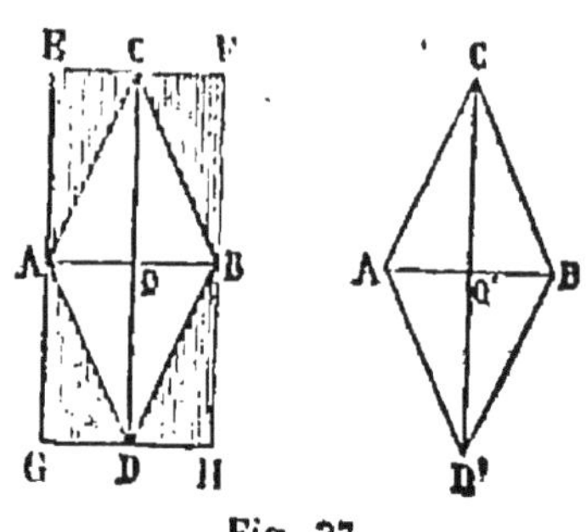

Fig. 37.

En effet, si par les extrémités A et B (fig. 37) de la peti diagonale AB du losange ACBD, on mène deux droites q lui soient perpendiculaires, et par les extrémités C et D de grande diagonale CD deux droites qui lui soient aussi perpen diculaires, on obtient le rectangle EGHF dont la base et hauteur sont égales aux deux diagonales du losange. E outre ce rectangle est composé de huit triangles rectangle égaux, tandis que le losange n'en contient que quatre : surface du losange n'est donc que la moitié de celle d rectangle.

253. Parallélogramme. — *La surface du parallélogramme est égale au produit de sa base multipliée par sa hauteur*

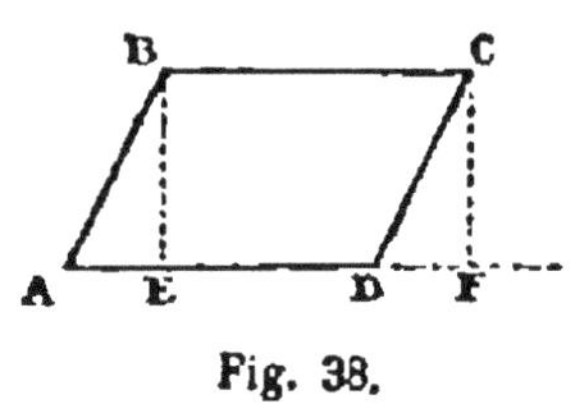

Fig. 38.

En effet, abaissons du sommet B la perpendiculaire BE sur la base AD du parallélogramme BADC (fig. 38), ce qui forme le triangle rectangle ABE. Si on porte ce triangle à droite, en appliquant l'hypoténuse AB sur le côté DC qui lui est égal, le parallélogramme se trouve transformé en un rectangle BEFC, qui a la même base BC et la même hauteur BE que le parallélogramme et une surface équivalente.

254. Trapèze. — *La surface d'un trapèze est égale au demi-produit de la hauteur multipliée par la somme des deux bases.*

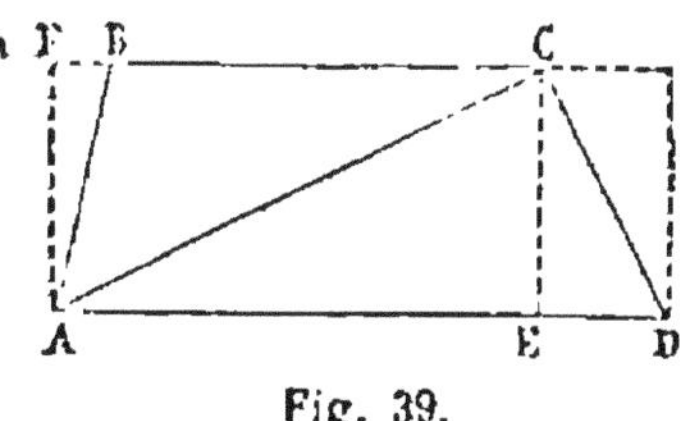

Fig. 39.

En effet dans le trapèze ABCD (fig. 39) menons la diagonale AC; puis la hauteur CE du triangle ACD et la hauteur AF du triangle ABC. Ces hauteurs sont égales à celle du trapèze.

En multipliant la base AD par la moitié de la hauteur, on aurait la surface du triangle ACD; en multipliant la base CB par la moitié de la hauteur, on aurait la surface du triangle ABC; puis en faisant la somme des deux triangles on aurait la surface du trapèze.

Mais au lieu d'opérer ainsi, on peut d'abord additionner les deux bases et multiplier leur somme par la moitié de la hauteur.

C'est précisément la règle énoncée.

255. Polygone quelconque. — *Pour trouver la surface d'un polygone, on le décompose en triangles, soit par des diagonales* (fig. 40), *soit par des droites menées d'un point quelconque du polygone à tous les sommets* (fig. 41); *on cherche ensuite la surface de tous ces triangles et on en fait la somme.*

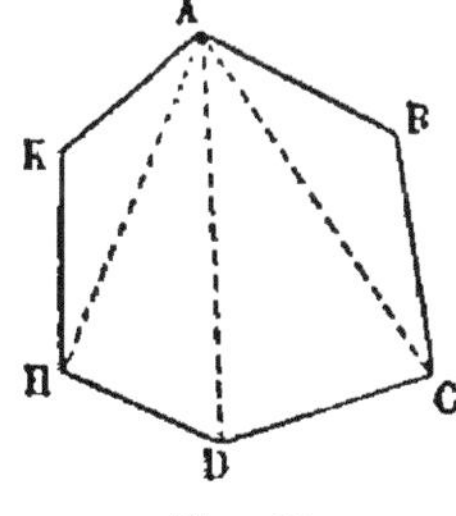

Fig. 40.

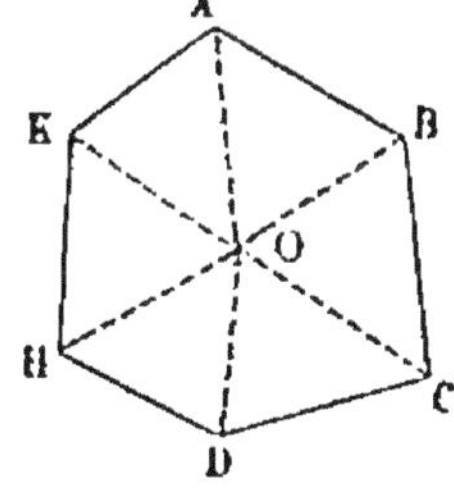

Fig. 41.

Autre méthode. — On peut aussi décomposer le polyg
en trapèzes et en triangles rectangles (fig. 42) en tirant
diagonale entre deux sommets K et C, et en abaissant
autres sommets des perpendiculaires sur cette diagonale.
portions de cette diagonale sont précisément les hauteurs
trapèzes et des triangles.

On calcule ensuite les surfaces des triangles rectangle
des trapèzes rectangles et on fait leur somme.

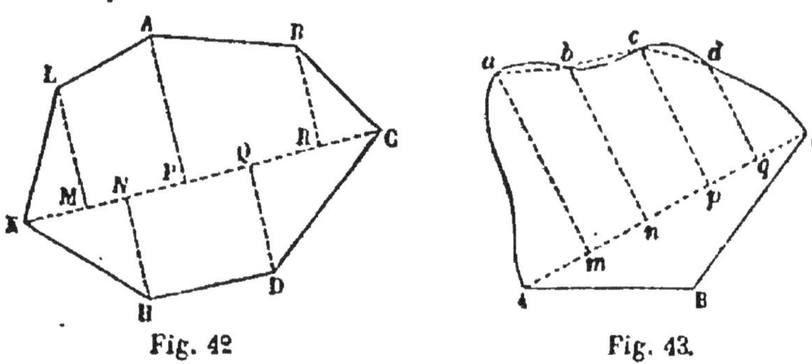

Fig. 42 Fig. 43.

C'est cette méthode qu'on applique pour chercher la s
face d'une figure, dont le contour serait formé en tout
en partie par une ligne courbe plus ou moins sinueuse.
décompose cette ligne en parties qui puissent être regard
à peu près comme droites et des divers points de division
abaisse des perpendiculaires sur une diagonale, comme d
la figure 43.

256. Polygone régulier. — On appelle *polygone ré
lier* celui qui a tous ses côtés égaux et tous ses angles éga

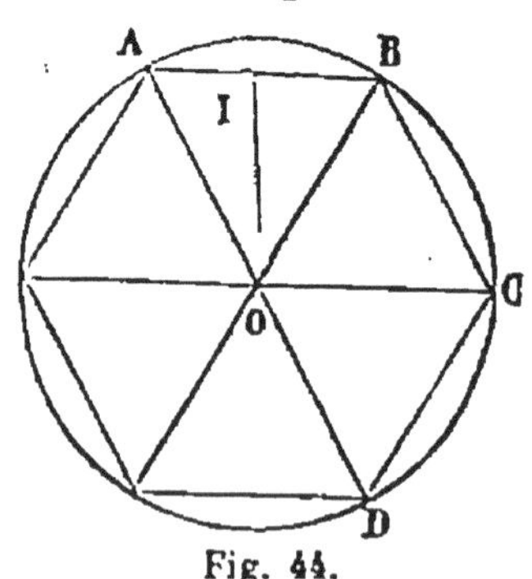

Fig. 44.

On nomme *centre* du polygone régulier un point du po

gone qui est également distant de tous les sommets et également distant de tous les côtés.

L'hexagone régulier (fig. 44) se voit assez souvent sous la forme des carreaux à six côtés employés pour le dallage.

Pour trouver la surface d'un polygone régulier, quand on connaît le centre il est plus naturel de mener des droites du centre à tous les sommets; il est ainsi décomposé en triangles isoscèles égaux.

D'après cela on voit qu'*on obtient la surface du polygone régulier en multipliant la moitié de son périmètre par la perpendiculaire menée du centre sur un côté quelconque.*

257. Circonférence et cercle. — On a déjà expliqué au n° 186 comment on obtient la longueur de la circonférence. Elle est égale au produit du diamètre par le nombre π.

On prend pour ce nombre $3\frac{1}{7}$ ou 3,14 ou 3,1416, suivant le degré d'exactitude qu'on veut obtenir.

1° *La surface du cercle est égale au demi-produit de la circonférence multipliée par le rayon.*

En effet, si l'on imagine que la circonférence soit divisée en un très grand nombre de parties égales et qu'on mène des rayons à tous les points de division, le cercle se trouve décomposé en un grand nombre de parties qu'on peut regarder comme des triangles isoscèles égaux, dont les bases seraient des arcs très petits de la circonférence et dont le rayon serait la hauteur commune. Le cercle peut alors être considéré comme un polygone régulier ayant un nombre infini de côtés infiniment petits.

Or, pour avoir la surface du cercle, il faudrait multiplier chacun de ces arcs par la moitié du rayon, ce qui donnerait les surfaces de tous les triangles isoscèles et additionner ensuite toutes ces surfaces. Mais au lieu d'opérer ainsi, on peut additionner d'abord tous les arcs, ce qui donne la circonférence et multiplier la circonférence, par la moitié du rayon.

La règle est ainsi démontrée.

2° *On peut aussi obtenir la surface d'un cercle en multipliant le carré du rayon par le nombre* π.

En effet, soit à chercher la surface d'un cercle dont le rayon aur 5 mètres. Le diamètre serait égal à 5×2.

La circonférence serait égale à $5 \times 2 \times \pi$.

La surface du cercle serait.... $\frac{5 \times 2 \times \pi \times 5}{2}$.

En simplifiant, on trouve $5 \times \pi \times 5$ c'est-à-dire $5^2 \times \pi$.

DES POLYÈDRES ET DES CORPS RONDS

258. Polyèdres. — On appelle **polyèdre** un corps terminé par des faces planes qui se coupent.

Les lignes droites le long desquelles se joignent deux faces sont les *arêtes*. Le polyèdre qui a le moins de faces en a quatre, qui sont des triangles.

Dans le chapitre XII comprenant l'exposition du système métrique, on a expliqué et donné la mesure du volume de deux polyèdres : le *cube* et le *parallélipipède rectangle* (fig. 2 et 24, pages 133 et 134). Il y a encore quelques autres polyèdres et des corps ronds que nous allons faire connaître sommairement.

259. Prisme droit. — Une règle de bois terminée à ses deux bouts par deux carrés égaux ou deux rectangles égaux est un *prisme*. Elle serait encore un prisme si, au lieu d'un carré ou d'un rectangle, elle se terminait par deux pentagones, deux hexagones, etc., égaux et parallèles. Ces deux polygones égaux sont regardés comme les *bases* du prisme (fig. 45).

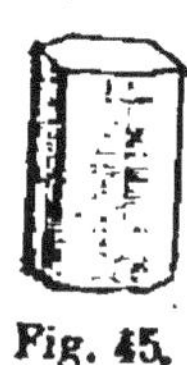

Fig. 45.

Quand les faces qui vont d'une base à l'autre sont des rectangles, on dit que le prisme est *droit*.

Le double décimètre en buis est un prisme droit triangulaire. La brique à six faces employée pour les carrelages est un prisme droit hexagonal ; sa *hauteur* est l'épaisseur de la brique.

RÈGLE I. — *Le volume d'un prisme droit est égal au produit de la surface de sa base multipliée par la hauteur.*

RÈGLE II. — *La surface latérale d'un prisme droit est égale au produit du périmètre de sa base par la hauteur.*

260. Cylindre. — Le *cylindre* est un corps rond allongé, terminé par deux cercles égaux. On peut le regarder comme un prisme droit dont les bases seraient deux polygones réguliers égaux ayant une infinité de côtés infiniment petits (fig. 46).

Fig. 46.

Un tuyau rond, un rouleau, une colonne qui auraient le même diamètre d'une extrémité à l'autre sont des cylindres.

On obtient un cylindre en enroulant une feuille rectangulaire de papier, de carton, de fer-blanc, etc., en joignant ensemble les deux bords opposés, de manière que les deux autres côtés forment deux circonférences.

RÈGLE I. — *Le volume (ou capacité) d'un cylindre est égal au produit de la surface de la base multipliée par la hauteur.*

RÈGLE II. — *La surface latérale d'un cylindre est égale au produit de la circonférence de sa base multipliée par la hauteur.*

En effet, cette surface n'est autre chose que celle du rectangle qui en s'enroulant est devenue celle du cylindre, pendant que la base du rectangle s'est changée en une circonférence.

261. Pyramide et cône. — On nomme *pyramide* un corps dont une face est un polygone quelconque (fig. 47) et dont toutes les autres faces sont des triangles ayant tous le même sommet.

Le polygone est la *base* de la pyramide; la *hauteur* de la pyramide est la perpendiculaire abaissée du sommet sur base.

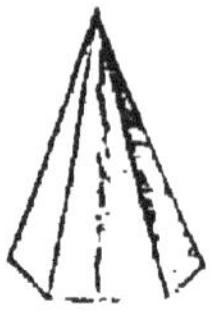
Fig. 47.

Fig. 48.

Si on enroule une feuille de papier en forme de cornet ou d pain de sucre bien pointu et qu'on applique à l'ouvertu opposée à la pointe un cercle sur le bord duquel le papi sera collé, on obtient ce qu'on appelle un cône (fig. 48).

On peut regarder le cône comme une pyramide qui aura pour base un cercle au lieu d'un polygone.

Règle I. — *Le volume d'une pyramide ou d'un cône est éga au tiers du produit de sa base multipliée par la hauteur.*

Règle II. — *La surface latérale d'un cône est égale au dem produit de la circonférence de la base multipliée par la droit menée du sommet à cette circonférence.*

262. Cône tronqué ou tronc de cône. — Si o coupe un cône par un plan parallèle à la base, la portion qu reste comprise entre la section et la base est nommée *tron de cône* ou *cône tronqué* (fig. 49).

Fig. 49.

C'est la forme d'un abat-jour de lampe, d'un seau dont le fond a un diamètre moindre que celui de l'ouverture.

Règle I. — *Pour connaître le volume d'un cône tronqué, on fai le carré du rayon de chacune des deux bases, puis le produit de ces deux rayons et on multiplie le tiers de la somme de ces trois produits par le nombre* π *et par la hauteur.*

Règle II. — *Pour trouver la surface courbe du cône tronqué, il faut multiplier la demi-somme des circonférences des deux bases par la droite menée sur cette surface d'une circonférence à l'autre.*

263. Sphère. — Quand une boule est parfaitement ronde, tous les points de sa surface sont à la même distance d'un point intérieur qu'on nomme *centre :* la boule est alors une *sphère.*

Les droites menées du centre à la surface sont les *rayons;* on appelle *diamètre* toute droite qui passe par le centre et se termine à la surface.

Si on coupe une sphère par un plan, la section est un cercle et ces cercles sont d'autant plus grands qu'ils sont plus près du centre (fig. 50).

C'est ce qu'on voit en coupant une orange en tranches minces avec un couteau.

Le plus grand de ces cercles est celui qui passe par le centre ; pour cette raison on le nomme *grand cercle.*

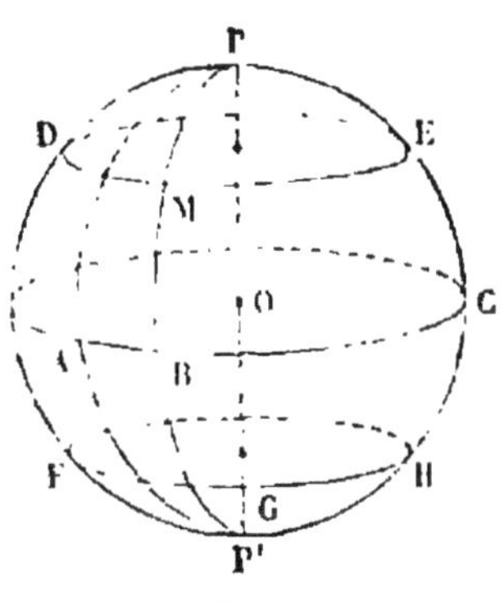

Fig. 50.

Règle I. — *La surface de la sphère est égale à quatre fois la surface du cercle qui aurait le même rayon.*

Règle II. — *Le volume de la sphère est égal au tiers du produit de sa surface multipliée par le rayon.*

En effet, si on imagine que la surface soit découpée en une infinité de parties très petites, leur courbure sera si faible qu'on peut les regarder comme de petits polygones. En outre si à tous leurs sommets on mène des rayons (fig. 51), on a autant de petites pyramides ayant leur sommet au centre de la sphère et dont l'ensemble constitue la sphère. Or on trouverait le volume de chaque pyramide en multipliant le petit polygone qui lui sert de base par le tiers du rayon ; donc pour

Fig. 51.

avoir le volume de toutes ces pyramides on multipliera la somme de toutes ces bases, c'est-à-dire la surface de la sphère par le tiers du rayon.

264. Volume des tas de sable ou de cailloux. — 1° Les pierres cassées destinées à l'entretien des routes sont souvent disposées sur le bord du chemin en forme de tas (fig. 52), ayant pour base sur le sol un rectangle et terminés à leur partie supérieure par une arête a' parallèle au sol.

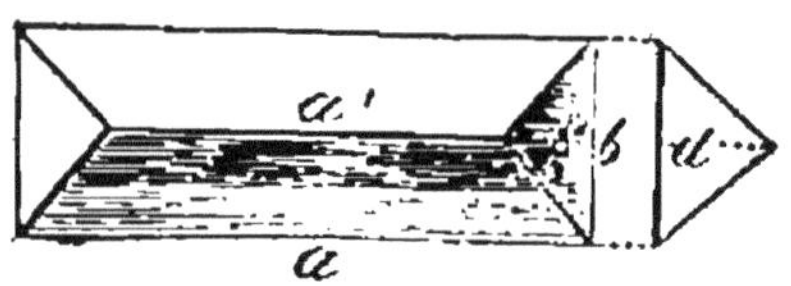

Fig. 52.

Règle. — *Pour trouver le volume de ce tas, on multiplie la hauteur du tas au-dessus du sol par la demi-largeur ; puis on multiplie le résultat par le tiers de la somme des deux longueurs égales du rectangle de base et de l'arête supérieure.*

2° Quand il s'agit d'un amas plus considérable de sable ou de cailloux, le tas se termine à sa partie supérieure par un rectangle et ses faces latérales sont des trapèzes égaux deux à deux (fig. 53 et 54).

RÈGLE. — *Pour trouver le volume de ce tas, on multiplie la demi-somme des longueurs des deux rectangles par la demi-somme des deux largeurs et par la hauteur; puis à ce résultat*

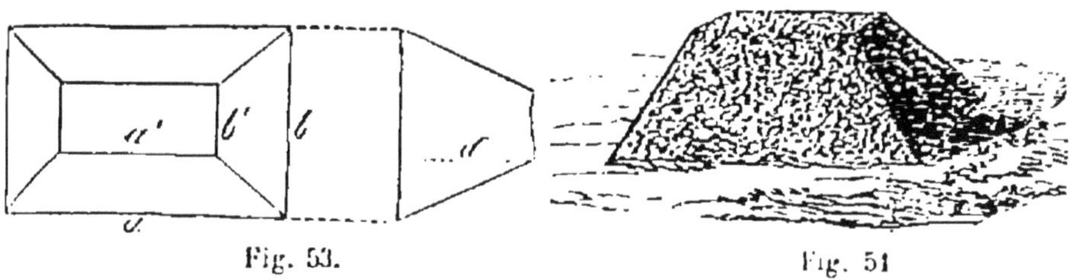

Fig. 53. Fig. 54

on ajoute le produit obtenu en multipliant la demi-différence des deux longueurs par la demi-différence des deux largeurs et par le tiers de la hauteur.

265. Jaugeage d'un tonneau. — Il semble qu'on pourrait regarder un tonneau comme la somme de deux troncs de cône égaux, adossés l'un contre l'autre par leur plus grande base, qui serait la section faite dans le tonneau à la bonde par un plan parallèle aux deux fonds. Mais le volume ainsi trouvé est un peu trop faible; car de la bonde aux extrémités le tonneau est un peu renflé. On a donc cherché divers moyens d'arriver à un résultat plus exact.

En voici un qui a été indiqué par Dez, ancien professeur à l'École militaire.

On considère le tonneau comme un cylindre ayant la même longueur que le tonneau d'un fond à l'autre. Pour sa base on prend un cercle dont le rayon serait l'excès du demi-diamètre du tonneau mesuré à la bonde sur les $\frac{3}{8}$ *de la différence qu'il y a entre ce demi-diamètre et le demi-diamètre du fond.*

266. Cubage d'un arbre. — Les troncs d'arbre sur pied ou abattus n'ont pas de forme géométrique bien précise, excepté quelques-uns, le sapin par exemple. En outre, comme l'écorce et l'aubier ne peuvent pas être employés dans la construction et constituent ainsi un déchet, on suit dans le commerce des bois, pour l'évaluation du volume, certaines règles de convention empruntées cependant à la géométrie.

1° Quand le tronc a une forme à peu près cylindrique, on évalue son volume comme celui d'un cylindre dont la hauteur serait la longueur du tronc et qui aurait pour base la section faite perpendiculairement au milieu de la longueur. On prend pour le rayon de cette section la demi-somme des rayons des deux extrémités.

2° L'arbre recouvert de son écorce est dit *bois en grume*. Pour mesurer le volume de l'arbre en grume en faisant déduction de l'écorce et de l'aubier, on opère d'après la règle suivante :

On prend, au moyen d'une ficelle, le tour de l'arbre au milieu de sa longueur; on diminue ce tour d'un 5e ou d'un 6e suivant le cas, et on prend le quart du reste. On cherche la surface d'un carré dont le côté serait égal à ce quart et on multiplie cette surface par la longueur du tronc.

C'est ce qu'on appelle *cuber au* 5e ou *au* 6e *déduit*.

CHAPITRE XXIII

NOTIONS DE COMPTABILITÉ

FACTURE ET BILLET

267. Définitions. — Le commerce consiste à échanger, moyennant un bénéfice honnête, des marchandises contre d'autres marchandises ou plus souvent contre leur valeur payée en monnaie. Celui qui livre la marchandise est le *vendeur;* celui qui la reçoit l'*acheteur*.

Quand la valeur en monnaie est remise en même temps que les marchandises sont livrées, l'achat est fait *au comptant*; au contraire il est fait à *crédit* ou à *terme*, lorsque le payement est reporté à une époque plus ou moins reculée : un mois, deux mois, etc.

268. Facture. — Lorsqu'un marchand remet ou envoie des marchandises à un client, il y joint la note détaillée de ces marchandises, leur prix, leur quantité, la date de livraison, en un mot, tout ce qu'il est nécessaire d'indiquer à ce sujet : cette note est nommée *facture*.

L'acheteur, en payant comptant, obtient souvent une diminution de tant pour cent sur le montant de la facture : c'est l'*escompte*.

En recevant le montant de la facture, le marchand la remet au client, après y avoir inscrit sa signature au bas, avec les mots : *Pour acquit*. Il doit en outre, quand le montant est supérieure à 10 francs, y coller un timbre de 10 centimes sur lequel il écrit son paraphe. L'omission du timbre l'exposerait à une amende de 50 francs.

Une facture, avant d'être envoyée à l'acheteur, doit être transcrite par le vendeur sur un registre spécial.

Nous donnons ici un exemple de facture.

ÉPICERIE

E. DUBOIS

Rue Jacob, 25

M. Jacques, *rue Mazarine, 47,* doit *les articles suivants.*

PARIS, *le* 15 *septembre* 1883

Kgr.	Gr.		Fr.	C.
12	»	Bougies à 1 fr. 15 c. le demi-kilog....	27	60
8	400	Sucre à 1 fr. 20 c. le kilog...........	10	08
7	300	Savon à 1 fr. 25 c. le kilog...........	9	12
6	800	Pruneaux à 1 fr. 55 c. le kilog........	10	54
	250	Sel gris à 0 fr. 25 c. le kilog.........	2	31
6	350	Huile d'olive à 3 fr. 70 c. le kilog....	23	49
		TOTAL........	83	14

269. Billet. — Quand il s'agit d'achats d'une certaine importance, si l'acheteur ne peut pas ou ne veut pas payer comptant les marchandises qu'il a reçues, il remet au vendeur un écrit par lequel il s'engage à en payer le montant à une époque déterminée : cet engagement est ce qu'on nomme un *billet;* l'époque fixée pour le payement est l'*échéance* du billet. En ce cas le débiteur *souscrit* le billet.

En voici un exemple :

Paris, le 1er octobre 1883. B. P. F. : 645.

A trois mois je payerai à M. Nicolas, négociant, la somme de six cent quarante-cinq francs, valeur reçue en marchandises.

GAUTHIER.

Rue du Bac, 38.

La somme doit être inscrite en toutes lettres dans le corps du billet et en chiffres à droite sur la première ligne, mais précédée des trois lettres B. P. F. qui signifient : *Bon pour francs.*

Quand on emprunte de l'argent, on souscrit un billet semblable qu'on remet au prêteur. Il porte, non le montant du capital prêté, mais la somme à payer à l'échéance et qui se compose du capital prêté et de ses intérêts. En ce cas, les mots *valeur reçue en marchandises* sont remplacés par ceux-ci : *valeur reçue en espèces.*

270. Escompte du billet. — Si le porteur du billet, c'est-à-dire celui à qui en est dû le montant, a besoin d'argent avant l'échéance, il le fait *escompter* par un banquier. Il le remet au banquier qui en retour lui en donne le montant sur lequel il fait une retenue calculée à tant pour cent : cette retenue est l'*escompte.* Le banquier se substitue ainsi au porteur du billet et c'est lui qui, au jour de l'échéance, recevra du souscripteur le montant intégral porté sur le billet.

271. Billet à ordre. — Le billet prend une importance de tout autre nature, si après le nom du bénéficiaire, c'est-à-dire de celui en faveur de qui il a été souscrit, on ajoute ces mots : *ou à son ordre.* Le billet est alors ce qu'on appelle *billet à ordre.*

Tel est le billet suivant :

Paris, le 1er octobre 1883 B. P. F. : 645.

A trois mois je payerai à M. Nicolas, négociant, ou à son ordre, la somme de six cent quarante-cinq francs, valeur reçue en marchandises.

GAUTHIER.

Rue du Bac, 38.

Nicolas peut donner ce billet en payement à un créancier que nous appellerons Durand. Nicolas est le *cédant*; Durand, le *cessionnaire*. En ce cas Nicolas a, comme on dit, *négocié* son billet.

Cette transmission du billet de Nicolas à Durand s'appelle *endos* ou *endossement*. Cette expression vient de ce que Nicolas en cédant son billet à Durand, écrit au dos la mention suivante avec la date et sa signature :

Payez à l'ordre de M. Durand, valeur reçue en marchandises (ou en espèces).

Paris, le 7 octobre 1883.

NICOLAS.

Durand à son tour peut remettre ce billet en payement à un créancier tel que Bonnard, en écrivant au dos la même formule que Nicolas. Enfin, si au jour de l'échéance, le billet se trouve entre les mains de Bonnard, c'est ce dernier qui en recevra le montant du premier souscripteur, en le lui remettant avec cette mention au dos : *Pour acquit*, écrite et signée par lui.

Le billet à ordre doit être écrit sur un papier timbré, dont la taxe varie avec le montant de la somme qui y sera portée. D'après la loi du 29 juillet 1881, cette taxe est de 5 centimes par chaque centaine de francs ou fraction de centaine.

Le cédant ne doit jamais omettre d'écrire dans l'endos, comme dans le billet lui-même, les mots : *valeur reçue en marchandises* ou *en espèces*, suivant que c'est pour solder un achat de marchandises ou rembourser une somme prêtée que le billet passe du débiteur à son créancier.

272. Billet de banque. — Il ne faut pas confondre le billet à ordre avec les billets de la Banque de France, ou comme on dit habituellement *les billets de banque*. Cet établissement, qui est la plus importante des institutions financières de notre pays, fut fondé en 1803. Aux termes de la loi, elle a le privilège exclusif d'émettre des billets qui circulent dans le commerce comme une véritable monnaie; car on est assuré que la Banque, avec la fortune qui lui sert de base, est toujours en état de rembourser en valeur monétaire le montant du billet qui lui est remis.

Ces billets sont formés d'un papier spécial, portant des dessins variés, des numéros d'ordre et les signatures du caissier principal et du secrétaire général, afin de rendre plus difficile la fraude par laquelle on chercherait à les imiter. Au centre est en gros caractères la valeur représentée par le billet. Ces valeurs sont de 50 fr., 100 fr., 500 fr., 1000 fr.

273. Chèque. — Il y a une autre sorte de billet à ordre dont l'usage est devenu très fréquent : c'est le *chèque* [1].

Un homme, par exemple, pour se décharger du souci de ses capitaux, les confie à une banque. Celle-ci se charge de recevoir les valeurs qu'il lui remettra à des époques quelconques, de lui en payer les intérêts en les ajoutant aux capitaux et de tenir ainsi le compte des capitaux de son client, moyennant une redevance fixée à tant pour cent. Elle est pour ainsi dire le caissier du client et fait ses affaires à sa place.

Le client ayant besoin d'argent soit pour lui-même, soit pour le donner à un tiers, présente ou fait présenter à la banque un ordre de payement tout imprimé et livré par la banque au moment où le client entre en relations d'affaires avec elle, et sur lequel il inscrit le montant de la somme demandée en y apposant la date avec sa signature.

Cet ordre, nommé *chèque*, est ainsi conçu :

Paris, 5 juillet 1883. B. P. F. : 500.

Payez au porteur ou à l'ordre de M. Guillaume la somme de cinq cents francs.

BERNARD.

---

1. Ce nom, comme le billet qu'il désigne, nous vient d'Angleterre.

LIVRES DE COMMERCE

274. Prescriptions de la loi. — Les écritures d'une maison de commerce ne se bornent pas à la rédaction des factures ou des billets à ordre. On doit encore inscrire sur des registres le détail des diverses opérations effectuées, l'achat et la vente des marchandises, les sommes reçues et payées, etc. C'est en cela que consiste la *tenue des livres* ou la *comptabilité*. Elle est d'une si grande importance que la loi la soumet à des prescriptions rigoureuses, dont nous donnerons seulement l'extrait suivant, pris dans le *Code de commerce*.

« Tout commerçant est tenu d'avoir un Livre-Journal, qui présente jour par jour ses dettes actives et passives, les opérations de son commerce, ses négociations, acceptations ou endossements d'effets, et généralement tout ce qu'il reçoit et paye, à quelque titre que ce soit, et qui énonce, mois par mois, les sommes employées à la dépense de sa maison ; le tout indépendamment des autres livres usités dans le commerce, mais qui ne sont pas indispensables.

« Il est tenu de mettre en liasse les lettres missives qu'il reçoit et de copier sur un registre celles qu'il envoie.

« Il est tenu de faire tous les ans, sous seing privé, un inventaire de ses effets mobiliers et immobiliers et de ses dettes actives et passives, et de le copier, année par année, sur un registre spécial à ce destiné.

« Le Livre-Journal et le Livre des inventaires seront paraphés et visés une fois chaque année [1]. Le Livre copie de lettres n'est pas soumis à cette formalité. Tous seront tenus par ordre de dates, sans blancs, lacunes, ni transports en marge. »

Il y a ordinairement dans une maison de commerce d'autres livres spéciaux ; mais les seuls exigés par la loi sont : le *Livre-Journal*, le *Livre copie de lettres* et le *Livre des inventaires*.

1. Ces deux livres doivent être paraphés avant qu'on y ait rien écrit, par le président du tribunal de commerce, ou un juge du tribunal, ou le maire ou l'adjoint de la commune.

4 février 1883		
Vendu à Mercier, à 3 mois, dix balles café Bourbon, net, kilog. 950 à 2 fr. 95 c.	2 802	50
5		
Mercier m'a donné son billet à mon ordre, à 3 mois, à valoir sur ma facture	2 500	»
d°		
Remis à Mercier un effet de mon portefeuille : Fr. 3 000, Lyon, 28 février, au pair	3 000	»
6		
Pris de Mercier : Fr. 2 000, Paris au 5 mars, 3 000, d° au 25 d°. 5 000 à 6 °/₀ l'an	4 967	50
7		
Compté en espèces à Mercier	2 500	»
8		
Acheté de Mercier, à 3 mois : douze demi-caisses savon blanc, net kg. 1 325 à 150 fr. les 100 kg. 1 987,50 Escompte 7 °/₀ 139,10	1 848	40
10		
Vendu à Mercier, valeur au comptant, six balles poivre lourd, net kilog. 876 à 2 fr. 20 c. le kilog. 1 927,20 Escompte 3 °/₀ 57,80	1 869	40

	Fr.	c.
— 4 février 1883 —		
Doit Mercier.		
Vendu audit à 3 mois, dix balles café Bourbon net kilog. 950 à 2 fr. 95 c.	2 802	50
— 5 —		
Avoir Mercier.		
Son billet à mon ordre, à 3 mois, à valoir sur ma facture.	2 500	»
— d° —		
Doit Mercier.		
Remis audit un effet de Fr. 3 000, Lyon, 28 février, au pair.	3 000	»
— 6 —		
Avoir Mercier.		
Prisdudit : Fr. 2 000 Paris, au 5 mars, 3 000 d° au 25 d° 5 000 à 6 °/₀ l'an	4 967	50
— 7 —		
Doit Mercier.		
A lui compté en espèces	2 500	»
— 8 —		
Avoir Mercier.		
Acheté dudit, à 3 mois douze demi-caisses savon blanc, net kg. 1 325 à 150 fr. les 100 kg. 1 987,50 Escompte à 7 °/₀ 139,10	1 848	40
— 10 —		
Doit Mercier.		
Vendu audit, valeur au comptant, six balles poivre lourd, net kg. 876 à 2 fr. 20 c. le kilog. 1 927,20 Escompte à 3 °/₀ 57,80	1 869	40
A reporter	19 487	80

Nous n'avons pas à exposer ici la *Tenue des livres* propre ment dite, mais à présenter seulement quelques notion simples de comptabilité, qu'un particulier puisse aussi mettr en pratique pour ses propres affaires. Nous nous bornerons donc à dire quelques mots du *Journal* et du *Grand-Livre*.

275. Brouillard et Journal. — Pour que le Journal conformément à la loi, soit écrit sans blancs, sans ratures, n surcharges, on prend la précaution d'inscrire les opération courantes de la journée, les unes à la suite des autres, avec tous les détails nécessaires, sur un registre particulier que l'o nomme *Brouillard*. De ce registre les articles sont ensuit reportés chaque jour au Journal : c'est ce qu'on voit par le exemples des pages 236 et 237. On y suppose une suite d'af faires avec la même personne, seulement pour plus d simplicité [1].

276. Grand-Livre. — Afin d'être renseigné à chaqu instant sur l'état de ses affaires avec tel ou tel de ses clients le commerçant ouvre un compte séparé à chacun d'eux su un autre registre, nommé *Grand-Livre*, où il transcri successivement les articles du *Journal* rélatifs à ce client.

Ce compte courant est divisé en deux parties ou sur la mêm page, ou mieux sur les deux pages qui sont en regard l'un de l'autre. Dans la partie de gauche, surmontée du mot DOI en gros caractères, se trouve tout ce qui est dû par le client c'est son *débit*, son *passif*. Dans la partie à droite, surmonté de même du mot AVOIR, se trouve tout ce que le client a remi au commerçant : c'est son *crédit*, son *actif*.

Établir le total du *doit*, le total de l'*avoir* et en prendre l différence, c'est ce qui s'appelle *établir la balance* ; la diffé rence trouvée est le *solde*. Si c'est le total du *doit* qui l'em porte sur le total de l'*avoir*, le solde est dit *solde débiteur* ; dan le cas contraire, c'est un *solde créditeur*.

1. Ces modèles de Brouillard et de Journal, ainsi que celui du Grand-Livr sont empruntés à l'excellent *Traité élémentaire de tenue des livres*, pa L. Chevalier, en vente à la librairie Delagrave.

MODÈLE D'UN COMPTE DU GRAND-LIVRE

DOIT		Mercier.						AVOIR	
1883					1883				
Février	4	Ma facture.............	2802	50	Février	5	Son billet.............	2500	»
—	5	Ma remise.............	3000	»	—	6	Ses remises............	4967	50
—	7	Espèces...............	2500	»	—	8	Sa facture.............	1848	40
—	10	Ma facture.............	1869	40			Solde débiteur..........	658	»
			10171	90				10171	90
Février	10	Débiteur ànouveau......	856	»					

Observations. — Ces notions de comptabilité ne sauraient dispenser de l'étude de la *tenue des livres* pour une maison de commerce; mais elles peuvent être mises en pratique par tous. Un simple particulier a tout intérêt à tenir régulièrement le *Journal* de ses petites affaires quotidiennes, dépenses et recettes, et même d'ouvrir quelques comptes spéciaux, par exemple, pour la dépense de nourriture, pour la dépense de vêtements et de linge, etc., suivant l'importance de sa maison. A plus forte raison cette habitude doit-elle s'imposer à un patron, à un fermier. C'est le moyen le plus sûr d'éviter toute contestation avec les gens que l'on emploie; c'est aussi le moyen de mettre l'ordre et l'économie dans ses affaires et de régler constamment ses dépenses sur ses ressources.

Nous terminerons ce chapitre en exposant le calcul des intérêts et la rédaction des comptes courants chez les banquiers.

DU CALCUL DES INTÉRÊTS EN BANQUE

277. Règle générale. — On a établi au chapitre xv (nº 194) la règle suivante pour le calcul des intérêts, l'année étant supposée de 360 jours :

Pour trouver l'intérêt d'un capital au bout d'un certain nombre de jours, on multiplie le capital par le taux et par le nombre de jours et on divise le produit par 36 000.

Si on représente les quatre quantités qui entrent dans cette règle par la lettre initiale de leur nom, c'est-à-dire l'intérêt par i, le capital par c, le taux par t et le nombre de jours par n, cette règle sera exprimée de la manière suivante :

$$i = \frac{c \times t \times n}{36\,000}.$$

A l'aide de cette formule il sera facile de trouver l'une quelconque des quatre quantités, quand les trois autres sont connues.

En effet, en multipliant d'abord les deux membres de l'égalité par 36 000, on obtient cette autre égalité :

$$i \times 36\,000 = c \times t \times n.$$

Elle signifie que le produit du capital multiplié par le taux et par le nombre de jours est égal à 36 000 fois l'intérêt.

En divisant les deux membres par t et par n, on obtient pour le capital :

$$c = \frac{i \times 36\,000}{t \times n}.$$

En divisant les deux membres par c et par n, on obtient pour le taux :

$$t = \frac{i \times 36\,000}{c \times n}.$$

En divisant les deux membres par c et par t, on obtient pour le nombre de jours :

$$n = \frac{i \times 36\,000}{c \times t}.$$

Ainsi, de la formule qui exprime la règle à suivre pour calculer l'intérêt, on déduit immédiatement les opérations à effectuer pour connaître le capital, ou le taux, ou le nombre de jours. Il y a ainsi quatre problèmes résolus en un seul.

278. Méthode dite des nombres. — Pour les taux usuels : 6, 5, $4\frac{1}{2}$, 4, 3, la règle précédente peut être simplifiée, parce que 36 000 est divisible par chacun de ces taux.

En effet, si, avant d'effectuer les calculs indiqués, on divise le numérateur et le dénominateur par le taux, on obtient :

à 6 % $\quad i = \frac{c \times n}{6\,000} = \frac{c \times n}{100} : 60$

à 5 % $\quad i = \frac{c \times n}{7\,200} = \frac{c \times n}{100} : 72$

à $4\frac{1}{2}$ % $\quad i = \frac{c \times n}{8\,000} = \frac{c \times n}{100} : 80$

à 4 % $\quad i = \frac{c \times n}{9\,000} = \frac{c \times n}{100} : 90.$

à 3 % $\quad i = \frac{c \times n}{12\,000} = \frac{c \times n}{100} : 120.$

Ces résultats donnent lieu à la règle suivante :

Règle. — *Pour trouver l'intérêt au bout d'un certain nombre de jours, on multiplie le capital par le nombre de jours ; on prend* *le centième du produit, et on le divise par 60, quand le taux est 6 °/₀; par 72, quand le taux est 5 °/₀; par 80, quand le taux est $4\frac{1}{2}$ °/₀; par 90, quand le taux est 4 °/₀.*

A 3 °/₀ l'intérêt est la moitié de l'intérêt à 6 °/₀.

Remarques. — 1° Le produit du capital par le nombre de jours est appelé *nombre* par les banquiers.

La règle précédente se réduit donc à calculer le *nombre* du capital, et à diviser le centième de ce *nombre* par un diviseur qui est fixe pour un même taux.

2° Dans l'évaluation de la durée d'un placement d'argent, on compte le jour du placement, mais non le jour du règlement.

3° Tout en se servant pour les calculs d'intérêt des règles fondées sur une durée de 360 jours pour l'année, le banquier prend ordinairement le nombre réel de jours écoulés d'une date à l'autre, dans les comptes courants qu'il a avec ses clients, quand il s'agit d'un intérêt qui est en sa faveur. Il considère le mois comme ayant 30 jours seulement, quand il s'agit d'un intérêt qu'il doit au contraire payer.

279. Méthode des parties aliquotes du temps. — Si dans les résultats précédents on suppose le nombre de jours n égal au diviseur correspondant à chacun des taux indiqués, on voit que l'intérêt est égal à la 100ᵉ partie du capital :

à 6 °/₀	au bout de	60 jours,
à 5 °/₀	—	72 jours,
à 4 1/2 °/₀	—	80 jours,
à 4 °/₀	—	90 jours.

Sur ce nombre de jours pris pour *base* est fondée la règle suivante, qui est d'un usage assez commode.

Règle. — *Pour trouver l'intérêt à l'un des taux 6, 5, $4\frac{1}{2}$, 4 pour 100 pour un certain nombre de jours, on décompose ce nombre en plusieurs nombres dont le premier est la base correspondante et les autres sont des parties aliquotes de la base (c'est-à-dire des nombres tels que chacun soit contenu un nombre entier de fois dans celui qui le précède). On cherche ensuite les intérêts pour* *les divers nombres de jours, en commençant par le nombre de jours égal à la base, et on en fait la somme.*

L'exemple suivant suffira pour éclaircir la règle.

EXEMPLE. — *Calculer l'intérêt de 4162 fr. à 5 °/₀ pour 128 jours.*

La base correspondante à 5 °/₀ est 72.
Les 128 jours se décomposeront ainsi :

$$72 + 36 + 18 + 2.$$

Les intérêts pour ces quatre nombres de jours sont :

pour 72 jours, la 100e partie du capital, c'est-à-dire....	41f,62
pour 36 jours, la moitié du précédent, c'est-à-dire......	20f,81
pour 18 jours, la moitié du précédent, c'est-à-dire......	10f,405
pour 2 jours, le 9e du précédent, c'est-à-dire..........	1f,156
Intérêt total....	73f,99

280. Comptes courants. — Le calcul par la méthode des *nombres* est d'un emploi habituel dans les banques, quand il s'agit de trouver les intérêts de plusieurs sommes placées au même taux, pour établir le compte d'un client qui y a déposé des sommes et qui en a reçu : c'est-à-dire son *compte courant.*

En voici un exemple.

Thomas a déposé chez un banquier : 250 fr. le 24 janvier; 370 fr. le 13 février, et 640 fr. le 18 mai. Le banquier a payé pour lui : 160 fr. le 4 février; 230 fr. le 10 mars, et 980 fr. le 12 juin. Établir le compte courant de Thomas au 30 juin, en sachant que, par le règlement du 31 décembre précédent, Thomas était créancier de la banque pour une somme de 6 724f,35 et que le banquier prend une commission de $\frac{1}{4}$ °/₀ sur les sommes déposées chez lui. Le taux est 4 °/₀.

1° MÉTHODE DIRECTE. — Il est évident qu'il suffit de calculer d'un côté ce que Thomas *a* dans la banque, c'est-à-dire son *avoir* ou son *crédit*, et ce qu'il *doit* ou son *débit*, et de prendre la différence entre le débit et le crédit. On dispose ordinairement le compte, comme à la page suivante.

Dans la moitié de gauche sont : à la 3e colonne, les sommes dues par Thomas ; dans la 4e, les nombres de jours pendant lesquels il doit leur intérêt ; dans la 5e, les *nombres* correspondants.

MÉTHODE DIRECTE

DOIT. M. THOMAS, SON COMPTE COURANT A 4 % L'AN, AU 30 JUIN 1883, **AVOIR.**

Chez M. N..., banquier à Paris.

Février .	4	160 fr. 00. . espèces	146	23 360	Décembre	31	6724 fr. 35. . créancier	180	1 210 383
Mars . .	10	230 00. . espèces	112	25 760	Janvier .	24	250 00. . espèces	157	39 250
Juin. . .	12	980 00. . espèces	18	17 640	Février. .	13	370 00. . espèces	137	50 690
		Bal. des *nombres*.		1 261 083	Mai . . .	18	640 00. . espèces	43	27 520
		3 15 Com. 1/4 % sur 1260.					140 12. . int. sur la bal. des *nombres*.		
		6751 32 solde créditeur.							
		8124 fr. 47		1 327 843			8124 fr. 47		1 327 843
					Juin. . .	30	6751 fr. 32 Créancier à nouveau.		

Paris, le 30 juin 1883.

N...

Observation. — Au lieu des *nombres* eux-mêmes, on se borne souvent à inscrire dans la 5e colonne du Doit et de l'Avoir la partie entière du centième de chaque *nombre*, en augmentant de 1 le chiffre des unités, quand le chiffre des dixièmes est 5 ou plus fort que 5. Ainsi dans la 5e colonne du Doit, on mettrait 234; 258; 176.

Dans la moitié de droite sont, dans le même ordre : les sommes dues à Thomas; les nombres de jours pendant lesquels elles portent intérêt; les *nombres* correspondants.

Pour avoir les intérêts des trois sommes dues par Thomas, il faudrait diviser le centième des trois *nombres* par 90 (diviseur fixe pour le taux de 4 °/₀), et additionner les trois résultats. Mais, au lieu d'opérer ainsi, on peut additionner les trois *nombres*, ce qui donne 66 760 et diviser le centième qui est 667,60 par 90. De même, pour avoir les intérêts des quatre sommes dues à Thomas, on peut faire la somme des quatre *nombres*, ce qui donne 1 327 843, et diviser par 90 le centième qui est 13 278,43.

L'intérêt dû à Thomas est donc égal à

$$\frac{13\,278,43}{90} - \frac{667,60}{90} = \frac{12\,610,83}{90} = 140,12.$$

On voit, par là, *qu'il suffit de faire la somme des* nombres *inscrits au Doit, la somme des* nombres *inscrits à l'Avoir, de prendre la différence des deux sommes et de diviser le* 100e *de cette différence par* 90. *Le quotient est l'intérêt cherché.*

Cet intérêt est à l'Avoir, quand la somme des *nombres* de l'Avoir est supérieur à celle des nombres du Doit, comme dans le problème proposé. Il serait au Doit dans le cas contraire.

Il ne reste plus qu'à prendre la différence entre le total des sommes dues par le client et le total des sommes qui lui sont dues. On trouve ici 6 751^{f},32 en faveur du client.

Aux sommes dues par Thomas, on a dû aussi ajouter les droits de commission de $\frac{1}{4}$ °/₀ sur le total 1 260 fr. des sommes encaissées le 24 janvier, le 13 février et le 18 mai, droits qui s'élèvent à 3^{f},15.

2° Méthode indirecte. — Dans la méthode précédente, on a établi le compte courant en calculant *directement* les intérêts, depuis le jour du versement de chaque somme jusqu'au jour du règlement. Nous devons maintenant indiquer une autre méthode nommée, *méthode indirecte*, et qui est très usitée.

On opère d'abord comme si toutes les sommes du débit et

MÉTHODE INDIRECTE

DOIT. M. THOMAS. Son compte courant a 4 % l'an, au 30 juin 1883 **AVOIR.**

Chez M. N...., banquier à Paris.

Février .	4	160 fr. 00.. espèces	35	5 600	Décembre	31	6 724 fr. 35.. créancier	époque.	
Mars ...	10	230 00.. espèces	69	15 870	Janvier..	24	250 00.. espèces	24	6 000
Juin....	12	980 00.. espèces	163	159 740	Février..	13	370 00.. espèces	44	16 280
		Balance des cap. 6614,35	180	1 190 583	Mai.....	18	640 00.. espèces	138	88 320
		3 15 Com. 1/4 % sur 1270.					140 13 int. sur la bal. des *nombres*.		1 261 193
		6 751 33 Solde créditeur.							
		8 124 fr. 48		1 371 793			8 124 fr. 48		1 371 793
					Juin.....	30	6 751 fr. 33 Créancier à nouveau.		

Paris, le 30 juin 1883.

N...

L'observation inscrite au bas du tableau de la méthode directe relativement aux *nombres* s'applique aussi à la méthode indirecte.

du crédit portaient intérêt, à partir de celle des dates qui est antérieure à toutes les autres, du 31 décembre 1882 dans le problème proposé. La différence entre la somme des capitaux du crédit et celle des capitaux du débit est 6 614f,35 au crédit, de sorte que l'intérêt cherché serait celui de 6 614f,35 du 31 décembre au 30 juin suivant, c'est-à-dire pour un espace de temps de 180 jours, ce qui donne le *nombre* 1 190 583.

Thomas a donc l'intérêt calculé sur ce *nombre*.

Mais en opérant ainsi, on lui a retenu l'intérêt de 160 fr. à partir du 31 décembre, au lieu du 4 février, jusqu'au 30 juin, c'est-à-dire pour 35 jours de trop. Le banquier est donc obligé de lui rendre l'intérêt de 160 fr. pour 35 jours, intérêt qui sera calculé sur le *nombre* correspondant 5 600.

Il en est de même pour les deux autres sommes du débit; car sur 230 fr. le banquier a retenu de trop l'intérêt pour 69 jours, correspondant au *nombre* 15 870, et sur 980 fr. l'intérêt pour 163 jours, correspondant au *nombre* 159 740.

La somme de ces trois *nombres* est 181 210.

Or, on a compté à Thomas l'intérêt de 250 fr. à partir du 31 décembre au lieu du 24 janvier, c'est-à-dire pour 24 jours de trop; on lui retiendra donc cet intérêt, qui sera calculé sur le *nombre* correspondant, qui est 6 000. De même on lui retiendra encore l'intérêt de 370 fr. pour 44 jours, pris sur le *nombre* correspondant 16 280, et l'intérêt de 640 fr., pour 138 jours, pris sur le *nombre* correspondant 88 320.

On lui retiendra donc l'intérêt calculé sur le total de ces trois *nombres*, qui est 110 600.

Ainsi Thomas possède l'intérêt calculé sur le *nombre* 1 190 583, plus l'intérêt calculé sur le *nombre* 181 210, moins l'intérêt calculé sur le *nombre* 110 600. L'intérêt dû à Thomas sera représenté ainsi (le diviseur fixe étant 90) :

$$\frac{11\,905{,}83}{90} + \frac{1\,812{,}10}{90} - \frac{1\,106{,}00}{90},$$

ou

$$\frac{11\,905{,}83 + 1\,812{,}10 - 1\,106}{90} = \frac{12\,611{,}93}{90} = 140^{f}{,}13.$$

En résumé le banquier doit à Thomas :

la balance des capitaux........................	6 614f,35
plus les intérêts au 30 juin....................	140f,13
moins les frais de commission de 1/4 °/o sur 1 260 fr., c'est-à-dire........................	3f,15.
Solde au crédit de Thomas...	6 751f,33.

Il est bon de remarquer que par cette méthode les *nombres* inscrits au débit sont en réalité à l'avoir de Thomas, et que les *nombres* inscrits à son avoir sont en réalité à son débit.

De tout ce qui précède, on peut dégager la règle suivante:

RÈGLE. — *Pour établir un compte par la méthode indirecte, on prend pour époque celle des dates qui est antérieure à toutes les autres; on inscrit dans une colonne les nombres de jours compris entre cette date et la date de chaque somme portée soit au débit, soit au crédit; on calcule les* nombres *correspondants; on fait la somme des* nombres *inscrits au crédit, puis celle des* nombres *inscrits au débit. On cherche ensuite la balance des capitaux, c'est-à-dire la différence entre la somme des capitaux inscrits au débit et la somme des capitaux inscrits au crédit et on calcule le* nombre *de cette balance, en la multipliant par le nombre de jours compris entre l'époque adoptée et la date du règlement.*

Si la balance est en faveur du titulaire du compte, on ajoute à ce nombre *la somme des* nombres *inscrits au débit, et on en retranche la somme des* nombres *inscrits au crédit; le centième du résultat divisé par le diviseur fixe correspondant au taux sera l'intérêt cherché et en faveur du titulaire.*

Si la balance est en faveur du banquier, on ajoute à son nombre *la somme des* nombres *inscrits au crédit, et on en retranche la somme des* nombres *inscrits au débit; le centième du résultat divisé par le diviseur fixe sera l'intérêt en faveur du banquier.*

Il ne reste plus qu'à ajouter l'intérêt à la balance des capitaux, et à en retrancher ou à y ajouter les droits de commission dus au banquier, suivant que la balance des capitaux est en faveur du titulaire du compte, ou en faveur du banquier, pour avoir le solde définitif.

NOTE I

SUR LA DÉTERMINATION DU GRAMME

Le *gramme* est le poids d'un centimètre cube d'eau distillée, à la température de 4 degrés du thermomètre centigrade.

1° L'eau des sources n'est pas pure; elle contient en dissolution diverses matières qu'elle prend dans les terrains qu'elle traverse. La nature et la quantité de ces matières variant avec la nature des terrains, il en résulte qu'un centimètre cube d'eau pris en divers lieux n'a pas partout exactement le même poids. C'est pour cette raison qu'on a employé l'eau distillée pour la détermination du gramme. On obtient l'eau distillée en recueillant la vapeur qui s'en dégage par l'ébullition, dans un vase où en se refroidissant elle revient à l'état liquide.

2° Lors même que l'eau est distillée, le poids d'un centimètre cube d'eau n'est pas constant. En effet tous les corps augmentent de volume, quand ils s'échauffent, et diminuent de volume quand ils se refroidissent. Si donc on élevait la température de l'eau qui remplit par exemple un verre à boire, cette eau, se dilatant, se répandrait par-dessus le bord, et l'eau chaude qui à ce moment remplirait le verre pèserait moins que l'eau froide qui le remplissait d'abord, de tout le poids de l'eau qui se serait écoulée.

Pour que le gramme fût une unité invariable, on convint de prendre le centimètre cube d'eau distillée à 4 degrés centigrades. A cette température un centimètre cube d'eau pèse plus qu'à toute autre, parce que l'eau se dilate au lieu de se contracter, à partir de 4 degrés jusqu'à zéro, où elle se congèle. Pour cette raison on dit que l'eau à 4 degrés est à son *maximum de densité*.

Observation. — Nous jugeons inutile de parler du poids du centimètre cube d'eau dans le *vide*. Les élèves n'y trouveraient quelque intérêt et n'y comprendraient quelque chose qu'après avoir étudié dans le cours de physique l'influence de la poussée de l'air sur le poids des corps.

Nous dirons plutôt que ce n'est pas sur un centimètre cube d'eau qu'on opéra pour la détermination du poids appelé *gramme;* cette quantité aurait été trop petite. Lefèvre-Gineau, qui était chargé de cette recherche délicate, fit ses expériences sur une quantité plus considérable, à l'aide d'un cylindre massif en cuivre, qui fut construit par Fortin et qui se trouve au musée astronomique de l'Observatoire.

Le volume de ce cylindre ayant été calculé avec la plus grande précision, on chercha son poids en livres et grains dans l'air; puis on le pesa suspendu dans l'eau. La différence qui fut observée entre ces deux poids indiquait, d'après le principe d'Archimède, le poids d'un volume d'eau égal au volume du cylindre. C'est de ce résultat, et après des calculs minutieux, qu'on trouva 18 827 grains 15 centièmes pour le poids du décimètre cube d'eau distillée, à 4 degrés centigrades, considéré comme s'il avait été pesé dans le vide.

NOTE II

TABLE DES DENSITÉS DES CORPS LES PLUS IMPORTANTS

Platine fondu.........	21,45	Mercure...............	13,60
Or fondu.............	19,26	Glace.................	0,918
Or à 0,900*..........	17,408	Alcool................	0,795
Argent fondu.........	10,47	Ether.................	0,73
Argent à 0,900.......	10,286	Vin...................	0,99
Argent à 0,835.......	10,071	Eau de mer (en moyenne)	1,026
Plomb fondu..........	11,35	Huile d'olive..........	0,915
Cuivre forgé..........	8,95	Lait..................	1,03
Cuivre jaune..........	8,427	Caoutchouc............	0,989
Etain................	7,29	Liège.................	0,24
Zinc.................	7,19	Sapin.................	0,49
Fer forgé............	7,79	Marbre................	2,70
Aluminium laminé.....	2,67	Calcaire..............	2,00

Poids du litre d'air sec à la température de zéro et au niveau de la mer.. 1gr,293.

L'hydrogène, le plus léger de tous les corps, ne pèse que la 14e partie du poids du même volume d'air.

* C'est grâce à l'obligeance de M. l'amiral Mouchez, directeur de l'Observatoire, que nous avons pu insérer dans cette table les densités de l'or et de l'argent monnayés. Il a bien voulu se les procurer pour nous à l'Hôtel des monnaies.

NOTE III

SUR QUELQUES MONNAIES ET MESURES ÉTRANGÈRES

(Extrait de l'*Annuaire du Bureau des longitudes.*)

Quoique adopté dans un grand nombre d'États, le système métriqu n'est pas encore devenu obligatoire en Angleterre, en Allemagne et au États-Unis. C'est en Russie et en Turquie qu'il n'a pas jusqu'à préser pénétré. Comme les relations entre ces pays et la France rendent asse fréquentes chez nous les dénominations de quelques-unes de leurs mesures et de leurs monnaies, nous croyons devoir indiquer ici les principales.

ANGLETERRE

Longueur.	Mille (mesure itinéraire)	1 609 mètres.
	Yard	0m,91438.
	Pied	0m,30473.
Surface	Acre	40 ares 46 centiares.
Poids	Livre	453 grammes 59 centigr.
Capacité	Gallon	4 litres 543 millièmes.
Monnaie.	Souverain (or)	25f,20.
	Couronne (argent)	5f,80.
	Shilling (argent)	1f,16.

La *livre sterling* est une unité nominale qui représente en moyenne une valeur de 25f,12.

ALLEMAGNE

Depuis le 1er janvier 1875, l'Empire allemand a adopté un nouveau système monétaire.

L'unité est le mark, pièce d'argent équivalente à 1f,25; le mark se divise en 100 pfennigs.

Pièces d'or.	20 marks. — Poids 7gr,965	— Valeur 25f,00.
	10 marks	— 12f,50.
	5 marks	— 6f,25.
Pièces d'argent.	5 marks. — Poids 27gr,777	— Valeur 5f,56.
	2 marks	— 2f,20.
	1 mark	— 1f,10.
	50 pfennigs	— 0f,55.
	20 pfennigs	— 0f,22.

RUSSIE

Longueur	Werste	1 067 mètres.
—	Sagène	2m,133.
Monnaie	Rouble argent (100 kopecks)	4 fr.

AUTRICHE-HONGRIE

Monnaie.	Pièce de 8 florins (or)	20f,00.
	Pièce de 4 florins (or)	10f,00.
	Pièce de 1 florin (argent)	2f,50.

ÉTATS-UNIS D'AMÉRIQUE

Monnaie.	Dollar (or)	5f,18.
	Dollar (argent) valant 100 cents	5f,34.
	Pièce de 20 cents (argent)	1f,00.

NOTE IV

SUR LES OPÉRATIONS DE MÉCHAIN ET DELAMBRE

pour la détermination de la base du système métrique.

Les noms de ces deux astronomes sont inséparables du système métrique; mais suffit-il de les citer sèchement, même en ajoutant que Méchain est mort en 1805 et Delambre en 1822? N'est-ce pas un devoir de justice d'apprendre aux jeunes écoliers que la mesure de la méridienne fut autre chose qu'une opération d'arpenteur et que ce ne fut pas sans obstacles et sans dangers que ces courageux savants purent mener à terme le grand travail qui leur avait été confié? Nous aimons à croire que le récit suivant, que nous empruntons aux *Annales du Conservatoire des Arts et Métiers*, ne sera pas sans intérêt et ne paraîtra pas déplacé à la fin d'un traité d'arithmétique.

« Delambre part de Paris, en juin 1792, avec Méchain, munis tous deux d'une proclamation du roi, qui recommandait leurs personnes et leurs signaux à l'assistance et à la protection des autorités du royaume. Mais cet acte d'un gouvernement que la tourmente révolutionnaire allait emporter leur fut plus nuisible qu'utile.

« A la troisième poste hors de Paris, Méchain est arrêté par la garde nationale; mais bientôt relâché il arrive à Perpignan, où il allait commencer son opération près de la frontière, avec le concours de deux officiers du génie espagnol, lorsque la présence de ceux-ci ne tarde pas à occasionner des soupçons qui l'obligent à passer en Espagne. Il opère alors tranquillement en Catalogne et y pousse sa triangulation jusqu'à Barcelone.

« Delambre, moins heureux à son début, voit un premier signal établi à Montlhéry détruit par les habitants. Non loin de là, à Montjal, la garde nationale s'oppose à l'érection d'un autre. A Dommartin il ne peut se risquer sans danger à commencer ses observations.

« Il se rend alors à Compiègne et arrive le 12 juillet au moulin de Jonquières, emplacement d'un signal; mais en présence des inquiétudes manifestées par les habitants, il juge nécessaire d'aller à Beauvais, pour réclamer une autorisation du département de l'Oise. Muni de cette pièce, il revient à Jonquières, où il est bien reçu, mais où il ne retrouve plus les anciens signaux nécessaires pour relier les opérations.

« Il part pour Dommartin et charge Lalande d'allumer un signal à Montmartre; mais l'incendie des maisons voisines des Tuileries l'avertit que de graves événements se passent le 10 août dans la capitale, d'où Lalande ne peut sortir que le lendemain pour éclairer son réverbère. De son côté Delambre ne peut allumer les siens.

« Il va à Meaux, où l'autorité n'ose pas lui permettre d'opérer. A Montjal les habitants s'opposent à ses travaux. A Belle-Assise il échappe à leur surveillance et, suivant son expression naïve, il a le bonheur d'achever la mesure de ses angles sans être aperçu. Mais peu d'instants après, la garde nationale arrive pour visiter le château voisin, le reconnait, l'arrête, l'enlève à travers champs par une pluie affreuse et l'amène à minuit à Lagny.

« Plus intelligente, la municipalité, qui désire le sauver, le consigne prisonnier à l'auberge de l'Ours, sous la garde de deux factionnaires, et lui permet d'envoyer à Meaux un exprès chargé de réclamer sa liberté, qui lui est rendue.

« Jamais découragé, il part pour Saint-Martin-du-Tertre ; mais arrêté à chaque pas et obligé de comparaitre devant des municipalités toutes plus ignorantes les unes que les autres, il reconnait qu'il lui est impossible d'aller plus loin, sans être muni d'un passeport. Prévoyant, dit-il, que s'il allait lui-même à Paris pour le réclamer, ses amis lui diraient unanimement de remettre ses opérations à des temps plus tranquilles, et ne voulant pas s'exposer à céder à leurs instances, il envoie Lefrançais le chercher.

« Il veut partir de Saint-Denis ; mais le procureur-syndic l'avertit qu'il n'ira pas à un quart de lieue sans être arrêté. Il l'est effectivement à Épinay où l'on veut saisir ses instruments et où on l'oblige à les étaler sur la place et à en expliquer l'usage. Malgré ses explications, on le fait remonter en voiture et on le ramène à Saint-Denis. Le procureur-syndic appelé reconnait le danger qu'il court et le fait cacher dans la mairie, avec recommandation de fuir, s'il tarde à revenir. Mais ce procureur, plus intelligent, revient bientôt le chercher, et les explications infructueuses recommencent par la lecture de ses lettres de recommandation. La foule n'y comprend rien ; le tumulte augmente, la nuit arrive, et pour clore la séance on propose d'employer ce qu'il appelle *un de ces moyens expéditifs en usage dans ces temps et qui, tranchant les difficultés, mettaient fin à tous les doutes*.

« Le procureur, voyant l'imminence du danger, eut alors l'heureuse idée de proposer de renvoyer la décision populaire au lendemain, de mettre les scellés sur les caisses et sur les voitures et d'écrire au président de l'Assemblée nationale. Cet avis fut adopté et le sauva. Un décret rendu d'urgence par l'Assemblée, recommandant Méchain et Delambre à toutes les municipalités, gardes nationales et autres autorités, fut apporté le 9 septembre à Saint-Denis, où le malheureux astronome était caché depuis le 6. »

Échappés aux dangers que leur suscitaient les passions et l'ignorance, les deux savants eurent encore à lutter souvent contre des obstacles d'un autre genre : les intempéries de l'atmosphère et les difficultés du sol sur lequel ils avaient à opérer. C'est ce que raconte l'astronome Lalande dans son *Histoire abrégée de l'astronomie*.

« Le citoyen Méchain, dit-il, après avoir été pour ainsi dire prisonnier en Espagne et en Italie, revint enfin du côté de Perpignan, pour continuer les triangles qu'il avait faits depuis Barcelone ; mais les difficultés le désolaient. Il nous écrivait du pic de Bugarach, où l'on ne gravit qu'au risque de sa vie. Il y avait porté une tente pour y coucher; mais le pic a tout au plus l'étendue nécessaire pour les étais du signal: il n'y a rien au-dessous que des précipices. La pente en est si raide, qu'il faut ramper et s'accrocher aux buissons et aux cailloux qui s'éboulent sous les pieds; le vent y est si dangereux qu'on n'a pu trouver personne qui voulût y passer la nuit ni même y rester seul pendant le jour. Les hommes qui ont eu le courage d'y porter les instruments ont déclaré qu'aucun intérêt ni autorité ne pourraient les déterminer à le faire une seconde fois. Méchain était donc obligé d'y gravir tous les jours, et souvent les neiges et les brumes qui enveloppent les montagnes rendaient ses peines inutiles. Quand on a élevé des signaux à grands frais et avec des peines incroyables sur ces montagnes, les ouragans les renversent; les malveillants les détruisent pour en voler les clous, et il faut retourner à plusieurs lieues de distance pour rétablir un signal. »

Avec une constance inébranlable ces courageux astronomes surent triompher des obstacles et des dangers et réussirent à terminer leurs travaux en 1797. Ils remirent les résultats qu'ils avaient obtenus à une commission de vingt-deux savants, parmi lesquels étaient plusieurs étrangers qui avaient répondu à l'appel de la France; c'est elle qui en déduisit 5 130 740 toises pour la longueur du quart du méridien, du pôle à l'équateur. Depuis cette époque, d'autres arcs de méridien ont été mesurés en différents pays, et, en combinant les nombres ainsi obtenus, un astronome allemand, nommé Bessel, a cru pouvoir en 1841 assigner 5 131 180 toises au lieu de 5 130 740 toises pour la longueur du quart du méridien. D'après cette évaluation le mètre légal serait un peu trop faible, mais d'une quantité à peine égale à un 100e de millimètre, c'est-à-dire moindre que l'épaisseur d'un cheveu. Il n'y a donc aucune raison de ne pas conserver le *mètre légal*, tel qu'il a été fixé.

Ce désaccord n'infirme en rien le mérite des travaux de Méchain et Delambre; car les méridiens terrestres ne sauraient être regardés comme rigoureusement identiques entre eux. D'autres mesures pourront encore modifier les nombres trouvés par Bessel. Ainsi, par des calculs tout récents, M. Faye est arrivé à conclure que la longueur moyenne du quart du méridien elliptique est de 10 002 008 mètres et que le rayon de la Terre supposée sphérique serait de 6 371 kilomètres au lieu de 6 366.

OBSERVATIONS

SUR LA RÉSOLUTION DES PROBLÈMES

Nous n'avons pas besoin de rappeler aux maîtres que dans la résolution des oblèmes tout ne consiste pas à atteindre le résultat cherché. Ce qui n'est pas oins important, c'est la simplicité et la concision dans le raisonnement; c'est, ans la rédaction, une netteté et une disposition telles que l'œil suive sans eine les opérations successives par lesquelles on arrive de l'énoncé du problème la solution. Or, ces qualités si importantes se montrent trop rarement dans les ompositions que les candidats présentent aux examens du certificat d'études et es brevets de capacité.

A ce mal on pourrait attribuer plusieurs causes : nous nous bornerons à en inquer une tout particulièrement. C'est la tendance trop générale encore à nployer des méthodes artificielles, quelquefois peu intelligibles, comme celle se nous avons signalée (page 170*) dans la question des partages proportionnels; appliquer aveuglément la méthode de l'unité en toute occasion, sans s'apercvoir qu'à côté il y a souvent une voie plus courte, conduisant directement au ut, et que le bon sens seul suffit à découvrir.

Le bon sens naturel : voilà le guide le plus sûr, le maître le plus habile. En prenant pour guide, les élèves n'iront pas remplir une page de détails fastiieux là où six lignes peuvent suffire, et quand on leur demandera de calculer ar exemple l'intérêt de 900 francs à 5 % pour 3 mois, ils n'hésiteront pas à pondre de la manière suivante :

« Pour 1 an l'intérêt serait 9 fois 5 francs, c'est-à-dire 45 francs.

« Pour 3 mois ou le quart de l'année il sera le quart de 45 fr., c'est-à-dire 1 fr. 25 cent. »

Nous n'entrerons pas dans de plus longs développements; nous nous perettrons seulement de proposer aux maîtres, comme modèles à suivre, les problèmes avec leurs solutions raisonnées, qui accompagnent les divers chapitres de volume.

Nous ajouterons encore qu'il faut aussi faire écrire dans la marge, ménagée gauche de la page, les calculs qui sont indiqués dans le raisonnement, excepté utefois ceux qui peuvent se faire à la simple lecture. Par exemple, on devra crire dans la marge la multiplication de 324 par 57 à cause des deux produits artiels qui doivent être fondus en un seul nombre par une addition, tandis u'il serait puéril d'y porter la multiplication de 324 par 7.

Pour terminer ces observations, nous reproduirons ici les conseils que nous vons déjà donnés dans notre ouvrage intitulé *Arithmétique appliquée*, où les aîtres trouveront, dans le volume qui est à leur usage, les solutions raisonées d'un grand nombre de problèmes tous recueillis dans les examens.

1o Présenter le raisonnement avec la plus grande concision, en omettant ous les détails inutiles; faire des phrases courtes, en évitant l'emploi des pronoms relatifs et des conjonctions.

2o Ne remplacer jamais dans le corps d'un raisonnement les mots *plus, moins, multiplié par*, etc., par les signes (+, —, ×...), ces signes devant être placés eulement entre les nombres.

3o Écrire les nombres avec les signes qui les rattachent entre eux, au bout de la ligne, ou mieux sur une seule ligne, afin qu'ils soient distingués nett des explications qui les précèdent et de celles qui les suivent.

4° Dans un raisonnement où se présente une multiplication, il impor conserver scrupuleusement à chaque facteur sa fonction et sa place, en ne dant pas de vue que le multiplicateur reste un nombre abstrait. Par exemp ne devra jamais dire que pour trouver le prix de 64 mètres d'étoffe à 7 f le mètre, *il faut multiplier 64 mètres par 7 francs*, ce qui choque le bon on dira seulement : *il faut multiplier 7 francs par 64* ; car le prix ch est égal à 64 fois 7 francs, ce qui s'écrit ainsi :

$$7^{f} \times 64 = 448^{f}.$$

Il est utile de placer au-dessus du nombre concret l'indication abrégé nom de ses unités.

5° Supprimer sur la droite des nombres décimaux les zéros inutiles, d'avoir le moins de chiffres possible dans les opérations.

6° Se rappeler que la division d'un nombre par 2, 4, 5 et 8 peut touj être effectuée complètement et donner un quotient exact, soit en nombre e soit en nombre décimal, ce qui permet de faire disparaître dans une expres numérique les dénominateurs, qui sont toujours embarrassants.

7° A la fin écrire toujours la réponse seule sur une ligne commençant pa mot *Réponse*, en supprimant dans le résultat les chiffres décimaux qui re sentent des quantités trop petites et par suite négligeables.

OBSERVATION

Les 600 problèmes qui suivent, et dont les énoncés se trouvent dans le *L de l'élève*, sont tous accompagnés du résultat ; mais pour ne pas grossir le vol sans une nécessité rigoureuse, nous avons donné les solutions raisonnées se ment pour ceux où elles peuvent être de quelque utilité réelle. L'énc de ces problèmes est précédé d'un astérisque.

PROBLÈMES A RÉSOUDRE

1. — ADDITION ET SOUSTRACTION DES NOMBRES ENTIERS

1. La plus grande largeur de la France de l'ouest à l'est se trouve à peu près mesurée par le chemin de fer de Paris à Brest et celui de Paris à Avricourt, au delà de Nancy. Calculer cette largeur, en sachant que la distance de Paris à Brest est de 610 kilomètres, celle de Paris à Nancy de 353 kilomètres, celle de Nancy à Avricourt, sur la frontière allemande, de 57 kilomètres. — *Réponse.* 1 020 kilomètres.

2. La plus grande distance à parcourir en chemin de fer, pour traverser la France du nord au sud, comprend : le chemin de Dunkerque à Paris qui a 305 kilom.; le chemin de fer de Paris à Nîmes par Clermont qui a 725 kilom.; le chemin de Nîmes à Narbonne qui a 148 kilom.; le chemin de Narbonne à Perpignan qui a 64 kilom.; le chemin de Perpignan à Cerbère, sur la frontière espagnole, qui a 41 kilom. Calculer la longueur de la France dans cette direction. — *Rép.* 1 283 kilomètres.

3. La distance de Paris à la frontière espagnole, en chemin de fer, par Bordeaux, comprend : le chemin de Paris à Tours qui a 234 kilom.; le chemin de Tours à Bordeaux qui a 351 kilom.; le chemin de Bordeaux à Bayonne qui a 198 kilom.; le chemin de Bayonne à Hendaye, sur la frontière espagnole, qui a 35 kilom. Calculer la distance de Paris à Hendaye. — *Réponse.* La distance est de 818 kilomètres.

4. La distance de Paris à Marseille par le chemin de fer de Lyon comprend : le chemin de Paris à Dijon qui a 315 kilom.; le chemin de Dijon à Lyon qui a 197 kilom.; le chemin de Lyon à Avignon qui a 230 kilom.; le chemin d'Avignon à Marseille qui a 121 kilomètres. Calculer la distance de Paris à Marseille. — *Réponse.* 863 kilomètres.

5. Pour aller de Bordeaux à Nice on parcourt : de Bordeaux à Toulouse 257 kilomètres; de Toulouse à Cette 219 kilom.; de Cette à Tarascon 105 kilom.; de Tarascon à Marseille 99 kilom.; de Marseille à Toulon 67 kilom.; de Toulon à Nice 158 kilom. Calculer la distance à parcourir de Bordeaux à Nice. — *Réponse.* 905 kilomètres.

6. Le viaduc le plus remarquable de nos chemins de fer est celui de Garabit, dans la direction de Neussargues à Marvejols (Cie du Midi), sur l'une des deux branches qui forment le Lot. Il a 448 mètres de longueur et 122 mètres au-dessus de la rivière. Si on suppose que les tours de Notre-Dame de Paris soient posées sur le fond de la vallée et que sur les tours soit placée la colonne Vendôme, trouver quelle distance il y aurait encore du sommet de la colonne au plancher du viaduc, en sachant que

la hauteur des tours de Notre-Dame au-dessus de la place est de 68 mètre et celle de la colonne Vendôme de 43 mètres. — *Réponse.* 11 mètres.

7. Les deux plus grands tunnels qui existent sur les chemins de fe d'Europe sont le tunnel du Mont-Cenis qui a 12 233 mètres et le tunne du Saint-Gothard qui a 14 920 mètres. Quelle est la différence de longueu de ces deux tunnels? — *Réponse.* Différence de 2 687 mètres.

8. Le canal maritime de Suez a 175 kilomètres. Celui de Panama, qu'o creuse en ce moment, aura 73 kilomètres; celui de l'isthme de Corinthe qu'on vient d'entreprendre, aura 6 342 mètres. Trouver les différences de longueur entre ces trois canaux. — *Rép.* Suez-Panama, 102 kilomètres; Suez-Corinthe, 168 658 mètres; Panama-Corinthe, 66 658 mètres.

9. Le cours des quatre fleuves de la France, à partir de leur source est de : 1 008 kilomètres pour la Loire; 812 kilomètres pour le Rhône; 770 kilomètres pour la Seine; 650 kilomètres pour la Garonne. Trouve les différences qu'il y a entre le cours de la Loire et le cours de chacur des trois autres. — *Rép.* L.-R. 196 km.; L.-S. 238 km.; L.-G. 358 km.

10. A Paris, pour aller de l'Observatoire, qui est au sud, à la gare de l'Est, qui est au nord, on suit : l'avenue de l'Observatoire qui a 800 mètres; le boulevard Saint-Michel qui a 1 380 mètres; la place Saint-Michel qui a 70 mètres; la traversée de la rive gauche de la Seine à la rive droite, dans la Cité, qui est de 385 mètres; la place du Châtelet qui a 79 mètres; le boulevard de Sébastopol qui a 1 332 mètres; la traversée du boulevard Saint-Denis qui est de 30 mètres, et enfin le boulevard de Strasbourg qu a 775 mètres. Calculer la distance qu'il y a de l'Observatoire à la gare de l'Est. — *Réponse.* 4 851 mètres.

11. A Paris, si à partir de la place de la Bastille on suit la rue Saint-Antoine qui a 603 mètres, la rue de Rivoli qui a 2 950 mètres, la place de la Concorde qui a 360 mètres et l'avenue des Champs-Elysées qui a 1 880 mètres, on arrive à la place de l'Arc-de-Triomphe de l'Étoile. Trouver la distance entre cette place et celle de la Bastille. — *Rép.* 5 793 m.

12. Si, à partir du commencement de la rue Saint-Antoine, on traverse la place de la Bastille qui a 138 mètres et qu'on suive la rue du Faubourg-Saint-Antoine qui a 1 810 mètres, la place du Trône qui a 254 mètres, l'avenue du Trône qui a 56 mètres et le cours de Vincennes qui a 945 mètres, on arrive presque en ligne droite, dans la direction de l'ouest à l'est, au mur d'enceinte des fortifications, à la porte de Vincennes. Quelle distance y a-t-il de cette porte au commencement de la rue Saint-Antoine? — *Réponse.* 3 203 mètres.

13. Un voyageur, partant de Paris pour aller à Rome, parcourt : de Paris à Modane, sur la frontière italienne, 693 kilom.; de Modane à Turin 108 kilom.; de Turin à Gênes 166 kilom.; de Gênes à Pise 168 kilom.; de Pise à Rome 335 kilomètres. Quelle est la distance qu'il y a de Paris à Rome dans cette direction? — *Réponse.* 1 470 kilomètres.

14. Au commencement de l'année 1883, le nombre des locomotives employées par les six grandes compagnies des chemins de fer français comprenait : 1 138 locomotives pour le Nord; 922 pour l'Est; 1 045 pour

l'Ouest; 970 pour l'Orléans; 1 960 pour le Paris-Lyon-Méd.; 620 pour le Midi. Trouver le nombre total des locomotives employées à cette époque par les six compagnies. — *Réponse*. 6 655 locomotives.

15. La population de la France en 1876 était de 36 905 788 habitants; au 1er janvier 1882, elle est de 37 672 048 habitants. Trouver l'augmentation qui s'est produite entre ces deux époques[1]. — *Rép*. 766 260 hab.

16. En 1881 la population de l'empire allemand est de 45 234 000 habitants. Trouver la différence qu'il y a entre cette population et celle de la France. — *Réponse*. 7 561 952 habitants.

17. Au recensement de décembre 1881, la population de Paris était de 2 269 023 habitants. On a trouvé dans cette population : 45 281 Belges; 31 190 Allemands; 21 577 Italiens; 20 810 Suisses; 10 789 Anglais; 9250 Hollandais; 5 786 Russes; 4 982 Autrichiens et 3 616 Espagnols. Trouver quelle était alors la population étrangère de Paris et la population française. — *Rép*. Français, 2 115 742 hab; étrangers, 153 281 hab.

18. Si l'on excepte Paris, il y a en France seulement trois villes dont la population dépasse 200 *mille* habitants. Ces villes sont : Lyon qui a 376 613 hab.; Marseille qui a 360 100 hab.; Bordeaux qui a 221 305 hab. Chercher de combien la population de Paris surpasse le total de la population de ces trois villes. — *Réponse*. 1 311 005 habitants.

19. Il n'y a en France que six villes dont la population est comprise entre 100 mille et 200 mille habitants. Ces villes sont : Lille qui compte 178 144 hab.; Toulouse, 140 289 hab.; Nantes, 124 319 hab.; Saint-Étienne, 123 813 hab.; Rouen, 105 906 hab.; le Havre, 105 867 hab. Trouver la différence entre le total de la population de ces six villes et le total de la population de Lyon, Marseille et Bordeaux. — *Réponse*. 179 680 hab.

20. La population de l'Algérie comprend : dans la province d'Alger, 1 251 672 hab.; dans la province d'Oran, 767 323 hab.; dans la province de Constantine, 1 291 418 hab. Trouver quelle est la population totale de l'Algérie. — *Réponse*. 3 310 413 habitants.

21. Les trois départements les plus peuplés après celui de la Seine sont : celui du Nord qui compte 1 603 259 hab.; celui du Pas-de-Calais, 819 022 hab.; celui de la Seine-Inférieure, 814 068 hab. De combien la population totale de ces trois départements surpasse-t-elle la population de Paris? — *Réponse*. 967 326 habitants.

22. Pendant l'année 1882 l'État a retiré de la vente des tabacs : tabac à fumer, 164 930 180 fr.; tabac à priser, 78 229 507 fr.; cigares, 7758 918 fr.; cigarettes, 16 767 318 fr.; tabac à prix réduit, 23 209 577 fr.; tabac à mâcher, 8 617 619 fr.; tabac en carottes, 5 765 870 fr. Trouver le total produit par la vente des tabacs. — *Réponse*. 355 278 989 francs.

23. Les villes d'Europe dont la population surpasse 500 mille habitants, en 1881, sont : Londres qui compte 3 832 000 hab.; Paris, 2 269 000 hab.;

1. Les nombres relatifs à la population sont ceux du recensement de décembre 1881. Pour la population des pays étrangers, les nombres se rapportent à la même année.

Berlin, 1 321 000 hab.; Vienne, 1 104 000 hab.; Saint-Pétersbou[rg] 877 000 hab.; Moscou, 612 000 hab.; Constantinople, 600 000 hab. [?] combien la population de la France dépasse-t-elle le total de la pop[u]lation de ces villes, sans compter Paris. — *Réponse.* 29 320 048 hab.

24. Pour aller de Paris à Madrid on parcourt : de Paris à Bordea[ux] 585 kilom.; de Bordeaux à Hendaye, à la frontière espagnole, 233 kilo[m.]; de Hendaye à Burgos 270 kilom.; de Burgos à Valladolid 121 kilom.; [de] Valladolid à Madrid 242 kilomètres. Trouver la distance de Paris [à] Madrid. — *Réponse.* 1 451 kilomètres.

25. On peut aussi aller de Paris à Madrid par Barcelone. On parcou[rt] de Paris à Limoges 400 kilom.; de Limoges à Toulouse 351 kilom.; [de] Toulouse à Perpignan 224 kilom.; de Perpignan à Barcelone 209 kilo[m.]; de Barcelone à Saragosse 370 kilom.; de Saragosse à Madrid 341 kilomètr[es]. Quelle est la différence de parcours entre cette direction et celle [de] Bordeaux. — *Réponse.* 444 kilomètres de plus.

II. — MULTIPLICATION DES NOMBRES ENTIERS

Nota. — On devra faire la preuve avec chaque multiplication.

[26] 634 × 29 = 18 386	**[32]** 503 × 352 = 178 816
[27] 807 × 65 = 52 455	**[33]** 713 × 246 = 175 398
[28] 493 × 508 = 250 444	**[34]** 654 × 907 = 593 178
[29] 968 × 743 = 719 224	**[35]** 276 × 762 = 210 312
[30] 726 × 207 = 150 282	**[36]** 845 × 923 = 779 935
[31] 649 × 964 = 625 636	**[37]** 527 × 840 = 442 680

[38] 4 208 × 234 = 1 068 832
[39] 6 049 × 326 = 1 971 974
[40] 6 400 × 760 = 4 864 000
[41] 5 804 × 820 = 4 759 280
[42] 7 600 × 290 = 2 204 000
[43] 4 079 × 700 = 2 855 300
[44] 3 400 × 620 = 2 108 000
[45] 8 070 × 708 = 5 713 560
[46] 6 409 × 2 035 = 13 042 315

Observation. — On fera la preuve :

n° 26, en multipliant 634 par 30 et en retranchant 634 au produit;
n° 28, en multipliant 508 par 500 et en retranchant au produit 7 fois 508.
Les élèves doivent s'habituer à suivre une marche analogue, quand les fact[eurs] en fournissent l'occasion.

PROBLÈMES SUR LA MULTIPLICATION DES NOMBRES ENTIERS ET LES DEUX AUTRES RÈGLES

47. Un commis touche par mois 258 francs. Calculer son traitement annuel. — *Réponse.* 3 096 francs.

48. Un négociant expédie de Béziers à Paris 62 pièces de vin, contenant chacune 628 litres de vin. Quel est le nombre d'hectolitres ainsi expédiés? — *Réponse.* 389 hectol. 36 litres.

49. Un marchand achète 58 hectolitres de vin de Bordeaux à 82 francs l'hectolitre et 64 hectolitres de vin de Mâcon à 76 fr. l'hectolitre. Trouver le nombre total d'hectolitres achetés et la somme qui a été donnée en payement. — *Réponse.* 122 hectolitres; 9 620 francs.

50. Une fabrique emploie 248 ouvriers, dont 124 sont payés à raison de 5 francs par jour et les autres à raison de 6 francs. Quelle somme donne-t-on pour les payer au bout de la semaine, pour 6 journées de travail? — *Réponse.* 8 184 francs.

51. Deux trains partent tous deux à 6 heures du matin, l'un de Paris et l'autre de Lyon, allant l'un au-devant de l'autre. Quelle distance y aura-t-il entre eux à 8 heures et demie, si l'on suppose qu'ils marchent sans s'arrêter, celui de Paris avec une vitesse de 750 mètres par minute et celui de Lyon avec une vitesse de 725 mètres par minute, la distance de Paris à Lyon étant de 512 kilomètres? — *Rép.* 290 kilom. 750 mètres.

52. Un marchand a acheté 15 pièces de drap coûtant chacune 480 fr. et il veut, en les revendant, gagner 1 100 fr. sur le tout. Il en a vendu 8 au prix de 610 fr. chacune et 6 autres au prix de 520 fr. Combien doit-il vendre la dernière? — *Réponse.* 300 francs.

53. Le rayon moyen de la Terre a 6 366 kilom., et la distance moyenne de la Terre à la Lune est égale à 60 rayons terrestres. Calculer en kilomètres cette distance. — *Réponse.* 381 960 kilomètres.

54. Calculer en lieues la distance moyenne de la Terre au Soleil, en prenant 1 600 lieues communes pour le rayon de la Terre et en sachant que cette distance égale 23 140 fois le rayon terrestre. — *Rép.* 37 024 000 lieues.

* 55. Former le tableau des carrés et des cubes des nombres entiers depuis 1 jusqu'à 12, et celui des nombres de dizaines depuis 1 dizaine jusqu'à 12 dizaines.

56. Trouver le produit des carrés de deux nombres dont le plus petit est 15, la différence de ces deux nombres étant 7. — *Réponse.* 108 900.

57. Trouver la différence qu'il y a entre le triple carré de 84 et le double du cube du même nombre. — *Réponse.* 1 164 240.

58. Trouver la différence qu'il y a entre le produit des dix premiers nombres entiers multipliés entre eux et la somme des carrés de ces mêmes nombres. — *Réponse.* 3 628 415.

* 59. Trouver quelle variation éprouve le produit de deux nombres, si on augmente le multiplicande de 1 et si on diminue le multiplicateur de 1.

* 60. Démontrer que le nombre des chiffres du produit de deux facteurs

est égal à la somme des nombres de chiffres de ces deux facteurs ou cette somme diminuée de 1.

PROBLÈME 55. —

Nombres :	1	2	3	4	5	6
Carrés :	1	4	9	16	25	36
Cubes :	1	8	27	64	125	216
Nombres :	7	8	9	10	11	12
Carrés :	49	64	81	100	121	144
Cubes :	343	512	729	1 000	1 331	1 728.

On aura les carrés et les cubes des douze nombres entiers considérés comm des dizaines, en faisant exprimer des centaines aux carrés et des mille aux cub

Ainsi le carré de 7 dizaines ou 70 est 4 900.

Le cube de 7 dizaines est 343 000.

PROBLÈME 59. — Soit 8×5. Si on ajoute 1 au multiplicande et qu'on 1 au multiplicateur, on aura :

$$(8 + 1) \times (5 - 1).$$

Or le multiplicateur $5 - 1$ contenant 5 fois l'unité moins 1 fois l'unité, produit doit contenir 5 fois le multiplicande moins 1 fois le multiplicande.

5 fois le multiplicande égalent évidemment $40 + 5$.

Le produit de la nouvelle multiplication sera donc :

$$40 + 5 - 8 - 1.$$

Ainsi quand on augmente le multiplicande de 1 et qu'on diminue le multi cateur de 1, le produit de la multiplication se trouve augmenté du multi cateur, diminué du multiplicande et diminué encore de 1.

Observation. — Nous engageons les maîtres à saisir cette occasion p enseigner aux élèves la multiplication de deux facteurs composés de termes u ensemble par le signe +, en leur montrant que dans ce cas on n'a pas au chose à faire que d'appliquer la règle habituelle. La seule différence consiste ce que dans la multiplication de deux nombres ordinaires les produits parti de chaque chiffre du multiplicande par un chiffre du multiplicateur s'additionn à mesure qu'on les obtient, tandis que dans l'autre cas l'addition est seulem indiquée à l'aide du signe +.

On pourra leur proposer des exemples analogues au précédent :

$$(8 + 2) \times (5 + 3);\ (8 + 7) \times (5 + 2).$$

Puis, en rappelant qu'on peut changer l'ordre des deux facteurs, on fera marquer qu'on peut prendre pour multiplicande le facteur qui contient signe —, et que le produit de deux termes ayant l'un le signe + et l'autre signe — prend lui-même le signe —.

PROBLÈME 60. — Si l'on considère deux facteurs l'un de *trois* chiffres 'autre de *deux* chiffres, les plus faibles sont 100 et 10; les plus forts, 999 et

Le produit 100×10 est 1000; le nombre de ses chiffres est égal au nom des chiffres des deux facteurs *moins un*.

Le produit 999×99 est moindre que 99 900. Le nombre de ses chiffres s donc au plus égal à celui des chiffres de 99 900, c'est-à-dire au total du nombre de chiffres du multiplicande et du nombre de chiffres du multiplicateur.

III. — DIVISION DES NOMBRES ENTIERS

NOTA. — On fera la preuve de chaque division.

			Quotients.	Restes.
61	1 584 :	22	72	0
62	3 792 :	28	135	12
63	4 482 :	54	83	0
64	21 708 :	67	324	0
65	22 932 :	98	234	0
66	96 520 :	254	380	0
67	80 745 :	305	264	225
68	74 302 :	648	114	430
69	204 380 :	403	574	59
70	543 270 :	2 180	249	450
71	6 503 900 :	4 690	1 386	3 560
72	845 000 :	2 560	330	200
73	794 130 :	8 400	94	4 530
74	2 047 805 :	307	6 670	115
75	3 192 140 :	6 152	518	5 404
76	1 453 698 :	7 604	191	1 334

Observations. — I. Quoique nous ayons placé ici plusieurs exemples de divisions dans lesquelles les deux nombres vont progressivement en augmentant, pour graduer la difficulté ou plutôt la longueur des calculs, nous ne conseillons pas pour cela aux maîtres d'appliquer fréquemment les élèves à de telles opérations, avant la résolution des problèmes commençant au numéro 77. C'est au contraire sur les divisions fournies par ces problèmes qu'ils doivent exercer les élèves, en y entremêlant, comme variété, les divisions indiquées dans le tableau précédent ou d'autres divisions analogues.

II. — Dans les interrogations adressées aux élèves, il est une foule de petites questions qui sont de nature à éveiller leur attention et à leur donner une idée plus complète de la nature de la division. Telles sont les questions suivantes :

1. Que devient le quotient d'une division, si on augmente ou si on diminue le dividende de 1 fois, 2 fois ou 3 fois le diviseur?

2. Que devient le quotient, si on rend en même temps le dividende 5 fois plus grand et le diviseur 2 fois plus petit?

3. Que devient le quotient, si on rend en même temps le dividende 3 fois plus petit et le diviseur 3 fois plus grand?

4. Quand on augmente le dividende d'un nombre moindre que le diviseur, qu'en résulte-t-il pour le quotient et pour le reste?

5. Quels sont les divers restes qu'on peut obtenir en divisant un nombre par 11, par 13, par 15?

PROBLÈMES SUR LA DIVISION DES NOMBRES ENTIERS ET LES TROIS AUTRES RÈGLES

77. Un chef de bureau dans une administration a un traitement ann de 4 176 fr. Quelle somme reçoit-il par mois? — *Réponse*. 348 fran

78. Un homme charitable lègue en mourant une somme de 15 232 à distribuer également entre 16 familles pauvres. Trouver la part chacune. — *Réponse*. 952 fr.

79. On doit partager une somme de 620 francs entre deux associés, manière que l'un ait 124 francs de plus que l'autre. Trouver ce qui revie à chacun. — *Réponse*. A l'un 248 fr.; à l'autre 372 francs.

80. Un homme a un revenu annuel de 5 475 fr. Combien a-t-il à dépe ser par jour? — *Réponse*. 15 francs.

81. Un négociant a acheté un chargement de blé, pesant net 19 350 kilog Trouver combien il y a d'hectolitres de blé, en sachant que l'hectolit pèse 75 kilogrammes. — *Réponse*. 258 hectolitres.

82. Un boulanger a payé 3 712 fr. pour l'achat d'un certain nombre c sacs de farine, tous du poids de 150 kilogr. et formant un poids total c 9 600 kilogr. Trouver le prix d'achat du sac. — *Réponse*. 58 francs.

83. Un marchand tailleur a acheté, au prix de 18 fr. le mètre, 3 pièce de drap, pour la somme totale de 1 908 fr. La 1re pièce a 28 mètres e la 2e a 36 mètres. Trouver la longueur de la 3e pièce. — *Rép*. 42 mètres

84. Un boulanger achète 235 sacs de farine, au prix de 52 fr. le sac, e comme il paye comptant, on lui fait une réduction d'un 10e. Quelle somme donne-t-il? — *Réponse*. 10 998 francs.

85. Deux ouvriers ont fait ensemble un ouvrage pour lequel ils on reçu une somme totale de 266 fr., le prix de la journée étant le même. Le 1er a travaillé pendant 3 semaines et 6 jours par semaine. Le 2e a travaillé pendant 4 semaines et 5 jours par semaine. Quelle est la somme qui revient à chacun? — *Réponse*. Au 1er 126 fr.; au 2e 140 fr.

86. Un marchand qui avait acheté 42 mètres de drap, en a revendu le lendemain 36 mètres pour la somme de 612 fr., en gagnant 3 fr. par mètre. Combien avait coûté l'achat des 42 mètres. — *Réponse*. 588 fr.

87. Un homme emprunte chez un banquier une somme de 12 800 fr., en s'engageant à payer pour le prêt, au bout d'un an, 4 fr. pour chaque centaine de francs. Il rend l'argent au bout de 3 mois. Que doit-il payer en sus de la somme rendue? — *Réponse*. 128 francs.

88. En lisant une relation de voyage, on trouve qu'un voyageur a parcouru pour aller d'une ville à une autre 234 milles anglais. Calculer combien cette distance contient de lieues de 4 kilomètres, le mille ayant une longueur de 1 609 mètres. — *Réponse*. 94 lieues et 506 mètres.

89. La distance de Saint-Pétersbourg à Moscou par le chemin de fer est de 604 verstes; évaluer cette distance en lieues de 4 kilomètres, en sachant que la verste a 1 067 mètres. — *Réponse*. 161 lieues et 488 mètres.

90. Deux trains partent au même instant, l'un de Paris et l'autre de

Lyon, allant l'un au-devant de l'autre. La distance de ces deux villes étant de 512 kilomètres, trouver au bout de combien de temps ils se rencontreront, en supposant qu'ils marchent constamment, sans s'arrêter à aucune gare, en parcourant en 10 minutes, celui de Paris 8 kilomètres et celui de Lyon 9 kilomètres. *Réponse*. 5 heures 1 minute.

91. Un ouvrier a reçu 138 fr. pour un certain nombre de journées de travail. Trouver le nombre de ces journées, en sachant que le mois précédent il avait reçu 150 fr. pour 25 journées, qui avaient été payées au même prix. — *Réponse*. 23 journées.

92. Un bassin a une capacité de 7 283 litres. Pour le remplir, on ouvre un robinet qui verse 65 litres d'eau en 5 minutes. Trouver au bout de combien de temps le bassin sera rempli. — *Réponse*. 9 heures 20 minutes.

93. Un négociant achète 124 hectolitres de vin, pour la somme de 6 448 fr. Combien payerait-il pour acheter 165 hectolitres d'un autre vin, coûtant 5 fr. de moins par hectolitre? — *Réponse*. 7 755 francs.

94. Pour fabriquer 100 grammes de poudre ordinaire, on emploie 12 grammes de charbon, 10 grammes de soufre et 78 grammes de salpêtre. Combien emploiera-t-on de grammes de chacune de ces substances pour fabriquer 54 kilogrammes de poudre. — *Rép*. Charbon 6 480 gr.; soufre 5 400 gr.; salpêtre 42 120 gr.

95. Quels poids de soufre et de charbon doit-on mêler à 1 950 grammes de salpêtre pour fabriquer de la poudre? — *Réponse*. S. 250 gr.; C. 300 gr.

96. Un fabricant a vendu des draps de deux qualités pour une somme de 8 745 fr., la 1re au prix de 14 fr. le mètre et la seconde au prix de 13 fr. Le nombre de mètres de la seconde étant le triple du nombre de mètres de la première, trouver combien on a vendu de mètres de chaque qualité. — *Réponse*. 1re qualité 165 m.; 2e qualité 495 m.

97. Un marchand de vin vient de recevoir 136 hectolitres de vin, qu'il a achetés au prix de 48 fr. l'hectolitre. Combien doit-il y mêler d'hectolitres d'eau, pour que le prix de l'hectolitre du mélange soit inférieur d'un 12e au prix d'achat? — *Réponse*. 12 hectol. 36 litres.

98. On échange 72 mètres de drap du prix de 14 fr. le mètre contre du velours du prix de 18 fr. le mètre. Combien doit-on recevoir de mètres de velours? — *Réponse*. 56 mètres de velours.

99. Un négociant achète de la toile de deux qualités, la première au prix de 4 fr. le mètre et la seconde au prix de 3 fr., et avec 6 mètres de la première il prend 5 mètres de la seconde. Le montant de l'achat s'élève à 1 875 fr. Trouver combien il a acheté de mètres de chaque qualité. — *Réponse*. De la 1re qualité 750 m.; de la 2e 625 m.

100. La distance de Paris à Marseille est de 863 kilomètres et celle de Paris à Dijon est de 315 kilomètres. Deux trains partent de ces deux villes à 5 heures du matin, dans la direction de Marseille, et parcourent par quart d'heure, celui de Paris 15 kilomètres et celui de Dijon 12 kilomètres. Trouver au bout de combien de temps l'un atteindra l'autre, en supposant qu'ils marchent toujours avec la même vitesse, sans s'arrêter à aucune station. — *Réponse*. Au bout de 26 heures et quart.

IV. — SUR LES FRACTIONS ORDINAIRES

Additions.

		Sommes.
[**101**]	$\frac{1}{3}+\frac{4}{9}+\frac{7}{12}$	$1\frac{13}{36}$
[**102**]	$\frac{1}{4}+\frac{6}{9}+\frac{5}{18}$	$1\frac{7}{36}$
[**103**]	$\frac{4}{5}+\frac{11}{15}+\frac{5}{6}$	$2\frac{11}{30}$
[**104**]	$\frac{3}{4}+\frac{5}{12}+\frac{13}{18}$	$1\frac{8}{9}$
[**105**]	$\frac{7}{8}+\frac{11}{12}+\frac{13}{16}$	$2\frac{29}{48}$

		Sommes.
[**106**]	$\frac{1}{4}+\frac{1}{5}+\frac{1}{6}+\frac{1}{8}$	$\frac{89}{120}$
[**107**]	$\frac{2}{3}+\frac{3}{4}+\frac{4}{5}+\frac{5}{6}$	$3\frac{1}{20}$
[**108**]	$\frac{4}{7}+\frac{5}{8}+\frac{7}{9}+\frac{2}{11}$	$2\frac{865}{5544}$
[**109**]	$\frac{3}{10}+\frac{7}{12}+\frac{9}{14}+\frac{11}{16}$	$2\frac{359}{1680}$
[**110**]	$\frac{7}{18}+\frac{11}{24}+\frac{13}{28}+\frac{15}{36}$	$1\frac{367}{504}$

		Sommes.
[**111**]	$2\frac{1}{3}+3\frac{1}{4}+\frac{7}{8}+\frac{11}{24}$	$6\frac{11}{12}$
[**112**]	$1\frac{2}{7}+5\frac{4}{9}+1\frac{5}{6}+2\frac{11}{12}$	$11\frac{121}{252}$
[**113**]	$3\frac{4}{5}+2\frac{5}{6}+1\frac{}{8}+6\frac{2}{9}$	$14\frac{91}{120}$
[**114**]	$4\frac{3}{20}+2\frac{3}{10}+5\frac{11}{15}+1\frac{5}{8}$	$13\frac{97}{120}$
[**115**]	$5\frac{7}{12}+6\frac{7}{15}+8\frac{7}{18}+9\frac{7}{20}$	$29\frac{71}{90}$

Observation. — Avant de réduire les fractions au même dénominateur, il faut toujours simplifier le plus possible les fractions dont les deux termes ne seraient pas premiers entre eux. Telle est, dans le numéro 110, la fraction $\frac{15}{36}$ qu'on devra d'abord remplacer par la fraction équivalente $\frac{5}{12}$.

Remarque. — Afin de varier ces exercices, on pourra proposer aux élèves de réduire au même numérateur les fractions groupées dans chacun des numéros précédents. On aura soin de leur faire observer que cette transformation ne permet pas d'additionner les fractions, mais seulement de montrer quelles sont parmi les fractions données celles qui sont les plus grandes et celles qui sont les plus petites. On ne peut pas indiquer immédiatement la différence qu'il y a entre elles, comme cela se fait, au contraire, quand elles ont les mêmes dénominateurs.

On exigera aussi dans ces exercices que le numérateur commun soit le plus petit possible.

Soustractions.

		Restes.			Restes.
[116]	$\frac{7}{8} - \frac{2}{3}$	$\frac{5}{24}$	[123]	$2\frac{3}{4} - \frac{5}{12}$	$2\frac{1}{3}$
[117]	$\frac{5}{6} - \frac{7}{12}$	$\frac{1}{4}$	[124]	$6\frac{3}{8} - \frac{3}{4}$	$5\frac{5}{8}$
[118]	$\frac{8}{15} - \frac{11}{30}$	$\frac{1}{6}$	[125]	$7\frac{1}{3} - \frac{8}{9}$	$6\frac{4}{9}$
[119]	$\frac{8}{9} - \frac{7}{12}$	$\frac{11}{36}$	[126]	$4\frac{5}{6} - 1\frac{7}{12}$	$3\frac{1}{4}$
[120]	$\frac{5}{12} - \frac{7}{18}$	$\frac{1}{36}$	[127]	$7\frac{2}{9} - 2\frac{5}{6}$	$4\frac{7}{18}$
[121]	$\frac{8}{9} - \frac{5}{7}$	$\frac{11}{63}$	[128]	$8\frac{5}{7} - 3\frac{8}{9}$	$4\frac{52}{63}$
[122]	$\frac{7}{11} - \frac{2}{5}$	$\frac{13}{55}$	[129]	$6\frac{4}{15} - 4\frac{11}{30}$	$1\frac{9}{10}$
			[130]	$9\frac{8}{13} - 5\frac{16}{17}$	$3\frac{149}{357}$

Additions et soustractions.

On peut combiner les exercices précédents d'additions et de soustractions, de manière à avoir d'autres exercices variés qui seront proposés comme devoirs.

Nous ne citerons que quelques exemples.

1° Trouver la somme des groupes de fractions des numéros 116, 117, 118, c'est-à-dire réduire en une seule fraction la quantité suivante :

$$\frac{7}{8} - \frac{2}{3} + \frac{5}{6} - \frac{7}{12} + \frac{8}{15} - \frac{11}{30}.$$

En observant que 30 est divisible par 3, 6, 15, les élèves pourront reconnaître qu'il suffit de multiplier 30 par 4, ce qui donne 120, pour avoir un nombre divisible encore par 8 et par 12.

Le plus petit dénominateur commun sera donc 120. On disposera les opérations de la manière suivante.

$$\overset{15}{\frac{7}{8}} - \overset{40}{\frac{2}{3}} + \overset{20}{\frac{5}{6}} - \overset{10}{\frac{7}{12}} + \overset{8}{\frac{8}{15}} - \overset{4}{\frac{11}{30}}$$

$$\frac{105}{120} - \frac{80}{120} + \frac{100}{120} - \frac{70}{120} + \frac{64}{120} - \frac{44}{120}$$

$$\frac{105}{120} + \frac{100}{120} + \frac{64}{120} = \frac{269}{120}$$

$$\frac{80}{120} + \frac{70}{120} + \frac{44}{120} = \frac{194}{120}$$

$$\frac{269}{120} - \frac{194}{120} = \frac{75}{120} = \frac{15}{24} = \frac{5}{8}.$$

2° Retrancher de la somme des fractions du numéro 101 les fractions du numéro 102, c'est-à-dire trouver la fraction équivalente à la quantité suivante :

$$\frac{1}{3}+\frac{4}{9}+\frac{7}{12}-\frac{1}{4}-\frac{6}{9}-\frac{5}{18}.$$

On voit facilement que si on multiplie le plus grand dénominateur 18 par le produit 36 est divisible par tous les dénominateurs ; 36 sera donc le plus pe dénominateur commun.

On a alors les opérations suivantes :

$$\begin{array}{cccccc} 12 & 4 & 3 & 9 & 4 & 2 \\ \frac{1}{3} + & \frac{4}{9} + & \frac{7}{12} - & \frac{1}{4} - & \frac{6}{9} - & \frac{5}{18} \end{array}$$

$$\frac{12}{36}+\frac{16}{36}+\frac{21}{36}-\frac{9}{36}-\frac{24}{36}-\frac{10}{36}$$

$$\frac{49}{36}-\frac{43}{36}=\frac{6}{36}=\frac{1}{6}.$$

Nota. — Tout en pratiquant le calcul écrit des fractions, les élèves n'en doivent pas moins être exercés continuellement au calcul oral, à l'aide d'interrogations portant sur des questions assez simples, telles que les suivantes :

1. Trouver l'âge d'un homme, en sachant que les $\frac{3}{4}$ de cet âge sont 24 ans.

2. Un homme, qui a dépensé les $\frac{3}{8}$ d'une somme d'argent, n'a plus que 45 francs. Quelle était cette somme?

3. On a pris la moitié d'une pièce de toile ; puis la moitié du reste, et il ne reste plus que 12 mètres. Quelle était la longueur de la pièce?

4. On a payé une dette en trois fois. La première fois on a payé la moitié, la deuxième fois le tiers et la troisième fois 20 francs. Quel était le montant de cette dette?

5. Trouver la moitié des fractions $\frac{1}{2}$, $\frac{1}{3}$, $\frac{1}{4}$, $\frac{1}{-}$.

6. Trouver le tiers de ces mêmes fractions.

Problèmes sur les fractions ordinaires.

131. Un ouvrier a fait le lundi $2^m\frac{1}{3}$ de toile ; $3^m\frac{1}{4}$ le mardi ; $2^m\frac{1}{2}$ le mercredi et $3^m\frac{1}{3}$ le jeudi. Combien a-t-il fait de mètres au bout de ces quatre jours? — *Réponse*. 11 mètres $\frac{5}{12}$.

132. Une femme a acheté trois morceaux de savon pesant, le 1er 1 kilog. $\frac{3}{4}$; le 2e 2 kilog. $\frac{5}{6}$ et le 3e 2 kilog. $\frac{7}{8}$. Quel est le poids total du savon acheté? — *Réponse.* 7 kilog. 11 vingt-quatrièmes.

133. Une modiste a trois rubans. La longueur du 1er est de 2m $\frac{3}{5}$; celle du 2e est de 2m $\frac{5}{6}$; celle du 3e est de 1m $\frac{7}{8}$. Quelle est la longueur totale de ces trois rubans? — *Réponse.* 7 mètres 37 cent-vingtièmes.

134. Pour faire de la poudre on a mélangé ensemble 7kgr $\frac{1}{3}$ de salpêtre, 1kgr $\frac{7}{18}$ de soufre et autant de charbon que de soufre. Quel est le poids de la poudre qu'on a obtenue? — *Réponse.* 10 kilog. 1 neuvième

135. D'une pièce de drap un marchand a vendu d'abord 4m $\frac{2}{5}$, puis 2m $\frac{5}{8}$ et enfin 3m $\frac{1}{6}$. Il lui en reste alors un coupon de 5m $\frac{1}{2}$. Quelle était la longueur de la pièce? — *Réponse.* 15 m. 107 cent-vingtièmes.

136. On partage une pièce d'étoffe entre trois personnes. La 1re en a $\frac{1}{8}$; la 2e les $\frac{2}{8}$. Quelle partie reste-t-il à la 3e? — *Rép.* 5 huitièmes.

137. D'un baril contenant 12 litres d'huile on a tiré 2lit $\frac{1}{6}$ et une autre fois 3 lit $\frac{4}{6}$. Que reste-t-il dans le baril? — *Rép.* 6 l. 1 sixième.

138. Un homme a fait un ouvrage en 4 semaines. La 1re semaine il en a fait $\frac{1}{4}$; la 2e semaine $\frac{1}{5}$; la 3e semaine $\frac{1}{6}$. Quelle partie de l'ouvrage a-t-il eu à faire dans la 4e semaine? — *Réponse.* 23 soixantièmes.

139. D'une pièce de ruban ayant 18 mètres on a vendu 4m $\frac{3}{5}$ et une autre fois 2m $\frac{4}{7}$. Que reste t-il? — *Rép.* 13m $\frac{29}{35}$.

140. Un homme est allé pied de son village à Lyon, en trois jours. Le 1er jour il a parcouru $\frac{2}{7}$ de la distance totale; le 2e jour les $\frac{3}{5}$ du reste. Quelle partie de la route a-t-il parcourue le 3e jour? — *Réponse.* 2 septièmes.

141. Un homme à qui revenait la moitié des $\frac{3}{8}$ d'un héritage a reçu 936 francs. A combien s'élevait cet héritage? — *Réponse.* 4 992 francs.

142. Un ouvrier tisserand fait $\frac{5}{8}$ de mètre de toile en $\frac{1}{2}$ heure. Com-

bien en aura-t-il fait au bout de 4 heures $\frac{2}{3}$? — *Rép.* 5 mèt. 5 sixièmes.

143. Le lait de bonne qualité contient les $\frac{4}{25}$ de son poids de crème. Quel poids de crème aura-t-on avec 6 kgr $\frac{3}{8}$ de lait? — *Réponse.* 1 020 gr.

144. On a retiré le quart d'un tonneau plein de vin; puis le tiers du reste. Enfin en achevant de le vider en une 3e fois, on en tire 45 litres. Quelle est la capacité du tonneau? — *Réponse.* 90 litres.

145. Une personne achète trois coupons de drap, au prix de 3 francs les 3 quarts de mètre. Le 1er coupon a 1m $\frac{2}{3}$; le 2e a 1m $\frac{5}{6}$; le 3e a 2m $\frac{7}{8}$. Quelle somme doit-elle donner? — *Réponse.* 25 fr. 50 cent.

146. Une jeune fille achète pour orner une robe $\frac{3}{8}$ de mètre de ruban rose, $\frac{9}{11}$ de mètre de ruban bleu et $\frac{6}{7}$ de mètre de ruban noir, le tout à 2 francs et demi le mètre. Quelle somme dépense-t-elle pour payer ces trois rubans? — *Réponse.* 5 fr. 12 cent.

147. Un ouvrier achète une montre. Au bout d'un mois il en paye la moitié; au bout du second mois la moitié du reste. A la fin du 3e mois, il achève le payement en donnant 15 francs. Quel était le prix de la montre? — *Réponse.* 60 francs.

148. Un ouvrier a dépensé pour sa nourriture $\frac{1}{3}$ de ce qu'il a gagné dans l'année; $\frac{1}{8}$ pour son habillement et son logement; $\frac{1}{10}$ en dépenses diverses et il a économisé 318 francs. Combien avait-il gagné dans cette année? — *Réponse.* 720 francs.

149. Une fontaine peut remplir un bassin en 6 heures et au fond de ce bassin est un robinet par lequel l'eau qui le remplirait, s'écoulerait en 7 heures. En combien de temps le bassin sera-t-il rempli, si on ouvre le robinet en même temps que la fontaine? — *Réponse.* 42 heures.

150. La paille de froment vaut en général les $\frac{5}{14}$ de la valeur du grain. Quel sera le prix de la paille récoltée dans un champ de 12 hectares, si l'hectare a produit 25 hectolitres de blé, qui sont vendus 23 francs l'hectolitre? — *Réponse.* 2 464 fr. 28 cent.

151. Une somme a été répartie entre trois écoliers, en raison de leurs succès, par une personne généreuse. Le premier en a eu les $\frac{2}{5}$; le second les $\frac{4}{15}$ et le troisième a eu pour sa part 70 francs. Quelle a été la part

de chacun? *Réponse.* Au premier 84 francs ; au deuxième 56 francs.

152. Trois personnes ont à se partager une somme d'argent. La 1re en reçoit les $\frac{2}{7}$; la 2e les $\frac{1}{5}$ du reste et la 3e a pour sa part 8 francs. Quelle était la somme à partager? — *Réponse.* 56 francs.

153. Un jeune homme, à qui on demandait son âge répondit : Si vous augmentez mon âge de ses $\frac{2}{3}$ et de ses $\frac{3}{4}$, vous trouverez 58 ans. Quel était l'âge du jeune homme? — *Réponse.* 24 ans.

154. Le double d'un nombre, après avoir été augmenté de ses $\frac{2}{3}$, est devenu égal à 72. Quel est ce nombre? — *Réponse.* 27.

155. Un écolier demandait la longueur du cours de la Loire. On lui répondit que la différence entre les $\frac{5}{8}$ et les $\frac{5}{9}$ de cette longueur est de 70 kilomètres. Trouver la longueur du cours de la Loire. — *Rép.* 1008 kil.

156. Un homme achète un jardin qu'il doit payer en 4 fois. Au moment de l'achat, il en paye les $\frac{2}{7}$; au 2e payement il donne les $\frac{2}{9}$ du prix total et au 3e les $\frac{3}{11}$. Le 4e payement étant de 152 francs, trouver le prix du jardin. — *Réponse.* 693 francs.

157. Un homme paye une dette en trois fois. La 1re fois il en donne $\frac{1}{4}$; la 2e fois $\frac{1}{6}$ et la 3e fois il achève le payement, en donnant 28 francs. A combien s'élevait cette dette? — *Réponse.* 48 francs.

158. Un vigneron vend sa récolte de vin à deux particuliers. L'un en prend les $\frac{2}{9}$ plus 2 hectolitres ; l'autre en a les $\frac{2}{3}$ plus 3 hectolitres. Quel était le nombre d'hectolitres récoltés? — *Réponse.* 45 hectolitres.

159. Un mât planté verticalement est divisé en quatre parties de couleurs différentes. La 1re qui est jaune, a $\frac{1}{5}$ de la longueur du mât ; la suivante qui est rouge, en est les $\frac{2}{9}$; la 3e qui est blanche, en est $\frac{1}{3}$. Trouver la longueur du mât, en sachant que la 4e partie qui est bleue, a 4 mètres. — *Réponse.* 16 m. $\frac{4}{11}$.

160. On a partagé l'héritage d'un oncle entre ses trois neveux. L'aîné en a eu les $\frac{3}{5}$, le cadet les $\frac{4}{11}$ et le plus jeune a eu pour sa part 1620 francs. A combien s'élevait cet héritage? — *Réponse.* 44550 francs.

161. Un champ a été vendu en deux lots. Le plus grand, qui en comprenait les $\frac{7}{11}$, a produit dans la vente 2418 francs de plus que le plus

petit. Quelle est la valeur du champ tout entier? — *Réponse.* 8866 fr.

162. Une personne achète les $\frac{5}{8}$ d'une pièce d'étoffe; une autre personne prend le reste pour 36 francs. Trouver la longueur de la pièce, en sachant que le mètre coûte 3 francs. — *Réponse.* 32 mètres.

163. On a rempli un tonneau aux $\frac{5}{8}$ seulement de sa capacité et le vide qui reste est de 48 litres. Trouver cette capacité et le nombre de litres de vin qu'on y a mis. — *Réponse.* Capacité 128 litres. Vin 80 litres.

164. Un ruban a une longueur de $\frac{8}{9}$ de mètre et on le partage en 4 parties égales. Quelle est la longueur de chaque partie et quel en est le prix, si le quart de mètre vaut 60 centimes? — *Réponse.* Chaque partie a $\frac{2}{9}$ de mètre et vaut 53 centimes.

165. Trois jeunes gens s'associent pour payer le reste du loyer d'une pauvre femme, qui n'a pu en donner que les $\frac{4}{5}$. Le plus âgé fournit le tiers de ce reste; le second le quart, et le plus jeune donne 15 francs. A combien s'élevait le loyer? — *Réponse.* 180 francs.

166. Les $\frac{6}{7}$ d'une somme en surpassent les $\frac{5}{8}$ de 4 030 francs. Trouver le montant de cette somme. — *Réponse.* 17 360 francs.

167. Trois associés se partagent un bénéfice. Le 1er en prend les $\frac{2}{7}$; le 2e les $\frac{3}{5}$ du reste et le 3e a pour sa part 850 francs. Quelle est la part de chacun? — *Réponse.* Au 1er 850 fr.; au 2e 1 275 fr.; au 3e 850 fr.

168. Une femme porte un panier d'œufs au marché. A une 1re personne elle en vend les $\frac{2}{5}$; à une 2e personne le tiers du reste; à une 3e personne la moitié de ce dernier reste; une 4e personne prend le reste, qui se compose d'une douzaine. Combien cette femme a-t-elle vendu de douzaines d'œufs? — *Réponse.* 5 douzaines.

169. D'une pièce de toile il reste 8 m. $\frac{1}{3}$. Ce qui a été vendu auparavant est le triple du reste et a rapporté 75 francs. Trouver la longueur de la pièce et le prix de vente du mètre. — *Réponse.* Longueur, 33 mètres. $\frac{1}{3}$. Prix, 3 francs.

170. Un homme a fait un travail en trois fois. La 1re fois il y a mis 4 journées $\frac{1}{2}$, la 2e fois 3 journées $\frac{1}{-}$ et la 3e fois 5 journées $\frac{1}{4}$. Que reçoit-il, si la journée lui est payée 4 fr. $\frac{1}{5}$? — *Réponse.* 56 fr.

171. Une jeune fille a les $\frac{2}{5}$ de l'âge de sa mère, qui elle-même a les $\frac{7}{9}$ de l'âge de son mari. Celui-ci ayant 45 ans, trouver l'âge de la mère et celui de la fille. — *Réponse.* La mère a 35 ans et la fille 14 ans.

172. Une personne dépense, pour acheter un vase, les $\frac{2}{9}$ de la somme qu'elle avait dans sa bourse, puis les $\frac{4}{7}$ du reste pour un livre et avec le reste elle paye une dette de 9 francs. Trouver le prix du vase et le prix du livre. — *Réponse.* Vase 6 francs; livre 12 francs.

173. Un ouvrier a fait un travail en deux semaines; la 1re semaine, il en a fait les $\frac{2}{3}$ des $\frac{4}{5}$. Comme pour la 2e semaine il a reçu 21 francs, on demande ce qu'il avait reçu pour la 1re semaine. — *Réponse.* 24 francs.

174. Un champ a été vendu en trois parties. La 1re comprenait les $\frac{2}{3}$; la 2e les $\frac{3}{4}$ du reste. La 3e a été vendue pour 840 francs. Trouver la somme produite par cette vente. — *Réponse.* 5040 francs.

175. Un fermier a ensemencé $\frac{1}{3}$ de ses terres en blé, $\frac{1}{4}$ en orge et le reste en divers légumes. La 1re partie contenant 13 ares de plus que la 2e, trouver l'étendue de chaque partie.
Réponse. Blé 52 ares; orge 39 ares; légumes 65 ares.

176. On a acheté $5^{m}\frac{3}{4}$ d'étoffe pour 46 francs. Vérification faite, l'acheteur reconnait que le marchand s'est trompé et ne lui a donné que $4^{m}\frac{7}{8}$. Quelle somme le marchand doit-il lui rendre? — *Réponse.* 7 francs.

177. Une fontaine donne 5 litres d'eau en 2 minutes. En combien de temps remplira-t-elle un vase de 35 lit. $\frac{3}{4}$ de capacité? — *Réponse* 14 minutes 18 secondes.

178. D'un tonneau qui contenait 225 litres de vin, on a tiré 125 litres. Combien faudrait-il de bouteilles de $\frac{3}{4}$ de litre, pour contenir ce qui reste dans le tonneau? — *Réponse.* 134 bouteilles.

179. En moyenne 1 hectolitre de froment pèse 75 kilogrammes et fournit $\frac{5}{6}$ de son poids en farine. La farine avec l'eau donne $\frac{13}{10}$ de son poids en pain. Combien obtient-on de kilogrammes de pain avec un demi-hectolitre de froment? — *Réponse.* 40 kilogr. 625 grammes.

180. Deux personnes achètent du drap de même qualité. La 1re en achète $6^{m}\frac{3}{7}$; la 2e prend le double de ce qu'a acheté la 1re, plus

3 mètres et donne 132 francs de plus que l'autre. A quel prix ont-elles payé le mètre? — *Réponse*. 14 francs.

181. Un tonneau plein de vin pèse 125 kilogrammes et vide il pèse $18^{k}\ \frac{5}{11}$. Quel est en 11es de kilogramme le poids du vin? Quel est le nombre de litres, si le litre de vin pèse 985 grammes? — *R*. $\frac{1172}{11}$ de kgr.; 108 litres.

182. Un homme ayant un capital disponible en emploie les $\frac{2}{3}$ à l'achat d'un domaine et les $\frac{4}{5}$ du reste à l'achat d'une maison; après quoi il lui reste encore 3 518 francs. Trouver le montant du capital, le prix du domaine et celui de la maison. — *Réponse*. Capital 52 770 fr.; domaine 35 180 fr.; maison 14 072 francs.

183. Un tailleur avait acheté une pièce de drap de 80 mètres. Il en a pris une 1re fois $8^{m}\ \frac{1}{4}$; une 2e fois $7^{m}\ \frac{2}{5}$ et une 3e fois $11^{m}\ \frac{1}{2}$. Trouver la valeur du reste, à 4 francs le mètre. — *Rép*. $211^{fr},40$.

184. Un ouvrier a fait dans la 1re semaine du mois 4 journées $\frac{2}{3}$; dans la 2e semaine, 5 journées $\frac{3}{4}$; dans la 3e semaine, 5 journées $\frac{5}{6}$; dans la 4e semaine, 4 journées $\frac{7}{8}$. Que doit-il recevoir pour ces quatre semaines, le prix de sa journée étant de 5 francs? — *Réponse*. $105^{fr},62$.

185. On a vendu deux parcelles d'un champ qui représentent ensemble les $\frac{2}{5}$ de la totalité. La partie restante vaut 1 800 francs. Trouver la surface totale du champ, en sachant que le prix de 100 mètres carrés était de 34 francs. — *Réponse*. 8 823 mètres carrés.

186. Avec les $\frac{2}{3}$ d'une pièce de toile, on a fait 12 chemises, pour chacune desquelles il a fallu employer $3^{m}\ \frac{1}{4}$. Quelle était la longueur de cette pièce? — *Réponse*. 58 mètres et demi.

187. Un auteur, voulant faire transcrire un manuscrit, s'adresse à deux copistes. Le premier pourrait faire cette copie en 8 heures, le second en 9 heures. Combien mettront-ils de temps, s'ils y travaillent tous deux ensemble? — *Réponse*. 4 heures 14 minutes.

188. Un ouvrage pourrait être fait en 3 heures par un homme, en 4 heures par sa femme et en 5 heures par leur fils. En combien de temps feront-ils l'ouvrage, s'ils y travaillent ensemble? — *Réponse*. 1 h. 17 m.

189. L'eau arrive dans un bassin par deux robinets et elle s'écoule par un troisième. Le premier pourrait seul remplir le bassin en 2 heures et le deuxième seul en 3 heures. Le troisième le viderait en 6 heures. On ouvre les trois robinets au même instant; au bout de combien de

temps le bassin sera-t-il rempli? — *Réponse.* 1 heure 30 minutes.

190. Un marchand vend les 3 quarts d'une pièce d'étoffe à un 1er acheteur; puis les 2 tiers du reste à un 2e. Le coupon qui restait ensuite avait 6 mètres et a été vendu 42 francs. Trouver la longueur de la pièce et sa valeur. — *Réponse.* 72 mètres; 504 francs.

191. On demandait leur âge à deux vieux amis. Le plus jeune répondit : Mon âge n'est que les $\frac{5}{7}$ de l'âge de mon aîné et la différence de nos deux âges est de 24 ans. Trouver l'âge de chacun. — *Rép.* 84 et 60 ans.

• 192. Trouver sans effectuer les deux additions, quelle est la plus grande des deux sommes suivantes :

$$\frac{1}{3}+\frac{1}{5}+\frac{1}{7}+\frac{1}{9}+\frac{1}{11} \quad \text{et} \quad \frac{1}{2}+\frac{1}{4}+\frac{1}{6}+\frac{1}{8}.$$

193. Trois ouvriers se présentent pour faucher une prairie. Le 1er la faucherait seul en 7 jours; le 2e en 8 jours; le 3e en 9 jours. En combien de temps la prairie sera-t-elle fauchée, si on y emploie ces trois ouvriers ensemble? — *Réponse.* 2 jours $\frac{122}{191}$.

• 194. Partager une somme de 30 francs entre trois frères, de manière que le second ait $\frac{3}{4}$ de franc de plus que le cadet et l'aîné $\frac{3}{4}$ de franc de plus que le second. — *Rép.* Au 1er 9f,25; au 2e 10 fr.; au 3e 10f,75.

• 195. Deux ouvriers, aidés d'un apprenti, ont fait en commun un ouvrage, pour lequel on leur a donné une certaine somme. Dans le partage, les deux ouvriers doivent avoir chacun 18 fr. de plus que l'apprenti, et la part de ce dernier doit être la 6e partie de la somme totale. Calculer cette somme et la part de chacun. — *Rép.* Parts : 30 f., 30 f., 12 f. Total, 72 f.

• 196. On a acheté une petite maison et un jardin pour 4 600 francs et le prix du jardin n'est que les $\frac{3}{4}$ des $\frac{2}{5}$ du prix de la maison. Trouver le prix de la maison et celui du jardin. — *Rép.* M. 3 538f,46. J. 1 061f,54.

197. Deux trains, partant au même instant de deux villes, vont au-devant l'un de l'autre. L'un parcourrait la distance des deux villes en 12 heures, et l'autre en 18 heures. Trouver au bout de combien de temps ils se rencontreront, si chacun conserve toujours sa vitesse, et quelle fraction de la distance chacun aura parcourue. — *Rép.* 7h 12m : $\frac{3}{5}$ et $\frac{2}{5}$.

• 198. Deux voyageurs partent à 7 heures du matin, l'un de Paris et l'autre de Versailles, allant l'un au-devant de l'autre. La vitesse du premier est telle qu'il parcourrait la distance totale en 5 heures et celle du second est telle qu'il parcourrait cette distance en 4 heures et demie. A quelle heure se rencontreront-ils, s'ils marchent toujours avec la même vitesse? Trouver aussi quelle fraction de la distance totale chacun aura parcourue. — *Réponse.* 9h 22m. Paris $\frac{9}{19}$. Versailles $\frac{10}{19}$.

* 199. On laisse tomber une bille de verre d'une hauteur de 35 centimètres sur la tablette de marbre d'une cheminée et elle rebondit aux 4 cinquièmes de sa hauteur. De là elle retombe sur le marbre, qui est au devant du foyer, et elle rebondit deux fois de suite à la moitié de la hauteur d'où elle tombe chaque fois; la seconde fois, elle rebondit à 35 centimètres. Quelle est la hauteur de la tablette de la cheminée au-dessus du marbre du foyer? — *Réponse.* 1m,12.

* 200. Un bassin de 310 hectolitres reçoit de l'eau par trois robinets. Le 1er fournit $2^{hl}\,\frac{1}{4}$ en 3 heures; le 2e, $1^{hl}\,\frac{1}{3}$ en 1 heure et demie; le 3e, $3^{hl}\,\frac{1}{5}$ en 2 heures et demie. En combien de temps le bassin sera-t-il rempli, si les trois robinets sont ouverts ensemble? — *Réponse.* 106 h. 12 m.

IV. — Solutions raisonnées.

PROBLÈME **192**. — D'abord la 2e somme est supérieure au total des quatre premières fractions de la 1re somme; car $\frac{1}{2}$ surpasse $\frac{1}{3}$ .... ; $\frac{1}{8}$ surpasse $\frac{1}{9}$.

En outre la différence entre la 1re fraction de la 2e somme et la 1re fraction de la 1re somme est

$$\frac{1}{2}-\frac{1}{3}=\frac{3}{6}-\frac{2}{6}=\frac{1}{6}.$$

L'excès $\frac{1}{6}$ de la fraction $\frac{1}{2}$ sur la fraction $\frac{1}{3}$ étant plus grand que $\frac{1}{11}$, il s'ensuit que la deuxième somme est supérieure à la première.

PROBLÈME **194**. — Pour abréger l'écriture désignons par c la part du cadet.

Celle du deuxième sera $c+\frac{3}{4}$; celle de l'aîné sera $c+\frac{6}{4}$.

Le total de ces trois parts est donc :

$$c+c+\frac{3}{4}+c+\frac{6}{4} \text{ ou } 3c+\frac{9}{4}.$$

Ainsi 30 fr. surpassent de $\frac{9}{4}$ de fr. ou de 2f,25 le triple $3c$ de la part du cadet.

Ce triple égale . . . . 30 — 2,25, c'est-à-dire 27f,75.

La part du cadet est donc. . . . . 27f,75 : 3 = 9f,25.

PROBLÈME **195**. — Les deux ouvriers ont ensemble le double de la part de l'apprenti, plus 36 fr.

La somme totale contient donc le triple de la part de l'apprenti, plus 36 fr.

Ce triple est égal à. . . . . 72 — 36 = 36 fr.

La part de l'apprenti est donc . . . . 36 : 3 = 12 fr.

PROBLÈME **196**. — Le prix du jardin est :

les $\frac{3}{4}$ des $\frac{2}{5}$ c'est-à-dire les $\frac{6}{20}$ ou les $\frac{3}{10}$ du prix de la maison.

La somme de 4 600 fr. comprend donc : le prix de la maison, plus 3 fois le 10e de ce prix, ce qui fait 13 fois le 10e du prix de la maison.

Le 10e du prix de la maison est $\frac{4600}{13} = 353^f,846$.

Le prix de la maison est donc 3 538 fr. 46 centimes.

PROBLÈME. **198.** — En 1 demi-heure les deux voyageurs parcourent :

celui de Paris, $\frac{1}{10}$ de la distance ; celui de Versailles, $\frac{1}{9}$ de la distance.

En 1 heure ils parcourent le double :

celui de Paris, $\frac{1}{5}$ de la distance ; celui de Versailles, $\frac{1}{9}$ de la distance.

Ensemble ils parcourent par heure :

$$\frac{1}{5} + \frac{2}{9} = \frac{9}{45} + \frac{10}{45} = \frac{19}{45} \text{ de la distance.}$$

Autant de fois il y a $\frac{19}{45}$ dans les $\frac{45}{45}$ de la distance, autant ils mettront d'heures pour se rencontrer. Le nombre d'heures est donc :

$$\frac{45}{45} : \frac{19}{45} = \frac{45}{19} \text{ h.} = 2^{h}\ 22^{m}.$$

Pendant ce temps ils ont parcouru :

celui de Paris, $\frac{1}{5} \times \frac{45}{19}$, c.-à-d. $\frac{9}{19}$ de la distance des deux villes ;

celui de Versailles, $\frac{2}{9} \times \frac{45}{19}$, c.-à-d. $\frac{10}{19}$ de cette distance.

PROBLÈME. **199.** — 1re *méthode*. — La dernière fois la bille remonte à 35 cm.

La hauteur d'où elle vient de tomber est donc........ $35 \times 2 = 70$ cm.

La hauteur d'où elle est tombée auparavant est...... $70 \times 2 = 140$ cm.

Or cette hauteur égale : la hauteur inconnue de la cheminée, plus les $\frac{4}{5}$ de 35 cm., qui font 28 cm.

Donc la hauteur de la cheminée est égale à

$$140 - 28 = 112 \text{ centimètres.}$$

2e *méthode*. — Désignons par h la hauteur inconnue de la cheminée.

Dans la 1re chute devant le foyer, la hauteur d'où la bille est tombée est :

$$35 \times \frac{4}{5} + h \text{ ou } h + 28.$$

La hauteur à laquelle elle remonte en est la moitié, ou

$$\frac{h}{2} + 14.$$

La hauteur à laquelle elle remonte après cette dernière chute est

$$\frac{h}{4} + 7.$$

On a donc l'égalité : $\frac{h}{4} + 7 = 35.$

De là on tire : $\frac{h}{4} = 28$ et $h = 112$.

PROBLÈME **200.** — Les trois robinets fournissent en hectolitres par heure :

le 1er, $\frac{9}{4} : 3$; le 2e, $\frac{4}{3} : \frac{3}{2}$; le 3e, $\frac{16}{5} : \frac{5}{2}$;

c'est-à-dire : le 1er, $\frac{3}{4}$; le 2e, $\frac{8}{9}$; le 3e, $\frac{32}{25}$.

Le total fourni par les trois bassins en 1 heure est :

$$\frac{3}{4} + \frac{8}{9} + \frac{32}{25} \text{ ou } \frac{675}{900} + \frac{800}{900} + \frac{1152}{900} = \frac{2627}{900} \text{ hl.}$$

Le nombre d'heures pour remplir le bassin sera :

$$310 : \frac{2627}{900} = \frac{310 \times 900}{2627} = 106^{\text{h}}\ 12$$

V. — PROBLÈMES SUR LES QUATRE RÈGLES

APPLIQUÉES AUX NOMBRES ENTIERS ET DÉCIMAUX

201. Une marchande a revendu, au prix de 3f,75 le mètre, une pièce de ruban qu'elle avait achetée au prix de 2f,90 le mètre, et elle a ainsi gagné 18f,70. Trouver combien la pièce avait de mètres et combien elle avait coûté à la marchande. — *Réponse.* 22 mètres; 63f,80.

202. Une ouvrière, en travaillant de 8 heures du matin à midi et de 1 heure à 7 heures du soir, gagne sa nourriture plus 2f,25 par jour. Elle a mis 3 journées à la confection d'une robe et a travaillé 2 heures de plus dans la 3e journée. Trouver la somme qui lui est due. — *R.* 7f,20.

203. On a rempli un tonneau de 218 litres, en y mettant 150 litres de vin du prix de 0f,45 le litre et le reste avec du vin de 0f,58 le litre. Quel est le prix du tonneau plein, le tonneau vide coûtant 6f,50? — *R.* 113f,44.

204. En 145 jours un ménage a brûlé 11 quintaux de coke. L'hectolitre pèse 44 kilogr. et coûte 1f,63. A combien par jour s'élève la dépense du chauffage? — *Réponse.* 0f,357.

205. Un homme achète avant l'hiver 3 500 quintaux de pommes de terre, au prix de 9f,75 le quintal. Après l'hiver 173 quintaux ont été gelés ou pourris. Combien doit-il revendre le quintal pour gagner 5 p. 100 sur son marché? — *Réponse.* 10f,769, c'est-à-dire 10f,77.

206. Avec 106 grammes 25 centigrammes de rhubarbe un pharmacien a fait 125 paquets de même poids. Trouver ce que vaut un paquet, si 115 grammes de rhubarbe se vendent 1f,35. — *Réponse.* 1 centime.

207. On a acheté une pièce d'étoffe à raison de 7 fr. les 5 mètres et on la revend au prix de 25 fr. les 14 mètres. Le bénéfice fait dans la vente est de 27 fr. Trouver la longueur de la pièce. — *Rép.* 70 mètres.

208. Un négociant achète 235 sacs de froment, au prix de 29f,35 chacun et un certain nombre de sacs d'avoine, à 19f,25 le sac. Il paye le tout avec le produit de la vente de 310 sacs de farine, vendus à 39f,20 le sac. Combien avait-il acheté de sacs d'avoine? — *Rép.* 272 sacs, et 0,9.

209. Un marchand achète 4 368 bouteilles à 1f,05 la douzaine; il les revend 11 francs le cent, en donnant 4 bouteilles en sus par centaine. Combien gagne-t-il, quand il revendu le tout? — *Réponse.* 79f,80.

210. Une femme achète 3 kilogr. 750 grammes de laine, à 7f,20 le kilogramme. Elle paye 1f,20 par kilogramme pour le filage; elle emploie 27 journées pour en faire des bas, qu'elle vend 2f,75 la paire; il lui faut 750 grammes de laine pour faire 6 paires de bas. On demande combien elle gagne par journée. *Réponse.* 1f,888.

211. Un marchand achète en gros 245 kilogrammes de sucre, à 105 fr. le quintal métrique et 45 kilogrammes de savon, à 67 fr. les 50 kilogrammes. Il paye comptant et ne donne que 237f,60. Quelle remise lui fait-on pour 100? — *Réponse.* 25,17 pour 100.

212. Un fonctionnaire touche chaque mois 253f,33, déduction faite du 20e qui est retenu pour la caisse des retraites. Quel est son traitement annuel? *Réponse.* 3 200 francs.

213. On a revendu une marchandise pour la somme de 900 francs. Si on l'avait vendue 30 francs de plus, on aurait gagné 270 francs. Combien a-t-on gagné pour 100 sur le prix d'achat? — *Réponse.* 36,36 p. 100.

214. Un marchand, en revendant le mètre d'une certaine étoffe 10f90, fait un bénéfice de 9 pour 100 sur son prix d'achat. Trouver ce qu'il a déboursé pour acheter 4 pièces de 20 mètres chacune? — *Réponse.* 800f.

215. Une couturière a acheté 10 douzaines de pelotes de fil à 1f,50 la douzaine avec le 13e en plus, et en payant comptant elle a une remise de 5 pour 100. Combien aurait-elle payé de plus, si elle avait acheté son fil au détail à 0f,20 la pelote? — *Réponse.* 11f,75.

216. Une pièce de toile écrue a perdu au blanchissage 17 pour 100 de sa longueur et ne contient plus que 18m,48. Le mètre de toile écrue ayant coûté 1f,55, trouver à combien revient le mètre de toile, après qu'elle a été blanchie? *Réponse.* 1f,867.

217. Une pièce d'étoffe a été payée 378 francs. Le tiers a été vendu au prix coûtant et sur le reste on a perdu 70 centimes par mètre. La perte totale ayant été de 39 fr. 20 c., on demande quelle était la longueur de la pièce. *Réponse.* 84 mètres.

218. Le sucre vaut 1f,25 le kilogr. Une ménagère a remarqué qu'elle en consomme 1 kilogr. en 12 jours. Désirant faire sur ce point une petite économie, elle diminue sa ration journalière, de manière que le kilogramme puisse durer 15 jours. Combien économisera-t-elle ainsi par jour et par an? — *Réponse.* Par jour 0f,0208; par an 7f,59.

219. Une mère et sa fille travaillent dans le même atelier. La première fait 3 mètres par jour et la seconde 2 mètres. Au bout de 18 jours, pendant lesquels la mère a travaillé régulièrement, tandis que la fille a perdu 1 jour et demi, celle-ci reçoit 25f,20 de moins que sa mère. Trouver quel était le prix payé par mètre? — *Réponse.* 1f,20.

220. Une famille possède un revenu de 3 662f,20; mais pendant les 6 premiers mois de l'année elle a dépensé 2 135 francs. A combien devra-t-elle borner sa dépense journalière pendant les 6 derniers mois, pour ne pas faire de dettes? — *Réponse.* 8f,30.

221. Trois ouvriers, travaillant ensemble à un même ouvrage, ont reçu

en tout 74f,50. Le 1er a fait 6 journées ; le 2e, 7 journées et le 3e, 8 journées. Que revient-il à chacun? — *Réponse.* Au 1er 21f,29 ; au 2e 24f,83 ; au 3e 28f,38.

222. Une personne achète 4m,50 d'étoffe à 3f,25 le mètre. Elle paye comptant, en obtenant une remise de 3f,50 pour 100. Quelle somme donne t-elle? — *Réponse.* 14f,11.

223. Un ouvrier a travaillé depuis 6 heures et demie du matin jusqu'à 1 heure et demie de l'après-midi ; puis de 7 heures et quart du soir jusqu'à 11 heures et quart. Le prix de l'heure étant de 0f,55 le jour et double pour le travail de nuit, que lui reste-t-il du produit de son travail, s'il a dépensé 3f,75 pour sa nourriture? — *Réponse.* 4f,50.

224. Un commerçant a acheté une pièce de vin de 912 litres, à raison de 45 francs l'hectolitre. Il vend 4 hectolitres de ce vin, au prix de 12 fr. le double décalitre. Combien devra-t-il vendre le litre de ce qui lui reste, pour gagner 50 francs sur le tout ? — *Réponse.* 43 centimes.

225. Un marchand a un tonneau de 2 hectolitres et un autre d'une certaine contenance. Il les remplit tous deux d'un vin qui lui coûte 0f,60 le litre et qu'il revend 0f,75. Il gagne ainsi 54 francs. Trouver combien le deuxième tonneau contient de litres. — *Réponse.* 160 litres.

226. Un épicier achète 62 caisses de bougies, pesant chacune 12 kilogrammes, au prix de 2f,15 le kilogramme ; mais on lui fait une réduction de 8 pour 100, à cause du poids de l'emballage. Trouver la somme qu'il doit payer? — *Réponse.* 1 471f,63.

227. Un marchand a acheté 23 pièces de drap de 69 mètres chacune à 18f,45 le mètre. Il revend le tout en faisant un bénéfice de 9 pour 100. Trouver la somme déboursée pour l'achat, le prix de vente du mètre et le bénéfice réalisé. — *Rép.* Ach. 29 280f,15. Bén. 2 635f,21. Mètre 20f,11.

228. Une femme tricote des bas de laine qu'elle vend 5 francs la paire. Elle emploie par paire 4 pelotes et demie de laine, pesant chacune 43 grammes, du prix de 15 francs le kilogramme, et 5 journées de travail. Que gagne-t-elle par jour ? — *Réponse.* 42 centimes.

229. Par suite d'une augmentation de 8 pour 100, le salaire journalier des 32 ouvriers d'une usine s'élève à la somme totale de 259f,20. Ces ouvriers recevant tous la même paye, on demande ce que chacun recevait par jour avant l'augmentation. — *Réponse.* 7f,50.

230. On achète deux tonneaux de vin de *même* qualité. L'un contient 2 hectolitres 5 litres de plus que le 2e et coûte 393 fr. 25 c.; le 2e coûte 260 fr. Trouver la contenance de chaque tonneau. — *Rép.* 605 et 400 lit.

231. Un marchand a vendu 5 pièces de toile de même longueur, au prix de 2f,45 le mètre. Il avait payé le mètre 2f,20. Trouver la longueur de la pièce, si dans la vente il a gagné 70f,50. — *Réponse.* 56m,40.

232. Un marchand a acheté 5 pièces de la même toile pour 350 francs. La 1re pièce a 17m,40, et coûte 41f,49 ; la 2e contient le double de la longueur de la 1re ; la 3e n'a que la moitié de la longueur de la 1re ; les deux autres ont des longueurs égales. Trouver combien elles contiennent de mètres. — *Réponse.* 43m,10.

233. Un ouvrier dépense 2f,75 par jour, pour l'entretien de sa maison. Au bout d'un an, après avoir payé ses dépenses avec le gain qu'il a fait, en travaillant 25 jours par mois, il a mis de côté 196f,25. Combien gagnait-il par jour ? — *Réponse.* 4 francs.

234. Après avoir vendu en détail, à 0f,70 le litre, le tiers d'un tonneau de vin, un marchand vend le reste à 0f,80 le litre. Il augmente ainsi de 36 francs le bénéfice qu'il voulait d'abord réaliser. Trouver la contenance de ce tonneau. — *Réponse.* 540 litres.

235. On donne à une jeune fille 18 mètres d'étoffe pour en faire une robe et l'étoffe coûte 1f,25 le mètre. Trouver quelle somme la jeune fille économisera, si elle fait elle-même sa robe, en supposant que le prix de la façon soit les 3 cinquièmes du prix d'achat. — *Réponse.* 13f,50.

236. Un marchand de vin a vendu, pour la somme de 9 000f,50, du blé qui lui avait coûté 8 045 fr. Trouver combien il y avait d'hectolitres, en sachant qu'il a gagné 3f,25 par 100 kilogr. et que l'hectolitre de ce blé pesait 75 kilogrammes. — *Réponse.* 392 hectolitres.

237. Une lampe brûle en 15 heures et quart un kilogramme d'huile coûtant 1f,35. Pour avoir la même clarté, il faudrait employer 6 bougies, qui durent 12 heures et demie et coûtent 1f,25. Quel est l'éclairage le plus économique ? *Réponse.* Économie par l'huile, 1 cent. par heure.

238. Lorsque le vin coûtait 23 fr. l'hectolitre, un ménage en consommait par année 6 hectolitres et 20 litres. Le prix s'étant élevé à 38 fr. l'hectolitre, on a diminué la consommation et cependant la dépense s'est accrue d'un 8e. De combien de litres la consommation annuelle a-t-elle été diminuée ? — *Réponse.* 198 litres.

239. Pour faire un bonnet une modiste a pris un 5e d'un coupon de soie de 1m,75 de longueur ; un 9e d'une pièce de tulle de 44m55 ; un 15e d'une pièce de ruban de 24 mètres, et pour 0f,22 de menues fournitures. Le mètre de soie vaut 4f,75 ; celui de tulle 0f,20 et celui de ruban 1 fr. A combien revient le bonnet, si la modiste prend 2f,75 de façon ? — *Réponse.* 7f,22.

240. Une ouvrière a acheté pour 50f,76 de laine, au prix de 6f,75 le kilogr. Elle en emploie 235 grammes pour une paire de bas et elle vend la paire 3f,80. Trouver combien elle fera de paires de bas avec la laine achetée et quel bénéfice elle retirera de son travail. — *Réponse.* 32 paires ; 70f,84 de bénéfice.

241. On achète un sac de blé d'un hectolitre et demi pour 32 fr., du poids de 79 kilogr. par hectolitre. Mais au moment de la livraison, on s'aperçoit que l'hectolitre de ce blé ne pèse que 76 kilogr. Combien doit-on payer pour ce sac ? — *Réponse.* 30f,79.

242. Un marchand de blé a acheté 340 doubles décalitres de blé, à 26f,50 l'hectolitre et il les a revendus 35 fr. les 100 kilogr. Quel a été le bénéfice, si le double décalitre de ce blé pesait 15kg,4 et si les frais de transport et autres se sont élevés à 10 francs ? — *Réponse.* 20f,60.

243. Une fontaine donne 30 hectolitres 24 litres en 21 heures ; une autre donne 95 hectolitres 68 litres en 21 heures ; une troisième donne

101 hectol. 97 litres en 99 heures. Trouver en combien de temps ces trois fontaines coulant ensemble rempliront un bassin ayant une contenance de 461 hectolitres 4 litres. — *Réponse*. 65 h. 37 m.

244. Un marchand, ayant besoin d'argent, revend une pièce de drap pour le prix de 525 fr. en perdant 15 °/₀ du prix qu'il l'avait payée. Trouver le montant de cette perte. — *Réponse*. 92f,65.

245. Le prix des places de 2e classe sur les chemins de fer est 0f,075 par personne et par kilomètre, plus l'impôt d'un décime par franc perçu par l'État. L'excédent des bagages est taxé à raison de 0f,835 les 1 000 kilogr. par kilomètre. Trouver d'après cela quelle somme doit payer une famille de 7 personnes, pour faire un voyage de 812 kilomètres avec 263 kilogr. d'excédent de bagages. — *Réponse*. 647f,25.

246. Un marchand de grains a pris livraison de 100 hectolitres de froment, pesant chacun 80 kilogr. au moment de la récolte, à raison de 20 fr. l'hectolitre. Ce blé en se desséchant perd le 25e de son poids. Trouver combien ce marchand devra vendre le quintal métrique de ce blé, pour réaliser un bénéfice de 5 °/₀. — *Réponse*. 27f,342.

247. Un homme a fait venir à Paris une pièce de vin de 228 litres, qui lui a coûté chez le vigneron 122 fr. Il a payé en outre : 10 fr. pour le transport ; 54f,50 pour droits d'entrée ; 9f,50 pour la mise en bouteilles, bouchons, etc. Il a vendu le fût vide 4f,75 et il a eu une perte de 3 litres de lie. Trouver à combien lui revient une bouteille de 75 centilitres de ce vin. — *Réponse*. 63 centimes 3 quarts.

248. Un fermier avait 435 doubles décalitres de blé, qu'il aurait pu vendre 19f,25 l'hectolitre. Au bout de quelque temps, il les vend 4f,25 le double décalitre ; mais il en a eu 135 litres perdus par avarie. Trouver ce qu'il a gagné ou perdu par hectolitre. — *Réponse*. Gain 1f,67.

249. Un marchand achète 221 sacs de farine pour la somme de 22 657f,14 et il les revend à raison de 67f,80 le quintal. Que gagne-t-il en tout et que gagne-t-il pour cent sur le prix d'achat, si le droit de commission alloué aux facteurs est de 0f,80 par quintal, chaque sac pesant 157 kilogrammes ? — *Réponse*. Total 589f,85 ; pour cent 2.60.

250. La toile écrue perd au blanchissage 15 °/₀ de sa longueur. Un marchand qui avait acheté 10 pièces de toile écrue, les revend après le blanchissage, au prix de 2f,70 le mètre, et retire du tout une somme de 670f,64, y compris un bénéfice de 72f,84. Trouver le prix d'achat de chaque pièce et le prix du mètre de toile écrue. — *Réponse*. La pièce 59f,78 ; le mètre 2f,295.

VI. — PROBLÈMES SUR LES UNITÉS DU SYSTÈME MÉTRIQUE

251. Pour faire transporter à 380 kilomètres 250 sacs de plâtre, pesant chacun 20 kilogr. on a payé 0f,037 par tonne et par kilomètre. Combien a-t-on dépensé pour le transport ? — *Réponse*. 70f,30.

252. Un boulanger a acheté 12 doubles décalitres de blé, au prix de 22f,50 l'hectolitre. La farine qu'il a obtenue ayant fourni 630 kilogr. de pain, trouver à combien revient le kilogr. de pain, si la vente du son a payé les frais de mouture. — *Réponse*. 30 centimes.

253. Un propriétaire achète chaque jour le fumier d'une écurie, à raison de 0f,10 par cheval. A combien revient le mètre cube de ce fumier, si le mètre cube pèse 750 kilogr. et si un cheval en produit 25 kilogr. par jour? — *Réponse*. 3 francs.

254. Le quintal métrique de betteraves vaut 1f,65. Un propriétaire ayant cultivé en betteraves les $\frac{3}{5}$ d'un domaine, dont la superficie totale est de 561 ares, trouver la somme qu'il a retirée, si l'are a donné en moyenne 312 kilogr. de betteraves. — *Réponse*. 1742f,08.

255. Un héritage se compose de 6 hectares de vignes estimés 1 250 fr. l'hectare, de 11 hectares 50 ares de pré et d'une maison évaluée 12 410 fr. L'estimation totale de l'héritage étant de 30 260 fr., on demande quelle est la valeur d'un hectare de pré. — *Réponse*. 900 francs.

256. Un fourneau à gaz brûle 1 200 litres de gaz par heure, du prix de 0f,25 le mètre cube, et ce fourneau est allumé en moyenne 4 heures par jour. A combien s'élève la dépense annuelle? — *Réponse*. 613f,20.

257. Un seau vide pèse 2kgr,600; plein de lait il pèse 11kgr,046. Calculer le prix du lait qui le remplit, à raison de 0f,45 le litre, le litre de lait pesant 30 grammes de plus qu'un litre d'eau. — *Réponse*. 3f,69.

258. Un terrain a été acheté 33 750 fr., à raison de 2 500 fr. l'hectare. Trouver sa surface en mètres carrés, et le prix auquel il faudrait revendre l'are, pour gagner en tout 3 750 fr. — *Réponse*. 35 000mq. 27f,78.

259. Un hectare de terre ensemencé en blé a donné 572 gerbes et ces gerbes ont fourni 22 hectolitres de grain, pesant chacun 78 kilogr. Quel est le poids du blé fourni par chaque gerbe? — *Réponse*. 3 kilogr.

260. — Le litre d'huile pèse 914 grammes. Quelle est la capacité d'une bouteille qui pèse vide 1kgr,180 et pleine d'huile 3kgr,630? — *R*. 2l,68.

261. Le stère de bois vaut 19 francs et on trouve que 42 stères de bois valent autant que 266 hectolitres de charbon. Quel est le prix de l'hectolitre de charbon? — *Réponse*. 3 francs.

262. On vend 12 hectolitres et demi de blé, pesant chacun 76 kilogr., à raison de 28f,75 le quintal, en faisant un gain de 13 % sur le prix d'achat. Combien avait-on payé l'hectolitre? — *Réponse*. 19f,33.

263. Dans une pièce de terre de 36 ares, on récolte 516 gerbes de blé, donnant chacune 16 litres $\frac{1}{5}$ de grain. Quel serait en hectolitres le rendement de l'hectare? — *Réponse*. 232 hectol. 20 litres.

264. Un épicier a acheté 360 litres d'huile à 160 fr. l'hectolitre, et il a payé en outre 12 % du prix d'achat, pour divers frais. A combien lui revient le kilog., le litre d'huile pesant 910 grammes? — *Réponse*. 1f,96.

265. Un marchand a acheté un tonneau d'huile à 1f,40 le litre. Il l'a

revendu 2 fr. le kilog. et a gagné ainsi 90f,30. Trouver la capacité tonneau, le litre d'huile pesant 915 grammes. — *Réponse*. 210 litre

266. Avec 100 kilogrammes de blé, on a pu faire 106 kilogrammes pain et pour avoir 1 kilogramme de pain il faut employer 748 gram de farine. Trouver combien 100 kilog. de blé fournissent de kilogram de farine. — *Réponse*. 79 kilogr. 288 grammes.

267. Un champ de 6 hectares 30 ares, ensemencé en blé, a produit p 2 011f,20 de grain, estimé 27 fr. les 100 kilogr. Trouver la quantité de fournie par un hectare de ce terrain. — *Réponse* 1 200 kilogrammes.

268. On a acheté 7 doubles décalitres de son pour 38f,50 et on v faire un bénéfice de 2f,80 en le revendant. A quel prix doit-on reven l'hectolitre? — *Réponse*. 29f,50.

269. Un stère de bois de chêne pris au dépôt coûte 9f,50. Trouve combien reviendront 15 stères de bois, transportés à 2 myriamètres 5 ki lomètres du dépôt, le prix du transport étant de 0f,15 par stère et p kilomètre. — *Réponse*. 188f,62.

270. Un mouchoir carré a 1m,40 de côté, et sur les quatre côtés fait un ourlet de 3 centimètres de largeur. De combien la surface mouchoir est-elle réduite? — *Réponse*. De 1 644 centimètres carrés.

271. Un épicier achète 219 paquets de bougies, pesant chacun 470 g au prix de 2f,50 le kilogramme. Il revend chaque paquet 1f,30. Quel e son bénéfice et combien gagne-t-il pour cent? — *R*. 27f,37; 10, 63 °

272. — Le poids d'un litre d'huile étant les 0,9 de celui d'un litre d'ea trouver : 1° combien il faut de centilitres d'eau pour peser autant q 3 litres d'huile; 2° quels sont les poids marqués qu'il faudrait employ pour faire équilibre à ces 3 litres d'huile. — *R*. 270cl; 2kgr, 5hgr, 2hgr.

273. — Un vase plein d'huile pèse 1 275gr,20. Trouver sa capacité, sachant que vide il pèse 500 grammes et que le poids d'un litre d'hui est les 0,912 de celui d'un litre d'eau pure. — *Réponse*. 85 centilitre

274. Un morceau de plomb, plongé dans l'eau qui remplit un vase, fait sortir 18 centilitres d'eau. Quel est le poids de ce morceau de plomb la densité de ce métal étant 11,35? — *Réponse*. 2 043 grammes.

275. Une vache mise au pré mange en 24 heures l'herbe de 80 centiare et produit en 92 jours 1 779 litres de lait, qui fournissent 64 kilogramme de beurre. Trouver : 1° la surface de pâturage nécessaire à la productio d'un litre de lait; 2° la surface nécessaire pour la production d'un kilo gramme de beurre. — *Réponse*. Lait 4mq,13. Beurre 115mq.

276. Un ouvrier achetait chaque jour, pour la consommation de s famille, 1 litre $\frac{3}{5}$ de vin. Maintenant il achète une pièce de 228 litres, au prix de 145 fr. Quel avantage trouve-t-il dans l'achat à la pièce, si le vin au détail lui coûtait 0f,14 le double décilitre? — *R*. 14f,60 en moins.

277. On achète, au prix de 59 francs l'hectolitre, tous frais compris 14 pièces de vin contenant chacune 225 litres. Le soutirage occasionn un déchet de 3l,50 par pièce. Quel sera le bénéfice de l'acheteur, s'il revend le vin soutiré au prix de 0f,70 le litre? — *Réponse*. 312f,20.

278. Le blé de 1re qualité donne 0,75 de son poids de farine. La farine absorbe 0,66 de son poids d'eau et il s'en évapore 0,50 par la cuisson. Trouver la quantité de pain qu'on pourra obtenir avec 5 250 kilogrammes de blé. *Réponse.* 5 236 kilogr. 875 grammes.

279. Une gerbe de blé donne en moyenne 12 litres et demi de grain et 10^{kgr},9 de paille. Combien rapporteront 4 308 gerbes, si le double décalitre de blé vaut 4^{f},50 et le quintal de paille 2^{f},60 ? — *R.* 13 337^{f},14.

280. On a fait sécher 85^{kgr},250^{gr} de savon, achetés au prix de 0^{f},70 le kilogramme. En pesant le savon sec, on trouve qu'il a perdu 8^{kgr},750^{gr} de son poids primitif. Combien faut-il vendre le kilogramme de savon sec, pour gagner 20^{f},67 dans cette vente ? *Réponse.* 1^{f},05.

281. Une récolte de froment a été vendue à raison de 25 fr. le quintal métrique et a produit 4 135^{f},50. Le champ, qui a fourni cette récolte, a 9 hectares 40 ares et l'hectolitre de froment pèse 80 kilogr. Trouver en décalitres le rendement par are. *Réponse.* 2 décal. 35 décilitres.

282. Un homme débourse 2 500 francs pour l'achat d'une prairie, ayant une surface de 1 hectare 8 ares. Les frais s'élèvent à 12 pour 100 du prix d'achat. A combien revient l'are ? — *Réponse.* 25^{f},92.

283. Un are de terrain produit en moyenne 20 litres de blé et les frais de culture s'élèvent à 80 francs l'hectare. Le blé étant vendu 23 francs l'hectolitre, on demande quel est le produit d'un champ de blé de 3 hectares 58 ares. *Réponse.* 1 360^{f},40

284. Le périmètre de Paris, au pied des glacis des fortifications, est de 34 kilomètres 530 mètres. Un homme, pour le parcourir, part à 8 heures de la porte de la Muette, à Passy, en faisant 1 500 mètres par quart d'heure. A quelle heure arrivera-t-il au point de départ, s'il s'est arrêté trois quarts d'heure pour se reposer ? — *Réponse.* A 2 heures et demie.

285. Une ménagère achète 135 kilogr. de farine à 43 fr. les 100 kilogr. Elle en fait 6 fournées, pour chacune desquelles elle dépense 15 centimes en levain et 70 centimes de combustible. A combien lui revient le demi-kilogr. de pain, si 3 kgr. de farine donnent 4 kgr. de pain ? — *Rép.* 0^{f},175.

286. Le lait de bonne qualité contient environ les $\frac{4}{25}$ de son poids en crème. Trouver la quantité de beurre qu'on pourra obtenir avec 22^{kgr} $\frac{5}{8}$ de lait, si le poids du beurre est les 0,80 du poids de la crème ; trouver aussi la valeur qu'on en retirera, si les 500 grammes de beurre se vendent 1^{f},15. — *Réponse.* 6^{f},66.

287. Un propriétaire échange du blé contre du vin. L'hectolitre de vin est estimé 35 fr. et les 100 kilogr. de blé 28^{f},50. Combien devra-t-il donner de doubles décalitres de blé, en échange d'une pièce de vin de 230 litres ? L'hectolitre de blé pèse 80 kilogr. — *Rép.* 17 d. décal. 13 litres.

288. Les frais d'exploitation d'un hectare de terrain cultivé en blé se sont élevés à 178 francs. D'autre part l'hectare a produit 17 hectolitres 5 décalitres de blé et une quantité de paille estimée 32 francs. A quel prix

faut-il vendre l'hectolitre de ce blé, pour que le cultivateur gagne 225 fra par hectare? — *Réponse.* 21f,20.

289. On a ensemencé une prairie avec de la graine de luzerne, coûta 42 francs le quintal métrique. Trouver la superficie de cette prairie, sachant qu'il a fallu 31 kilogr. de graine par hectare et qu'on a dépen 154f,07 pour l'achat de cette graine. — *Rép.* 1 183 ares 33 centiares.

290. Le litre d'huile pèse 917 grammes. Pour acheter un hectolitre on avait payé 174f,30 et en revendant cette quantité d'huile, on a reti 212f,15. Trouver combien on a gagné : 1° par kilogramme; 2° par litr 3° pour 100. — *Rép.* Par kilogr. 0f,286; par litre 0f,27; par cent 21,7

291. Si l'on admet que 45 kilogr. de farine donnent 63 kilogr. de pa et qu'une personne mange en moyenne 625 grammes de pain par jou que dépensera-t-elle pour payer la farine de sa consommation annuel de pain, au prix de 1f,15 le kilogramme de farine? — *Rép.* 187f,39.

292. Si l'on empile en une liasse bien serrée 1 000 billets de banq de mille francs, la liasse pèse 1 610 grammes et a 10 centimètr d'épaisseur. Trouver d'après cela la hauteur et le poids de la pile qu'au rait formée la somme de 5 milliards de francs payée par la France l'Allemagne, après la guerre de 1871, si elle avait été donnée en billet de banque de mille francs. — *Réponse.* 8 200 kilogr.; 500 mètres.

293. Quelle est la somme, qui en monnaie d'argent aurait le mêm poids que les 2 dixièmes d'un quintal métrique? — *Réponse.* 4 000 fr

294. Trouver quel serait le poids d'une somme de 207 700 francs en monnaie d'or. — *Réponse.* 67 000 grammes.

295. Une somme de 527f,95 contient 520 fr. en pièces d'argent : le reste en monnaie de bronze. Quel est le poids de cette somme? — *Rép.* 3 395 gr.

* 296. Quel est le poids d'une somme composée de 3 225 francs en or, 360 fr. en argent et 12f,40 en monnaie de bronze? — *Rép.* 4 080gr,32.

297. Trouver en litres la capacité d'un vase, en sachant que l'eau qui le remplirait pèse autant que 26 pièces de 5 francs en argent plus 64 pièces de 10 centimes en bronze. — *Réponse.* 1 litre 29 centilitres.

298. Une somme de 5 000 francs en or est formée de pièces de 10 francs et de pièces de 20 francs. Trouver quels sont les poids de l'or et du cuivre contenus dans cette somme. — *Rép.* Or 1 451g,61; cuivre 161g,29.

299. On pèse du café avec 41 pièces de 5 francs en argent, une pièce de 2 francs et 3 pièces d'un franc. Le kilogramme de ce café vaut 4f,50. Trouver le poids et la valeur du café pesé. — *Rép.* 1 050 gr.; 4f,725.

300. Les pièces de 5 francs en argent sont au titre de 0,900 et les autres pièces d'argent au titre de 0,835. Trouver les poids d'argent pur contenus dans une même somme de 595 francs : 1° quand elle est composée de pièces de 5 francs; 2° quand elle est composée de pièces inférieures. — *Réponse.* 1° 2 677gr,5; 2° 2 484gr,125.

* 301. Un homme a vendu une maison. En payement, on lui remet 1 250 pièces d'argent de 5 francs et 1 680 pièces de 2 francs et le reste

en pièces d'or de 20 francs. Combien reçoit-il de ces dernières pièces, si la maison a été vendue 16 850 francs? — *Rép.* 362 pièces de 20 fr.

* 302. Un sac contient 1 kilogr. de pièces d'argent et 2kgr,925gr de pièces de bronze; cette somme est le prix d'une pièce de drap qui a 12 mètres de longueur. Combien coûte le mètre? — *Réponse.* 19f,10.

* 303. Un sac de 1 000 fr. contient 500 fr. en argent, 450 fr. en or et le reste en bronze. Combien pèse son contenu? — *Rép.* 7 645gr,161.

304. Trouver le poids d'une somme de 1 250 francs en pièces d'argent de 5 francs, et le poids d'argent et le poids de cuivre qui entrent dans cette somme. — *Rép.* Total 6 250 gr. Argent 5 625 gr. Cuivre 625 gr.

305. Un sac de monnaie d'argent pèse net 389 grammes et demi. Il contient le plus grand nombre possible de pièces de 5 francs, puis de pièces de 2 francs, ensuite de pièces de 50 centimes, enfin le reste est formé de pièces de 20 centimes. Quel est le nombre de pièces de chaque espèce? — *Rép.* 15 de 5 fr.; 1 de 2 fr.; 1 de 50 c.; 2 de 20 c.

306. Un sac contient des nombres égaux de pièces d'argent de 5 francs, de 2 francs et de 1 franc, dont le poids net est de 6 kilogr. Trouver le montant de la somme contenue dans le sac et le nombre de pièces de chaque espèce. — *Réponse.* 1 200 francs; 150 pièces de chaque espèce.

* 307. On veut payer 1 158f,50 en poids égaux d'or, d'argent et de monnaie de cuivre. Combien faut-il donner de pièces d'or de 5 fr., de pièces d'argent de 5 fr. et de pièces de 1 décime? — *Réponse.* Pièces d'or 217; d'argent 14; décimes 35.

* 308. Les $\frac{7}{11}$ d'une somme de 7 040 francs sont en or; les $\frac{3}{5}$ du reste en pièces de 5 francs et le dernier reste en pièces de 2 francs et de 1 franc. Calculer le poids total de cette somme et le poids du cuivre que contiennent ces pièces. — *Rép.* Total 14 245gr,161. Cuivre 1 757gr,316.

* 309. En passant de la température de 4 degrés à 100 degrés, le volume de l'eau pure augmente d'un 24e. Trouver les poids de l'eau pure à 100 degrés qui remplirait chacune des huit mesures légales en étain et le poids total de cette eau. — *Réponse.* Litre d'eau à 100 degrés, 960 gr.

* 310. Le gaz d'éclairage pèse à volume égal les 0,27 du poids d'un même volume d'air et 1 litre d'air pèse 1gr,293. Dans un magasin il y a 65 becs de gaz brûlant chacun 123 litres de gaz par heure et chacun d'eux reste allumé 5 heures par soirée d'hiver. Calculer : 1° le poids du gaz dépensé par mois; 2° la dépense de l'éclairage, le gaz coûtant 29 centimes le mètre cube. — *Rép.* 1 199mc,250 litres. Dépense 347f,78.

VI. — Solutions raisonnées.

OBSERVATIONS. — Parmi les problèmes qui composent le paragraphe VI, il y en a plusieurs dans lesquels entrent des quantités de monnaie d'or. Quelques conseils sur la marche à suivre dans le calcul ne seront point inutiles.

D'abord les poids des pièces de monnaie d'or ne sont pas des nombres entiers de grammes; car d'après la loi du 7 germinal an XI (28 mars 1803) la pièce d'or de 20 francs doit être à la taille de 155 au kilogramme, ce qui revient à d que le rapport entre la valeur de l'or et celle d'un même poids d'argent est 15,5. Que les élèves ne se fatiguent donc pas pour mettre à grand'peine d leur mémoire des nombres qu'ils auront bientôt oubliés une fois hors de l'éc Ils doivent se borner à savoir et à dire que pour connaître le poids d'une pi de monnaie d'or, il faut chercher le poids d'une pièce de même valeur en arg et diviser ce poids par 15,5.

En outre le quotient de cette division ne pouvant pas être obtenu exacteme il y a un grand avantage à ne pas effectuer la division et à faire entrer ce q tient dans le calcul sous la forme fractionnaire, en ayant soin de le rédu toujours à sa plus simple expression. De cette manière on arrive plus rapidem et surtout plus exactement au résultat cherché.

Supposons par exemple qu'on ait à résoudre la question suivante : *Un lin d'or au titre de 0,900 pèse 4 200 gr.; combien fournira-t-il de pièces de 10 f.*

Un élève qui aura retenu que la pièce d'or de 10 francs pèse 3gr, 2258, s'e pressera de diviser 4 200 par 3,2258, ou pour plus de facilité, seulement par 3,2

Il aura à opérer sur deux nombres assez forts 4 200 000 et 3 225; il trouv pour quotient 1302,3..... ce qui lui indique 1302 pièces, avec un reste val environ 3 dixièmes d'une pièce.

Opérons au contraire conformément aux observations précédentes.

Le poids de 10 fr. en argent est 50 grammes.

Le poids de 10 fr. en or sera : $\frac{50}{15,5} = \frac{500}{155} = \frac{100}{31}$ F

Autant de fois ce nombre fractionnaire, qui est le poids de 10 fr. en or, se contenu dans 4 200, autant il y aura de pièces de 10 francs.

Ce nombre de pièces sera $4200 : \frac{100}{31} = 42 \times 31 = 1\,302.$

On trouve ainsi exactement 1 302 pièces, sans aucun reste.

Nous donnons des exemples de ce calcul dans plusieurs des problèmes suivant

PROBLÈME **285**. — Puisque 3 kgr. de farine donnent 4 kgr. de pain, le poi du pain surpasse d'un tiers le poids de la farine.

Le poids de pain obtenu est donc $135^{kgr} + 45^{kgr} = 180^{kgr}$.

Le prix de la farine est. . . . . . . $0^f,43 \times 135 = 58^f,05$.

Les frais de levain et combustible sont $0^f,85 \times 6 = 5,10$.

Prix des 180 kgr. de pain $63^f,15$.

Prix du kilogramme. . . . $63^f,15 : 180 = 0^f,350$.

Prix du demi-kilogramme. $0^f,175$.

PROBLÈME **296**. — Les 3 225 fr. en argent pèseraient $5^{gr} \times 3225$.

En or ils pèseront $\frac{5^{gr} \times 3225}{15,5} = \frac{32250}{31} = 1040^{gr},32.$

360 fr. en monnaie d'argent pèsent $5^{gr} \times 360 = 1800^{gr},00$.

$12^f,40$ ou 1240 centimes en bronze pèsent . . . $1240^{gr},00$.

Poids total : $4080^{gr},32$.

PROBLÈME **301**. — 1250 pièces de 5 fr. valent $5 \times 1250 = 6250^f$.

1680 pièces de 2 fr. valent $2^f \times 1680 = 3360^f$.

Payement en argent : 9610^f.

Payement en or . . . . . $16850^f - 9610 = 7240^f$.

PROBLÈME 303. — 450 fr. en or pèsent $\frac{5^{gr} \times 450}{15,5} = \frac{4500}{31} = 145^{gr},16.$

500 fr. en argent pèsent. . . $5^{gr} \times 500 = 2500,00.$

50 fr. ou 5 000 centimes en cuivre pesent. 5000,00.

Poids de la somme : $7645^{gr},16.$

PROBLÈME 307. — Une pièce d'argent pesant 25 grammes, vaut $5^{f},00.$

Une pièce d'or de 25 grammes vaudrait . . . $5^{f} \times 15,5 = 77^{f},50.$

25 grammes de monnaie de bronze valent . . . . . . $0^{f},25.$

Total : $82^{f},75.$

Autant de fois il y a $82^{f},75$ dans $1158^{f},50$, autant on donnera de pièces d'argent de 5 fr. Ce nombre de fois est. . . . 1158,50 : 82,75 = 14.

Ces 14 pièces de 5 fr. valent. . . $5^{f},00 \times 14 = 70^{f},00.$

Le même poids de monnaie d'or vaut. . $70^{f},00 \times 15,5 = 1085^{f},00.$

Le même poids en monnaie de cuivre vaut. . $0^{f},25 \times 14 = 3^{f},50.$

Total : $1158^{f},50.$

Il y a donc : pièces de 5 fr. en argent, 14 ; pièces de 1 décime, 35 ;
pièces d'or de 5 fr., 1085 : 5 = 217.

PROBLÈME 308. — La 11e partie de 7 040 fr. est 640^{f}.

La partie en or de la somme est $640 \times 7 = 4480^{f}$.

Il reste $7040 - 4480 = 2560^{f}$.

Les 3 cinquièmes ou les 0,6 de ce reste sont .... $256 \times 6 = 1536^{f}$

Le 3e reste est $2560 - 1536 = 1024^{f}$.

Il y a donc : en or, 4480 fr. ; en pièces de 5 fr. 1536 fr. ;
en pièces de 2 et de 1 fr. 1024 francs.

4480 fr. en or pèsent .... $\frac{5^{gr} \times 4480}{15,5} = \frac{44800}{31} = 1445^{gr},161$

1536 fr. en pièces de 5 fr. d'argent pèsent... $5 \times 1536 = 7680^{gr},000$

1024 fr. en pièces de 2 et de 1 fr. pèsent ... . $5 \times 1024 = 5120^{gr},000$

Poids de la somme : $14245^{gr},161.$

PROBLÈME 309. — En passant de 4d. à 100d, un volume de 24 litres d'eau augmente de 1 litre et devient 25 litres.

25 litres d'eau à 100d, pesent. 24^{kg}.

1 litre à 100° pèse donc.. .... $24000^{kr} : 25 = 960^{gr}$.

PROBLÈME 310. — Volume du gaz brûlé par jour : $123^{l} \times 65 \times 5 = 39\,975^{l}.$

par mois de 30 jours......... $39\,975 \times 30 = 1\,199\,250^{l} = 1199^{mc},250.$

Dépense par mois.......... $0^{f},29 \times 1199,25 = 347^{f},78.$

Poids du gaz brûlé en un mois :

$1^{gr},293 \times 0,27 \times 1199\,250 = 418\,670^{gr},1675.$

VII. — PROBLÈMES SUR LES SURFACES

311. La superficie du département de la Seine est de 479 kilomètres carrés ; celle de Paris jusqu'au pied du glacis des fortifications est de 7 802 hectares. Quelle est la différence entre la surface de Paris et celle du reste du département ? — *Réponse.* 32 296 hectares.

312. Le Champ-de-Mars à Paris est un rectangle long de 985 mètr et large de 123 mètres. Calculer sa surface. — *R.* 4 166 ares 55 cent

313. L'esplanade des Invalides à Paris est à peu près rectangulaire. S longueur est de 487 mètres et sa largeur de 275 mètres. Calculer sa sur face. — *Réponse.* 1 339 ares 25 centiares.

314. — Deux jardins rectangulaires ont la même surface. La longueur du premier est de $78^{m},4$ et sa largeur de $59^{m},6$. La longueur du secon ayant $61^{m},8$, calculer sa largeur. — *Réponse.* Largeur, $75^{m},60$.

315. Un terrain rectangulaire a un périmètre de $227^{m},80$ et une longueur de $65^{m},60$. Trouver sa surface et le prix qu'il a coûté, l'are valant 385 francs. — *Réponse.* Surf. $3\,618^{mq},48$. Prix, $12\,198^{f},65$.

316. Combien y a-t-il de centiares dans les $\frac{2}{7}$ d'un champ ayant une surface de 4 hectomètres carrés 7 décamètres carrés et 4 sixièmes de décamètre carré? — *Réponse.* 11 647 centiares.

317. Un champ de forme rectangulaire a 145 mètres de long sur 54 mètres de large. Combien doit-on y ajouter de mètres carrés, pour qu'il ait l'étendue d'un hectare? Trouver aussi sa valeur, au prix de 36 francs l'are. — *Réponse.* A ajouter $2\,170^{mq}$. Valeur, $2\,818^{f},80$.

318. Quel est le prix d'un pré rectangulaire ayant 7 hectomètres de longueur et 4 décamètres de largeur, le prix du mètre carré étant de 55 centimes? — *Réponse.* 15 400 francs.

319. Une propriété rectangulaire, achetée au prix de 15 francs l'are, a coûté $63428^{f},40$. Quelle en est la surface? Quelle en est la longueur, si la largeur est de 648 mètres? — *Rép.* 4 228 ares 56^{mq}; long. $652^{m},55$.

320. Calculer le prix d'un jardin carré de $68^{m},7$ de longueur, acheté au prix de 7 845 francs l'hectare. — *Réponse.* $3\,702^{f},60$.

321. Calculer la longueur d'un champ rectangulaire ayant une surface de 1 hectare 3 quarts et une largeur de 125 mètres. — *Réponse.* 140^{m}.

322. Un tapis rectangulaire a $7^{m},65$ de longueur et $5^{m},32$ de largeur. Calculer sa surface. — *Réponse.* 40^{mq} 69^{dmq} 80^{cmq}.

323. Une ardoise d'écolier a $0^{m},352$ de longueur et $0^{m},245$ de largeur. Calculer sa surface. — *Réponse.* 8^{dmq}, 62^{cmq}, 40^{mmq}.

324. Calculer en hectares, ares et centiares la surface d'un jardin rectangulaire long de $68^{m},6$ et large de $54^{m},2$. — *Rép.* 37 ares 18 cent.

325. La surface d'une porte rectangulaire a 5 mètres carrés 50 centimètres carrés : sa hauteur a $2^{m},75$. Trouver sa largeur. — *Rép.* $1^{m},82$.

326. Un carreau de vitre a une surface de 48 décimètres carrés et sa longueur est de $0^{m},75$. Calculer sa largeur. — *Réponse.* 64 centimètres.

327. Trouver quelle longueur il faut donner à un jardin rectangulaire d'une largeur de 124 mètres, pour qu'il ait une surface de 1 hectare et demi. — *Réponse.* $120^{m},96$ c'est-à-dire 121^{m}.

328. Calculer la somme à donner pour payer un verger rectangulaire ayant $84^{m},6$ de longueur et $65^{m},7$ de largeur, au prix de $75^{f},25$ l'are. — *Réponse.* $4\,182^{f},56$.

329. Une chambre rectangulaire a $5^{m},25$ de longueur et sa largeur est

de la longueur. Le tapis, qui couvre le plancher, a coûté 176f,40. Trouver le prix du mètre carré de ce tapis. *Réponse.* 8 francs.

330. On veut faire daller en carrés de marbre, les uns blancs et les autres noirs, le sol d'un vestibule rectangulaire ayant 12m,38 de longueur et 8m,75 de largeur. Combien devra-t-on employer de carreaux, s'ils ont 42 centimètres de côté? *Réponse.* 614 carreaux.

331. Deux voisins possèdent chacun un jardin de même superficie. Le jardin du premier est carré, avec une longueur de 138 mètres. Le jardin du second est rectangulaire, avec une longueur qui surpasse de 16 mètres celle du jardin carré. Calculer sa largeur. *Réponse.* 123m,65.

332. Pour faire un plancher rectangulaire, on veut employer des planches ayant 1m,35 de longueur et 0m,24 de largeur. Combien faudra-t-il de ces planches, la longueur du plancher étant de 8m,45 et sa largeur de 6m,32? — *Réponse.* 164,8, c'est-à-dire 165 planches.

333. Un corridor rectangulaire, ayant 7 mètres de longueur et 4m,35 de largeur, doit être pavé avec des briques carrées de 25 centimètres de côté. Quel est le nombre de briques à employer? *Réponse.* 487.

334. On trace un chemin rectiligne de 450 mètres de longueur sur 1m,50 de largeur à travers un champ, et le terrain est cédé par le propriétaire au prix de 62 francs l'are. Quelle somme lui donne-t-on pour le terrain cédé? — *Réponse.* 418f,50.

335. On veut carreler une chambre rectangulaire avec des carreaux de 16 centimètres de côté. Le mille de ces carreaux coûte 50 francs, et la chambre a 5m,43 de largeur et 6m,78 de longueur. Quelle sera la dépense, si l'ouvrier demande 0f,60 par mètre carré? — *Rép.* 93f,99.

336. On doit couvrir en tuiles le toit d'un hangar, ne présentant qu'un versant rectangulaire de 12m,30 de longueur et de 9m,60 de largeur. Chaque tuile, ayant 0m,25 de longueur et 0m,16 de largeur, est recouverte aux 5 huitièmes de sa surface par les autres tuiles. Quel sera le prix d'achat des tuiles, si le mille coûte 32 francs? — *Rép.* 251f,90.

337. Pour carreler une salle de classe rectangulaire ayant 9m,35 en longueur et 6m,84 en largeur, on emploie des briques carrées de 20 centimètres de côté. Trouver à combien s'élève la dépense, si les briques coûtent 145 francs le mille et si l'on paye 1f,60 par mètre carré pour la main-d'œuvre. — *Réponse.* 334f,32.

338. On achète, pour bâtir, un terrain rectangulaire ayant 42 mètres de largeur et dont le périmètre est égal à celui d'un carré de 59 mètres de côté. Trouver la somme à donner pour payer ce terrain, à raison de 285 francs l'are. — *Réponse.* 9 097f,20.

339. Pour tapisser une chambre on a employé 15 rouleaux de papier ayant 5m,50 de longueur et 0m,40 de largeur. Combien faudrait-il de rouleaux de la même longueur, pour la même chambre, si le papier avait 0m,50 de largeur? Quel est le papier le plus économique, si le 1er coûte 0f,45 et le 2e 0f,50 le mètre? - *R.* 12 rouleaux du 2e; le 2e est moins cher.

340. On a acheté deux pièces de terre. L'une a 34 ares 28 centiares;

l'autre, qui est carrée et longue de 80 mètres, a coûté 600 fr. de plu que la 1re. Trouver le prix de chaque pièce. — *R.* 692f,05 et 1292f,05

341. Pour tapisser les murs d'une salle rectangulaire, ayant 7 ,20 de longueur et 6m,40 de largeur sur 4 mètres de hauteur, on emploie un papier ayant 0m,18 de largeur. Trouver combien il faudra de mètres en longueur de ce papier, si la surface occupée par la porte, la cheminée et les armoires est de 15mq,20. — *Réponse.* 195 mètres.

342. Pour faire une robe on a employé 7m,80 d'une étoffe ayant 0m,70 de large, et pour la doubler entièrement une autre étoffe ayant 0m,60 de large. Chercher le prix du mètre de la doublure, en sachant que toute la doublure employée a coûté 7f,30. — *Réponse.* 80 centimes.

343. On veut tapisser une chambre ayant 8m,50 de longueur sur 5m,50 de largeur avec une hauteur de 3m,70; le rouleau de papier a 10 mèt. de longueur et 0m,40 de largeur. Calculer le nombre de rouleaux qu'il faudra employer. — *Réponse.* 25m,9, c'est-à-dire 26 rouleaux.

344. Une salle carrée a 8m,35 de côté et on veut la tapisser avec du papier, dont le rouleau coûte 1f,25 et a 8 mètres de longueur sur 0m,50 de largeur. Quelle somme déboursera-t-on pour l'achat du papier, si la hauteur du papier sur le mur doit être de 2 mètres et demi et s'il y a à déduire 5 mètres carrés pour les ouvertures? — *Rép.* 25 francs.

345. D'une feuille rectangulaire de zinc ayant 3m,25 de longueur et 1m,25 de largeur on a ôté deux bandes, l'une de 0m,85 de longueur et de 0m,64 de largeur, l'autre de 1m,08 de longueur et de 0m,45 de largeur. Trouver la surface de ce qui reste. — *Rep.* 3mq3dmq25cmq.

346. Un jardin rectangulaire est entouré d'une allée, dont la largeur est de 0m,85. La surface totale du jardin est de 35 ares 4 centiares, y compris celle de l'allée, et sa longueur est de 73 mètres. Trouver la surface totale de l'allée. — *Réponse.* 202mq,81dmq c.-à-d. 203mq.

347. Trois héritiers doivent se partager un pré rectangulaire, du prix de 12 500 francs l'hectare et ayant 160 mètres de long sur 80 mètres de large. Que vaut chaque part, après payement des frais de succession et de partage, qui sont de 1f,25 pour cent? — *Réponse.* 5 266f,67.

348. On veut faire établir dans deux chambres rectangulaires un parquet en chêne. L'une a 6m,20 de longueur sur 4m,50 de largeur; l'autre 5m,30 de longueur sur 4m,60 de largeur; le prix du mètre carré doit être de 24f,50. Trouver combien coûteront les deux parquets, si l'entrepreneur fait un rabais de 5 pour 100. — *Réponse.* 1 216f,82.

349. Une salle rectangulaire, qui a 8 mètres de longueur sur 4m,60 de largeur et 3m,50 de hauteur, présente 5 ouvertures d'égale grandeur, ayant chacune 0m,80 de largeur. Le papier employé pour tapisser complètement la salle a coûté 166f,95, à raison de 2f,10 le mètre carré. Trouver la hauteur de ces ouvertures. — *Réponse.* Hauteur de 2 mètres.

350. Une étoffe, ayant 0m,90 de largeur et valant 3f,75 le mètre, doit être employée pour couvrir le plancher d'une salle rectangulaire, dont les deux dimensions sont 7m,20 et 4m,60. Quelle somme devra-t-on pour cet achat au comptant, si on a une remise de 5 pour 100? — *R.* 131f,10.

351. Trouver tous les rectangles dont les dimensions sont exprimées par des nombres entiers de décimètres et qui auraient tous 1 m. carré de surface. — *R.* 5 rect. ayant pour longueur : 10, 20, 25, 50, 100 dm.

352. Un homme possédait une prairie rectangulaire, ayant 128m,50 de longueur et 84m,10 de largeur et valant 850 francs l'hectare. Il l'échange contre une propriété équivalente du prix de 7f,80 l'are. Trouver la surface de cette propriété. Trouver sa longueur, en sachant qu'elle est rectangulaire et que sa largeur est de 70 m. — *R.* Surf. 117a,76. L. 168m,2.

353. Un champ d'avoine rapporte en moyenne 16 hectolitres de grain par hectare. Trouver : 1° le nombre de quintaux d'avoine qu'on récoltera sur un champ rectangulaire ayant 106 mètres de longueur sur 87m,5 de largeur ; 2° la valeur de cette récolte, si le double décalitre pèse 10 kil. 5 hectog. et se vend 2f,85. — *Réponse.* 7q 79kg. Valeur, 211f,47.

354. En revendant un terrain, on a un bénéfice de 225 francs, qui représente 7 et demi pour 100 du prix d'achat. Ce terrain, de forme rectangulaire, avait été acheté à raison de 1f,25 le mètre carré et sa largeur est de 40 mètres. Calculer sa longueur. — *Réponse.* 60 mètres.

355. On veut paver une cuisine rectangulaire, ayant 53 décimètres de longueur sur 46 décimètres de largeur, avec des dalles carrées de 0m,35 de côté. On commence à poser les dalles dans le sens de la longueur. Combien y aura-t-il de rangs de dalles et quelle surface restera-t-il à remplir avec des morceaux? — *R.* 12 rangs de 15 dalles. Reste 1mq,30dmq.

356. La surface de la terre est d'environ 51 billions d'hectares. La surface de la zone torride en est à peu près les $\frac{2}{5}$ et celle de chaque zone glaciale en est les 0,04. Trouver en hectares et en kilomètres carrés la surface de chaque zone tempérée. — *Réponse.* 132 600 000 kil. carrés.

357. Pour 4 paires de rideaux ayant chacune 2m $\frac{3}{5}$ de longueur et 1m,45 de largeur on a dépensé 76f,80, y compris 13f,50 de façon. L'étoffe employée avait 0m,92 de large. Combien a-t-on employé de mètres de cette étoffe et combien a-t-on payé le mètre? — *R.* 16m,39 à 3f,86 le mètre.

• 358. Pour faire une robe on achète 9m,75 d'une étoffe, qui coûte 1f,95 le mètre et dont la largeur est de 0m,65. On double les 0,5 de la robe avec une étoffe coûtant 0f,75 le mètre et dont la largeur est de 0m,90. Trouver le prix de la robe et de la doublure, si l'on obtient une réduction de 1 et demi pour cent. — *Réponse.* 21f,33.

• 359. On veut recouvrir d'ardoises un toit rectangulaire, ayant 8m,60 de longueur sur 5m,40 de largeur. La superficie de chaque ardoise est de 2 décimètres carrés; mais un quart de cette surface se trouve perdu par le recouvrement d'une ardoise sur l'autre. Calculer la dépense totale, en sachant : 1° que ces ardoises coûtent 24 francs le mille ; 2° que 60 par mille n'ont pu être utilisées; 3° que pour la pose il a fallu payer 0f,40 par mètre carré au couvreur. — *Réponse.* 97f,64.

• 360. Un terrain de forme rectangulaire a 115 mètres de long sur 70 m. de large. Les $\frac{3}{7}$ de sa superficie sont cultivés en blé et le reste en maïs.

Trouver le revenu moyen d'un are de terrain, en sachant que la production d'un hectare en maïs vaut celle de 95 ares 50 centiares en blé et que la partie ensemencée en blé donne un revenu brut de 500 francs. — *Réponse.* Le revenu d'un are est de 14 fr. 12 c.

VII. — Solutions raisonnées.

OBSERVATIONS. — 1° Dans les problèmes relatifs aux surfaces les élèves prennent invariablement le mètre pour unité dans l'écriture des nombres, quelque petites que soient les dimensions données.

Ils écrivent ainsi : $0^m,032$ pour 32 millimètres.

A cela on ne voit pas qu'il y ait matière à critique ; mais là où il y a un inconvénient réel, c'est quand il s'agit de multiplier les dimensions entre elles.

En effet, supposons qu'on ait par exemple à chercher la surface d'une petite plaque de cuivre carrée ayant 32 millimètres de côté.

Les élèves écrivent habituellement :

La surface est $0,032 \times 0,032 = 0^{mq},001024$.

D'abord pourquoi rapporter une surface d'aussi peu d'étendue à celle d'un mètre carré ? Mais pourquoi surtout charger les nombres de zéros inutiles et arriver à un résultat composé de *sept* chiffres, lorsque *quatre* suffiraient ? Ce n'est pas seulement du temps perdu ; il en résulte souvent des conséquences plus graves, que nous avons constatées plusieurs fois dans les examens. L'élève se perd au milieu de ces chiffres, se trompe sur la place de la virgule et trouve ainsi pour son problème un résultat inexact.

Pour des surfaces peu étendues il convient de prendre le centimètre comme unité ; mais on doit avoir soin en commençant d'indiquer bien nettement l'unité adoptée. Dans l'exemple précédent on dira :

Je prends le centimètre pour unité.

La surface est ainsi : $3,2 \times 3,2 = 10,24$.

c'est-à-dire 10 centimètres carrés 24 millimètres carrés.

2° Dans l'indication des opérations, les nombres qui représentent les longueurs données doivent être écrits comme des nombres abstraits et ne pas être surmontés du nom de l'unité de longueur.

Si par exemple on doit calculer la surface d'un plancher rectangulaire ayant $8^m,4$ de longueur et $6^m,9$ de largeur, on n'écrira pas :

La surface est égale à $8^m,4 \times 6^m,9 = 57^{mq},96$

mais seulement :

La surface est égale à $8,4 \times 6,9 = 57^{mq},96$.

En effet, quand on dit que la surface d'un rectangle est égale au produit de sa longueur par sa largeur, cela signifie qu'*il contient autant d'unités de surface qu'il y a d'unités abstraites dans le produit des deux nombres qui expriment combien il y a d'unités de longueur dans les deux dimensions.*

3° Nous ajouterons une dernière observation, au sujet du signe abréviatif destiné à indiquer le *mètre carré*. Quel avantage trouve-t-on à substituer à ce caractère *mq (mètre carré,* le caractère *mc* étant réservé au *mètre cube)* le symbole m^2 qui dans le langage mathématique signifie la 2e, *puissance de m* ? C'est détourner l'exposant 2 de sa destination que de l'employer ici comme synonyme de *carré*.

PROBLÈME 354. Dans la vente on a gagné sur le prix d'achat,

avec 100 francs 7f,50; avec 1 franc 0,075.

Avec 0f,25 on a gagné par mètre carré :

$0^f,75 \times 1,25 = 0^f,9375.$

Il y a dans le terrain autant de mètres carrés qu'il y a de fois 0f,9375 dans 225 francs.

Ce nombre de mètres carrés est . . . . 225 : 0,9375 = 2400mq.

La longueur du terrain est. . . . . 2400 : 40 = 60m.

PROBLÈME 358. — Surface de la robe . . . . . . 9,75 × 0,65 = 6mq,375.

0,3 de cette surface pour la doublure . . . . 6mq,3375 × 0,3 = 1mq,60195.

Longueur de doublure à acheter. . . . . 1,901 : 0,9 = 2m,11.

Prix de l'étoffe : 1f,95 × 9,75 = 19f,0125.

Prix de la doublure : 0f,75 × 2,11 = 1f,5825.

Total : 20f,595.

Escompte de 0f,015 par franc : 0f,015 × 20,59 = 0f,308.

Net à payer : 20f,29.

PROBLÈME 359. — Surface du toit : 8,6 × 5,4 = 46mq,44 = 4644 décim. q.

La partie de la tuile couvrant le toit est 2dmq,5 × 0,75 = 1dmq,5.

Le nombre d'ardoises nécessaires est 4..... 644 : 1,5 = 3096.

Sur 1000 ardoises on n'en utilise que 940.

On achètera autant de fois 1000 ardoises qu'il y a de fois 940 dans 3 096

Le nombre d'ardoises à acheter sera :

$$\frac{3096 \times 1000}{940} = \frac{154800}{47} = 3\,294.$$

Le prix d'achat sera : 0f,024 × 3 294 = 79f,06.

Frais de main-d'œuvre : 0f,4 × 46,44 = 18f,57.

Dépense totale : 97f,63.

PROBLÈME 360. — Surface du terrain : 115 × 70 = 8050mq = 80a,5.

La surface en blé est 3 septièmes de 80a,5, c'est-à-dire...... 34a,5

La surface en maïs est 4 septièmes de 80a,5, c'est-à-dire.... 46a,0.

Or 34a,5 en blé rapportent 500 fr.

1 are rapporterait : 500f : 34,5.

95a,5 en blé rapportent :

$$\frac{500}{34,5} \times 95,5 = \frac{95\,500}{69} = 1\,384^f,05.$$

Ainsi 100 ares de maïs rapportent 1384f,05.

1 are rapporterait............... 13f,8405.

46 ares en maïs donnent 13f,8405 × 46 = 636f,663.

Produit total :

$500^f + 636^f,66 = 1\,136^f,66.$

Produit moyen de l'are du terrain :

$1\,136^f,66 : 80,5 = 14^f,12.$

VIII. — PROBLÈMES SUR LES VOLUMES

NOTA. — Les observations faites (page 284) sur la résolution des problèmes de surface doivent s'appliquer à plus forte raison aux problèmes relatifs aux volumes. Nous croyons inutile de les répéter ici.

361. On a formé un tas de pierres de forme rectangulaire, ayant 5m,30 de longueur avec 3m,45 de largeur et 1m,25 de hauteur. Combien y a-t-il dans ce tas de mètres cubes de pierres? — *Réponse.* 23mc,115dmc.

362. Une pile rectangulaire de bois à brûler est formée de bûches ayant 0m,82 de longueur. La pile a une longueur de 2m,76 et une hauteur de 1m,35. Trouver le nombre de stères de la pile. — *Réponse.* 3st

363. Une pile de bois rectangulaire, ayant 4m,25 de longueur et 1m,30 de hauteur, contient 5 stères. Trouver la longueur des bûches dont elle est formée. — *Réponse.* 90 centimètres.

364. Entre deux montants verticaux, séparés par un intervalle de 1 mètre et demi, on empile des bûches ayant 1m,20 de longueur. A quelle hauteur devra s'élever le tas, pour qu'il ait un volume de 2 stères et demi? — *Réponse.* 1m,39 de hauteur.

365. On veut creuser une citerne pouvant contenir 105 hectolitres d'eau. Le fond, qui est un rectangle, a 3 mètres de longueur et 1m,40 de largeur. Calculer la profondeur qu'il faut lui donner. — *Réponse.* 2m,50.

366. Après avoir acheté un stère de bois, dont les bûches ont 1 mètre de longueur, on les fait scier en 4 morceaux, pour les empiler dans un placard, qui n'a que 0m,25 de profondeur et 1m,60 de largeur. A quelle hauteur le bois s'élèvera-t-il dans ce placard? — *Réponse.* 2m,50.

367. J'ai acheté un tas rectangulaire de bois à brûler, ayant 8 mètres de longueur sur 1m,40 en largeur et en hauteur, à raison de 10f,50 le stère, et on me fait une remise de 3 pour 100, parce que je paye comptant. Quelle somme ai-je à débourser? — *Réponse.* 159f,70.

368. Un jardin rectangulaire, ayant 56 mètres de longueur et 25 mètres de largeur, a été entouré d'un mur. Le mètre cube de maçonnerie a coûté 18f,50 et la dépense totale a été de 1798f,20. Quelle est l'épaisseur du mur, si la hauteur est de 1m,50? — *Réponse.* 40 centimètres.

* 369. Une barre de fer longue de 2 mètres a pour section un carré de 0m,042 de côté. On l'étire en la faisant passer par un orifice carré de 0m,036 de côté. Calculer la longueur que la barre a prise, après avoir passé à la filière. — *Réponse :* 2 mètres 722 millimètres.

370. Un vagon de forme rectangulaire est long intérieurement de 3m,50, large de 2m,15 et profond de 0m,70. Il est rempli d'une chaux qui coûte 1f,45 l'hectolitre. Quelle est la valeur de cette chaux? Quelle surface de terrain pourra-t-on amender avec cette chaux, à raison d'un quintal par are, si l'hectolitre pèse 135 kilogrammes? — *Réponse.* 76f,38. Surf. 71a,11.

371. Un vase de forme cubique a 1 mètre de côté et on y a versé 4 hectolitres 55 décilitres d'eau. Trouver : 1° à quelle hauteur l'eau s'élève

dans le vase; 2° quel serait le poids de l'eau nécessaire pour achever de le remplir. — *Réponse.* 40 centimètres. Poids d'eau du reste 594^{kg},5.

372. Combien faut-il de voitures de bois portant chacune 2 stères 6 décistères, pour remplir un bûcher ayant 11^{m},20 de longueur sur 7^{m},40 de largeur et 3^{m},50 de hauteur? *Réponse.* 111 voitures, plus 1st,4.

* 373. Le litre de blé pèse 750 grammes et fournit 85 pour 100 de son poids en farine et le reste en son. Quels poids de son et de farine retirera-t-on du blé renfermé dans un coffre rectangulaire, ayant 2^{m},60 de longueur avec 1^{m},40 de largeur et 1^{m},30 de profondeur? Trouver aussi la somme que produira la vente de ce blé, si on le vend au prix de 4^{f},35 le double décalitre. — *Rep.* Farine. 3016^{kg},65. Son 532^{kg},350. Valeur 1029^{f},21.

374. Un bassin rectangulaire ayant 3^{m},80 de longueur, 2 mètres de largeur et 0^{m},60 de profondeur, est rempli en 15 heures par un robinet. Par un autre robinet il pourrait se vider en 30 heures. Le bassin étant vide, on ouvre les deux robinets ensemble. Au bout de combien de temps sera-t-il rempli? — *Réponse :* Capacité 4560 litres. Temps demandé 30^{h}.

* 375. On a soudé l'une sur l'autre 2 plaques rectangulaires se recouvrant exactement, l'une de fer, l'autre de cuivre, et ayant chacune 0^{m},05 de largeur et 0^{m},01 d'épaisseur. Le poids total est de 4 950 grammes. Trouver la longueur, en sachant qu'un centimètre cube de fer pèse 7^{gr},7 et un centimètre cube de cuivre 8^{gr},8. *Réponse.* 60 centimètres.

376. Combien pourra-t-on mettre de lits dans un dortoir ayant 26^{m},75 de longueur et 9^{m},80 de largeur avec une hauteur de 5^{m},60, s'il faut qu'il y ait 15 mètres cubes d'air par personne? — *Réponse.* 97,8 ou 98 lits.

377. A combien revient un bloc de pierre de forme cubique ayant 0^{m},84, d'arête, si la pierre coûte 7^{f},50 le mètre cube et la taille 1^{f},15 le mètre carré? — *Réponse.* 9^{f},30.

* 378. Trouver l'épaisseur d'une feuille de verre qui pèse 1 687 grammes, en sachant qu'elle a 0^{m},75 de long sur 0^{m},60 de large et que le centimètre cube de verre pèse 2 grammes et demi. — *Rép.* 1 millimètre et demi.

* 379. Un bloc de glace rectangulaire dans un étang a 40 mètres de longueur et 13^{m},60 de largeur avec une épaisseur de 0^{m},45. Chercher de combien il s'enfonce dans l'eau, en sachant que le poids de ce bloc est égal au poids de l'eau dont il occupe la place et qu'un décimètre cube de glace pèse 930 grammes. — *Réponse.* 418 millimètres.

* 380. Une feuille d'étain pèse 375 grammes et a 1 mètre carré de surface. Trouver quelle est son épaisseur, en sachant qu'à volume égal l'étain pèse 7 fois et demie autant que l'eau. — *R.* 5 centièmes de millimètre.

* 381. On fabrique des feuilles d'or qui ont 1 millième de millimètre d'épaisseur. La densité de l'or étant 19,362, trouver quelle surface on pourra recouvrir avec 30 grammes de ces feuilles. — *R.* $1^{mq}54^{dmq}94^{cmq}$.

* 382. Un bassin rectangulaire contient 2 096 367 litres d'eau : sa largeur est de 21^{m},94 et la hauteur de l'eau est de 3^{m},75. Trouver la longueur du bassin. — Si l'eau, en s'écoulant, s'abaissait de 1^{m},25, combien resterait-il de litres d'eau dans le bassin? — Si au contraire le niveau de

l'eau s'élevait de $0^{m},625$, combien de litres d'eau y aurait-il de plu dans le bassin? — *R.* Long. $25^{m},48$. Reste 1 397 578^{l}. En plus 349 394^{l}

383. Un bassin rectangulaire a $3^{m},75$ de longueur, $2^{m},30$ de largeu et $1^{m},40$ de profondeur. Il est alimenté par deux filets d'eau qui donnent le premier 22 litres en 3 minutes et le second 37 litres en 6 minutes Trouver au bout de combien de temps le bassin sera rempli aux 8 quinzièmes de sa capacité, et quel sera alors le nombre d'hectolitres d'ea qui y seront contenus. — *Réponse.* 6 440 litres en 7 h. 57 minutes.

* 384. Un bassin rectangulaire a une longueur de 5 mètres et une largeu de $3^{m},20$. Calculer sa profondeur, en sachant que pour le remplir d'eau il faut laisser ouvert pendant 11 heures 40 minutes un robinet qui vers 40 litres d'eau par minute. — *Réponse.* $1^{m},75$.

* 385. Une barre plate de fer de forme rectangulaire pèse 6 520 grammes sa longueur a $1^{m},62$; sa largeur $0^{m},043$. Calculer son épaisseur, en sachant qu'un centimètre cube de fer pèse $7^{gr},8$. — *Réponse.* 12 millim

VIII. — Solutions raisonnées.

PROBLÈME **369.** — Dans les deux cas la barre présente la forme d'une règl à six faces rectangulaires et son volume est égal au produit de la section par l longueur.

En prenant le centimètre pour unité et en représentant par x la longueur e centimètres de la barre étirée, on a :

Volume dans le 1er cas : $4,2 \times 4,2 \times 200$;
Volume de la barre étirée : $3,6 \times 3,6 \times x$.

Le volume restant le même, on peut écrire l'égalité.

$$3,6 \times 3,6 \times x = 4,2 \times 4,2 \times 200,$$

ou

$$1,8 \times 3,6 \times x = 42 \times 42,$$

ou

$$6,48 \times x = 1764.$$

On obtient $$x = \frac{1\,764}{6,48} = \frac{176\,400}{648} = 272,22.$$

La longueur de la barre étirée est $2^{m},722$ millimètres.

PROBLÈME **373.** — Pour avoir le volume en litres, prenons le décimètre pour unité.

Vol. du grenier : $26 \times 14 \times 13 = 4\,732$ litres.
Poids du blé : $750^{gr} \times 4732 = 3\,549$ kilog.
Poids de la farine : $3549^{kg} \times 0,85 = 3\,016^{kg},650$.
Poids du son : $3549 - 3016,65 = 532^{kg},350$.
Prix du litre de blé : $4^{f},35 : 20 = 0^{f},2175$.

Prix du blé qui remplit le grenier : $0^{f},2175 \times 4\,732 = 1\,029^{f},21$.

PROBLÈME **375**. Soit x le nombre de centimètres de la longueur demandée.

Le volume de chaque plaque en centim. cubes est..... $x \times 5 \times 1$ ou $5 \times x$.
Le plaque de fer pèse............................ $7^{g},7 \times 5 \times x$ ou $38^{g},5 \times x$.
La plaque de cuivre pèse......................... $8^{g},8 \times 5 \times x$ ou $44^{g} \times x$.
Le poids total des deux plaques est............................ $82^{g},5 \times x$.

On a donc : $$82,5 \times x = 4950.$$

De là on tire : $$x = \frac{4950}{82,5} = 60.$$

PROBLÈME **378**. — Le volume de la feuille de verre en centimètres cubes est

$$1687 : 2,5 = 674^{cmc},8.$$

La superficie de la face est $75 \times 60 = 4500^{cmq}$.

L'épaisseur est donc $674,8 : 4500 = 0^{cm},149$ ou 1 millimètre et demi.

PROBLÈME **379**. — Le volume du bloc en mètres cubes est :

$$40 \times 13,6 \times 0,45 = 244^{mc},800 \text{ ou } 244\,800 \text{ décimètres cubes.}$$

Son poids est . . . . $0^{kg},93 \times 244\,800 = 227\,664$ kilogrammes.
Le volume de l'eau déplacée est. . . . . 227 664 décim. cubes.
La surface de la base est . . . $40 \times 13,6 = 544^{mq} = 54\,400$ décim. carrés.
L'épaisseur de la partie enfoncée dans l'eau est :

$$227\,664 : 54\,400 = 4,18 \text{ c.-à-d. } 418 \text{ millimètres.}$$

PROBLÈME **380**. — Le poids de 1 centimètre cube d'étain est $7^{gr},50$.
Le volume de la feuille est donc $375 : 7,5 = 50$ centimètres cubes.
La surface de la feuille est de 10 000 centimètres carrés.
L'épaisseur est donc $50 : 10\,000 = 0^{cm},005$ ou 5 centièmes de millimètre.

PROBLÈME **381**. — Le centimètre cube d'or pèse $19^{gr},362$.
Le volume des feuilles pesant 30 gr. sera $30 : 19,362 = 1^{cmc},5494$.
Toutes ces feuilles étendues les unes à côté des autres peuvent être regardées comme formant un rectangle dont le volume est $1^{cmc},5494$ et l'épaisseur $0^{cm},0001$.
La surface sera le quotient du volume divisé par l'épaisseur.
Elle est donc en centimètres carrés :

$$\frac{1,5494}{0,0001} = 15494, \text{ c.-à-d. 1 mètre carré 54 décim. q., 94 cent. q.}$$

PROBLÈME **382**. — En mètres cubes la capacité est $2\,096^{mc},367$.

1° Si on désigne par x la longueur du fond du bassin, sa capacité est exprimée par le produit : $21,94 \times 3,75 \times x$ ou $82,275 \times x$.
La longueur est donc : $2\,096,367 : 82,275 = 25^{m},48$.

2° Quand le niveau a baissé de $1^{m},25$, la hauteur de l'eau qui reste est :

$$3^{m},75 - 1^{m},25 = 2^{m},50.$$

Le volume de cette eau est :

$$25,48 \times 21,94 \times 2,5 = 1\,397^{mc},578 \text{ ou } 13\,975 \text{ hectol. 78 litres.}$$

3° Quand le niveau s'élève de $0^{m},625$, il y a de plus un volume d'eau éga

$$25,48 \times 21,94 \times 0,625 = 349^{mc},3945 \text{ ou } 3\,493 \text{ hectol. 94 litres.}$$

Problème — **384.** D'abord 11 h. 40 m. font : $60^{m} \times 11 + 40^{m}$, c.-à-d. 700 m.
La capacité du bassin est.... $40 \times 700 = 28\,000$ litres = 28 mètres cubes.
La surface du fond est........................ $5 \times 3{,}2 = 16$ mètres carrés.
La profondeur est le nombre qui multiplié par 16 donne pour produit 28.
Cette profondeur égale donc $28 : 16 = 1^{m},75$.

Problème **385.** — Prenons le centimètre pour unité de longueur.
La règle a autant de centimètres cubes qu'il y a de fois $7^{gr},8$ dans 6 520 gr.
Le nombre de centimètres cubes est donc $6520 : 7{,}8 = 835^{cmc},897$.
Ce volume est égal à la superficie de la grande face multipliée par l'épaisseur.
La superficie de cette face est en centimètres carrés $162 \times 4{,}3 = 696{,}6$.
L'épaisseur est donc le quotient du volume divisé par cette superficie, c.-à-d.

$$835{,}897 : 696{,}6 = 1^{cm},2 \text{ ou } 12 \text{ millimètres.}$$

IX. — PROBLÈMES SUR LES NOMBRES COMPLEXES

386. Prendre les $\frac{7}{9}$ de 4 jours 18 heures 31 minutes et exprimer le résultat en heures, minutes et secondes. — *Réponse.* 89 h. 6 m. 26 s.

• 387. Une montre, mise à l'heure un dimanche à midi, marque 1 heure 24 minutes le dimanche suivant, quand l'heure véritable est midi. De combien cette montre a-t-elle avancé par heure? De combien par minute? — *Réponse.* Par heure 30 secondes; par minute une demi-seconde.

• 388. Une montre, mise à l'heure un jeudi à 8 heures du matin, avance de 25 secondes par heure. Quelle heure marquera-t-elle le dimanche suivant à 7 heures du soir? — *Réponse.* 7 h. 34 m. 35 s.

• 389. Une pendule remontée peut marcher pendant 412 527 secondes. On la remonte un lundi à 4 heures du soir. Quel jour et à quelle heure s'arrêtera-t-elle? — *Réponse.* Samedi à 10 h. 35 m. 27 s. du matin.

• 390. Une lampe brûle pour 2 centimes d'huile et 3 millimes de mèche par heure. Trouver quelle sera la dépense de l'éclairage du 1er octobre au 10 mars suivant, si la lampe reste allumée pendant 4 heures 40 minutes par jour. — *Réponse.* $17^{fr},28$.

391. Une lampe brûle 24 grammes d'huile par heure et reste allumée en moyenne 3 heures 40 minutes par soirée. Trouver la dépense d'éclairage pendant les 3 premiers mois de l'année, si un litre d'huile pèse 915 grammes et si l'hectolitre coûte 125 fr. — *Réponse.* $9^{fr},46$.

• 392. De trois frères, le plus jeune est né le 25 septembre 1785; le cadet au 24 mai 1816 a eu 32 ans 1 mois 8 jours. Trouver à quelle époque remonte la naissance de l'aîné qui, au 15 janvier 1817, avait eu le total des âges des deux autres. Trouver aussi quel est l'âge de chacun des deux autres à ce jour.

Réponse. En 1752, au 26 déc. — $31^{a}\ 3^{m}\ 21^{j}$. — $32^{a}\ 8^{m}\ 30^{j}$.

• 393. Une lampe brûle 1 kilogramme d'huile, du prix de $1^{fr},40$ en 14 heures 10 minutes. Pour avoir la même clarté, il faudrait employer

6 bougies qui coûtent ensemble 1f,25 et qui durent 11 heures et demie. Trouver quel est l'éclairage le plus économique et quelle sera l'économie au bout d'un mois de 30 jours, si la lampe reste allumée pendant 4 heures par jour. — *Rép.* Avec l'huile, économie de 1fr,59.

394. Un train de chemin de fer part à 9 heures du matin et parcourt 45 kilomètres par heure. Un autre train part du même endroit, dans la même direction, à 10 heures 15 minutes et fait 42 kilomètres par heure. A quelle distance seront-ils l'un de l'autre à midi? *Rép.* 61 kil. et demi.

* 395. Un train de chemin de fer marche pendant 8 heures 57 minutes, en parcourant 780 mètres par minute; puis pendant 2 heures 25 minutes, en parcourant 615 mètres par minute. Trouver l'espace total ainsi parcouru et le temps qu'a duré le trajet. — *Rép.* 508 kil. en 11 h. 22 m.

396. Une locomotive parcourt en moyenne 1 020 mètres par minute. Quel temps a-t-elle mis pour parcourir une distance de 63 myriamètres 7 hectomètres? — *Réponse.* 10 heures 18 minutes.

397. La distance de Bar-le-Duc à Paris par le chemin de fer est de 254 kilomètres. Combien d'heures et de minutes mettrait un train pour parcourir cette distance, en conservant une vitesse moyenne de 30 kilomètres à l'heure, le temps d'arrêt dans les diverses stations étant de 1 heure et 1 tiers? — *Réponse.* 9 heures 48 minutes.

* 398. Deux trains partent au même instant de Paris et de Lyon, allant l'un au devant de l'autre. Le premier parcourt 15 kilomètres en 20 minutes et l'autre 4 myriamètres en 1 heure. La distance de Paris à Lyon étant de 512 kilomètres, quelle distance y aura-t-il entre eux au bout de 2 heures 3 quarts de marche? — *Réponse.* 278 kilom. et quart.

399. Un train se dirigeant vers Orléans quitte Paris à 11 heures 20 minutes du matin. A quelle heure arriverait-il à Orléans, s'il parcourait uniformément 38 kilomètres par heure, la distance entre Orléans et Paris étant de 121 kilomètres? — *Réponse.* A 2 heures 31 minutes.

* 400. La roue d'une machine fait 40 tours en 5 minutes 40 secondes; une autre roue fait 30 tours en 3 minutes 45 secondes. Quelle est la roue qui fait le plus de tours en 1 heure? — *R.* La 2e fait 57 tours de plus que la 1re.

401. On fait arriver l'eau par deux robinets dans un bassin. Le 1er verse par minute 2 litres $\frac{3}{4}$; le 2e verse aussi par minute 3 litres $\frac{2}{7}$. Combien le bassin contiendra-t-il de litres d'eau au bout de 2 heures et demie? — *Réponse.* 905 litres.

* 402. Une montre qui retarde de 18 minutes par jour a été réglée à 8 heures et demie du matin. Trouver quelle est l'heure exacte, quand elle marque 3 heures et quart du soir. — *Réponse.* 3 h. 20 m. 3 s.

* 403. Paris et Perpignan sont à peu près sur le même méridien et leurs latitudes sont : pour Paris 48° 50' 40"; pour Perpignan 42° 41' 39". Trouver en mètres la distance de ces deux villes. — *R.* 683 364 m.

* 404. Bourges et Paris sont à une distance de 232 kilomètres et à peu près sur le même méridien. Evaluer cette distance en degrés, minutes et secondes. — *Réponse.* 2° 5' 16",8.

• 405. La longitude de Lyon est 2° 29' 16" à l'est du méridien de Paris. Trouver quelle heure il est à Lyon, quand il est midi à Paris, le soleil mettant 24 heures pour effectuer son tour complet autour de la terre, dans son mouvement apparent. — *Réponse*. Midi 9 m. 57 s.

406. Trouver quelle heure il est à Bordeaux, quand il est midi à Paris, en sachant que la longitude de Bordeaux est de 2° 54' 56" à l'ouest du méridien de Paris. — *Réponse*. 11 h. 48 m. 20 s.

• 407. Trouver quelle heure il est à Rome et à Londres, quand il est midi à Paris, la longitude de Rome (Saint-Pierre) étant de 10° 7' 3" à l'est de Paris, et celle de Londres (Saint-Paul) étant de 2° 25' 57" à l'ouest de ce méridien. — *R.* Rome, midi 40 m. 14 s. — Londres, 11 h. 50 m. 17 s.

• 408. Un navire a marché du nord au sud, pendant 7 jours 5 heures 18 minutes, avec une vitesse de 12 nœuds par heure et le lieu de son départ était à la latitude nord de 17° 28'. Trouver à quelle latitude il est arrivé au bout de ce temps, le nœud, nommé aussi mille marin, étant la 60e partie du degré du méridien. — *Réponse*. 17° 11' 36" sud.

• 409. Un habitant de Paris est parti de sa maison à 6 heures 3 quarts du matin pour aller à pied à Versailles chez un ami, en marchant toujours avec la même vitesse. Il est arrivé à 11 heures et demie, la distance parcourue étant de 24 kilomètres. Le lendemain il est reparti à 7 heures du matin, pour revenir à Paris, par le même chemin et avec la même vitesse. Quel est le point de la route où il s'est trouvé à la même heure que la veille? — *Réponse*. A 10 kil., 736 m. de Versailles.

• 410. La lune décrit chaque jour un arc de 13° 10' 35" sur son orbite supposée circulaire, tandis que le soleil dans son mouvement annuel apparent décrit, dans le même sens, un arc de 59' 8",3 sur son orbite supposée aussi circulaire. En admettant que ces deux astres se meuvent sur le même plan, on demande de calculer quel est le temps qui s'écoulera entre deux passages de ces astres sur une même droite aboutissant à la terre. — *Réponse*. 29j,530 ou 29 j. 12 h. 43 m. 12 s.

IX. — Solutions raisonnées.

Problème **387**. — De dimanche midi au dimanche suivant midi, il y a 7 fois 24 heures, c'est-à-dire 24 × 7 = 168 heures.

L'avance pour 168 heures est de 1 h. 24 m. ou 84 minutes.
Par heure l'avance était 84 : 168, c'est-à-dire une demi-minute.

Problème **388**. — Du jeudi 8 heures du matin au dimanche 8 heures du matin, il y a trois fois 24 heures, c'est-à-dire 24 × 3 = 72 heures.

Le dimanche, de 8 heures du matin à 7 heures du soir, il y a 11 heures.
Entre les deux dates, il y a donc 83 heures.
L'avance sera........................... $25^s \times 83 = 2075^s = 34^m\ 35^s$.

Problème **389**. — On a $412527^s = 4^j\ 18^h\ 35^m\ 27^s$.

4 jours à partir du lundi 4 h. du soir donnent vendredi 4 h. du soir.
8 heures après, il est minuit. L'arrêt arrive donc samedi matin à $10^h\ 34^m\ 35^s$.

PROBLÈME **390**. Du 1er octobre au 10 mars suivant il y a

$$31 + 30 + 31 + 31 + 28 + 10 = 161 \text{ jours.}$$

Or 4 h. 40 m. font $4^h \frac{2}{3}$ ou $\frac{14}{3}$ d'heure.

La lampe a brûlé pendant $\frac{14^h}{3} \times 161 = \frac{2254}{3} = 751^h \frac{1}{3}$.

La dépense pendant 751^h a été $0^f,023 \times 751 = 17^f,273$.
pendant 1 tiers d'heure........ $0^f,023 : 3 = 0^f,007$.

Dépense totale $17^f,28$.

PROBLÈME **392**. Du 25 sept. 1785 au 25 sept. 1816 inclus il y a 31 ans.
Du 25 sept. 1816 au 15 janvier 1817 inclus, il y a 3 mois 21 jours.
L'âge du plus jeune au 15 janvier 1817 est donc :

31 ans 3 mois 20 jours.

2° L'âge du cadet au 25 mai 1816 est 32 ans 1 mois 8 jours.
Du 25 mai 1816 au 15 janvier 1817 il y a 7 mois 22 jours.
L'âge du cadet au 15 janvier 1817 est donc :

32 ans 8 mois 30 jours.

3° L'âge de l'aîné au 15 janvier 1817 est :
63 ans 11 mois 51 jours, c'est-à-dire 64 ans 20 jours.
Au 31 décembre 1816 il a 64 ans 5 jours.
Au 26 décembre 1816 il avait 64 ans.
Or on trouve : 1816 − 64 = 1752.
Le jour de naissance de l'aîné est donc le 26 décembre 1752.

PROBLÈME **393**. — On a : $14^h\ 40^m = 60^m \times 14 + 40^m = 840^m + 40^m = 880^m$.
11^h et demie $= 60^m \times 11 + 30^m = 660^m + 30^m = 690^m$.

La durée de l'éclairage doit être $4^h \times 30 = 120$ heures.

Avec l'huile on dépense : par minute $\frac{1^f,40}{880}$; par heure $\frac{1^f,4 \times 6}{88}$ ou $\frac{2^f,10}{22}$;

dans le mois... $\frac{2^f,1}{22} \times 120 = 11^f\,45$.

Avec les bougies on dépense : par minute $\frac{1^f,25}{690}$; par heure $\frac{1^f,25 \times 6}{69} = \frac{2^f,50}{23}$;

dans le mois... $\frac{2^f,50}{23} \times 120 = 13^f,04$.

Réponse. — Avec l'huile on économise : $13^f,04 - 11^f,45 = 1^f,59$.

PROBLÈME **395**. — On a d'abord : $8^h\ 57^m = 60^m \times 8 + 57^m = 537$ minutes.
$2^h\ 25^m = 60^m \times 2 + 25^m = 145^m$.

Les deux espaces parcourus par le train sont en mètres :

$$780^m \times 537 = 418\,860^m.$$
$$615^m \times 145 = 89\,175^m.$$

Distance totale 508 035 mètres.

Durée du trajet : $8^h\ 57^m + 2^h\ 25^m = 10^h\ 82^m = 11^h\ 22^m$.

PROBLÈME **398.** — Les 20 minutes font le tiers de 1 heure.

Le train de Paris parcourt en 1 heure 3 fois 15 kilomètres, c.-à-d. 45 kilom.
Le train de Lyon parcourt en 1 heure.................................. 40 kil.
Au bout de 1 heure ils se sont rapprochés de.......................... 85 kil.
Au bout de 2 h. 3 quarts ou 2,75,
la distance dont ils se sont rapprochés est....... $85^{km} \times 2,75 = 233^{km},75$.
Il reste entre eux une distance égale à....... $512 - 233,75 = 278^{km},250$.

PROBLÈME **400.** — En réduisant le temps en secondes, on trouve :

$$5^m\ 40^s = 60^s \times 5 + 40^s = 340^s;$$
$$3^m\ 45^s = 60^s \times 3 + 45^s = 225^s.$$

Les nombres de tours faits en une seconde sont :

$$\text{par la } 1^{re}\ \frac{40}{340} \text{ ou } \frac{2}{17};\ \text{par la } 2^e\ \frac{30}{225} \text{ ou } \frac{2}{15}.$$

Or l'heure contient 60 fois 60 secondes ou 3 600 secondes.

Les nombres de tours faits en 1 heure sont donc :

$$\text{par la } 1^{re},\ \frac{2}{17} \times 3\,600 \text{ ou } 423;\ \text{par la } 2^e,\ \frac{2}{15} \times 3\,600 \text{ ou } 480.$$

Réponse. — La 2e fait 57 tours de plus que la 1re en 1 heure.

PROBLÈME **402.** — En 24 heures la grande aiguille parcourt régulièremen 24 fois les 60 minutes du cadran, c'est-à-dire $60^m \times 24 = 1\,440^m$.
Sur la montre qui retarde elle parcourt seulement $1\,440 - 18 = 1\,422^m$.
Le nombre des minutes parcourues par l'aiguille qui retarde est donc :

$$\frac{1422}{1440} \text{ ou } \frac{79}{80} \text{ du nombre vrai de minutes.}$$

$$\text{Or de 8 h. } \frac{1}{2} \text{ du matin à 3 h. } \frac{1}{4} \text{ du soir il y a 6 h. } \frac{3}{4} \text{ ou } 6^h,75.$$

Les $\frac{79}{80}$ du temps exact entre ces deux instants sont $6^h,75$.

La 80e partie de ce temps serait $6^h,75 : 79$.

$$\text{Ce temps exact est donc } \frac{6^h,75 \times 80}{79} = \frac{540}{79} = 6^h\ 50^m\ 7^s.$$

PROBLÈME **403.** — Latitude de Paris.............................. 48° 50′ 40″
Latitude de Perpignan.. 42° 41′ 39″

Arc de méridien de Paris à Perpignan..... 6° 9′ 1″

Or 90° du méridien valent 10 000 000 de mètres.
1° en est la 90e partie, c'est-à-dire................ 111 111 mètres;
1′ est la 60e partie du degré c'est-à-dire........... 1 851m,85 ;
1″ est la 60e partie de la minute c'est-à-dire....... 30m,86.
On a donc les longueurs suivantes :
pour 6 degrés.................... $111\,111^m,1 \times 6 = 666\,666^m,66$;
pour 9 minutes................... $1\,851^m,85 \times 9 = 16\,666^m,65$;
pour 1 seconde... $30^m,86$.

Réponse. — La distance est de......... 683 364m,17.

PROBLÈME **404.** — Un arc de 10 000 kilom. sur le méridien a 90 degrés.

1 kilomètre aurait.............. $\frac{90°}{10000}$ ou $\frac{9°}{1000}$;

242 kilom. ont $\frac{9°}{1000} \times 232 = \frac{2088°}{1000} = 2° \frac{88}{1000}$;

$\frac{88}{1000}$ de degré font $60' \times \frac{88}{1000} = \frac{528}{100} = 5', \frac{28}{100}$;

$\frac{28}{100}$ de minute font $60'' \times \frac{28}{100} = \frac{168}{10} = 16'',8$.

Réponse. — L'arc de méridien de Paris à Bourges a donc 2° 5' 16".

PROBLÈME **405.** Observons d'abord qu'il est midi en un lieu, quand le soleil arrive au méridien de ce lieu, et que, dans son mouvement diurne apparent autour de la terre, il met 24 heures pour parcourir la circonférence entière, c.-à-d. 360°.
Pour parcourir 1°, il met...................... $24^h : 360 = 4$ minutes ;
pour 1', il met.................................... $4^m : 60 = 4$ secondes ;
pour 1", il met.................................... $4^s : 60 = \frac{1}{15}$ de seconde.

En allant du méridien de Lyon à celui de Paris, le soleil met donc :

$4^m \times 2 + 4^s \times 29 + \frac{16}{15}$ de seconde ou $8^m + 117^s$, c.-à-d. $9^m\ 57^s$.

Observation. — Il est important, pour prévenir toute confusion, de faire remarquer aux élèves que les signes adoptés pour représenter les minutes et les secondes de circonférence, ne doivent jamais être employés pour les minutes et secondes de temps qui sont désignées toujours la minute par *m* et la seconde par *s*.

PROBLÈME **407.** — La longitude de Rome est 10° 7' 3" à l'est :
La longitude de Londres est 2° 25' 57" à l'ouest.
Le soleil met : pour aller du méridien de Rome à celui de Paris :

$4^m \times 10 + 4^s \times 7 + \frac{3}{15}$ de s. ou $40^m\ 28^s$.

pour aller du méridien de Paris à celui de Londres :

$4^m \times 2 + 4^s \times 25 + \frac{57}{15}$ de s. ou $8^m\ 103^s$, c'est-à-dire $9^m\ 43^s$.

Quand il est midi à Paris, l'heure de Londres est donc :

$12^h - 9^m\ 43^s$ ou $11^h\ 59^m\ 60^s - 9^m\ 43^s = 11^h\ 50^m\ 17^s$.
On trouvera de même pour Rome.............. midi $40^m\ 11^s$.

PROBLÈME **408.** — On trouve en heures :

$7^j\ 5^h\ 18^m = 24^h \times 7 + 5^h,3 = 173^h,3$.

Pendant ce temps le navire a parcouru : $12^n \times 173,3 = 2\,079^n,6$
ou $2\,079'\ 36'' = 34°\ 39'\ 36''$
À retrancher.............. 17° 28'

Réponse. — Le navire est arrivé en latitude sud à............ 17° 11' 36".

PROBLÈME **409.** — Ce problème revient à supposer deux voyageurs partant le même jour, l'un de Paris pour Versailles à 6 h. 3 quarts et l'autre de Versailles pour Paris à 7 h. 1 quart du matin, et marchant avec la même vitesse.

Il s'agit de trouver en quel point de la route ils se rencontrent.

D'abord, de 6 h. 3 quarts à 11 h. et demie, il y a 4 h. 3 quarts ou 19 quarts d'heure.

La vitesse par heure est.............. $24 : \frac{19}{4} = \frac{96}{19} = 5^{km}\ \frac{1}{19}$.

De 6 h. 3 quarts à 7 h. et quart il y a une demi-heure.

Jusqu'à 7 h. et quart le voyageur de Paris a déjà parcouru :

la moitié de $\frac{96}{19}$ c'est-à-dire $\frac{48}{19} = 2^{km}\frac{10}{19}$.

Le reste de la distance à parcourir à partir de 7 h. 1 quart est :

$$24^{km} - 2^{km}\frac{10}{19} = 21^{km}\ \frac{9}{19} = 21^{km},473.$$

La rencontre est au milieu de cette distance c.-à-d. à 10^{km} 736^{m} de Versailles.

Le moment de la rencontre est à 9 h. 22 m.

PROBLÈME **410.** — L'arc décrit en 1 jour est :

par la lune.................................	13° 10' 35" = 47 435".
par le soleil.................................	59' 8" = 3 548
La différence de ces deux arcs est.......	43 887".

La lune, au bout de 1 jour, est en avance sur le soleil de cette différence.

Or, pour se retrouver avec le soleil sur le même rayon aboutissant à la terre, il faut qu'elle soit en avance de 360° ou d'un nombre de secondes égal à

$$60' \times 60 \times 360 = 1\,296\,000''.$$

Autant de fois l'arc de 43 887" est contenu dans la circonférence, autant il faudra de jours pour le retour des deux astres sur le même rayon.

Ce nombre de jours est donc : $\frac{1\,296\,000}{43\,887} = 29^{j},530$ ou $29^{j}\ 12^{h}\ 43^{m}\ 12^{s}$.

X. — PROBLÈMES SUR LA RÈGLE DE TROIS.

411. Un sac de farine de 152 kilogr. coûtant 64^{f},35, combien payera-t-on pour 185 kilogr. de la même farine ? — *Réponse.* 78^{f},32.

412. Une pompe fait monter 1 350 litres d'eau en 45 minutes dans un réservoir ; combien le réservoir a-t-il reçu d'eau, quand la pompe a fonctionné pendant 2 heures 18 minutes ? — *Réponse.* 4 140 litres.

413. On doit encore 26 400 francs, après qu'on a payé les $\frac{2}{5}$ d'un domaine. Quel est le prix de ce domaine ? — *Réponse.* 44 000 francs.

414. On a payé 12^{f},60 pour $\frac{3}{4}$ de mètre d'une étoffe ; combien coûterait 1 mètre et demi de cette étoffe ? — *Réponse.* 25^{f},20.

415. Un ouvrier fait 1 mètre $\frac{2}{7}$ d'ouvrage en 2 heures; combien en fera-t-il en 5 heures? — *Réponse.* 3m,21.

416. Un tisserand fait 2 mètres $\frac{1}{3}$ de toile en 1 heure $\frac{1}{4}$; combien mettra-t-il d'heures pour une pièce de 24 mètres? — *Réponse.* 12h51m.

417. Pour confectionner une robe il a fallu employer 13m,25 d'une étoffe ayant 0m,55 de largeur. Combien aurait-il fallu de mètres, si l'étoffe avait eu 0m,87 de largeur? — *Réponse.* 8m,37.

418. Un ouvrier a mis 2 heures 15 minutes pour faire les 0,4 d'un ouvrage. Combien mettra-t-il de temps pour l'ouvrage entier? — *R.* 5h37m.

419. Pour faucher une prairie en 6 jours, on a employé 7 ouvriers, qui travaillaient 11 heures par jour. Combien aurait-il fallu d'ouvriers pendant le même nombre de jours, s'ils n'avaient travaillé que 9 h. et demie par jour? — *R.* 8 ouvriers et un autre faisant la 10e part. de la tâche.

420. Pour tisser $\frac{4}{7}$ de mètre d'une étoffe il faut à un ouvrier $\frac{3}{4}$ d'heure: combien mettra-t-il d'heures pour faire 12 mèt. et demi? — *R.* 16h24m.

421. Pour faire transporter 348 quintaux de marchandises à une distance de 235 kilomètres, on a payé 62 francs. Combien coûterait le transport de 456 quintaux à une distance double? — *Réponse.* 162f,48.

422. L'entretien d'une famille de 6 personnes a coûté 780 francs, pendant 39 jours. La famille venant à s'augmenter de 3 personnes, combien coûtera alors l'entretien pendant 45 jours? — *Réponse.* 1350 francs.

423. Une garnison de 3500 hommes a consommé 34125 kil. de pain en 13 jours. Combien faudrait-il de kilogrammes de pain pour nourrir 4275 hommes pendant 45 jours? — *Réponse.* 144 281 kilog.

424. Pour faire un ouvrage de terrassement en 70 jours, on emploie 250 ouvriers. Mais quand l'ouvrage est à moitié fait, 72 ouvriers se retirent. De combien de jours l'achèvement du travail se trouvera-t-il ainsi retardé? — *Réponse.* Retard de 15 jours.

425. On achète 29 mètres de velours. Calculer la somme à payer, en sachant que 3 mètres de velours valent autant que 8 mètres de drap et que 15 mètres de drap coûtent 136f,50. — *Réponse.* 812 francs.

426. Un stère de bois pèse 850 kilogr. et coûte 17 francs à un marchand. Combien doit-il revendre les 1 000 kilogr. de ce bois, pour gagner 3f,40 par stère? — *Réponse.* 24 francs.

427. Un marchand achète pour 117 francs du papier de trois qualités coûtant, la rame de la 1re qualité 5f,50, la rame de la 2e qualité 4 fr. et la rame de la 3e qualité 3f,50. Il en prend le même nombre de rames des trois qualités. Quel est ce nombre? — *R.* 9 rames de chaque qualité.

428. On a employé 15 ouvriers pendant 8 jours, en les faisant travailler 9 heures et demie par jour, pour exécuter un ouvrage. Combien aurait-il fallu de jours pour ce même ouvrage, si on avait employé seulement 11 ouvriers travaillant 10 heures par jour? — *Réponse.* 10j $\frac{1}{11}$.

429. Deux ouvriers, qui travaillaient ensemble à un même ouvrage, o reçu en tout une somme de 528 francs. Le premier, qui a travaillé pen dant 30 jours, à 12 heures par jour, a reçu 198 francs. Combien le se cond a-t-il fait de journées de 9 h. $\frac{1}{2}$? — *Rép.* 63 journées et $1^h \frac{1}{2}$.

430. Si 50 kilogr. de fer valent autant que 20 kilogr. de laiton et 8 kilogr. de laiton valent autant que $2^{hgr},5$ hectogr. de cuivre rouge combien aura-t-on de kilogrammes de fer pour 25 kilogrammes de cuiv rouge? — *Réponse.* 200 kilogr. de fer.

XI. — PROBLÈMES SUR LES INTÉRÊTS

431. Un homme prête à son voisin une somme de 430 francs pour u an, au taux de 5 p. 100. Quel intérêt lui payera-t-on? — *Rép.* $21^f,5$

432. Calculer l'intérêt à payer pour un capital de 1 258 francs, prêt pour 3 mois, au taux de 4 p. 100. — *Réponse.* $12^f,58$.

433. Calculer l'intérêt de 1 556 francs, au taux de 4 et demi pour 10 au bout de 7 mois. — *Réponse.* $40^f,32$.

434. Calculer l'intérêt d'un capital de 8 632 francs à 6 p. 100, au bo de 137 jours. — *Réponse.* $197^f,097$.

435. On a prêté, au taux de 4,50 pour 100, un capital de 11 722 fr pour 29 jours. Quel intérêt en retirera-t-on? — *Réponse.* $53^f,36$.

436. Un capital placé à 5 p. 100 produit 248 francs d'intérêt par an Quel est ce capital? — *Réponse.* 4 960 francs.

437. Un capital qui a été prêté pendant 4 mois au taux de 4,50 po 100, a produit 125 fr. d'intérêt. Quel était ce capital? — *R.* $8\,333^f,33$

438. Quelle est la somme qui, ayant été prêtée à 5,25 p. 100, a pro duit, au bout de 132 jours, 200 francs d'intérêt? — *Rép.* $10\,389^f,61$.

439. A quel taux a été prêté un capital de 575 francs, qui rappor $28^f,75$ d'intérêt par an? — *Réponse.* 5 p. 100.

440. Un homme, qui a emprunté 525 francs, rend au bout de l'anné pour l'intérêt et le capital, $551^f,25$. A quel taux l'argent avait-il été em prunté? — *Reponse.* 5 pour 100.

441. A quel taux a-t-on prêté une somme de 1 258 francs qui, au bo de 4 mois, a produit un intérêt de $18^f,87$? — *Réponse.* 4,50 p. 100.

442. A quel taux a été prêtée une somme de 1 642 francs, si au bo de 124 jours on a retiré 24 francs d'intérêt? — *Rép.* 4,243 p. 100.

443. Pendant combien de temps une somme de 860 francs devrait-el rester placée à 5 p. 100, pour produire 30 fr. d'intérêt? — *R.* 251 jours

444. Un homme ayant emprunté le 1er février au taux de 4,50 p. 10 par an, a rendu le 16 avril suivant, pour capital et intérêt, 646 francs Quelle somme avait-il empruntée? — *R.* 640 fr. pour 2 mois et demi.

445. Vaut-il mieux prêter 2 754 francs pendant 8 mois à 4,50 p. 10 que pendant 6 mois à 5,25 p. 100? — *R.* 8 mois à 4,5 %. *Bén.* $10^f,3$

446. A quel taux un capital de 1 268 francs a-t-il été prêté, quand a produit au bout de 3 mois un intérêt de $19^f,02$? — *Réponse.* 6 %.

447. Un capital de 3260 francs a été prêté à 5f,50 p. 100. Au bout du temps convenu, l'emprunteur rend, pour l'intérêt et le capital, 3 289f,88. Pendant combien de temps cet argent a-t-il été prêté? — *R.* 60 jours.

448. Un rentier qui a placé son capital à 4,50 p. 100, en tire un revenu qui lui permet de dépenser 6f,50 par jour. Calculer ce capital, en comptant l'année de 360 jours. — *Réponse.* 52 000 francs.

449. Un capital de 12 400 francs, augmenté de ses intérêts au bout de 4 mois, a pris une valeur de 12 586 francs. Trouver à quel taux il était placé. — *Réponse.* Le taux est 4,50 p. 100.

450. La Caisse d'épargne postale paye aux déposants un intérêt de 3 p. 100, et cet intérêt part du 1er ou du 16 de chaque mois après le versement. Cherchez ce qu'on retirera au 1er janvier 1884, en capital et en intérêts, si on a déposé 200 fr. le 10 avril 1883. — *Rép.* 204f,25.

451. Quel capital faut-il placer au taux de 4,75 p. 100, pour retirer tous les 3 mois une rente de 265 fr.? — *Rép.* 22315,789 ou 22315f,80.

452. Un fermier a vendu 180 sacs de blé, pesant chacun 159 kilogr., au prix de 29f,45 le quintal. Quel revenu aura-t-il par an, s'il place le produit de cette vente à 4,25 pour 100? — *Réponse.* 358f,21.

453. Une propriété de 3 hectares 25 ares a été achetée au prix de 3000 francs l'hectare et les frais d'acquisition se sont élevés à 212 fr. Combien faut-il la louer, pour qu'elle puisse rapporter un revenu de 4 p. 100? — *Réponse.* 398f,48.

454. Un homme a acheté un pré qui lui coûte, tous frais payés, 8450 francs. Il paye par an 23 francs d'impôt et loue son pré 530 francs. A quel taux son argent est-il placé? — *Réponse.* 6 p. 100.

455. Un domaine, cultivé en blé, a rapporté 252 gerbes de blé et 4 gerbes ont fourni un hectolitre de blé, qui a été vendu 21 fr. Ce domaine avait coûté 40 000 fr. et les frais de culture et autres ont été de 123 fr. pour l'année. Quel a été le revenu p. 100? — *R.* 3 297 fr., c.-à-d. 3,30 p. 100.

456. Un propriétaire a acheté, au prix de 55 fr. l'are, un terrain rectangulaire ayant 115m,50 de longueur et 75m,40 de largeur. Il paye un tiers comptant et le reste dans un an avec les intérêts à 4 p. 100. Quel est le montant de chaque payement? — *R.* 1er 1 596f,59; 2e 3 320f,92.

457. Au bout de combien de temps un capital de 2640 fr. prêté à 5 et demi pour 100, a-t-il produit un intérêt de 36f,30? — *Rép.* 90 jours.

458. On avait prêté un capital de 3 850 fr., au taux de 4,25 p. 100. Au bout d'un certain temps l'emprunteur rend pour le capital et l'intérêt 3920f,90. Combien de temps avait duré l'emprunt? — *Rép.* 156 jours.

459. Un capitaliste achète au cours de 82,25 une rente 3 p. 100 de 345 francs. Trouver quel est le capital employé, sans parler des frais d'achat? — *Réponse.* 9 458f,75.

460. A quel taux place-t-on son argent, quand on achète de la rente 3 p. 100 au cours de 80? — *Réponse.* 3,75 p. 100.

461. Vaut-il mieux acheter de la rente 3 % au cours de 79,25 que de la rente 4,50 % à 110,50?

R. 1 fr. de rente coûte : en 3 %, 26f,41 ; en 4,50 %, 24f,55.

462. A quel taux place-t-on son argent, quand on achète de la rente $4\frac{1}{2}$ au cours de 108f,75 ? — *Réponse*. 4,137 p. 100.

463. Lorsque le cours du 3 p. 100 est 78,50, quel devrait être le cours du $4\frac{1}{2}$ p. 100, pour que le taux de l'intérêt rapporté fût le même dans les deux cas? — *Réponse*. 117f,75.

464. Un capital placé à 6 p. 100, ayant été augmenté de ses intérêts au bout d'un an, a pris une valeur de 2634f,10. Trouver quel était ce capital ? — *Réponse*. 2 485 francs.

* 465. Un homme a emprunté une somme pour 8 mois, au taux de 4,5 p. 100. Au bout de ce temps il rend pour le capital et l'intérêt réunis 3654f,44. Quel était le capital emprunté? — *Rép*. 3 548 francs.

* 466. Quel est le capital qui, augmenté de ses intérêts à 4,75 p. 100 a pris au bout de 112 jours une valeur de 1 877f,55? — *R*. 1 850f,20

467. Un homme avait prêté une somme à 6 p. 100, et les intérêts qu'il a reçus au bout d'un an, ont payé l'achat de 240 litres de vin, au prix de 75 francs l'hectolitre. Trouver quelle est la somme qui avait été placée. — *Réponse*. 3 000 francs.

468. Un homme avait placé un capital dans une entreprise commerciale, et ce capital, par les bénéfices réalisés, s'est trouvé augmenté de 0,2 de sa valeur primitive, à la fin de l'année. Trouver quel était ce capital, en sachant que cet homme a retiré en tout, à la fin de l'année une somme de 8 090f,40. — *Réponse*. 6 742 francs.

469. Un rentier achète une maison pour 25 500 francs et la loue 1 020 francs. Il place en même temps, au taux de 4,50 p. 100, un capital égal au prix de la maison. Trouver la différence entre les taux des deux placements. — *R*. Taux pour la maison 4 %; pour le capital 4,50 %.

470. Un propriétaire achète, au prix de 45 francs l'are, un terrain rectangulaire de 160 mètres de long sur 85m,40 de large. Il propose de payer la moitié comptant, et le reste dans 6 mois avec les intérêts à 4,50 p. 100. Calculer chaque payement. — *Rép*. 1er 3074f,40; 2e 3143f,58.

* 471. Un homme place les $\frac{2}{3}$ d'un capital à 4,50 p. 100 et le reste à 6 p. 100, et il retire 500 francs d'intérêt au bout de 120 jours. Trouver ce capital, en comptant l'année de 360 jours. — *Réponse*. 30 000 fr.

* 472. Un capital, placé pendant 8 mois, a pris avec ses intérêts simples une valeur de 1 277f,20. Placé pendant 15 mois au même taux, il aurait pris avec ses intérêts simples une valeur de 1 309f,75. Trouver la somme placée et le taux de l'intérêt. — *R*. Capital, 1 240 fr.; taux, 4,50.

* 473. On a placé, au même taux et à intérêts simples, 437 francs pendant 2 ans 4 mois et 612 francs pendant 3 ans 7 mois. La différence des deux intérêts produits étant de 70f,40, trouver quel était le taux des deux placements. — *Réponse*. 6 p. 100.

474. Un homme dépose une somme de 1 215 francs chez un banquier,

qui doit lui en compter l'intérêt au taux de 4 p. 100. Quelle somme cet homme retirera-t-il au bout de 3 ans, les intérêts ayant été ajoutés au capital à la fin de chaque année? — *Réponse.* 1 366f,70.

* 475. Quelle est la somme qu'il aurait retirée pour le même capital, au bout de 3 ans, au taux annuel de 4 p. 100, si les intérêts avaient été ajoutés au capital tous les 6 mois? — *Réponse.* 1 368f,28.

XI. — Solutions raisonnées.

PROBLÈME **465**. — L'intérêt de 1 fr. pour 8 mois ou 2 tiers d'année serait 2 fois le tiers de 0f,045, c'est-à-dire 0f,03.

Si on avait emprunté 1 fr., on aurait rendu 1f,03.

Autant de fois il y a 1f,03 dans 3 654f,44, autant il y a de francs dans le capital prêté. Ce capital est donc :

$$\frac{3\,654{,}44}{1{,}03} = \frac{365\,444}{103} = 3\,548 \text{ fr.}$$

PROBLÈME **466**. — L'intérêt de 1 fr. pour 112 jours serait :

$$\frac{0^f{,}0475 \times 112}{360} = \frac{0{,}0475 \times 2{,}8}{9} = \frac{0{,}133}{9}.$$

Ainsi 1 fr. augmenté de ses intérêts au bout de 112 jours est devenu :

$$1 + \frac{0{,}133}{9} \text{ c'est-à-dire } \frac{9{,}133}{9}.$$

Autant de fois cette valeur prise par 1 fr. est contenue dans 1 877f,55, autant il y a de francs dans le capital placé. Ce capital est :

$$1\,877{,}55 : \frac{9{,}133}{9} = \frac{1\,877{,}55 \times 9}{9{,}133} = \frac{16\,897\,950}{9\,133} = 1\,850^f{,}20.$$

Observation. — Dans ce problème le diviseur de l'opération ne pouvant pas être obtenu exactement en nombre décimal, il vaut mieux lui conserver sa valeur exacte sous la forme fractionnaire réduite à sa plus simple expression et appliquer ensuite la règle de la division d'un nombre entier par une fraction.

PROBLÈME **471**. — Supposons un capital de 300 francs.

Il y aura 200 fr. placés à 4,50 % et 100 fr. placés à 6 %.

Les intérêts pour 120 jours ou 1 tiers d'année seront :

pour 200 fr. placés à 4,50 %, $\frac{4^f{,}50 \times 2}{3} = 1{,}5 \times 2 = 3$ fr. ;

pour 100 fr. placés à 6 %. $6 : 3 = 2$ fr.

Intérêt des 300 francs. . . . . 5 fr.

L'intérêt 500 fr. du capital demandé vaut 100 fois l'intérêt de 300 fr.

Le capital demandé est donc 100 fois 300 francs, c'est-à-dire 30 000 fr.

PROBLÈME **472**. — L'intérêt et le capital ont donné :

au bout de 15 mois. . . . . 1 309f,75.

au bout de 8 mois. . . . . 1 277f,20.

La différence entre ces deux nombres vient de la différence des temps.

L'intérêt pour 7 mois est donc. . . . . 32f,55.

L'intérêt sera : pour 1 mois. . . . . $32{,}55 : 7 = 4^f{,}65$

pour 8 mois. . . . . $4^f{,}65 \times 8 = 37^f{,}20$.

Le capital placé est donc. . . . . $1\,277^f{,}20 - 37^f{,}20 = 1\,240$ fr.

L'intérêt de 1 240 fr. pour 1 an serait. . . . . . . $4^f{,}65 \times 12 = 55^f{,}80$.

L'intérêt de 100 fr. sera . . . . $55{,}80 : 12{,}40 = 4^f{,}50$.

PROBLÈME **473**. — Supposons que le taux soit de 1 pour 100 ou, ce qui est la même chose, de 0f,01 par franc.

Les intérêts des deux capitaux à ce taux seraient :

pour 437 fr. pendant 2 ans 4 mois ou 28 mois,

$$\frac{0,01 \times 437 \times 28}{12} = \frac{4,37 \times 7}{3} = \frac{30,59}{3};$$

pour 612 fr. pendant 3 ans 7 mois ou 43 mois,

$$\frac{0,01 \times 612 \times 43}{12} = \frac{1,53 \times 43}{3} = \frac{65,79}{3}.$$

La différence de ces deux intérêts à 1 % est :

$$\frac{65,79}{3} - \frac{30,59}{3} = \frac{35,20}{3}.$$

Autant de fois cette différence sera contenue dans 70f,40, autant il y aura de fois 1 dans le taux demandé. Le taux du placement est donc :

$$70,40 : \frac{35,20}{3} = \frac{704 \times 3}{352} = \frac{2\,112}{352} = 6\ \%.$$

PROBLÈME **475**. — L'intérêt semestriel de 1 franc est 0f,02.

Capital pendant le 1er semestre	....	1 215f,00
Intérêt pendant le 1er semestre..	0f,02 × 1 215 =	24f,30
Capital pendant le 2e semestre	....	1 239f,30
Intérêt pendant le 2e semestre..	0f,02 × 1 239,3 =	24f,78
Capital pendant le 3e semestre	....	1 264f,08
Intérêt pendant le 3e semestre..	0f,02 × 1 264,08 =	25f,28
Capital pendant le 4e semestre	....	1 289f,36
Intérêt pendant le 4e semestre..	0f,02 × 1 289,36 =	25f,787
Capital pendant le 5e semestre	....	1 315f,15
Intérêt pendant le 5e semestre..	0f,02 × 1 315,15 =	26f,30
Capital pendant le 6e semestre	....	1 341f,45
Intérêt pendant le 6e semestre..	0f,02 × 1 341,45 =	26f,829
	Capital cherché..........	1 368f,28.

XII. — PROBLÈMES SUR L'ESCOMPTE

(Quand l'espèce d'escompte n'est pas indiquée, c'est l'escompte commercial.

476. J'ai acheté pour 976f,50 de marchandises et on me fait une remise de 6,50 p. 100, parce que je paye comptant. Quelle est la somme que je dois donner? — *Réponse*. 913f,03.

477. Un négociant achète dans une fabrique pour 642 francs de marchandises, et en payant comptant il obtient un escompte de 8 p. 100. Quelle somme donne-t-il? — *Réponse*. 590f,64.

478. Un homme solde une somme de 840 francs, qui n'est payable que dans un an, et il obtient pour cela un escompte de $5\frac{1}{2}$ p. 100. A combien se réduit la somme à payer? — *Réponse*. 793f,80.

479. On doit une somme de 1 500 francs, qui n'est payable que dans

6 mois, et en la payant aujourd'hui on obtient un escompte de 7 p. 100. Quelle est la somme que l'on donne? — *Réponse.* 1 447f,50.

480. Calculer l'escompte à faire sur une somme de 425 francs, au taux de 6 p. 100, quand elle est payée 3 mois avant le terme. — *Rép.* 6f,375.

481. On a reçu 350f,85 pour un billet payable dans 70 jours, escompté au taux de 6 p. 100. Quel était le montant de ce billet? — *Rép.* 355 fr.

482. Un billet de 5 900 francs, ayant été escompté par un banquier au taux de 4 p. 100, s'est réduit à 5 883f,61. Pour combien de jours a-t-il été escompté? — *Réponse.* 25 jours.

483. Un billet de 3 480 francs, payable dans 132 jours, a subi par l'escompte une diminution de 63f,80. Trouver quel était le taux de l'escompte. — *Réponse.* 5 p. 100.

484. Un banquier, escomptant un billet de 1 750 francs au taux de 4 p. 100, retient une somme de 19f,25. Trouver à quelle époque était l'échéance du billet. — *Réponse.* 99 jours.

* 485. En escomptant pour 29 jours une somme de 14 722 francs, un banquier a retenu 53f,37. Quel était le taux de l'escompte? — *R.* 4,50 p. 100.

* 486. Chercher à combien se réduit, par l'escompte, au taux de 5 %, une somme de 1 530 francs, payable dans un an : 1° par l'escompte *commercial*; 2° par l'escompte en dedans. — *Rép.* 1° 1 453f,50; 2° 1 457f,14.

* 487. Une somme de 684 fr. est payable dans 3 mois. Chercher à combien elle se réduit aujourd'hui par l'escompte à 6 % : 1° par l'escompte commercial; 2° par l'escompte en dedans. — *Réponse.* 1° 673f,74; 2° 673f,89.

488. Un billet de 5 900 francs, escompté au taux de 4 % par la méthode en dedans, s'est réduit à 5 883f,66. De combien de jours le payement du billet a-t-il été devancé? — *Réponse.* 25 jours.

* 489. Un billet de 3 660 francs, escompté au taux de 6 % par la méthode en dedans, a été diminué de 48f,15. A combien de jours était l'échéance de ce billet? — *Réponse.* 80 jours.

490. Quelle est la valeur actuelle d'un billet de 5 239 francs, payable dans 45 jours, escompté à 6 % : 1° par l'escompte en dehors; 2° par l'escompte en dedans? — *Réponse.* 1° 5 199f,71; 2° 5 200 fr.

* 491. Deux billets, escomptés pour 1 an au taux de 5.5 %, l'un par la méthode en dehors, l'autre par la méthode en dedans, se sont réduits à la même somme de 1 235 francs. Trouver quel était le montant de chaque billet. — *Réponse.* 1er billet, 1 306f,88; 2e billet, 1 302f,92.

492. Un billet payable dans 3 mois, ayant été escompté au taux de 6 %, a subi une retenue de 108 francs. Calculer le montant du billet : 1° dans le cas où l'escompte a été calculé en dedans; 2° dans le cas où il a été calculé en dehors. — *Réponse.* 1° 7 308 fr.; 2° 7 200 fr.

493. Un billet payable dans 124 jours, ayant été escompté en dedans au taux de 6 %, a subi une diminution de 85 francs: calculer le montant du billet. Quel aurait été le montant du billet, si l'escompte avait été pris en dehors? — *R.* En dedans, 4 197f,90. En dehors, 4 112f,90.

494. Un négociant doit au même créancier : 820 fr. payables da 3 mois, 1 250 fr. payables dans 7 mois, 1 560 fr. payables dans un an. réglant leurs comptes, ils conviennent que le payement des trois somm aura lieu en une seule fois. Chercher à quelle époque doit être fait payement unique. — *Réponse.* 8 mois 7 jours.

• 495. Un négociant a acheté 45 balles de café, pesant chacune 66 kilog à raison de 250 fr. le quintal. On lui fait une remise de 2 °/o à cause l'emballage ; puis comme il paye comptant, on lui fait une autre rem de 6 °/o. Quelle somme a-t-il dû donner? — *Réponse.* 6 218f,10.

• 496. Un billet, payable dans 36 jours, a été escompté par un banqu qui, outre l'escompte à 6 °/o, a pris encore un droit de commissi de $\frac{1}{2}$ °/o. Il a remis 2 719f,12 au porteur du billet. Quel était le monta du billet? — *Réponse.* 2 780 francs.

• 497. Un fabricant vend à un négociant 23 pièces de drap de 15 mètr chacune, à raison de 8f,40 le mètre. L'acheteur paye les $\frac{2}{3}$ comptant, fait pour le reste un billet payable à 3 mois. Le fabricant, faisa escompter ce billet le même jour, reçoit du banquier 946f,68. Quel est l taux de l'escompte? — *Réponse.* 8 p. 100.

• 498. Un homme devait 1 200 francs au 15 novembre. En régla son compte le 2 septembre, il donne à compte un billet de 630 fran payable le 31 décembre suivant et le reste argent comptant. Le taux de l'escompte étant 4,50 °/o, que donne-t-il en argent? — *Rép.* 568f,35

• 499. On a payé 1 060 francs la tonne d'une marchandise, déductio faite d'un escompte de 3 °/o. Les préparations qu'on fait subir à cett marchandise, pour la revendre, coûtent 0f,19 par kilogr. et occasionnent un déchet de 3 $\frac{1}{2}$ °/o. On demande : 1° combien on devra revendre le kilog. pour gagner 12 °/o sur le prix de revient ; 2° quel a été le montant de l'escompte. — *Réponse.* 1f,45 le kilogr.; escompte 32f,78.

• 500. Un billet de 2 540 francs est payable dans 180 jours, et on veu le faire escompter au taux de 6 °/o. Quelle différence y aura-t-il entr l'escompte en dedans et l'escompte en dehors? — *Réponse.* 2f,22.

XII. — Solutions raisonnées.

PROBLÈME **485**. — L'intérêt de 14 722 fr. est : pour 29 jours.... 53f,37 ;

pour 1 jour, $\frac{53^f,37}{29}$; pour 1 an, $\frac{53,37 \times 360}{29}$.

L'intérêt de 1 franc serait pour 1 an :.............. $\frac{53,37 \times 360}{29 \times 14\,722}$;

L'intérêt de 100 fr. sera : $\frac{53,37 \times 360 \times 100}{29 \times 14\,722} = \frac{1\,921\,320}{426\,938} = 4,50.$

PROBLÈME **486**. — 1° *Escompte en dehors.* L'escompte à 5 % pour 1 an est le 20ᵉ de 1 530 fr., c'est-à-dire 76f,50. La somme après l'escompte est :

1 530 — 76,50 = 1 453f,50.

2° *Escompte en dedans.* Une somme de 1 fr. augmentée de son intérêt aurait pris une valeur de 1f,05. La somme après l'escompte est donc égale à :

$$\frac{1\,530}{1,05} = \frac{153\,000}{105} = 1\,457^f,11.$$

PROBLÈME **487**. — 1° *Escompte en dehors.* L'intérêt de 1 fr. pour 3 mois ou 1 quart d'année serait le quart de 0f,06 c'est-à-dire 0f,015.

L'escompte de 684 fr. est .... 0f,015 × 684 = 10f,26.

La somme réduite est donc.................. 684 — 10,26 = 673f,74.

2° *Escompte en dedans.* La valeur de 1 fr. au bout de 3 mois serait 1,015.

La somme après l'escompte est donc : $\frac{684}{1,015} = \frac{684\,000}{1\,015} = 673^f,89.$

PROBLÈME **489**. — La valeur actuelle du billet après l'escompte est :

3 660 — 48,15 = 3 611f,85.

D'après la nature de l'escompte en dedans 48f,15 sont l'intérêt de 3 611f,85 à 6 % pour le temps demandé.

L'intérêt de 3 611f,85 pour 1 an est .... 0f06 × 3 611,85 = 216f,711.

Pour 1 jour l'intérêt serait .... 216,711 : 360 = 0f,6019.

Le nombre de jours demandé est donc ..... 48,15 : 0,6019 = 80 jours.

PROBLÈME **491**. — 1° *Escompte en dehors.* L'escompte sur 1f serait 0f,055.

1 franc se réduirait donc à .... 1f — 0f,055 = 0f,945.

La valeur du 1er billet contient autant de francs qu'il y a de fois 0f,945 dans 1 235 francs.

Ce billet valait .... 1 235 : 0,945 = 1 306f,88.

2° *Escompte en dedans.* Le 2e billet comprend........ 1 235f,00

plus l'intérêt de 1 235, c'est-à-dire........ 0f,055 × 1 235 = 67f,92

Montant du 2e billet : 1 302f,92.

PROBLÈME **495**. — Poids total : 60kg × 45 = 2 700kg.

Réduction de 2 % sur le poids : 2kg × 27 = 54

Poids net : 2 646kg.

Prix du quintal, 250f ; du kilogr., 2f,50.

Prix d'achat........ 2f,5 × 2 646 = 6 615f,00

Esc. de 0f,06 par fr. 0f,06 × 6 615 = 396,90

Net à payer : 6 218f,10.

PROBLÈME **496**. — L'escompte de 100 fr. pour 36 jours, c'est-à-dire pour le 10e de l'année serait.. 0f,60

Sur 100 fr. on prend encore pour commission.............. 0f,50

Total : 1f,10.

Un billet de 100 fr. se réduirait à :

100 — 1,10 = 98f,90.

Le montant du billet était donc :

$$\frac{2\,749,42}{98,9} \times 100 = \frac{2\,749\,420}{989} = 2\,780^f.$$

PROBLÈME **497**. — Nombre de mètres : $15^m \times 23 = 345^m$.

Prix d'achat : $8^f,4 \times 345 = 2\,898$ fr.

Le tiers de cette somme est

$$2\,898 : 3 = 966 \text{ fr.}$$

Sur le billet de 966 fr. payable à 3 mois, on a retenu pour escompte :

$$966 - 946,68 = 19^f,32.$$

Sur 966 fr. pour 1 an l'escompte aurait été

$$19^f,32 \times 4 = 77^f,28.$$

Sur 100^f l'escompte serait

$$77,28 : 9,66 = 8 \text{ fr.}$$

PROBLÈME **498**. — Du 2 sept. au 15 nov. : $28 + 31 + 15 = 74$ jours.
Du 2 sept. au 31 déc. : $28 + 31 + 30 + 31 = 120$ jours ou 1 tiers d'année.

Escompte sur 1 200 fr. pour 74 jours : $\dfrac{4,5 \times 12 \times 74}{360} = 11^f,10.$

Escompte sur 630^f pour $\dfrac{1}{3}$ d'année : $\dfrac{4,5 \times 6,3}{3} = 9^f,45$

Dû au 2 septembre.....	$1\,200^f - 11^f,10 =$	$1\,188^f,90$
Payé en billet..........	$630^f - 9^f,45 =$	$620^f,55.$
	A donner en espèces :	$568^f,35.$

PROBLÈME **499**. — Prix d'achat du kilogramme........ $1^f,06$
Frais de préparation par kilogramme.............. $0^f,19$

Prix de revient du kilogr. : $1^f,25.$

Une perte de 3,5 pour 100 correspond à 35 gr. pour 1 000 grammes.
Par le déchet le kilogramme se réduit à $1000 - 35 = 965$ gr.
Pour 965 grammes de marchandise on débourse $1^f,25$.
On a donc déboursé :

pour 1 gramme............	$1,25 : 965 = 0^f,001295$
pour 1 kilogramme..........	$1^f,296$
Le gain par kilogr. sera $1^f,296 \times 0,12 =$	$0^f,15552$
Prix de vente du kilogr. :	$1^f,45$

L'escompte a été 0,03 du prix d'achat : on a payé seulement 0,97 de ce prix.
97 centièmes du prix d'achat sont 1 060 fr.
1 centième serait.......................... $1\,060 : 97 = 10^f,927.$

Le montant de l'escompte est

$$10^f,927 \times 3 = 32^f,781$$

PROBLÈME 500. — Pour 1 an l'escompte est de 6 fr. p. 100 fr.
Pour 180 jours ou une demi-année il est de $0^f,03$ par franc.
L'escompte commercial du billet a été

$$0^f,03 \times 2\,540 = 76^f,20.$$

Par l'escompte en dedans la valeur actuelle du billet est

$$2\,540 : 1,03 = 2\,466^f,02.$$

L'escompte en dedans est

$$2\,540 - 2\,466,02 = 73^f,98.$$

La différence des deux escomptes est donc

$$76,20 - 73,98 = 2^f,22.$$

XIII. — PROBLÈMES SUR LES PARTAGES PROPORTIONNELS.

* 501. Partager 104 000 francs entre deux personnes, de manière que la part de l'une soit les $\frac{5}{8}$ de la part de l'autre? — *Rép.* $64\,000^f$; $40\,000^f$.

502. On partage un terrain de 6 hectares 5 ares 25 centiares entre deux héritiers, de manière que le premier ait 9 950 mètres carrés de plus que l'autre. Quelle est la part de chacun? Trouver la valeur de chaque part, à raison de 195 fr. l'are. — *Réponse.* 1er, $352^a,375$; $68\,713^f,125$.
2e, $252^a,875$; $49\,310^f,625$.

* 503. Un voyageur a fait les $\frac{2}{3}$ d'un voyage en chemin de fer, en payant à raison de 9 centimes et quart par kilomètre, et le reste en voiture ordinaire au prix de $0^f,16$ par kilomètre. La dépense a été de $10^f,35$. Quel est le nombre de kilomètres du voyage? — *Réponse.* 90 kilomètres.

504. Le contour d'une salle rectangulaire est de $87^m,60$ et la longueur est le double de sa largeur. Calculer sa surface. — *Réponse.* $426^{mq},32$.

* 505. Deux bateaux partent au même instant, l'un montant et l'autre descendant la Seine. La distance des deux points de départ est de 21 hectomètres. La vitesse du bateau qui remonte est les $\frac{2}{5}$ de la vitesse de celui qui descend. Trouver les distances des deux points de départ au point de rencontre des deux bateaux. — *Réponse.* 6 hectom.; 15 hectom.

* 506. Un père en mourant laisse 15 200 francs à chacun de ses enfants. L'un d'eux venant à mourir en même temps, sa part est divisée entre les survivants; chacun possède alors 19 000 fr. Trouver le montant de la fortune du père et le nombre des enfants. — *Rép.* 76 000 fr.; 5 enfants.

* 507. Une somme de $4\,468^f,50$ se compose de poids égaux de monnaie de bronze, d'argent et d'or. Trouver quelle est la valeur de chacun des poids des trois monnaies. — *Réponse.* Br., $13^f,50$. Arg., 270^f. Or, $4\,185^f$.

508. Trois ouvriers font en commun un ouvrage, pour lequel ils ont reçu $158^f,20$. Le 1er y a employé 8 jours, le 2e 9 jours et le 3e 11 jours. Que revient-il à chacun, si la somme doit être partagée d'après les nombres des journées? — *Réponse.* 1er, $45^f,20$; 2e, $50^f,85$; 3e, $62^f,15$.

509. Deux associés réalisent à la fin de l'année un bénéfice de 16 742 fr. Trouver la part de chacun, le premier ayant mis 32 500 fr. et le second 48 600 francs. — *Réponse.* Au 1er, 6 709f,19 ; au 2e, 10 032f,81.

510. Une personne charitable veut partager une somme de 500 francs entre deux familles pauvres, proportionnellement aux nombres d'enfants des deux familles. La première en a 4 et la seconde 5. Trouver la part de chaque famille. — *Réponse.* A la 1re, 222f,22 ; à la 2e, 277f,78.

511. Un vigneron a une pièce de vin de 438 litres, qu'il vend à deux personnes. La quantité achetée par l'une est les $\frac{2}{3}$ de la quantité prise par l'autre. Trouver quel est le nombre de litres achetés par chaque personne. — *Réponse.* 175l,2 et 262l,8.

512. Un négociant lègue une somme de 6 500 francs à trois de ses employés, qui ont travaillé chez lui, l'un pendant 15 ans, l'autre pendant 18 ans et le troisième pendant 20 ans. Cette somme devant être partagée proportionnellement aux années de service, trouver la part que chacun recevra. — *Réponse.* 1er, 1 839f,62 ; 2e, 2 207f,55 ; 3e, 2 452f,83.

* 513. Deux associés avaient mis en commun dans une entreprise une somme de 60 000 francs, et quand on a partagé le bénéfice proportionnellement aux mises, le premier a reçu 1 680 francs de plus que le second. Le bénéfice total était de 12 600 francs. Trouver la mise de chacun. — *Réponse.* 34 000 fr. et 26 000 fr.

* 514. Trois fabricants s'engagent à fournir à un négociant un total de 1 000 mètres de drap. La fourniture du 2e ne peut être que les $\frac{3}{4}$ de celle du 1er ; celle du 3e sera les $\frac{5}{6}$ de celle du 2e. Trouver le nombre de mètres que doit fournir chaque fabricant.
Réponse. 1er, 421m,05 ; 2e, 315m,79 ; 3e, 263m,16.

515. Un propriétaire a récolté dans trois vignes 510 hectolitres de vin. La récolte de la 2e a été les $\frac{5}{6}$ de celle qu'a fournie la 1re et la récolte de la 3e a été les $\frac{4}{5}$ de celle de la 2e. Trouver le nombre d'hectolitres récoltés sur chaque vigne. — *Réponse.* 204 ; 170 ; 136 hectol.

516. Trois industriels associés ont mis en commun un capital de 15 000 francs. A la fin de l'année, après le partage du bénéfice proportionnellement à leurs mises, ils ont reçu le premier 900 francs, le second 1 500 francs et le troisième 2 100 francs. Calculer la mise de chacun des trois associés. — *Réponse.* 3 000 fr. ; 5 000 fr. ; 7 000 fr.

517. Trois ouvriers ont reçu 175 francs, pour un travail qu'ils ont fait ensemble. Le 1er y a travaillé 8 jours et 10 heures par jour ; le second, 7 jours et 9 heures par jour ; le troisième, 11 jours et 8 heures par jour. Trouver la part qui revient à chacun — *Rép.* 60f,60 ; 47f,74 ; 66f,66.

* 518. Un négociant entreprend un commerce avec 50 000 francs. Trois mois après il prend un associé, qui apporte 20 000 francs, et trois mois

après celui-ci, un autre associé qui apporte la même somme. Au bout de l'année il y a un bénéfice de 12500 francs. Quelle est la part qui revient au négociant et aux deux associés. — *Rép.* 8333f,33 ; 2500 fr. ; 1666f,67.

519. Trois associés commencent un commerce avec 60000 francs, qu'ils ont fournis par parties égales. Trois mois après le premier apporte un supplément de 15400 francs, et 4 mois plus tard le second ajoute 16800 francs. A la fin de l'année ils réalisent un bénéfice de 24618 francs. Que revient-il à chaque associé ?

Rép. Au 1er, 9887f,94 ; au 2e, 8461f,95 ; au 3e, 6268f,11.

520. Un industriel a fait faillite ; son actif est de 45600 francs et son passif s'élève à 82300 francs. Il a trois créanciers ; au 1er il est dû 32400 francs ; au 2e, 38900 fr. ; au 3e, le reste. Que revient-il à chacun dans la liquidation ? — *Rép.* 1er, 17951f,88 ; 2e, 21553f,34 ; 3e, 6094f,78.

* 521. On a payé 521f,50 à 5 ouvriers, pour un ouvrage qu'ils ont terminé en 20 jours. L'un des ouvriers a manqué 5 jours et un autre 2 jours. Celui qui dirige le travail prélève 0f,50 par jour, avant le partage. Trouver ce qui revient à chacun. — *Réponse.* 120f ; 110f ; 110f ; 99f ; 82f,50.

522. Trois associés ont gagné 22422 francs. Trouver combien chacun doit recevoir, si la mise du 2e n'est que les $\frac{4}{5}$ de celle du 1er, et la mise du 3e les $\frac{5}{6}$ de celle du 2e. — *Rép.* 1er, 9090f ; 2e, 7272f ; 3e, 6060f.

523. Dans une association de 4 personnes, les bénéfices ont été de 45610 francs. La 1re a reçu pour sa part 14018f,50 ; la 2e, 10491f,80 ; la 3e, 7817f,45 ; la 4e a eu le reste. Trouver la mise de chacune, le total des mises étant de 162000 francs. — *R.* 47700f ; 35700f ; 26600f ; 52000f.

524. Deux associés ont mis en commun une somme de 13000 francs, dont le 1er a fourni les $\frac{3}{5}$. Ce capital leur a rapporté 24 pour 100 de bénéfice. Quelle somme chacun recevra-t-il en tout pour sa mise et ses intérêts. — *Réponse.* 1er, 9672 fr. ; 2e, 6448 fr.

525. On demande de partager une somme de 250 francs entre deux enfants, en raison inverse de leurs âges, le plus jeune ayant 5 ans et l'autre 7 ans. — *Réponse.* Cadet, 145f,83. Aîné, 104f,17.

526. On doit partager 648 francs entre trois enfants, en raison inverse de leurs âges, le plus jeune ayant 6 ans, le second 7 ans et le plus âgé 9 ans. Que revient-il à chacun ? — *Rép.* 256f,76 ; 220f,08 ; 171f,17.

527. Partager le nombre 315 en trois parties proportionnelles aux fractions $\frac{2}{5}, \frac{2}{7}, \frac{2}{9}$. — *Réponse.* 1re p. 138,78 ; 2e p. 99,12 ; 3e p. 77,10.

528. Partager le nombre 420 en trois parties inversement proportionnelles aux fractions $\frac{1}{3}, \frac{1}{5}, \frac{1}{8}$. — *Rép.* 1re, 78,75 ; 2e, 131,25 ; 3e, 210.

* 529. Un homme fait distribuer 85 francs à trois personnes pauvres, de manière que la plus âgée ait $\frac{1}{4}$ de plus que la seconde, et que la

seconde ait $\frac{1}{5}$ de plus que la plus jeune. Trouver la part de chacune. — *Réponse.* La plus jeune a 22f,97 ; la 2e, 27f,57 ; la plus âgée, 34f,46.

330. Partager 1 548 francs entre trois personnes, de manière que la 1re ait les $\frac{3}{4}$ de la part de la 2e plus 50 francs, et la 2e les $\frac{3}{5}$ de la part de la 3e plus 40 francs. — *R.* 1re p., 393f,46 ; 2e p., 457f,95 ; 3e p., 696f,59.

XIII. — Solutions raisonnées.

PROBLÈME **501.** — Supposons qu'on donne 8 fr. à l'un ; l'autre aura 5 fr.

Le total de ces deux parties est de 13 fr.

Or dans 104 000 fr. il y a 8 000 fois 13 fr.

La 1re aura donc $5^f \times 8\,000 = 40\,000$ fr.

La 2e.......... $8 \times 8\,000 = 64\,000$ fr.

PROBLÈME **503.** — Considérons une distance de 3 kilomètres.

Il y en a 2 en chemin de fer et 1 en route ordinaire.

On a payé : pour 2 km. en chemin de fer, $0^f,0925 \times 2 =$ 0f,185 ;

pour 1 km. en route ordinaire............ 0f,160.

Total pour 3 kilom... 0f,345.

En faisant la division on trouve $10,35 : 0,345 = 30$.

La distance est donc $3^{km} \times 30 = 90$ kilomètres.

PROBLÈME **505.** — Quand le bateau descendant parcourt 5 mètres, l'autre en parcourt 2, ce qui fait en tout 7 mètres.

Ils parcourent donc : l'un $\frac{2}{7}$, l'autre $\frac{5}{7}$ de la distance.

La 7e partie de la distance de 21 hectomètres est 3 hectomètres.

Les distances du point de rencontre aux deux points de départ sont donc :

$3^{hm} \times 2 = 6$ hectom.,

$3^{hm} \times 5 = 15$ hectom.

PROBLÈME **506.** — L'augmentation faite à la part primitive par la mort d'un enfant est $19\,000 - 15\,200 = 3\,800$ fr.

Le nombre de fois que ces 3 800 fr. se trouvent dans les 15 200 fr. du mort sera le nombre des enfants qui restent.

Ce nombre est $15\,200 : 3\,800 = 4$.

Il y avait donc au moment du partage 5 enfants.

La fortune était

$$15\,200 \times 5 = 76\,000 \text{ fr.}$$

PROBLÈME **507.** — La pièce de 1 centime en bronze pèse 1 gramme.

Celle de 20 centimes en argent pèse aussi 1 gramme.

1 gramme de monnaie d'or vaut :

$$0^f,20 \times 15,5 = 3^f,10.$$

Ainsi un poids de 3 gr. contenant 1 gr. de chaque monnaie vaut

$$3^f,10 + 0^f,20 + 0^f,01 = 3^f,31$$

Il y a donc dans la somme autant de grammes de chaque monnaie qu'il y a de fois 3f,31 dans 4 468f,50.

Ce nombre est

$$4\,468,50 : 3,31 = 1\,350 \text{ grammes.}$$

PROBLÈME **513**. — Après le prélèvement de 1 680 fr. il reste 10 920 fr. à diviser en deux parties égales : chaque partie est de 5 460 fr.

Le 2ᵉ a donc 5 460 fr. : le 1ᵉʳ, 5 460ᶠ + 1 680ᶠ = 7 140 fr.

Pour trouver les mises il faut partager la mise totale 60 000 fr. proportionnellement aux parts de bénéfice 7 140 et 5 460.

D'après la règle ordinaire on trouve :

$$\text{pour le } 1^{\text{er}}\ 60\,000 \times \frac{7\,140}{12\,600} = \frac{1\,000 \times 714}{21} = 34\,000 \text{ fr.}$$

$$\text{pour le } 2^{\text{e}}\ 60\,000 \times \frac{5\,460}{12\,600} = \frac{1\,000 \times 546}{21} = 26\,000 \text{ fr.}$$

PROBLÈME **514**. — Supposons que le 1ᵉʳ fournisse........ 24 mètres.
Le 2ᵉ fournit 3 quarts de 24 mètres, c'est-à-dire......... 18 m.
Le 3ᵉ fournit 5 sixièmes de 18 mètres, c'est-à-dire....... 15 m.
Total : 57 mètres.

Autant de fois il y a 57 m. dans 1 000 m., autant de fois ils fourniront :
le 1ᵉʳ, 24 m. ; le 2ᵉ, 18 m. ; le 3ᵉ, 15 m., etc.

PROBLÈME **518**. — Le négociant a mis 50 000 fr. pendant 12 mois ;
le 1ᵉʳ associé 20 000 fr. pendant 9 mois ; le 2ᵉ, 20 000 fr. pendant 6 mois.
Ils auront le même bénéfice que s'ils avaient mis :

le négociant, 12 fois 50 000 fr. pendant 1 m. ou	60 dizaines de mille fr.	
le 1ᵉʳ associé, 9 fois 20 000 fr. pendant 1 m. ou	18 dizaines	—
le 2ᵉ associé, 6 fois 20 000 fr. pendant 1 m. ou	12 dizaines	—
Total :	90 dizaines de mille fr.	

Les portions du bénéfice seront donc

$$\text{au nég. } \frac{60}{90} \text{ ou } \frac{2}{3};\quad \text{au } 1^{\text{er}} \text{ ass. } \frac{18}{90} \text{ ou } \frac{1}{5};\quad \text{au } 3^{\text{e}},\ \frac{12}{90} \text{ ou } \frac{2}{15}.$$

On trouve : nég. 8 333ᶠ,33 ; 1ᵉʳ a. 2 500 fr. ; 2ᵉ a. 1 666ᶠ,67.

PROBLÈME **521**. — On prélève 20 fois 0ᶠ,50, c.-à-d. 10 fr. Il reste 511ᶠ,50.

3 ouvriers ont fait	20 × 3 = 60 journées.
Le 4ᵉ en a fait...	20 — 5 = 15 —
Le 5ᵉ en a fait...	20 — 2 = 18 —
	Total : 93 journées.

Le prix de la journée est.......... 511ᶠ,50 : 93 = 5ᶠ,50.

Les parts seront donc :

pour le 2ᵉ et le 3ᵉ ouvriers	5ᶠ,50 × 20 = 110 fr.
pour le directeur..........	110ᶠ,00 + 10ᶠ = 120 fr.
pour le 4ᵉ ouvrier.........	5ᶠ,50 × 15 = 82ᶠ,50.
pour le 5ᵉ...	5ᶠ,50 × 18 = 99 fr.

PROBLÈME **529**. — Supposons la somme composée de plusieurs parties égales.

Donnons à la plus jeune........................	20 parties.
La 2ᵉ aura 20 p. plus 4 p., c'est-à-dire.............	24 —
La plus âgée aura 24 p. plus 6 p., c'est-à-dire......	30 —
Total :	74 parties.

La 74ᵉ partie de 85 fr. est 85 : 74 = 1ᶠ,1486.

La plus jeune aura...................	1,1486 × 20 = 22ᶠ,97.
La 2ᵉ................................	1,1486 × 24 = 27ᶠ,57.
La plus âgée..........................	1,1486 × 30 = 34ᶠ,46.

PROBLÈME **530**. — Regardons la somme comme composée de plusieurs parties égales et supposons que de ces parties la 3e prenne......... 20 p.

La 2e aura 3 fois le 5e de 20 p. plus 40 fr. c.-à-d.......... 12 p. + 40 f

La 1re aura les $\frac{3}{4}$ de 12 p., plus les $\frac{3}{4}$ de 40f plus 50f, c.-à-d. 9 p. + 80 f

Total : 41 p. + 120 f

Prélevons 120 fr. Il reste à diviser en 41 parties égales 1 428 fr.

La 41e partie de 1 428 fr. est.... 1 428 : 41 = 34f,82926.

La 3e aura..... 34,8292 × 20 = 696f,585.

La 2e ..... 34,8292 × 12 + 40 = 457f,950.

La 1re.... 34,8292 × 9 + 80 = 393f,462.

XIV. — PROBLÈMES SUR LES MÉLANGES.

Premier degré.

531. On mélange 240 décalitres de blé du prix de 18f,50 l'hectolitre avec 17 hectolitres 50 litres du prix de 21 francs l'hectolitre et 1 350 litres de seigle du prix de 14f,20 l'hectolitre. A combien revient l'hectolitre de ce mélange ? — *Réponse.* 18f,24.

532. Dans un tonneau de 228 litres on remplit les $\frac{7}{12}$ avec du vin de 0f,50 le litre et le reste avec du vin de 0f,60. Combien doit-on vendre le litre du mélange pour gagner 25 % ? — *Rép.* 0f,677 c.-à-d. 68 centimes.

* 533. On a fondu 2 kilogr. et quart d'un métal coûtant 43f,50 avec 5 kilogr. $\frac{3}{5}$ d'un autre métal coûtant 27 francs. Trouver le prix du kilogramme de l'alliage, en supposant qu'il y ait un déchet de 2 % et que la fabrication de l'alliage ait coûté 12 francs. — *Réponse.* 40f,72.

* 534. Un marchand de vin achète 8 pièces de 228 litres chacune, à raison de 40 francs l'hectolitre. Combien doit-il y ajouter d'eau pour gagner 15 p. 100 sur le prix d'achat, en vendant le litre du mélange au même prix qu'il avait payé pour le vin pur ? — *Rép.* 273 litres 6 décil. d'eau.

535. On a acheté 44 hectolitres de cidre au prix de 5f,60 le double-décalitre. On veut y ajouter de l'eau, de manière que le litre du mélange ne revienne qu'à 20 centimes. Trouver quelle est la quantité d'eau qu'il faut y ajouter. — *Réponse.* 5 hectolitres 60 litres.

* 536. Un marchand achète 8 barriques de vin au prix de 204 francs la barrique. Il ajoute à ce vin 150 litres d'eau et revend le litre du mélange 1f,50. Il gagne sur le tout 400 francs. Trouver combien la barrique contient de litres. — *Réponse.* 150 litres et demi.

* 537. Une personne dépense 580 francs, pour acheter de la toile de deux qualités, dont la 1re coûte 3f,40 le mètre et la seconde 2f,30. Elle prend 2 fois autant de mètres de la 2e qualité que de la 1re. Combien a-t-elle de mètres de chaque qualité ? — *Rép.* 72m,50 de la 1re ; 145m de la 2e.

538. On a mélangé 200 litres de vin du prix de 0f,50 le litre avec 300 litres d'une autre qualité. Le litre du mélange valant 0f,65, trouver le prix du litre de la 2e qualité. — *Réponse.* 75 centimes.

* 539. Un marchand a reçu 18 pièces de vin, contenant chacune 225 litres.

qui lui reviennent, tous frais payés, à 70 francs l'hectolitre. Il y ajoute 20 litres d'eau par hectolitre. Trouver combien il doit vendre la bouteille d'une capacité de 75 centilitres, pour gagner 20 pour 100 sur ses déboursés. — *Réponse*. 52 centimes et demi.

* 540. On mélange une pièce de vin de 225 litres, coûtant 72 francs l'hectolitre, avec 3 pièces de même contenance payées 3f,20 le décalitre. Les frais de régie et de transport ont été de 18 francs par chaque pièce. A quel prix doit-on revendre la bouteille de 3 quarts de litre, si on veut gagner 150 francs sur le tout? — *Réponse*. 50 centimes.

* 541. Un tonneau de 150 litres étant plein de vin, on en soutire d'abord $\frac{1}{5}$, puis le $\frac{1}{4}$ du reste, puis on le remplit en y versant de l'eau. Trouver en centilitres la quantité de vin qui entre alors dans chaque litre du mélange. — *Réponse*. 60 centilitres de vin.

542. Un marchand a 114 litres de vin, du prix de 40 francs l'hectolitre. Combien doit-il y ajouter d'eau, pour que le litre du mélange ne coûte que 30 centimes? — *Réponse*. 38 litres d'eau.

Deuxième degré.

543. On veut mêler du vin de 45 centimes le litre avec du vin de 58 centimes le litre, de manière que le litre du mélange revienne à 50 centimes. Dans quel rapport faudra-t-il prendre les quantités à mélanger? — *Réponse*. 8 litres du 1er pour 5 litres du 2e.

544. On veut remplir une barrique d'eau-de-vie de 65 litres avec de l'eau-de-vie coûtant 1f,35 le litre et de l'eau-de-vie coûtant 1f,50, de manière que le litre du mélange revienne à 1f,42. Combien faut-il mettre de litres de chaque qualité? — *R.* De la 1re, 34l,7; de la 2e, 30l,3.

* 545. Un épicier veut mêler de l'huile du prix de 2f,40 le kilogramme avec 100 kilogr. du prix de 3 fr., de manière que le kilogramme du mélange lui revienne à 2f,65. Trouver le poids de l'huile de la première qualité à mettre dans le mélange. — *Réponse*. 140 kilogr.

546. Un marchand veut faire un sac de farine de 78 kilogr., en mêlant de la farine du prix de 62 centimes le kilogr. et de la farine du prix de 75 centimes, de manière que le sac coûte 54f,60. Combien doit-il mettre de kilogrammes de chaque qualité? — *Rép.* 30kg de la 1re; 48kg de la 2e.

* 547. Un épicier avec deux espèces de café, valant l'une 5f,60 et l'autre 4f,80 le kilogr. a obtenu un mélange de 20 kilogrammes. Le prix de 250 grammes de ce mélange étant de 1f,32, trouver les poids de chaque qualité qui entrent dans ces 20 kilogr. — *R.* 12kg de la 1re; 8kg de la 2e.

548. Un marchand a 130 kilogr. de café du prix de 3f,20 le kilogr. Quel poids de café du prix de 2f,70 doit-il y ajouter, pour que le prix du kilogramme du mélange soit de 3 francs? — *Réponse*. 86kg,666 gr.

* 549. Un marchand, qui revend sa marchandise 10 pour 100 de plus qu'elle ne lui coûte, achète une première qualité de vin à 48 francs l'hec-

tolitre et une autre qualité à 60 francs l'hectolitre. Il veut les mélang pour remplir une barrique de 6 hectolitres 5 litres, qu'il revendra 0^f, le litre. Quelles quantités de chaque qualité de vin doit-il mettre dans mélange ? — *Réponse.* De la 1re, 275 litres ; de la 2e, 330 litres.

* 550. On a 180 litres d'alcool, marquant 80 degrés à l'alcoomètre cent simal, c'est-à-dire que les 80 centièmes du volume de ce liquide sont l'alcool pur et le reste de l'eau. On les mélange avec 270 litres marqua 70 degrés. Trouver combien de degrés ce mélange marquera ; trouver aus combien on doit y ajouter d'eau, pour que le nouveau mélange ne marq que 50 degrés — *Rep.* Mélange à 74 degrés. Eau à ajouter, 216 litre

551. On a rempli un tonneau de 228 litres, en y mettant du vin $1^f,10$ et du vin de $0^f,50$ le litre. Trouver combien on a mis de litres chaque qualité, si le mélange vaut 171 francs. — *Rép.* 1re, 95^l ; 2e, 13

552. Un marchand veut mêler ensemble des vins de trois qualités co tant, la première $0^f,42$, la seconde $0^f,48$ et la troisième $0^f,55$ le litr Dans quel rapport doivent être les nombres de litres de chaque espèce pour que le lit. du mélange coûte $0^f,50$? — *R.* 5 de la 1re et de la 2e ; 10 de la 3e

553. On a des vins de trois qualités. La première coûte 25 cent. le litre la seconde 28 centimes et la troisième 34 centimes. Combien doit-o mettre de litres de chaque qualité, pour remplir un tonneau de 250 litre qui coûtera 75 fr. ? — *Réponse* 4^l de la 1re et de la 2e ; 7^l de la 3e.

XIV. — Solutions raisonnées.

PROBLÈME **533**. — Poids du mélange $2\,250^{r} + 5\,600^{r} = 7\,850^{gr}$.
Déchet de 0,02, c.-à-d. $7\,850 \times 0,02 = 157$

Poids net de l'alliage : $7\,693^{gr}$.

Prix de l'alliage $43^f,50 + 27^f + 12^f = 82^f,50$.
Prix du gramme $82^f,50 : 7\,693 = 0^f,01072$. Prix du kilogr. $10^f,72$

PROBLÈME **534**. — Nombre de litres achetés $228 \times 8 = 1\,824$ litres.
Prix d'achat.................. $0^f,40 \times 1\,824 = 729^f,60$
Bénéfice de $0^f,15$ par fr...... $0^f,15 \times 729,6 = 109^f,44$

Somme à retirer : $839^f,04$.

Prix de vente du litre $0^f,40$.
Nombre de litres du mélange avec l'eau. $83\,904 : 40 = 2\,097^l,6$.
Nombre de litres d'eau. $2\,097,6 - 1\,824 = 273^l,6$.

PROBLÈME **536**. — Dépense d'achat.............. $204^f \times 8 = 1\,632$ fr.
Produit de la vente............ $1\,632 + 400 = 2\,032$ fr.
Nombre de litres du mélange....... $2\,032 : 1,5 = 1\,354^l,66$.
Nombre de litres de vin............. $1\,354^l,6 - 150 = 1\,204^l,6$.
Capacité de la barrique.............. $1\,204^l,6 : 8 = 150^l,58$.

PROBLÈME **537**. — Avec 1 m. de la 1re qualité on prend 2 m. de la 2e.
Cet achat coûte...................... $3^f,40 + 2^f,30 \times 2 = 8$ fr.
Autant il y a de fois 8^f dans 580 fr., autant il y a de mètres de la 1re qualité.
Nombre de mètres de la 1re qualité....... $580 : 8 = 72^m,5$.
Nombre de mètres de la 2e qualité........ $72,5 \times 2 = 145$ m.

PROBLÈME **539**. — Prix d'achat du litre $0^{f},70$.

Prix d'achat de la pièce $0^{f},70 \times 225 = 157^{f},50$.
Bénéfice de 20 %, c'est-à-dire d'un 5e $31^{f},50$

Produit de la vente de la pièce : 189 fr.

Le volume d'eau ajouté au vin de la pièce est 225 : 5 = 45 litres.
Le mélange d'eau et d'une pièce de vin contient 225 + 45 = 270 litres.
Le nombre de bouteilles à vendre sera 270 : $0^{f},75$ = 360 bouteilles.
Le prix de vente de la bouteille est 189 : 360 = $0^{f},525$.

PROBLÈME **540**. — A $3^{f},20$ le décalitre, le prix du litre est $0^{f},32$.

Les 3 pièces de vin ont coûté..................	$0^{f},32 \times 225 \times 3 = 216$ fr.
La 1re pièce de vin vaut........................	$0^{f},72 \times 225 = 162$
Les frais de régie et de transport sont........	$18^{f} \times 4 = 72$
Le bénéfice à faire est.........................	150
Somme à retirer de la vente :	600 fr.
Nombre total de litres à vendre.................	225 × 4 = 900 litres.
Nombre de bouteilles............................	900 : 0,75 = 1 200 bouteilles.
Prix de vente de la bouteille...................	600^{f} : 1 200 = $0^{f},50$.

PROBLÈME **541**. — La quantité de vin tirée la 1re fois est 150^{l} : 5 = 30 litres.

Ce qui reste est égal à..........................	150 — 30 = 120 litres.
Le quart de ce reste est.........................	120 : 4 = 30 litres.
Après le 2e tirage il reste......................	120 — 30 = 90 litres.

Le tonneau est alors rempli avec de l'eau.
Ainsi 150 litres du mélange contiennent 90 litres de vin.
La quantité de vin contenue dans 1 litre du mélange est donc

90 : 150 = 0,6, c'est-à-dire 60 centilitres.

PROBLÈME **545**. — En mettant 1 kilog. de la 1re qualité on gagne 25 centimes.
En mettant 1 kilog. de la 2e qualité on perd.................. 35 centimes.

Donc pour 35 kgr. de la 1re on devra mettre 25 kgr. de la 2e,
ou — 7 kgr. 1re — 5 kgr. — 2e.

En effet avec 7 kgr. de la 1re on gagne 7 fois 25 centimes, c'est-à-dire $1^{f},75$;
Avec........ 5 kgr. de la 2e on perd 5 fois 35 centimes, c'est-à-dire $1^{f},75$.
La perte est ainsi compensée par le gain.

Le poids d'huile de la 1re qual. est $\frac{7}{5}$, c.-à-d. $\frac{14}{10}$ du poids d'huile de 2e q.

Le poids d'huile de 1re qual. est donc 14 dixièmes de 100 kgr., c-à-d. 140 kilog.

PROBLÈME **547**. — Le kilogr. est égal à 4 fois 250 grammes.
Le prix du kilogr. du mélange est donc........ $1^{f},32 \times 4 = 5^{f},28$.
En mettant 1 kgr. de la 1re espèce on perd $5^{f}60 - 5^{f},28 = 32$ centimes.
En mettant 1 kgr. de la 2e — on gagne $5^{f},28 - 4^{f},80 = 48$ centimes.
Ainsi pour 48 kgr. de la 1re espèce on mettra 32 kgr. de la 2e.
Ces deux poids font un mélange pesant 80 kgr.
Or le poids de 20 kgr. du mélange à former est le quart de 80 kgr.
Les poids de café de chaque qualité sont donc :

1re qualité, le quart de 48 kgr., c'est-à-dire 12 kgr.
2e qualité, le quart de 32 kgr., c'est-à-dire 8 kgr.

PROBLÈME **549.** — Le prix de vente du litre est :

pour la 1re qualité, 0f,48 + 0f,048 = 0f,528 ;
pour la 2e — 0f,60 + 0f,060 = 0f,660.

Le prix de vente du litre du mélange doit être 0f,60.
En appliquant la règle ordinaire, on trouve qu'on doit mélanger :
avec 60 litres de la 1re qualité 72 litres de la 2e,
ou 5 — 1re — 6 litres — 2e
Les 5 litres de la 1re avec les 6 litres de la 2e font un mélange de 11 litres.
On mettra :

$$\text{de la 1re,}\quad 605 \times \frac{5}{11} = \frac{3025}{11} = 275 \text{ litres ;}$$

$$\text{de la 2e,}\quad 605 \times \frac{6}{11} = \frac{3630}{11} = 330 \text{ litres.}$$

PROBLÈME **550.** — 1° Les quantités d'alcool pur sont :

dans 180 litres à 80°, les 0,8 de 180l, c'est-à-dire 144 litres ;
dans 270 — à 70°, les 0,7 de 270l, — 189 —
Dans 450 litres du mélange il y a .... 333l. d'alcool pur.

Le degré du mélange est donc 333 : 450 = 0,74, c.-à-d. 74 degrés.
2° Dans le nouveau mélange les 333 litres d'alcool pur doivent être les 0,50 c'est-à-dire la moitié du volume total.
Le volume total de ce mélange sera de 666 litres.
Le nombre de litres d'eau à ajouter aux 450 litres du 1er sera :

$$666 - 450 = 216 \text{ litres.}$$

XV. — PROBLÈMES SUR LES ALLIAGES.

Premier degré.

554. Un orfèvre fond ensemble un bracelet d'or pesant 252 grammes, au titre de 0,750, avec 124 grammes d'or fin et 18 grammes de cuivre. Trouver le titre du lingot ainsi obtenu. — *Réponse.* 0,794.

555. Quel est le titre d'un lingot d'argent, qu'on obtient en faisant fondre ensemble une boite de montre en argent pesant 136 grammes au titre de 0,800, trois pièces de 5 francs en argent et 12 pièces de 2 francs? — *Réponse.* 0,835.

556. Un lingot d'argent pesant 1 kilogramme est au titre de 0,835. Trouver quel poids d'argent fin il faut lui ajouter pour élever son titre à 0,900. — *Réponse.* 650 gr. d'argent fin.

• 557. Calculer les poids respectifs de cuivre, d'étain et de zinc qui sont dans 100 francs en monnaie de bronze. — *R.* C. 9 500gr, E. 400, Z. 100.

• 558. Un lingot d'argent pur a un volume de 35 centimètres cubes 750 millim. cubes. Quel poids de cuivre doit-on lui ajouter pour en faire des pièces de 5 fr., et quel est le nombre de pièces qu'on obtiendra? La densité de l'argent pur est 10,47. — *Réponse.* 41g,59. Pièces, 16.

• 559. Un certain nombre de pièces de monnaie d'or contiennent 900 grammes d'or pur. Trouver : 1° combien il faut de pièces de 5 francs en argent pour faire une valeur égale; 2° quel est le poids du cuivre qui entre dans une somme de même valeur, qui serait composée de pièces de 2 fr. — *Réponse*. 620 pièces. Cuivre. 2557gr,500.

560. On fait fondre 1 000 pièces de 5 francs en argent, pour les transformer en pièces de 50 centimes. Trouver quel poids de cuivre il faut y ajouter et combien on aura de pièces de 50 centimes. Calculer ce qu'on gagnera dans cette opération, en payant le kilogramme de cuivre 3f,70 et les frais de main-d'œuvre étant estimés à 5f,50 par kilogramme de monnaie fabriquée. — *Rép.* C., 1 946 gr. Pièces, 10 778. Gain, 233f,60.

* 561. La densité de l'or fin est environ 19,36 et celle du cuivre est 8,85. On fait fondre 60gr,30 d'or avec le poids de cuivre nécessaire pour constituer l'alliage de la monnaie d'or. Trouver la densité de l'alliage ainsi obtenu. — *Réponse*. 17,3.

* 562. Un objet composé d'or et d'argent vaut 300 francs, si l'on ne tient compte que de la valeur des métaux; le poids de l'or est les $\frac{3}{4}$ du poids de l'alliage. Trouver le poids de cet objet, en admettant que la valeur de l'or soit égale à 15 fois et demie celle de l'argent et que la valeur du kilogramme d'argent soit de 222 francs. — *Réponse*. 136gr,557.

563. Le bronze est formé d'étain et de cuivre, dans la proportion de 8 parties de cuivre avec 2 parties d'étain. Quelle est la valeur du quintal métrique de bronze, si le kilogramme de cuivre vaut 1f,35 et celui d'étain 3f,75? — *Réponse*. 183 francs.

564. On veut fabriquer des pièces de 2 francs, en fondant ensemble 167 décagrammes d'argent au titre de 0,950 et la quantité de cuivre nécessaire. Quel est le nombre de pièces qu'on obtiendra. — *R.* 190 pièces.

565. Combien aura-t-on de pièces de bronze de 10 centimes, de 5 centimes, de 2 centimes et de 1 centime avec une masse de cuivre pesant 2356 grammes, en y ajoutant de l'étain et du zinc, si l'on veut avoir la même valeur pour le nombre de pièces de chaque espèce? — *Réponse*. 620 de 1 cent.; 310 de 2 cent.; 124 de 5 cent.; 62 de 10 cent.

566. Un orfèvre vient d'acheter deux lingots d'argent, l'un au titre de 0,750 et pesant 240 grammes, l'autre au titre de 0,820 et pesant 315 grammes. Quel poids d'argent fin doit-il y ajouter, pour obtenir un lingot au titre de 0,900? — *Réponse*. 612 grammes.

567. On fait fondre ensemble deux lingots d'or, l'un au titre de 0,750 et pesant 258 grammes, l'autre au titre de 0,920 et pesant 305 grammes. Chercher s'il faut y ajouter de l'or fin ou du cuivre et quel poids, pour avoir un lingot au titre de 0,900. — *Réponse*. 326 gr. d'or fin.

568. Un lingot d'or du poids de 1 348 gr. contient 145 gr. de cuivre. Combien de grammes d'or fin faut-il lui ajouter, pour avoir un lingot qui puisse être transformé en pièces de 10 francs? — *Réponse*. 102 gr.

Deuxième degré.

* 569. Deux lingots d'argent sont, le premier au titre de 0,925 et le second au titre de 0,865. Dans quelle proportion faut-il prendre des

poids de chacun, pour qu'en les faisant fondre ensemble on obtienne un lingot au titre de 0,900? — *Réponse.* 7 du 1er avec 5 du 2e.

570. Un lingot d'or pesant 2 kilogr. 500 grammes est au titre de 0,85; un autre pesant 1 kilogr. 420 grammes est au titre de 0,700. Quel poids faut-il prendre de chacun, pour obtenir, en les fondant ensemble, un lingot pesant 750 gr. au titre de 0,800? — *R.* 500 gr. du 1er et 250 gr. du 2e.

* 571. Un lingot est composé de 648 grammes d'argent fin et de 72 grammes de cuivre; un autre lingot est composé de 574 grammes d'argent fin et de 246 grammes de cuivre. Quel poids faut-il prendre de chacun, pour former, en les faisant fondre ensemble, un lingot pesant 1 kilogramme au titre de 0,85? — *Réponse.* Du 1er, 750 gr.: du 2e, 250 gr.

572. On a deux lingots d'argent, l'un au titre de 0,88 et l'autre au titre de 0,98. Quel poids de chacun faut-il prendre pour composer un alliage qui puisse fournir 400 pièces de 5 fr.? — *R.* 8 000 gr. du 1er, 2 000 du 2e.

* 573. On a un alliage composé de 300 grammes d'un lingot d'argent et de cuivre au titre de 0,7 et d'un autre lingot à un titre inconnu. Trouver ce titre, en sachant que 40 grammes de cet alliage contiennent 30gr,5 d'argent fin, et que le 2e lingot pesait 500 gr. — *Réponse.* 0,800.

574. Deux lingots d'argent sont aux titres de 0,875 et 0,805. Combien faut-il prendre de grammes de chacun, pour avoir un alliage de 950 grammes au titre de 0,830? — *Réponse.* 339gr,285 du 1er et 610gr,714 du 2e.

* 575. A un lingot d'argent au titre de 0,865 on ajoute 2kgr,250gr. d'argent pur et le nouveau lingot est au titre de 0,950. Quel était le poids du lingot primitif? — *Réponse.* 1 323gr,529 milligr.

* 576. En fondant ensemble 230 grammes de cuivre et un certain nombre de couverts d'argent au titre de 0,950, on a obtenu un lingot au titre de 0,835. Combien pourra-t-on fabriquer de pièces de 1 franc avec ce lingot? — *Réponse.* 380 pièces.

577. On a trois lingots d'or : le premier au titre de 0,750, le second au titre de 0,820, le troisième au titre de 0,910. Dans quelle proportion faut-il prendre des poids de chacun, pour qu'en les fondant ensemble on obtienne un alliage au titre de 0,850? — *R.* 6g du 1er et du 2e p. 13g du 3e.

578. On voudrait fabriquer 950 pièces de 1 franc avec trois lingots qui sont, le premier au titre de 0,750, le second au titre de 0,800 et le troisième au titre de 0,840. Quel poids faudra-t-il prendre de chacun de ces trois lingots? — *Réponse.* Du 1er et du 2e, 182g,692; du 3e, 4 384g,615.

579. Un orfèvre a de l'argent dont le 12e du poids est du cuivre et de l'argent dans lequel le poids du cuivre est le 8e du poids total. Dans quelle proportion doit-il les mélanger, pour obtenir un lingot au titre de 0,900? — *Réponse.* 25 du 1er pour 16 du 2e.

580. On a trois lingots d'argent. Le premier, au titre de 0,750, pèse 2 kilogr. 158 grammes; le second, au titre de 0,815, pèse 3kgr,258 gr.; le 3e, au titre de 0,875, pèse 4 kilogr. 514 grammes. Quel poids faut-il prendre de ces trois lingots, pour obtenir un lingot de 5 kilogr. au titre de 0,820? — *Réponse.* Du 1er et du 2e, 1 486gr,49; du 3e 2 027gr,02.

XV. — Solutions raisonnées.

PROBLÈME **557**. — En monnaie de bronze 100 fr. ou 10 000 centimes pèsent : 10 000 grammes, c'est-à-dire 100 hectogrammes.
Dans 100 gr. ou 1 hectogr. de cette monnaie il y a :
95 gr. de cuivre, 4 gr. d'étain, 1 gr. de zinc.
Les poids de ces métaux contenus dans 10 000 centimes sont donc :
95 hectogr. de cuivre, 4 hectogr. d'étain, 1 hectogr. de zinc.

PROBLÈME **558**. — Le centimètre cube d'argent fin pèse 10gr,47.
Le poids du lingot d'argent est 10gr,47 × 35,75 = 374gr,3025.
Dans la pièce de 5 fr. le poids du cuivre est le 9e du poids de l'argent.
Le poids de cuivre à ajouter est donc 374gr,3025 : 9 = 41gr,5 891.
Le poids de l'alliage est 10 fois celui du cuivre, c'est-à-dire 415gr,891.
Le nombre de pièces sera 415,891 : 25 = 16, avec un reste de 15gr,891.

PROBLÈME **559**. — 1° Dans les monnaies d'or le poids du cuivre est la 9e partie du poids de l'or fin. Il y a donc 100 gr. de cuivre unis aux 900 gr. d'or pur.
Le poids de ces pièces d'or est.................. 900 + 100 = 1 000 gr.
Or 1 000 grammes de monnaie d'argent vaudraient 200 fr.
1 000 grammes de monnaie d'or valent.......... 200f × 15,5 = 3 100 fr.
Le nombre de pièces de 5 fr. ayant cette valeur est 3 100 : 5 = 620 pièces.
2° Une somme de 3 100 fr. en argent pèse..... 5gr × 31 00 = 15 500 gr.
Le titre des pièces de 2 fr. est 0,835; le poids du cuivre est 0,165 du poids total.
Le poids du cuivre est donc.............. 15 500gr × 0,165 = 2 557gr,50.

PROBLÈME **561**. — Le poids de cuivre qui a été ajouté est : 60gr,30 : 9 = 6gr,70.
Le poids de l'alliage est donc............... 60gr,30 + 6gr,70 = 67 gr.
Or 1 centimètre cube d'or pèse 19gr,36 ; 1 centim. cube, de cuivre, 8gr,85.
Le volume des deux métaux qui entrent dans l'alliage est en centim. cubes :

pour 60gr,30 d'or, $\frac{60,30}{19,36} = 3,114$; pour 6gr,70 de cuivre, $\frac{6,70}{8,85} = 0,757$.

Le volume de l'alliage est donc .... 3,114 + 0,757 = 3cmc,871.
Le poids de 1 centim. cube sera............. 67 : 3,871 = 17gr,30.

PROBLÈME **562**. — Le kilogr. d'or fin vaut 222f × 15,5 = 3 441 fr.
Or 1 kilogramme de cet alliage contient 750 gr. d'or et 250 gr. d'argent.

750 gr. d'or valent.....................	3f,441 × 750 = 2 580f,75.
250 gr. d'argent valent.................	0f,222 × 250 = 55f,50.
Valeur de 1 kgr. de l'alliage :	2 636f,25.

La valeur de 1 gramme de cet alliage est 2f,63625.
Le poids de l'alliage en grammes est 360 : 2,63625 = 136gr,557.

PROBLÈME **569**. — Les poids d'argent fin dans 1 gr. de chaque alliage sont : au 1er, 925 milligr. : au 2e, 865 milligr. : au lingot demandé, 900 milligr.
Si on met dans le creuset 1 gr. du 1er, il y a de trop un poids d'or fin égal à
925 — 900 = 25 milligr.
Quand on y met 1 gr. du 2e lingot, il manque un poids d'or fin égal à
900 — 865 = 35 milligr.

D'après cela on devra mettre dans le mélange :

avec 35 gr. du 1er lingot, 25 gr. du 2e.

En effet dans 35 gr. du 1er il y a de trop 35 fois 25 milligr. d'or fin.

Dans 25 gr. du 2e il manque 25 fois 35 milligr. d'or fin.

Plus simplement on dira que le mélange doit être dans le rapport suivant 7 gr. du 1er lingot pour 5 gr. du 2e.

PROBLÈME **571.** — Les poids des deux lingots donnés sont :
pour le 1er, 648 + 72 = 720 gr.; pour le 2e, 574 + 246 = 820 gr.

Les titres sont : pour le 1er, $\frac{648}{720} = 0,900$; pour le 2e, $\frac{574}{820} = 0,700$.

Dans 1 gramme du 1er il y a 5 centigr. d'or fin de trop.

Dans 1 gramme du 2e il manque 15 centigr. d'or fin.

On mettra donc : avec 15 gr. du 1er lingot 5 gr. du 2e,

ou avec 3 gr. du 1er lingot 1 gr. du 2e. Total 4 gr.

Ainsi on prendra dans le 2e le quart de 1000 gr., c'est-à-dire 250 gr.

On prendra dans le 1er les trois quarts de 1 000 gr., c'est-à-dire 750 gr.

PROBLÈME **573.** — Le titre de l'alliage obtenu est 30,5 : 40 = 0,7625.
Son poids total est.................... 300 + 500 = 800 gr.
Le poids d'argent fin de ce lingot est.... 800 × 0,7625 = 610 gr.
Le poids d'argent fin du 1er lingot était.... 300 × 0,7 = 210 gr.
Le poids d'argent fin du 2e était donc.... 610 − 210 = 400 gr.
Le titre de ce 2e lingot était............ 400 : 500 = 0,800.

PROBLÈME **575.** — Représentons par p le poids en grammes du 1er lingot.
Le poids d'argent fin qu'il contient est les 0,865 de p, c'est-à-dire $p \times 0,865$.
Le poids d'argent fin du 2e lingot est.............. $p \times 0,865 + 2\,250$.
Son poids total est.............................. $p + 2\,250$.
Les 0,950 de ce poids total égalent le poids d'argent fin. On peut donc écrire :

$$(p + 2\,250) \times 0,950 = p \times 0,865 + 2\,250,$$

ou, en effectuant la multiplication indiquée :

$$p \times 0,950 + 2\,137,5 = p \times 0,865 + 2\,250.$$

En diminuant les deux membres de cette égalité de 2 137,5 et de $p \times 0,865$, on a :

$$p \times 0,950 - p \times 0,865 = 2\,250 - 2\,137,5.$$

En effectuant les soustractions indiquées, on trouve :

$$p \times 0,085 = 112,5.$$

Ainsi les 85 millièmes du poids p sont 112r,5.
On en déduit : $p = 1323^{r},529$.

PROBLÈME **576.** — D'abord dans 1 gr. du lingot il y a 835 milligr. d'argent fin.
Dans 1 gramme des couverts il y a 950 milligr. d'argent fin.
Quand on met dans le creuset 1 gr. des couverts, il y a de trop un poids d'argent fin égal à 950 − 835 = 115 milligr.
Si on y met 1 gr. de cuivre, il manque 835 milligr. d'argent fin.
Ainsi pour 835 gr. de couverts on a dû mettre 115 gr. de cuivre.
Or 115 gr. de cuivre sont la moitié du poids de 230 gr. de cuivre.
Donc 835 gr. sont aussi la moitié du poids total des couverts.
Le poids des couverts est donc................ 835 × 2 = 1670 gr.
Le poids du lingot obtenu est................. 1670 + 230 = 1900 gr.
Le nombre des pièces de 1 fr. qu'on pourra fabriquer sera : ....
.. 1900 : 5 = 380 pièces.

XVI. — PROBLÈMES DIVERS.

* 581. On a payé 64 fr. avec 20 pièces, les unes de 5 fr. et les autres de 2 fr. Combien a-t-on donné de pièces de chaque espèce? — *R.* 8 p. de 5 fr.
* 582. On a dépensé 100 fr. pour acheter 40 mètres de toile de deux qualités, coûtant, la première 3 fr. et la seconde 1 fr. le mètre. Combien y a-t-il de mètres de chaque qualité? — *Rép.* 30^m à 3 fr.; 10^m à 1 fr.
* 583. Un manœuvre travaille dans une ferme, en recevant par jour 2f,30 quand il est nourri à la ferme, et 3f,80 quand il n'y est pas nourri. Pour 75 journées de travail il a reçu 232f,50. Trouver le nombre de jours où il a été nourri à la ferme. — *Réponse.* 35 jours.
* 584. L'âge d'une femme est le quadruple de l'âge de son fils, et le total de ces deux âges est égal à l'âge du père, qui a 40 ans. Trouver l'âge de la mère et celui du fils. — *Réponse.* 32 ans et 8 ans.
* 585. Un professeur vient d'acheter deux ouvrages pour la somme totale de 33 fr. Le prix de l'un surpassant de 9 fr. le prix de l'autre, trouver le prix de chacun. — *Réponse.* 21 fr.; 12 fr.
* 586. Deux frères achètent en commun 10 hectolitres de vin, au prix de 36 fr. l'hectolitre. La somme fournie par l'aîné est le triple de celle que fournit le cadet. Trouver quelles sont les deux sommes. — *R.* 270f; 90f.
* 587. Un bassin de 7 200 litres a été rempli en 1 heure et un quart par deux robinets, dont l'un verse par minute 16 litres de plus que l'autre. Combien chacun verse-t-il de litres par minute? — *Réponse.* 56 lit.; 40 lit.
* 588. Une mère de famille envoie son fils acheter 4 litres d'huile et lui donne pour le payement un certain nombre de pièces de 10 centimes. Or, si on remplaçait chacune de ces pièces par une pièce de 20 centimes et une pièce de 5 centimes, on aurait 4 litres d'huile de plus et 1f,50 de surplus. Trouver le prix du litre d'huile. — *Réponse.* 75 centimes.
* 589. Un petit marchand a vendu des mouchoirs et des cravates; des mouchoirs il a retiré 18 fr. et des cravates 11 fr. Le prix du mouchoir est le double de celui de la cravate, et le nombre des cravates surpasse de 10 celui des mouchoirs. Trouver combien coûte chaque article et combien on en a vendu. — *Rép.* 55 cravates à 0f,20; 45 mouchoirs à 0f,40.
* 590. Un propriétaire a retiré 795 fr. de la vente de 25 hectolitres de froment et de 18 hectolitres de seigle. Trouver le prix de l'hectolitre de chaque espèce de grain, en sachant que l'hectolitre de froment vaut 1 fois et demie le prix de l'hectolitre de seigle. — *Rép.* Fr. 21f,486. S. 14f,324.
* 591. Deux frères ont le même revenu. L'aîné en a économisé au bout de l'année la 5e partie. Le cadet, au contraire, qui a dépensé 600 fr. de plus que son frère, s'est endetté de 380 fr. Trouver le montant de ce revenu. — *Réponse.* Le revenu est de 1100 francs.
* 592. Un capitaliste, qui vient de retirer 60 000 fr. de la vente d'une maison, place une partie de cette somme à 4 et demi % et l'autre partie à 3 et demi % et se fait ainsi un revenu annuel de 2 500 fr. Trouver les deux parties de la somme. — *R.* 40 000f à $4\frac{1}{2}$; 20 000f. à $3\frac{1}{2}$.

• 593. Un homme travaille avec son fils dans le même atelier. Pendant le 1er mois, le père pour 20 journées et le fils pour 24 journées ont reçu ensemble 162 fr. Le mois suivant, ils ont reçu 184f,50 pour 25 journées du père et 24 journees du fils. Trouver quel était le prix de la journée pour chacun. — *Réponse*. 4f,50 pour le père et 3 fr. pour le fils.

• 594. Pour 3 mètres de toile et 7 mètres de drap une personne a payé 62 fr. Une autre fois elle avait payé 10 fr. de moins pour 6 mètres de la même toile et 5 mètres du même drap. Trouver le prix du mètre de toile et celui du mètre de drap? — *Réponse*. Toile, 2 fr.; drap, 8 fr.

• 595. Un épicier a fourni à une personne 4 kilogr. de sucre et 5 kilogr. de chocolat pour la somme de 21 francs. Trouver le prix du kilogramme de chaque marchandise, en sachant que s'il y avait eu au contraire 4 kilogrammes de chocolat et 5 kilogrammes de sucre, on aurait payé 1f,50 de moins. — *Réponse*. Sucre, 1f,50. Chocolat, 3 fr.

• 596. Un tonneau plein de vin pèse 245kg,025; plein d'huile il pèserait 225 kilogr. Trouver la capacité du tonneau, en sachant que le litre de vin pèse 99 décagr. et le litre d'huile 9 hectogr. — *R*. 222 l. et demi.

• 597. Un marchand a deux pièces d'étoffe, dont l'une a les $\frac{3}{4}$ de la longueur de l'autre. Avec la plus grande on peut faire 5 robes et il reste 20 mètres, et pour faire les 5 robes avec la plus petite il manquerait 12 mètres. Trouver la longueur de chaque pièce et le nombre de mètres que prend chaque robe. — *Réponse*. 128 m.; 96 m. Robe, 21m,60.

• 598. On veut payer 1 489f,50 avec des poids égaux de monnaies d'or, d'argent et de cuivre. Combien devra-t-on donner de pièces de 5 francs en or, de pièces de 5 francs en argent et combien de pièces de 10 cent. en cuivre? — *Réponse*. En or, 279; en argent, 18; en cuivre, 45.

• 599. Un marchand a acheté un certain nombre de jouets d'enfants à 12 fr. le cent. Il en a revendu les $\frac{3}{5}$ au prix de 15 centimes pièce, et le reste en bloc à raison de 3f,30 pour 28 jouets. Il a ainsi fait un bénéfice de 8f,40. Combien avait-il acheté de jouets? — *Réponse*. 490 jouets.

• 600. Deux frères travaillent ensemble et l'aîné gagne par jour un 5e de plus que l'autre. Au bout d'un certain temps, pendant lequel l'aîné a fait 8 journées de plus que le cadet, celui-ci reçoit 57 fr. et l'aîné le double. Combien chacun gagne-t-il par jour? — *Rép*. Aîné, 5f,70. Cadet, 4f,75.

XVI. — Solutions raisonnées.

PROBLÈME **581**. — En payant tout en pièces de 5 fr. on donnerait 5f × 20 = 100 fr.

On donnerait ainsi une somme trop forte de 100 — 64 = 36 fr.

Si on remplace une des 20 pièces de 5 fr. par une pièce de 2 fr., l'excès de 36 fr est diminué de 5 fr. et augmenté de 2 fr., c'est-à-dire est diminué de 3 fr.

On devra donc donner autant de pièces de 3 fr. qu'il y a de fois 3 fr. dans 36 fr.

Le nombre de pièces de 2 fr. à donner est 12.

PROBLÈMES **582** et **583**. — Même raisonnement qu'au problème 581.

Problème 584. — Les âges de la femme et du fils font ensemble 5 fois l'âge du fils.
5 fois l'âge du fils font 40 ans ; l'âge du fils est donc 8 ans.

Problème 585. — Otons 9 fr. du total 33 fr. : il reste 24 fr. dont la moitié est 12 fr.
Le prix de l'un est donc 12 fr. ; le prix de l'autre, 21 fr.

Problème 586. — Les 10 hectolitres de vin ont coûté 360 fr.
Cette somme vaut 4 fois la somme fournie par le cadet.
Le cadet a donc fourni 90 fr. ; l'aîné, 270 fr.

Problème 587. — En 1 h. et quart ou 75 minutes, l'un a versé de plus que l'autre : $16^l \times 75 = 1\,200$ litres.
En prélevant cet excès sur le total 7 200 litres, on a pour reste 6 000 litres.
Pendant 75 m. le second a versé seulement la moitié ou 3 000 litres.
En 1 minute il versait 3 000 : 75 = 40 litres ; l'autre, 56 litres.

Problème 588. — Après que chaque pièce de 10 c. a été remplacée par une pièce de 20 c. et une pièce de 5 c., l'enfant a 2 fois et demie la somme que la mère avait donnée.
Il pourrait alors acheter 2 fois et demie 4 litres d'huile, c.-à-d. 10 litres.
Il en achète seulement 8 ; le reste $1^f,50$ est donc le prix de 2 litres.
Ainsi le prix du litre est la moitié de $1^f,50$, c'est-à-dire 75 centimes.

Problème 589. — S'il y avait autant de cravates que de mouchoirs, le marchand aurait retiré de la vente la moitié de 18 fr., c'est-à-dire 9 fr.
Or il a retiré 11 fr., c.-à-d. 2 fr. de plus.
Ces 2 fr. sont le prix des 10 cravates en surplus.
Le prix d'une cravate est donc le 10e de 2 fr., c'est-à-dire 20 centimes.
Le prix du mouchoir étant double de celui de la cravate est 40 centimes.
Le nombre des cravates vendues pour 11 fr. est 11 : 0.2 = 55.
Le nombre des mouchoirs vendus pour 18 fr. est 18 : 0.4 = 45.

Problème 590. — Si l'hectol. de seigle coûtait 2 fr. ; celui de froment coûterait 3 fr.
On retirerait : pour le froment $3^f \times 25 = 75^f$
— pour le seigle $2^f \times 18 = 36^f$
Total, 111 fr.
Autant de fois il y a 111 fr. dans 795 fr., autant il y a de fois 3 fr. dans le prix de l'hectolitre de froment et 2 fr. dans le prix de l'hectolitre de seigle.
On trouve $21^f,48$ pour l'hectolitre de froment, $14^f,32$ pour l'hectol. de seigle.

Problème 591. — Pour abréger l'écriture désignons par R le revenu demandé.
Par an l'aîné a dépensé 4 cinquièmes de R.
La dépense du cadet a été 4 cinquièmes de R plus 600 fr.
Ainsi 4 cinquièmes de R plus 600 fr. égalent R plus 380 fr. ;
Donc 4 cinquièmes de R plus 220 fr. égalent R.
Le 5e de R est 220 fr.
Par suite, R est égal à 5 fois 220 fr. ou 1 100 fr.

PROBLÈME **592.** — Si le capital tout entier était placé à 4,50 % l'intérêt produirait . . . . 4f,50 × 600 = 2 700 fr

Il surpasse l'intérêt donné de . . . . 2 700 — 2 500 = 200 fr

Prenons sur le capital une somme de 100 fr. pour la placer à 3,50 % : il aura plus que 59 900 fr. placés à 4,50 %.

L'intérêt produit en ce cas sera de 1 fr. de moins que dans le cas où tout capital était placé à 4,50 %.

Ainsi pour chaque somme de 100 fr. placée à 3,50 %, l'excès de 200 fr. minue de 1 franc.

Il sera donc réduit à zéro, quand on aura placé à 3,50 % 200 fois 100 c.-à-d. 20 000 fr.

Les deux parties du capital sont donc

20 000 fr. à 3,50 % et 40 000 fr. à 4,50 %.

PROBLÈME **593.** — Le nombre des journées du fils a été 24 chaque fois : mais seconde fois le père a fait 5 journées de plus que la première fois.

La somme payée pour ces 5 journées est la différence des sommes payées ces deux fois, c'est-à-dire 184f,50 — 162f = 22f,50.

Le prix de la journée du père est donc . . . . 22f,50 : 5 = 4f,50

La 1re fois le père a reçu pour 20 journées . . . . 4f,50 × 20 = 90 fr

La somme donnée au fils pour 24 journées est . . . . . . 162f — 90f = 72 fr

Le prix de la journée du fils est donc 72f : 24 = 3 fr.

PROBLÈME **594.** — Pour 3 m. T et 7 m. D. on a payé 62 fr.

La 2e fois . . . . . pour 6 m. T. et 5 m. D. — 52 fr.

En prenant le double du 1er achat on aurait payé :

pour 6 m. T. et 14 m. D. . . . . 124 fr.

La différence entre 124 fr. et 52 fr., prix de ce 3e achat et du 2e, provient de différence entre les nombres 14 et 5 des mètres de drap de ces deux achats

Ainsi 9 m. D coûtent 124f — 52f = 72 fr.

1 m. D. coûte 72f : 9 = 8 fr.

Les 3 m. T. du 1er achat ont coûté . . . . 62f — 56f = 6 fr.

Le prix du mètre de toile est donc . . . . 6f : 3 = 2 fr.

PROBLÈME **595.** — Même méthode que dans le problème précédent.

PROBLÈME **596.** — Représentons par p le poids en grammes du tonneau vide

245 025 gr. égalent p plus le poids du vin ;

225 000 gr. — p — de l'huile.

La différence 20 025 gr. est la différence entre les poids du vin et de l'huile

Or l'excès du poids du litre de vin sur le poids du litre d'huile est 90 gr.

Le tonneau contient autant de litres qu'il y a de fois 90 gr. dans 20 025 gr.

Ce nombre de litres est 20 025 : 90 = 222l,5.

PROBLÈME **597.** — Représentons par n le nombre de mètres pris par les 5 robes

La longueur de la plus grande pièce est égale à . . . . n plus 20 m

La plus petite, c.-à-d. les 3 quarts de la plus grande, est égale à n moins 12 m

L'excès de la 1re sur la 2e, c.-à-d. le quart de la 1re, égale 20 m. plus 12 m. ou 32 m

La plus grande a donc . . . . 32m × 4 = 128 m.

La plus petite a . . . . 32m × 3 = 96 m.

Le nombre n égale . . . . 128m — 20m = 108 m

Le nombre de mètres pour chaque robe est donc :

108 : 5 = 21m,60.

PROBLÈME **598**. — Supposons qu'on donne 100 grammes de chaque monnaie. Ce poids vaut : en billon, 100 centimes ou 1 fr. ; en argent, 20 fr. ;

en or, $20^f \times 15,5 = 310$ fr.

La valeur totale de ces trois poids est : $310^f + 20^f + 1^f = 331$ fr.

Or 20 fr. en argent font 4 pièces de 5 francs.

310 fr. en or font 15 fois et demie 4 pièces de 5 francs, c.-à-d. 62 pièces.

100 centimes en billon font 10 pièces de 10 centimes.

Autant de fois il y aura 331 fr. dans $1\,489^f,50$, autant de fois on donnera : 4 pièces d'argent de 5 fr., 62 pièces d'or de 5 fr., 10 pièces de 10 centimes.

On trouve par la division .... $1\,489,5 : 331 = 4,5$.

Les nombres de pièces à donner sont donc :

en argent........ $4 \times 4,5 = 18$;

en or........... $62 \times 4,5 = 279$;

en billon........ $10 \times 4,5 = 45$.

PROBLÈME **599**. — Supposons une vente de 5 objets.

La vente de 3 de ces objets a produit .... $0^f,15 \times 3 = 0^f,45$.

La vente des 2 autres a produit.......... $\dfrac{3^f,30 \times 2}{28} = \dfrac{1^f,65}{7}$.

$$\text{Total : } 0,45 + \frac{1,65}{7} = \frac{0,45 \times 7 + 1,65}{7} = \frac{4^f,80}{7}.$$

L'achat des 5 objets avait coûté :

$$0^f,12 \times 5 = 0^f,60.$$

Le bénéfice sur 5 objets a été :

$$\frac{4,80}{7} - 0,60 = \frac{4,80 - 4,20}{7} = \frac{0,60}{7}.$$

Il y a autant de fois 5 objets que ce bénéfice est contenu de fois dans $8^f,40$.

On trouve $\quad 8,40 : \dfrac{0,60}{7} = \dfrac{84 \times 7}{6} = \dfrac{588}{6} = 98$.

Le nombre des objets est donc :

$$5 \times 98 = 490.$$

PROBLÈME **600**. — Si l'aîné avait fait le même nombre de journées que le cadet il aurait reçu :

$$57 + \frac{57}{5}, \text{ c-à-d. } 68^f,40.$$

Or il a reçu.. $57^f \times 2 = 114$ fr.

L'excès de 114 fr. sur $68^f,40$ représente le prix des 8 journées faites par l'aîné de plus que le cadet : cet excès est $45^f,60$.

Le prix de la journée de l'aîné est donc $45^f,60 : 8 = 5^f,70$.

Ce prix est 6 fois le 5e du prix de la journée du cadet.

Le cadet recevait donc par jour :

$$\frac{5,70}{6} \times 5 = 4^f,75.$$

OBSERVATION. — La méthode suivie pour la résolution des problèmes 591, 594, 596, 597 n'est autre que la méthode algébrique : il n'y manque que l'écriture abrégée des équations.

Les maîtres feraient bien de profiter de ces problèmes et d'autres problèmes analogues pour enseigner aux élèves l'emploi de la notation algébrique, mais là seulement où elle est d'une utilité réelle et en ayant soin de ne jamais prononcer le nom même d'algèbre.

Nous leur indiquerons comme un guide à suivre le petit volume qui contient les *Solutions raisonnées* des problèmes énoncés dans notre *Algèbre simplifiée*.

PROBLÈMES

PROPOSÉS DANS LES EXAMENS DU CERTIFICAT D'ÉTUDES PRIMAIRES DE L'ANNÉE 1883.

PROBLÈMES DIVERS

1. On a payé 100 fr. pour acheter 31 kilogr. 725 grammes d'étain. Combien en aurait-on pour 247f,55? — *Réponse*. 78 kilogr. 535 gr.

2. Pour faire une robe il faut 8m,75 d'une étoffe qui coûte 2f,25 le mètre et 3m,50 de doublure à 0f,85 le mètre. Le prix des fournitures est de 3f,45. L'ouvrière doit employer 3 journées de travail, à raison de 3f,25 par journée. A combien reviendra la robe? — *Réponse*. 35f,86.

3. Un domaine se compose de trois pièces de terre. La 1re a une superficie de 1 hectare 75 ares; la 2e, de 125 ares; la 3e, de 40 ares 25 centiares. On vend ce domaine à raison de 17f,25 l'are. Combien retire-t-on de cette vente? — *Réponse*. La vente produit 5 869f,31.

4. Un fermier a récolté 425 hectolitres de blé et 250 quintaux de paille. Il a vendu le blé au prix de 19f,25 l'hectolitre et la paille au prix de 4f,25 le quintal. Trouver le produit total de la récolte, le bénéfice net, si les frais d'exploitation ont été de 3 580 fr., enfin la somme qui reste au fermier après qu'il a prélevé 2 400 fr. sur le bénéfice net pour les dépenses de sa maison. — *Réponse*. Produit de la récolte 9 224f,50. Bénéfice net 5 644f,50. Reste 3 244f,50.

5. Un marchand achète en gros 84 kilogr. 76 grammes de sucre au prix de 132 fr. le quintal (100 kilogr.) et 45 kilogr. de savon à 67 fr. le demi-quintal. Il paye comptant et ne donne que 296 fr. Quelle remise lui fait-on? — *Réponse*. Remise de 9f,28.

6. Une maîtresse de maison achète pour son ménage : 15 kilogr. de sucre au prix de 65 fr. le demi-quintal, 25 kilogr. de café du prix de 4f,50 le kilogr., 6 kilogr. de beurre à 2f,10 le kilogr. Quelle somme donne-t-elle pour cet achat? — *Réponse*. 144f,60.

7. Un tailleur a confectionné 200 pantalons. Pour chacun il a employé 1m,20 de drap du prix de 8,60 le mètre, 1m,20 de doublure du prix

de 0f,75 le mètre, enfin 30 centimes de boutons et 20 centimes d'autres frais. Chacun de ses ouvriers fait un pantalon par jour et reçoit 5 fr. pour le pantalon. Combien le tailleur doit-il vendre le tout, s'il veut gagner 1f,25 par pantalon? — *Réponse*. Il doit retirer 3 594 francs.

8. Un marchand a acheté 27 pièces de drap ayant chacune 60 mètres, au prix de 23f,75 le mètre. Puis en revendant le tout, il fait un bénéfice de 7f,50 pour 100 fr. du prix d'achat. Trouver le prix d'achat, le prix de vente et le bénéfice total. — *Réponse*. Prix d'achat 38 475 francs. Produit de la vente, 41 360f,62. Bénéfice, 2 885f,62.

9. Le prix des places en chemin de fer est de 0f,112 par kilomètre en 1re classe. Combien payera-t-on pour un billet d'aller et retour entre Paris et Lyon, si la Compagnie fait pour ce billet un rabais de 40 pour 100, la distance entre ces deux villes étant de 512 kilomètres? — *Réponse*. On payera 68f,80.

10. Un bec de gaz consomme 100 litres de gaz par heure. Trouver quelle sera la dépense annuelle pour 3 becs, qui restent allumés en moyenne 4 heures par jour, si 10 hectolitres de gaz coûtent 30 centimes. — *Réponse*. Dépense annuelle 131f,40.

11. Un homme doit 3 300 fr. Une 1re fois il paye 1 882 fr.; une 2e fois, 930 fr. Pour le reste on lui demande du blé du prix de 24 fr. l'hectolitre. Combien donnera-t-il d'hectolitres de blé? — *Réponse* 20 hectolitres 33 litres.

12. On pèse du café avec 11 pièces de 5 francs en argent, 1 pièce de 2 francs et 3 pièces de 1 franc. Trouver la valeur de la marchandis pesée, en sachant que le kilogramme vaut 4f,50. — *Réponse*. 4f,725.

13. On a employé 15 hommes et 10 femmes pendant 18 jours pour un certain ouvrage et on donne pour les payer une somme totale de 1 246f,50. Chaque femme recevait 2f,05 par jour. Trouver le prix de la journée de l'homme. — *Réponse*. 3f,25.

14. Une lampe brûle 18 grammes d'huile par heure et reste allumée en moyenne 3 heures et demie par soirée. Trouver quelle sera la dépense au bout d'un mois de 30 jours, si on a payé 16f,20 pour acheter 10 kgr. 8 hectogr. de cette huile. — *Réponse*. Dépense au bout du mois 2f,835.

15. Pour faire une robe une marchande emploie 15 mètres d'étoffe du prix de 1f,75 le mètre. La façon et les garnitures coûtent la moitié du prix de l'étoffe. Trouver combien cette marchande gagne sur une robe, si elle vend 8 robes pour la somme de 384 francs. — *Réponse*. Gain par robe 8f,63.

16. On met ensemble 2 pièces de monnaie de cuivre et 3 pièces de monnaie d'argent pour former un poids total de 44 grammes 50 centigrammes. Trouver la valeur de chacune de ces pièces. — *Réponse*. Une pièce de 50 centimes; une de 2 francs; une de 5 francs; une pièce de 5 cent.; une pièce de 2 cent.

17. Deux ouvriers ont fait ensemble en 18 jours un travail pour lequel ils ont reçu une somme totale de 171 francs. Le plus jeune étant payé au prix de 4f,65 par jour, trouver ce qui revient à chacun et le prix de

la journée du plus âgé. — *Réponse.* Il revient au plus jeune, 83f,70; au plus âgé, 87f,30. Journée du plus âgé 4f,85.

18. Un ouvrier en travaillant 25 jours par mois dépense 112f,50 par mois et économise 375 fr. au bout de l'année. Combien gagne-t-il par jour? — *Réponse.* Gain par jour 5f,75.

19. Une domestique emporte une pièce de 20 francs pour aller faire ses provisions. Elle prend 2 kilogr. et demi de bougies à 2f,80 le kilogr., 125 gr. de café à 1f,60 le demi-kilogr.; 2 kilogr. 525 gr. de sucre au prix de 0f,65 le demi-kilogr. Que lui reste-t-il de la pièce de 20 francs? — *Réponse.* Reste 9f,32.

20. Une ouvrière gagne 2f,15 par jour de travail. Combien a-t-elle travaillé de jours dans l'année, si elle a économisé au bout de ce temps 105 francs, en dépensant chaque jour pour sa nourriture 1f,65? — *Réponse.* 288 journées plus les 65 centièmes d'une autre journée.

21. J'ai acheté un tonneau de cidre contenant 13 hectolitres et demi, au prix de 15 centimes le litre. J'ai payé en outre 35 fr. pour le transport et les droits et 5 fr. pour le déchargement. Quelle sera ma dépense journalière pour cette boisson, si cette provision dure un an? — *Réponse.* 0f,664, c.-à-d. 66 centimes et demi par jour.

22. Dans le courant d'un mois un ouvrier a fait : 7 journées de 10 heures; 8 journées de 8 heures et demie; 5 journées de 9 heures; 4 journées de 7 heures 3 quarts. Il a été payé à raison de 45 centimes l'heure. Trouver ce qui lui est resté au bout du mois, après qu'il a dépensé 51f,75 pour sa nourriture. — *Réponse.* Il lui reste 41f,55.

23. Un marchand a acheté 624 couteaux à raison de 7f,50 la douzaine et il a reçu le 13e gratis : il les a revendus 80 centimes pièce. Trouver son bénéfice total et le bénéfice par couteau. — *Réponse.* Bénéfice total, 139f,20; par couteau, 0f,223.

24. Un fabricant d'amidon achète à un cultivateur le blé récolté sur un champ de 3 hectares 45 ares. Trouver le poids d'amidon qu'on retirera de ce blé, en sachant que 33 kilogr. de blé donnent 17kg,16 d'amidon et que ce terrain a produit par 20 000 mètres carrés 52 hectol. 85 litres de blé, pesant 76 kilogr. par hectolitre. — *Réponse.* Poids d'amidon 3 602 kilogrammes 89 décagrammes.

25. Un tonneau d'eau-de-vie de 124 litres a été acheté au prix de 185 fr. l'hectolitre. On a payé en outre 7f,50 par hectol. pour droits d'octroi; les frais de transport ont été de 7f,45. Combien doit-on revendre le litre, si l'on veut gagner 10 p. 100 sur l'argent déboursé? — *Réponse.* On vendra le litre 2f,183, c.-à-d. 2f,19.

26. Un marchand a acheté 52 mètres et demi de drap à 10f,50 le mètre. Il en revend d'abord les 3 cinquièmes à 12f,30 le mètre. Combien doit-il vendre le mètre du reste, pour gagner 115 francs? — *Rép.* 13f,276.

27. Un marchand avait acheté deux pièces de drap d'égale longueur pour 1 684f,62. Il en a revendu 15 mètres pour 219f,75 et il a ainsi gagné 2f,05 par mètre. Quelle était la longueur de chaque pièce? — *Réponse.* Chaque pièce avait 66m,85.

28. Une vigne de 36 ares 60 centiares a été achetée au prix de 158 francs l'are. Elle a produit en moyenne 64 hectol. 80 litres de vin en une année et ce vin a été vendu 4f,50 le décalitre. Les dépenses de l'année et les contributions se sont élevées à 340 francs. Combien cette vigne a-t-elle rapporté pour 100 du prix d'achat? — *Réponse.* 44f,54 p. 100.

29. Deux couturières ont acheté en commun 54 mètres de soie pour la somme de 688f,50. Dans le partage l'une d'elles paye 76f,50 de plus que l'autre. Trouver combien chacune a eu de mètres. — *Réponse.* L'une a 24 mètres et l'autre 30 mètres.

30. Un propriétaire loue toutes ses propriétés pour une somme de 1 895 francs par an. Les impôts, qui restent à sa charge, s'élèvent à 114f,60. En supposant que le revenu net de la propriété soit de 2f,75 pour 100 de sa valeur, on demande la valeur de la propriété. — *Réponse.* La valeur est de 64 744f,81.

31. On a soutiré une pièce de vin avec 248 bouteilles de 66 centilitres chacune. Combien emploierait-on de bouteilles de 75 centilitres pour soutirer 5 pièces de même contenance que la 1re? — *Rép.* 1 091 bouteilles.

32. Une marchande fruitière a acheté des pêches à 15 francs le cent. Elle les a revendues en donnant 4 pêches pour 70 centimes et a gagné ainsi 4f,50. Combien avait-elle acheté de douzaines de pêches? — *Réponse.* 15 douzaines.

33. Un fermier qui a récolté 150 quintaux de blé, les vend à raison de 25 fr. l'hectolitre qui pèse 75 kilogrammes. Quel est le poids de la somme qu'il retire de la vente, si elle est composée de pièces d'argent de 5 francs? — *Réponse.* Le poids est de 25 kilogrammes.

34. Un tonneau vide pèse 52 kilogrammes : plein de vin il pèse 255kg,7. Le poids d'un litre de ce vin est les 0,97 du poids d'un litre d'eau pure. Trouver combien de bouteilles de 75 centilitres on pourra remplir avec le vin contenu dans le tonneau. — *Réponse.* 280 bouteilles.

35. Un vase contient 3 litres 8 décilitres de lait, et la densité de ce lait est de 1,030. Si l'on ajoute à ce lait 2 décilitres d'eau, quel sera le poids d'un litre du mélange? *Réponse.* 1 028 gr. 5 décigr.

36. Un marchand a acheté 75m,40 de drap au prix de 19f,75 le mètre. Il en a payé les 8 dixièmes en donnant une étoffe de soie du prix de 12 francs le mètre et le reste en argent. Combien a-t-il donné de mètres de soie, et quelle somme en argent? — *Réponse.* 99m,27 de soie et 297f,83 en argent.

37. Une couturière a fait 8 robes avec une pièce de soie de 132 mètres, valant 7f,60 le mètre. La façon et les garnitures lui ont coûté 61f,25 par robe. On demande combien elle doit revendre chaque robe pour gagner 25 o/o. — *Réponse.* Prix de vente de la robe, 233f,31.

38. On a acheté 225 mètres de toile qui ont coûté 787f,50. On en a vendu un tiers à 3f,60 le mètre, un 5e à 3f,70 et le reste à 3f,40. Combien a-t-on gagné ou perdu? — *Réponse.* On a gagné 6 fr. 50 c.

39. Une lampe qui brûle 39gr,4 d'huile par heure, reste allumée pendant

4 heures et demie par jour. Quelle est la dépense d'éclairage au bout de 45 jours, si le kilogramme d'huile coûte $1^f,15$. — *Réponse.* $11^f,57$.

40. Un père de famille voulant récompenser ses trois enfants proportionnellement aux nombres de bons points qu'ils ont obtenus à l'école pendant la semaine, leur distribue une somme de 100 francs. Trouver la part de chacun, le 1er enfant ayant eu 18 bons points, le 2e 15 et le 3e 17. — *Réponse.* Au 1er, 36 francs; au 2e, 30 francs; au 3e, 34 francs.

41. L'hectolitre de pommes de terre pèse environ 80 kilogrammes. Un marchand achète à la campagne 54 hectolitres de pommes de terre à $3^f,7$ le double décalitre et le transport lui coûte 9 francs par tonne. Il vend alors sa marchandise à 15 centimes le demi-kilogramme. Quel bénéfice retire-t-il ? — *Réponse.* Il gagne $244^f,62$.

42. Une personne dépense 680 francs pour acheter de la toile de deux qualités, la première coûtant $3^f,50$ le mètre et la deuxième coûtant $2^f,50$. Cette personne prend 2 fois autant de mètres de la deuxième qualité que de mètres de la première. Trouver combien elle a de mètres de chaque qualité. — *Réponse.* 80 mètres de la 1re qualité; 160 m. de la 2e.

43. Un homme achète 70 hectolitres de cidre au prix de $15^f,50$ l'hectolitre et 125 hectolitres au prix de 17 francs. Trouver le prix moyen de l'hectolitre. Trouver aussi combien on doit revendre le litre pour gagner 12 %, si l'on a eu à payer 900 francs de frais divers, en sus du prix d'achat. — *Réponse.* Prix moyen d'achat de l'hectolitre, $16^f,46$; prix de vente du litre, 23 centimes 6 millimes.

44. On a acheté 672 œufs à $8^f,50$ le cent. On les a revendus $1^f,25$ la douzaine. Combien a-t-on gagné? — *Réponse.* On a gagné $12^f,88$.

45. Un négociant a acheté 360 000 kilogrammes de houille à raison de $5^f,80$ les 100 kilogrammes. Il revend cette houille au prix de 6 francs l'hectolitre. Trouver son gain total, en sachant qu'un hectolitre de houille pèse 90 kilogrammes. — *Réponse.* Le bénéfice est de $3\,119^f,97$.

46. Une prairie de 2 hectares 80 ares produit en moyenne 18 300 kilogrammes de fourrage vert par hectare. En séchant ce fourrage perd 64 % de son poids et le foin sec se vend au prix de 80 francs les 1 000 kilogrammes. Trouver la somme produite par la récolte du foin de cette prairie. — *Réponse.* $1\,475^f,71$.

47. Le poids d'un litre d'huile est de 915 grammes. Un vase plein d'huile pèse $13^{kg},725$ et le poids du vase vide est les $\frac{2}{15}$ du poids total. Combien ce vase contient-il de litres d'huile et combien vaut cette huile à raison de 220 francs l'hectolitre? — *R.* 13 litres d'huile valant $28^f,60$.

48. Un domaine de 3 hectares 25 ares a été acheté au prix de 24 francs l'are. Les frais d'acquisition se sont élevés à 8 et demi p. 100 du prix d'achat. Combien faut-il le louer pour retirer un revenu de 5 %? — *Réponse.* Le prix de location doit être de $423^f,15$.

49. Une marchande achète des œufs qui lui reviennent à $8^f,40$ le cent, et en les revendant elle veut gagner 22 % sur le prix d'achat. Combien doit-elle vendre la douzaine ? — *R.* Prix de vente de la douzaine, $1^f,23$.

50. Trouver combien on aura de mètres de calicot du prix de 75 centimes le mètre avec les $\frac{2}{5}$ du prix de 83 kilogrammes de laine, valant 456 francs le quintal métrique. — *Réponse.* 201^{m},85 de calicot.

51. Un champ de 5 hectares 8 ares a été ensemencé en seigle et a rapporté 17 hectolitres de grain par hectare. L'hectolitre de seigle pèse 72 kilogrammes et la paille récoltée pèse à peu près 2 fois et demie autant que le grain. Trouver le nombre de kilogrammes de grain et le nombre de quintaux de paille fournis par la récolte de ce champ. — *Réponse.* 6 217^{kg},920 de grain; 155^{qx},45 kgr. de paille.

52. Un marchand a acheté 175^{m},60 de drap au prix de 25^{f},60 le mètre et il veut gagner 800 francs en le revendant. Il vend d'abord 123^{m},60 à 28^{f},60 le mètre, puis 32^{m},50 à 27^{f},50 le mètre. Combien doit-il vendre le mètre du reste? — *Réponse.* On vendra le mètre du reste 26^{f},75.

53. Une pièce de drap de 126 mètres coûte 1 420 francs. On revend les deux tiers de cette pièce au prix de 18 francs le mètre. Combien doit-on revendre le mètre du reste pour gagner sur le tout une somme de 638 francs. — *Réponse.* On doit vendre le mètre 13 francs.

54. Un négociant achète 20 barils d'huile contenant chacun 1 hectolitre et quart, à raison de 190 fr. le quintal. Il paye comptant et obtient une remise de 5 centimes par franc. L'hectolitre d'huile pèse 89 kilogrammes. Trouver quelle somme il doit payer pour cet achat. — *Réponse.* Somme nette à payer, 4 016^{f},13.

55. Un marchand achète un tonneau de vin vieux contenant 25 hectol. 58 litres, au prix de 43^{f},35 l'hectolitre. Il le mêle avec 31 hectol. 17 litres de vin nouveau acheté au prix de 0^{f},24 le litre. Combien devra-t-il vendre le litre de ce mélange pour gagner 316 francs? — *Réponse.* Le litre doit être vendu 0^{f},382.

56. Un marchand a des vins qui lui reviennent à 65 francs, 72 francs, et 80 francs l'hectolitre. Il en fait un mélange composé de 112 litres du 1er, 1 hectolitre et quart du 2e et de 3 cinquièmes d'hectolitre du 3e. Combien doit-il vendre le litre du mélange pour gagner 12 %? — *Réponse.* 0^{f},794, c.-à-d. 80 centimes.

57. En revendant au détail, pour 161^{f},35 les 100 kilogrammes d'huile, un marchand fait un bénéfice de 7 % sur le prix d'achat, après avoir payé un demi p. 100 de ce prix pour frais de commission. Combien lui avaient coûté les 100 kilogrammes d'huile? — *Réponse.* L'achat des 100 kilogrammes a coûté 151^{f},50.

58. En revendant une marchandise 19 francs les 100 kilogrammes on gagne 17 %. Combien gagnerait-on p. 100, si on la revendait 250 francs les 1 000 kilogrammes? — *Réponse.* A 250 francs les 1 000 kilogrammes, on gagne 53^{f},94 %.

59. A quel prix un épicier a-t-il acheté les 100 kilogrammes de sucre, si, en vendant le kilogramme 1^{f},65, il gagne 28 % sur l'argent qu'il a déboursé? — *Réponse.* L'achat des 100 kilogrammes coûtait 128^{f},90.

60. Un négociant gagne les $\frac{2}{7}$ du prix d'achat en revendant une marchandise 432 francs. Combien l'avait-il payée en l'achetant? — *Réponse*. 336 francs.

61. On a vendu 27kg,376gr d'une marchandise pour la somme de 8 623f,44 et on a ainsi gagné 20 % sur le prix d'achat. Trouver combien avait coûté le kilogramme au marchand. Indiquer quels poids on a dû mettre dans la balance pour peser cette marchandise. — *Réponse*. Prix d'achat du kilogr., 262f,50. Poids, 20 kgr., 5 kgr., 2 kgr., 2 hgr., 1 hgr., 1 demi-hgr., 2 décagr., 1 gramme.

62. Un voiturier doit transporter plusieurs ballots de marchandises, à raison de 3f,95 par 100 kilogrammes. Il en perd un du poids de 167kg,4 qu'il est obligé de payer au prix de 0f,75 le kilogramme. Par suite de cette perte il ne reçoit que 8f,25. Trouver le poids des ballots qu'il a rendus à destination. — *R*. Le poids des ballots rendus est de 3 219kg,9 hectogr.

63. Dans 4 kilogrammes d'eau de mer il y a 1 hectogramme de sel; en outre, 40 centimètres cubes d'eau de mer pèsent 41 grammes. Trouver combien de grammes de sel il y a dans 135 hectolitres 75 litres d'eau de mer. — *Réponse*. Le poids demandé est 347kg,859.

64. Quel poids de cuivre faut-il allier à 255 grammes d'or pur pour en faire de la monnaie et quelle sera la valeur de la monnaie fournie par cet alliage? (On ne tiendra pas compte des frais de fabrication.) — *Réponse*. Poids du cuivre, 28gr,333. Valeur de la monnaie, 878f,33.

PROBLÈMES SUR LES INTÉRÊTS

65. Au bout de combien de temps un capital de 1 536 francs a-t-il produit, au taux de 5,50 %, un intérêt de 56f,32? — *Réponse*. Au bout de 240 jours.

66. Quel est le capital qui augmenté de ses intérêts à 3 $\frac{3}{4}$ %, a pris au bout de 50 jours une valeur de 193 francs? — *Réponse*. Ce capital est de 192 francs.

67. A quel taux a été placée une somme de 5 000 francs qui a produit 34f,25 d'intérêt au bout de 45 jours? — *Réponse*. 5,48 %.

68. Un employé reçoit 142f,50 par mois, après la retenue de 5 % sur son traitement pour la retraite. Quel est le montant de son traitement annuel? — *Réponse*. 1 800 francs.

69. Une personne tire un revenu mensuel de 160 francs d'un capital qui est placé à 4 et demi %. Quel est ce capital? — *R*. 42 666f,67.

70. Un fermier a vendu 180 sacs de blé pesant chacun 159 kilogrammes, au prix de 29f,45 le quintal. Quel revenu aura-t-il, s'il place le produit de cette vente à 4f,25 %? — *Réponse*. 358f,21.

PROBLÈMES SUR LES SURFACES

71. Trouver combien on pourra planter d'arbres séparés entre eux par un intervalle de 1 mètre et demi, autour d'un champ rectangulaire qui a 135 mètres de longueur et une surface de 1 hectare 28 ares 65 centiares? — *Réponse*. 317 arbres.

72. Un pré triangulaire, compris entre trois chemins qui se croisent deux à deux, présente la figure d'un triangle rectangle, et les deux côtés qui sont perpendiculaires entre eux, ont l'un 83 mètres et l'autre 69m,20. Trouver la surface? — *Réponse*. 2 871mq,80, c.-à-d. 28 ares 72 centiares.

73. Trouver quelle est dans un triangle ayant une surface de 68mq,45 la longueur de la perpendiculaire abaissée de l'un des sommets sur le côté opposé qui a 12m,35 de longueur. — *Réponse*. 11m,08.

74. Une pièce de terre triangulaire a été vendue au prix de 48 francs l'are. Trouver la somme à payer, en sachant que le plus grand côté de ce triangle a 86m,40 et que la perpendiculaire menée du sommet opposé sur ce côté a 57m,5. — *Réponse*. A payer 1 192f,32.

75. Une maison rectangulaire ayant 14m,35 de longueur et 10m,85 de largeur est entourée d'une grille placée à 5m,30 de distance de la maison. Trouver la longueur totale de la grille et la surface comprise entre la grille et la maison. — *Réponse*. Grille, 92m,80. Surface, 379mq,48.

76. La cour d'une école a la forme d'un trapèze et les deux côtés parallèles ont l'un 82m,60 et l'autre 74m,20. La distance de ces deux côtés est de 68m,70. Calculer la surface de cette cour. — *Réponse*. 53 ares 86 centiares.

77. Une femme fait doubler un tapis rectangulaire, ayant 3m,25 de longueur sur 2m,50 de largeur, avec une étoffe qui a 0m,65 de largeur et qui coûte 0f,75 le mètre. Elle le fait ensuite border avec un galon valant 5 centimes le mètre. Trouver le prix total de la doublure et du galon. — *Réponse*. Dépense totale, 9f,95.

78. Un vestibule rectangulaire a 6m,60 de longueur et 3m,15 de largeur. Trouver combien il faudra de dalles carrées ayant 2 décimètres et demi de côté pour le paver. Trouver aussi quelle sera la dépense, en sachant que ces dalles coûtent, toutes posées, 250 francs le mille. — *Réponse*. 333 dalles. Dépense, 83f,25.

79. Pour tapisser une chambre il a fallu employer 12 rouleaux de papier ayant 10 mètres de longueur sur 0m,45 de largeur. Combien aurait-il fallu de rouleaux d'un autre papier ayant 8 mètres de longueur sur 0m,50 de largeur. — *Réponse*. 13 rouleaux et demi.

80. Un cultivateur a vendu 18 hectolitres de blé au prix de 15f,50 chacun, puis 21 hectolitres à 16 francs et 24 hectolitres à 14f,50. Avec le produit de cette vente il a acheté un champ rectangulaire long de 80 mètres et large de 45 mètres. Trouver le prix de l'hectare de ce champ. — *Réponse*. 2 675 francs.

81. Dans une prairie rectangulaire ayant 123m,75 de longueur et 84m,25 de largeur et valant 123 francs l'are, on a récolté 583 bottes de foin qu'on a vendues à raison de 65 francs le cent. Combien cette prairie a-t-elle rapporté pour 100. — *Réponse.* 2,93 %.

82. Un homme achète, au prix de 45 francs l'are, un champ rectangulaire ayant 160 mètres de longueur et 85m,4 de largeur. Il propose de payer la moitié comptant et le reste dans 1 an avec les intérêts à 4 et demi %. Quels sont les deux payements? — *Réponse.* Comptant, 3 074f,40; dans 1 an, 3 212f,75.

83. Un fabricant de cartonnages veut dorer extérieurement, à l'exception du fond, 200 boîtes en carton, ayant 0m,20 de longueur, 0m,10 de largeur et 0m,08 de hauteur. Quel sera le prix à payer pour cette dorure, si le mètre carré de feuille d'or, tout collé, revient à 14f,80 ? — *Réponse.* 201f,28.

84. Une grande propriété rectangulaire a 876 mètres de long sur 650 mètres de large. Elle est traversée par deux chemins de servitude parallèles aux côtés, qui se croisent à angle droit et qui ont l'un et l'autre 4 mètres de largeur. Quelle est la surface cultivable de ce terrain pour le propriétaire, et quel en est le prix à raison de 28 francs l'are? — *Réponse.* Surf. cultivable 5 633 ares 12 centiares. Valeur 157 727f,36.

85. Pour doubler un tapis rectangulaire ayant 6m,50 de longueur sur 3m,20 de largeur et qui a coûté 47f,20, on emploie une étoffe qui a 60 centimètres de large et qui coûte 85 centimes le mètre. On fait ensuite border le tapis et ce travail coûte 32 centimes le mètre courant. A combien revient le tapis doublé et bordé ? — *Réponse.* Dépense totale. 102f,57.

PROBLÈMES SUR LES VOLUMES

86. Une auge rectangulaire a extérieurement 1m,18 de long, 0m,65 de large et 0m,57 de hauteur. L'épaisseur des parois est de 11 centimètres. Trouver en litres sa capacité intérieure. — *Réponse.* 190 litres.

87. Un bassin rectangulaire a les dimensions suivantes à l'intérieur : longueur 2m,25; largeur 1m,34; profondeur 1m,77. On demande en combien de temps il sera rempli par un robinet fournissant 34 litres d'eau par minute. — *Réponse.* 2 heures 37 minutes.

88. Une plaque carrée de plomb a 2m,80 de longueur et de largeur et 5 millimètres d'épaisseur. Trouver son poids en sachant que la densité du plomb est 11,35. — *Réponse.* 444kg,920 grammes.

89. Un mur en briques a 45 mètres de long sur 2m,08 de haut et 0m,35 d'épaisseur. Trouver combien coûte ce mur, en sachant que chaque brique a un volume de 1022 centimètres cubes, mortier compris, et que 100 briques toutes posées coûtent 2f,85. — *R.* On a dépensé 913f,57.

90. On vend le blé contenu dans un coffre rectangulaire ayant 4 mètres de longueur et 3m,25 de largeur. Le blé s'y élève à une hauteur de 80 centimètres. Quelle somme retire-t-on de la vente, si le blé est vendu au prix de 4f,50 le double décalitre? — *Réponse.* 2 340 francs.

91. Le volume total de deux tas de bois est de 27 mètres cubes 40 décimètres cubes et l'un contient 45 décistères de plus que l'autre. Trouver la valeur de chaque tas, si le demi-décastère est payé 75 francs. — *Réponse.* 169f,05 et 236f,55.

92. Un réservoir cubique de 0m,80 de côté est à moitié plein d'huile. Combien pourrait-on, avec cette huile, remplir de bouteilles de 2 litres chacune? Combien vaudrait toute cette huile, à raison de 12 francs le décalitre? — *Réponse.* 128 bouteilles. Valeur, 307f,20.

93. Trouver la superficie de la face d'une plaque carrée de plomb ayant 24 millimètres d'épaisseur, en sachant que son poids est de 6kg973gr14 centigr, et que la densité du plomb est 11,35. — *Rép.* 2 décimètres carrés et 56 centimètres carrés.

94. Une barre de fer de forme rectangulaire a 4m,95 de longueur, 6 centimètres et demi de largeur et 13 millimètres d'épaisseur. Trouver le volume, le poids et le prix à raison de 31f,75 le quintal. Le centimètre cube de fer pèse 7gr,81. — *R.* Vol. 4 décim. c. 182 centim. c. 750 millim. c. Poids, 32kg,667 gr. Prix, 10f,37.

95. On veut établir dans une commune un bassin rectangulaire devant servir d'abreuvoir et d'une contenance de 20 hectol. 70 litres. Quelle longueur lui donnera-t-on intérieurement, s'il a 0m,75 de largeur et 0m,60 de profondeur? — *Réponse.* Longueur, 4 mètres 60 centimètres.

96. Un robinet fournit 3 litres 65 centilitres d'eau par minute et on le laisse ouvert pendant 4 heures 35 minutes. A quelle hauteur s'élèvera l'eau dans un bassin, dont le fond rectangulaire a 15 décimètres de longueur sur 46 centimètres de largeur? — *Réponse.* A 1m,45.

97. Une pompe fournit à chaque coup de balancier 2 litres et quart d'eau et on donne 50 coups par minute. Combien faudra-t-il donner de coups pour remplir un réservoir rectangulaire ayant 2m,70 de longueur avec 2m,40 de largeur et 1m,50 de profondeur? Combien emploiera-t-on de temps? — *Réponse.* 4 320 coups en 1 heure 26 minutes.

98. Pour 3 stères 6 décistères de bois on a payé 53f,10. Combien payerait-on pour une pile rectangulaire du même bois ayant 5m,60 de longueur, 1m,20 de largeur et 1m,65 de hauteur, si on obtient en payant comptant une remise de 2f,75 par 100 francs? — *R.* On payera 159f,05.

99. Un bassin à fond rectangulaire a 4m,25 de longueur et 2m,95 de largeur. On y verse 35 fois l'eau qui remplit un tonneau d'une capacité de 3 hectol 25 litres. A quelle hauteur cette eau arrive-t-elle dans le bassin? — *Réponse.* Elle s'élève à 91 centimètres.

100. Deux villages A et B, ayant le 1er 650 habitants et le 2e en ayant 720, ont établi un chemin de l'un à l'autre. Il reste à faire l'empierrement qui doit avoir 4m,25 de large et 0m,15 d'épaisseur. La lon-

gueur du chemin est de 2 kilomètres et demi. Trouver la part à payer par chaque village, proportionnellement à sa population, si la pierre cassée et mise en place coûte 8f,50 le mètre cube. — *Réponse.* Part de A 6 427f,36. Part de B 7 119f,51.

PROBLÈMES

PROPOSÉS DANS LES EXAMENS DU BREVET ÉLÉMENTAIRE PENDANT L'ANNÉE 1883

NOTA. — Les problèmes à partir du n° 101 jusqu'au n° 128 ont été donnés dans les examens des aspirantes; les problèmes suivants, à partir du n° 129 jusqu'au n° 140, ont été donnés aux aspirants.

101. — *Trouver deux nombres dont l'un soit les $\frac{5}{7}$ de l'autre et dont la différence soit égale à 24.*

Le plus petit est égal à 5 fois la 7e partie du plus grand.
Leur différence est donc 2 fois la 7e partie du plus grand.
Ainsi 2 fois la 7e partie du plus grand égalent 24.
La 7e partie du plus grand est la moitié de 24, c'est-à-dire 12.
Le plus grand nombre est $12 \times 7 = 84$.
Le plus petit est........ $84 - 24 = 60$.

Réponse. — Les deux nombres demandés sont 84 et 60.

102. — *Deux personnes A et B jouent au billard à 1 franc la partie. Avant de commencer A avait 42 francs et B 24 francs. Au bout d'un certain nombre de parties, A se trouve avoir 5 fois autant que ce qui reste à B. Combien le joueur A a-t-il gagné de parties?*

Les deux joueurs ont ensemble au début $42 + 24 = 66$ fr.
Supposons qu'à la fin le joueur B n'ait que 1 franc.
A ce moment le joueur A aurait 5 fr. — Le total est 6 fr.
Autant de fois il y a 6 fr. dans 66 fr., autant de fois A a 5 fr. et B 1 fr.
Ce nombre de fois est $66 : 6 = 11$.
Ainsi à la fin A a 55 fr. et B. a 11 fr.
Le gain fait par A est $55 - 42 = 13$ fr.

Réponse. — Le joueur A a gagné 13 parties.

103. — *Un marchand a acheté une pièce de drap de 125 mètres à 12 fr. le mètre. Il en a déjà revendu 86m,50 à 13f,10 le mètre. Combien doit-il revendre le mètre du reste, pour que son bénéfice total s'élève à 10 p. 100 du prix d'achat de la pièce?*

Le prix d'achat a été.................... $12^f \times 125 =$ 1 500 fr.
Le bénéfice à faire en est le 10e, c'est-à-dire........... 150

Total à retirer de la vente : 1 650f,00.

Les 86m,50 à 13f,10 ont produit....... $13^f,1 \times 86,5 =$ 1 133. 15.

Reste à retirer : 516f,85.

Le nombre de mètres restant à vendre est $125 - 86,50 = 38^m,50$.
Le prix de vente du mètre de ce reste sera $516^f,85 : 38,5 = 13^f,425$.

Réponse. — On revendra le mètre 13 francs 43 centimes.

104. — *On a fait les 2 tiers d'un voyage en chemin de fer en payant 9 centimes et quart par kilomètre et le dernier tiers en voiture ordinaire au prix de 16 centimes par kilomètre. La dépense totale a été de 10f,35. Trouver le nombre de kilomètres du voyage.*

Considérons une distance de 3 kilomètres. On payera :
pour 2 kilom. en chemin de fer.............. $0^f,0925 \times 2 =$ 0f,185.
pour 1 kilom. en voiture ordinaire........................... 0, 160.

Total pour 3 kilom. 0f,345.

Autant de fois il y a 0f,345 dans 10f,35, autant il y a de fois 3 kilomètres dans la distance parcourue.
Ce nombre de fois est $10,35 : 0,345 = 30$.

Réponse. — La distance est $3^{km} \times 30 = 90$ kilomètres.

105. — *Pour réparer un chemin, une commune emploie 6 hommes qui travaillent 7 heures $\frac{2}{3}$ par jour et font en moyenne 15 mètres par heure. Pendant combien de jours ces ouvriers travailleront-ils, la longueur du chemin étant de 2 kilom. 76 décamètres?*

Ces ouvriers font : par heure, 15 mètres; en 1 tiers d'heure, 5 mètres.
En 7 heures............................ $15 \times 7 =$ 105 m.
En 2 tiers d'heure........................ $5 \times 2 =$ 10

Par jour 115 m.

Le nombre de jours nécessaires pour faire le travail est égal au nombre de fois qu'il y a 115 m. dans 2 760 m.

Ce nombre de fois est $2\,760 : 115 = 24$.

Réponse. — Ils travailleront pendant 24 jours.

106. — *Un épicier a échangé 425 litres d'huile contre 408 kilogr. de sucre. En revendant ce sucre au prix de 70 centimes le demi-kilogramme, il a fait un bénéfice total de 61f,20. Trouver quel a été dans l'échange le prix d'estimation du litre d'huile.*

Le prix de vente du kilogr. de sucre a été 1f,40.
La vente des 408 kilogr. a produit 1f,4 × 408 = 571f,20.
Le prix de ce sucre dans l'échange était 571f,20 — 61f,20 = 510 fr.
Réponse. — Le prix du litre d'huile était 510f : 425 = 1f,20.

107. — *Pendant un mois de 30 jours une ouvrière a dépensé chaque jour la même somme pour sa nourriture et son entretien. Elle s'est reposée 4 jours. Son salaire était de 3f,50 par journée de travail et à la fin du mois elle a réalisé une économie de 32f,50. Trouver quelle était sa dépense par jour?*

Le nombre de journées de travail a été 30 — 4 = 26.
L'ouvrière a gagné dans le mois 3f,5 × 26 = 91 fr.
Sa dépense totale a été 91 fr. — 32f,50 = 58f,50.
Réponse. — La dépense par jour était 58f,50 : 30 = 1f,95.

108. — *Deux pièces d'étoffe d'égale longueur ont coûté, l'une 636 fr., l'autre 675f,75, et le prix du mètre de la deuxième surpasse de 75 centimes le prix du mètre de la première. Trouver la longueur de chaque pièce et le prix du mètre de chaque qualité.*

La différence des prix des deux pièces est 675f,75 — 636 = 39f,75.
Elle provient de la différence entre les prix du mètre de chaque pièce.
Donc autant de fois il y a 0f,75 dans 39f,75, autant il y a de mètres dans chaque pièce. La longueur de la pièce est donc 3 975 : 75 = 53 mètres.

Réponse. — Le mètre de la 1re coûte 636f : 53 = 12 fr.
Le mètre de la 2e coûte 675f,75 : 53 = 12f,75.

109. — *Une famille qui consomme, en moyenne, 1 kilogramme et demi de viande par jour, a dépensé 64f,80 dans un mois de 30 jours pour cette consommation. Pendant les 12 derniers jours elle a payé par kilogramme 10 centimes de plus que les jours précédents. Trouver d'après cela quel a été le prix du kilogramme de viande dans chacune des deux parties du mois.*

L'augmentation de 0f,10 par kilogr. a produit pendant la 2e partie du mois une augmentation de dépense qui est :

par jour....... 0f,10 × 1,5 = 0f,15;
pour 12 jours.. 0f,15 × 12 = 1f,80.

Sans cette augmentation la dépense du mois aurait été

64f,80 — 1f,80 = 63 fr.

Le poids de viande consommée pendant le mois est 1kg,5 × 30 = 45 kgr.

Réponse. — Le prix du kilogramme a donc été :
avant l'augmentation................ 63 fr. : 45 = 1f,40;
après l'augmentation.............................. 1f,50.

110. *Un marchand a vendu 27 kilogr. 376 grammes d'une marchandise pour la somme de 8 623f,44 et il a ainsi gagné 20 p. 100 sur le prix d'achat. Combien cette marchandise avait-elle coûté le kilogramme, et quels poids marqués a-t-on dû employer pour la peser?*

1° Dans la vente on gagne 0f,20 par franc; ce qui a été acheté pour 1 franc a donc été revendu 1f,20. Le prix payé pour l'achat est égal à autant de francs qu'il y a de fois 1f,20 dans 8 623f,44.

Ce prix est.... $\frac{8\,623,44}{1,2} = \frac{43\,117,2}{6} = 7\,186^f,20.$

Le prix d'achat du kilogr. était 7 186,20 : 27,376 = 262f,50.

2° Pour peser cette marchandise on employé les poids suivants :

20 kilogr. ; 5 kilogr. ; 2 kilogr. ...	total.	27	kilogr.
2 hectogr. ; 1 hectogr	total.	3	hectogr.
demi-hectogr. ; double-décagr.	total.	7	décagr.
5 grammes ; 1 gramme........	total.	6	grammes.
	Poids total	27 376	grammes.

111. — *Le périmètre d'un champ rectangulaire a 670 mètres et la longueur surpasse de 35 mètres la largeur. Trouver la valeur de cette propriété à raison de 1 500 francs l'hectare.*

Le total de la longueur et de la largeur est le demi-périmètre, c.-à-d. 335 m. En ôtant à ce total 35 mètres, on a le double de la largeur, c.-à-d. 300 m. La largeur a donc 150 m. et la longueur, 185 m.

La surface est égale à 185 × 150 = 27 750mq. = 277a,5.

Le prix de l'are est 15 francs.

Réponse. — La propriété vaut 15f × 277,5 = 4 162f,50.

112. — *Un jardin rectangulaire de 82 mètres de longeur a été acheté pour 3 845f,80 à raison de 7 000 francs l'hectare. On veut l'entourer d'une palissade. Quelle sera la dépense, si cette palissade coûte 5 francs par mètre de longueur?*

Le prix de l'are est 70 fr; celui du mètre carré, 0f,70.

Le nombre de mètres carrés de la surface est donc 3 845,8 : 0,7 = 5 494mq.

La largeur est égale à 5 494 : 82 = 67m.

La périmètre du rectangle est 2 fois (82 + 67) m., c'est-à-dire

149 × 2 = 298 m.

Réponse. — La dépense sera 5f × 298 = 1 490 fr.

113. — *Un domaine de 52 hectares 8 ares 12 centiares a été acheté pour la somme de 140 095 francs. L'acquéreur en a revendu les 7 neuvièmes par parties détachées et est rentré dans ses fonds. On demande : 1° à quel prix il a vendu l'hectare; 2° quel bénéfice il a réalisé sur 100 francs.*

1° La surface du domaine a 520 812 centiares ou mètres carrés.

La 9e partie de cette surface est 520 812 : 9 = 57 868 mq.

Les 7 neuvièmes sont.... .... 57 868 × 7 = 405 076 mq.

Le prix de vente a été :

pour le centiare 140 095 : 405 076 = 0f,345 848 ;

pour l'are 34f,5848 ; pour l'hectare.......................... 3 458f,48.

L'achat de l'hectare a coûté......... 140 095 : 52,0812 = 2 689,93.

Bénéfice par hectare 768f,55.

2° Avec 2 689f,93 on a gagné 768f,55.

Avec 1 fr. on aurait gagné $\frac{768^f,55}{2\,689,93} = \frac{76\,855}{268\,993}$.

Avec 100 fr. le bénéfice aurait été............ 7 685 500 : 268 993 = 28f,57.

Réponse. — Prix de vente de l'hectare 3 458f,48. Bénéfice 28, 57 °/o.

114. — *Un vase renferme 35 centilitres d'eau salée. On en enlève 14 centilitres que l'on remplace par 14 centilitres d'eau pure. On prend alors 4 centilitres de la nouvelle dissolution que l'on fait évaporer, et l'on trouve que ces 4 centilitres contenaient 35 centigrammes de sel. Combien y avait-il de grammes de sel dans les 35 centilitres d'eau salée que renfermait primitivement le vase?*

Après qu'on a enlevé 14 centil. de l'eau salée, il reste :

35 — 14 = 21 centil. d'eau salée.

Les 14 centil. d'eau pure y étant versés, la nouvelle dissolution contient 35 centilitres, comme auparavant.

Or 4 centil. de cette 2e dissolution contiennent................ 0gr,35 de sel.

1 centilitre en contient............................ 0gr,35 : 4 = 0gr,0875.

Le poids de sel contenu dans les 35 centilitres de la 2e dissolution est donc

0gr, 0875 × 35 = 3gr,0625.

Ce poids de sel était contenu dans 21 centil. de la 1re dissolution.

1 centil. de la 1re dissolution en contenait........ 3gr,0625 : 21 = 0gr,1458.

Réponse. — Le poids de sel contenu dans la 1re dissolution de 35 centil. était

0gr,1458 × 35 = 5gr,103.

115. — *Un particulier possède 1 800 fr. de rente 4 $\frac{1}{2}$ p. 100. Trouver quel devrait être le cours de cette rente pour qu'en vendant son titre et achetant ensuite, avec le produit de la vente, de la rente 3 °/0 au cours de 82f,50, ce particulier s'assurât le même revenu. On ne tiendra pas compte des frais de courtage.*

Une rente de 3 fr. coûte 82f,50.

Or 1 800 fr. valent 600 fois 3 fr.

Une rente de 1800 fr. en 3 °/o coûtera 82f,50 × 600 = 49 500 fr.

La vente de 1 800 fr. de rente 4 $\frac{1}{2}$ °/o doit donc rapporter 49 500 fr.

Une rente de 18 fr. coûterait 495 fr.

Une rente de 9 fr. — 247f,50.

Réponse. — Le cours du 4 $\frac{1}{2}$ °/o devrait être 123,75.

116. — *Un négociant achète un fût de 228 litres d'eau-de-vie, au prix de 2f,75 le litre. Au bout de 2 années l'évaporation a produit un déchet de 7 % environ. Le marchand met alors l'eau-de-vie dans des bouteilles d'une contenance moyenne de 80 centilitres, Ces bouteilles lui coûtent 18 fr. le cent et la mise en bouteilles lui revient à 5 fr. Combien doit-il vendre chaque bouteille d'eau-de-vie pour réaliser un bénéfice de 20 p. 100?*

On tiendra compte des intérêts à 5 % par an du prix d'achat, pour les deux années que l'eau de-vie est restée en fût.

Le prix d'achat de l'eau-de-vie est.................... 2f,75 × 228 = 627 fr.

L'intérêt de cette somme à 5 % par an, ou un 10e pour 2 ans, est 62f,70.

Le nombre de litres perdus par l'évaporation en 2 ans est

$$228 \times 0{,}07 = 15{,}96 \text{ c.-à-d. } 16 \text{ litres.}$$

Il reste dans le fût 228 − 16 = 212 litres.

Autant de fois il y a 8 décilitres dans 212 litres, c.-à-d. dans 2 120 décilitres, autant de bouteilles on doit acheter.

Ce nombre de bouteilles est.......... 2 120 : 8 = 265 bouteilles.

L'achat de ces bouteilles coûte.......... 0f,18 × 265 = 47f,70.

Ainsi le négociant a déboursé :

pour l'achat de l'eau-de-vie....	627f,00.
pour l'achat des bouteilles.....	47,70.
pour la mise en bouteilles....	5,00.
Il doit retirer le total......................	679f,70.
Le bénéfice de 20 % sur ce total est le 5e, c.-à-d..	135,94.
L'intérêt du prix d'achat pour 2 ans..........	62,70.
Total	878f,34.

Réponse. Prix de vente de la bouteille.......... 878f,34 : 265 = 3f,314

117. — *On emploie 3 ouvriers pour faire un certain ouvrage. Le 1er le ferait seul en 12 jours, en travaillant 10 heures par jour ; le 2e, en 15 jours en travaillant 6 heures par jour : le 3, en 9 jours en travaillant 8 heures par jour.*

Trouver : 1° en combien de temps les trois ouvriers feront l'ouvrage ensemble : 2° la partie que chacun d'eux en fera ; 3° ce que chacun gagnera, si l'ouvrage est payé 216 francs.

1° Le temps mis par un ouvrier pour faire l'ouvrage en travaillant seul sera

pour le 1er.. 10h × 12 = 120 h.
pour le 2e.. 6h × 15 = 90 h.
pour le 3e.. 8h × 9 = 72 h.

La partie de l'ouvrage faite par chacun en 1 heure sera :

$$\text{par le } 1^{er},\ \frac{1}{120};\ \text{par le } 2^{e},\ \frac{1}{90};\ \text{par le } 3^{e},\ \frac{1}{72}.$$

La somme de ces trois fractions est :

$$\frac{3}{360} + \frac{4}{360} + \frac{5}{360} = \frac{12}{360} = \frac{1}{30}.$$

Ainsi ils font ensemble un 30e de l'ouvrage par heure.

Pour l'ouvrage entier ils mettront 30 heure

2° La portion du travail total effectué par chaque ouvrier sera :

par le 1er, $\frac{30}{120}$ ou $\frac{1}{4}$; par le 2e, $\frac{30}{90}$ ou $\frac{1}{3}$; par le 3e, $\frac{30}{72}$ ou $\frac{5}{12}$.

3° Les sommes qui leur reviennent sont donc :

au 1er.. 216 : 4 = 54 fr.
au 2e .. 216 : 3 = 72 fr.
au 3e .. $216 \times \frac{5}{12} = 90$ fr.

118. — *La livre de 8 bougies coûte 1f,50 et chaque bougie a 17 centimètres de long. On en consomme 32 millimètres par heure. Au lieu de bougie on veut brûler de l'huile coûtant 0f,65 le demi-kilogr. Si on brûle 1 kilogr. d'huile en 6 jours de 5 heures d'éclairage, quelle est la différence de dépense au bout de 30 jours?*

1° Nombre d'heures d'éclairage en 1 mois.............. 5h × 30 = 150 h.
Longueur de bougie brûlée par mois.... .... 0m,032 × 150 = 4m,80.
Nombre de bougies brûlées par mois.................. 480 : 17 = 28f,23.
Prix d'une bougie................ .... 1f,50 : 8 = 0f,1875.
Dépense en bougies par mois.................. 0f,1875 × 28,23 = 5f,293.
2° En 6 jours on brûle 1 kilogr. d'huile.
En 1 mois, c'est-à-dire 5 fois plus de temps, on en brûle 5 kilogr.
Le prix de 5 kilogrammes est 0f,65 × 2 × 5 = 0f,65 × 10 = 6f,50.
Réponse. — L'éclairage à l'huile est plus cher
La différence en 1 mois est 6f,50 — 5f,29 = 1f,21.

119. — *On achète deux étoffes de qualités différentes. On paye 542f,70 pour la 1re et 918f,06 pour la 2e dont le mètre coûte 7f,88 de plus que le mètre de la 1re. Trouver le nombre de mètres de chaque étoffe, en sachant qu'un mètre de la 1re et un mètre de la 2e coûtent ensemble 19f,94.*

Pour simplifier désignons par p le prix du mètre de la 1re étoffe.
Le prix du mètre de la 2e étoffe sera, $p + 7^f,88$.
On a donc : $p + p + 7^f,88 = 19^f,94$ ou $2p + 7^f,88 = 19^f,94$.
Ainsi le double du prix du mètre de la 1re étoffe augmenté de 7f,88 égale 19f,94.
On a par conséquent

$$2p = 19^f,94 - 7^f,88 = 12^f,06 ; \; p = \frac{12^f,06}{2} = 6^f,03$$

Le prix p du mètre de la 1re étoffe est donc 6f,03.
Le prix du mètre de la 2e est 6f,03 + 7f,88 = 13f,91.
Réponse. — Les nombres de mètres achetés sont :
1re étoffe.. 542,70 : 6,03 = 90 m.
2e étoffe... 918,06 : 13,91 = 66 m.

120. — *Une personne achète une propriété de 60 000 francs et il est convenu qu'elle payera le 1er quart comptant, le 2e quart au bout de 2 mois, le 3e quart au bout de 4 mois et le reste dans*

6 mois. On lui propose ensuite de payer la somme totale en une seule fois. A quelle époque devra s'effectuer le payement? L'intérêt sera compté à 6 %.

Chaque payement sera le quart de 60 000 fr., c'est-à-dire 15 000 fr.
L'intérêt de 100 fr. serait :

pour 2 mois, 1 fr. ; pour 4 mois, 2 fr. ; pour 6 mois, 3 fr.

Le montant de l'escompte pour les trois autres sommes au jour de l'achat sera :

sur la 1re	$1^f \times 150 =$	150 fr.
sur la 2e	$2^f \times 150 =$	300
sur la 3e	$3^f \times 150 =$	450
	Total :	900 fr.

Or l'escompte de 100 fr. pour 1 mois serait $0^f,50$.
Pour 1 mois l'escompte sur 60 000 fr. serait :

$$0^f,5 \times 600 = 300 \text{ fr.}$$

L'escompte total 900 fr. est le triple de 300 fr. qui est l'escompte pour 1 mois.
Réponse. — C'est au bout de 3 mois que le payement unique devra être fait.

121. — *Une maison a 4 étages. Le locataire du second paye un loyer égal aux 0,9 de celui du 1er; celui du 3e, un loyer égal aux 0,9 de celui du 2e, et ainsi de suite. Le propriétaire, qui occupe le rez-de-chaussée, reçoit, chaque année, de ses quatre locataires une somme totale de 6878 fr. Trouver le loyer de chaque étage.*

Supposons que le loyer du 1er étage soit de		1 000 fr.
Celui du 2e sera 9 fois le 10e de 1 000 fr. c'est-à-dire		900 fr.
Celui du 3e sera 9 fois le 10e de 900 fr., c'est-à-dire...	$90^f \times 9 =$	810 fr.
Celui du 4e sera 9 fois le 10e de 810 fr., c'est-à-dire..	$81^f \times 9 =$	729 fr.
	Total :	3 439 fr.

Or ce total 3 439 fr. est la moitié du montant total du loyer.
Donc les prix de location sont le double de ceux qui ont été supposés.

Réponse. — 2 000 fr. au 1er ; 1 800 fr. au 2e ; 1 620 fr. au 3e ; 1 458 fr. au 4e.

122. — *Une institutrice communale, qui verse chaque mois à la Caisse des retraites le 20e de son traitement mensuel, a pris un congé de 5 mois, pendant lequel elle a été remplacée par une suppléante, à qui elle a donné, pour chacun de ces 5 mois, les 2 tiers de son traitement mensuel complet, c'est-à-dire compté sans réduction du 20e. Il n'est resté alors à l'institutrice pour toute l'année qu'une somme de 1 210 francs. Trouver son traitement annuel.*

Supposons que l'institutrice ait 100 francs par mois.
Après la retenue du 20e, c.-à-d. de 5 fr. sur 100 fr., elle ne touche par mois que 95 fr.
Pour les 5 mois de congé elle a donné 5 fois les 2 tiers de 100 fr., c'est-à-dire

$$100 \times \frac{2}{3} \times 5 = \frac{1\,000^f}{3}.$$

Pendant ce temps elle a eu pour elle :

$$95^f \times 5 - \frac{1\,000}{3} = 475 - \frac{1\,000}{3} = \frac{1\,425}{3} - \frac{1\,000}{3} = \frac{425^f}{3}.$$

Pour les 7 autres mois elle a touché

$$95 \times 7 = 665 \text{ fr.}$$

Avec 100 fr. par mois, elle aurait donc touché pendant cette année

$$665 + \frac{425}{3} = \frac{1995}{3} + \frac{425}{3} = \frac{2420}{3} \text{ fr.}$$

Autant de fois cette dernière somme sera contenue dans 1210 fr., autant de fois il y a 100 fr. dans le traitement mensuel. On trouve

$$1210 : \frac{2420}{3} = \frac{121 \times 3}{242} = \frac{363}{242} = 1,5.$$

Le traitement par mois est donc $100 \times 1,5 = 150$ fr.

Réponse. — Le traitement annuel est $150^f \times 12 = 1800$ fr.

123. — *Dans une certaine ville les droits d'octroi sont de 6 francs par hectolitre de vin et de 10 francs par hectolitre d'alcool. En 1882 la quantité d'alcool qui est entrée a été le 10e de celle du vin et l'octroi a perçu 323 025 francs de plus pour le vin que pour l'alcool. La population de la ville est de 30 000 âmes. Trouver quelle a été la consommation moyenne par jour et par habitant pour chaque liquide, en admettant que la consommation n'a porté que sur le vin et l'alcool introduits dans le courant de l'année.*

Avec 1 hectolitre d'alcool il est entré 10 hectolitres de vin.

L'octroi a perçu : pour 10 hectol. de vin..... 60 fr.
pour 1 hectol. d'alcool.... 10 fr.

Ainsi pour 10 hectol. de vin et 1 hectol. d'alcool, on a perçu pour le vin 50 fr. de plus que pour l'alcool.

Donc autant de fois 50 fr. sont contenus dans 323 025 fr., autant de fois il est entré dans l'année : 1 hectol. d'alcool et 10 hectol de vin.

Le nombre d'hectolitres d'alcool est :

$$323\,025 : 50 = 6\,460^{hl},5.$$

Le nombre d'hectolitres de vin est 64 605 hl.

Réponse. — En moyenne chaque habitant a consommé :

par an	alcool..	$6\,460,50 : 30\,000 = 21^l,53$;
	vin....	$6\,460\,500 : 30\,000 = 215^l,30.$
par jour	alcool..	$21^l,53 : 365 = 0^l,056$;
	vin....	$215^l,3 : 365 = 0^l,589.$

124. — *Une marchande a acheté des pommes à 75 centimes la douzaine. Après un triage convenable, elle en forme trois tas. L'un, de qualité supérieure, comprend le tiers de son achat; le 2e, de qualité moyenne, en représente le 5e; le 3e, de médiocre qualité, comprend le reste. Elle se propose de revendre la 1re partie à 1 fr. la douzaine, la 2e partie à 90 centimes et la 3e à 80 centimes. Dans ces conditions elle réalise un bénéfice de 110f,70. Combien avait-elle acheté de douzaines de pommes?*

La partie de l'achat comprise dans le 1er et le 2e tas est :

$$\frac{1}{3} + \frac{1}{5} \text{ c.-à-d. } \frac{5}{15} + \frac{3}{15} = \frac{8}{15}.$$

La partie de l'achat composant le 3ᵉ tas est donc $\frac{7}{15}$.

Supposons que la marchande ait acheté 15 douzaines. Il y en aura :

5 dans le 1ᵉʳ tas ; 3 dans le 2ᵉ tas ; 7 dans le 3ᵉ tas.

La vente produirait : pour 5 douzaines de 1ʳᵉ qualité, $1^f \times 5 = 5^f,00$;

pour 3 — de 2ᵉ — $0^f,90 \times 3 = 2,70$;

pour 7 — de 3ᵉ — $0^f,80 \times 7 = 5,60$.

La vente de 15 douzaines produirait .... $13^f,30$.

Leur achat a coûté .... $0^f,75 \times 15 = 11\ 25$.

Bénéfice : $2^f,05$.

Autant de fois ce bénéfice sera contenu dans $110^f,70$, autant de fois il y aura 15 douzaines dans l'achat total.

Or on trouve.. $110,70 : 2,05 : = 54$

Réponse. — Le nombre de douzaines est $15 \times 54 = 810$.

125. — *Un vigneron achète une maison qu'il veut payer avec sa récolte de l'année. S'il vend son vin 145 fr. la pièce, il lui restera 840 fr. après avoir payé la maison ; s'il ne le vend que 120 fr. la pièce, il lui manquera 360 fr. pour payer la maison. Trouver le nombre de pièces de vin de la récolte et le prix de la maison.*

1ʳᵉ méthode. A 145 fr. la pièce, on retire le prix de la maison plus 840 fr.

Au prix de 120 fr. la pièce, on retire le prix de la maison moins 360 fr.

La différence entre les produits des deux ventes comprend :

les 840 fr. qu'on retire en sus plus les 360 fr. qui sont en moins.

Cette différence égale donc $840 + 360 = 1\ 200$ fr.

Ainsi quand le prix de vente de 145 fr. la pièce est abaissé à 120 fr., c'est-à-dire est diminué de 25 fr., le produit total de la vente est diminué de 1 200 fr.

Il y a donc autant de pièces de vin qu'il y a de fois 25 dans 1 200.

Réponse. — Le nombre de pièces est $1\ 200 : 25 = 48$ pièces.

Le prix de la maison est $120^f \times 48 + 360^f = 6\ 120$ fr.

2ᵉ méthode. — Le raisonnement qui précède peut s'écrire plus simplement à l'aide des abréviations algébriques.

En effet, représentons par x le nombre de pièces de vin.

Le vigneron retirerait de la vente de son vin :

à 145 fr. la pièce, x fois 145 fr., c.-à-d. $145\ x$;

à 120 fr. la pièce, x fois 120 fr., c.-à-d. $120\ x$.

Le prix de la maison est donc représenté :

par $145\ x - 840$ et par $120\ x + 360$.

On a ainsi l'équation :

$$145\ x - 840 = 120\ x + 360.$$

En diminuant les deux membres de $120\ x$ et en les augmentant en même temps de 840, ce qui n'altère pas l'égalité, on obtient :

$$145\ x - 120\ x = 360 + 840,$$

ou

$$25\ x = 1\ 200.$$

De là on tire

$$x = 48.$$

126. — *On fond 835 pièces de 5 francs en argent, en y ajoutant le cuivre nécessaire pour obtenir un lingot au titre de 0,835. Trouver combien ce lingot donnera de pièces de 1 fr., de 2 fr. et de 50 centimes, si l'on veut avoir 3 pièces de 1 fr. contre 2 pièces de 50 centimes et autant de pièces de 2 fr. que de pièces de 1 franc.*

Le poids des 835 pièces est $25^{gr} \times 835$.
Le poids d'argent pur qu'elles renferment est $25^{gr} \times 835 \times 0,9$.

Or 3 pièces de 1 fr. pèsent	15 gr.;
3 pièces de 2 fr.	30
2 pièces de 50 centimes	5
Total :	50 gr.

Le poids d'argent pur contenu dans ces pièces est $50^{gr} \times 0,835$..
Autant de fois ce poids sera contenu dans le poids d'argent des 835 pièces de 5 francs, autant de fois on aura :

3 pièces de 1 fr., 3 pièces de 2 fr., 2 pièces de 50 centimes.

Ce nombre de fois est $\dfrac{25 \times 835 \times 0,9}{50 \times 0,835} = \dfrac{900}{2} = 450.$

Réponse. — On aura : en pièces de 1 fr. .... $3 \times 450 = 1\,350$;
en pièces de 2 fr. .... $3 \times 450 = 1\,350$;
en pièces de 50 centimes..... $2 \times 450 = 900$.

127. — *Un marchand a deux espèces de vin, l'une du prix de 36 centimes et l'autre du prix de 20 centimes le litre. Il veut en faire un mélange qu'il puisse vendre, sans profit ni perte, au prix de 30 centimes, et contenant 50 litres. Combien devra-t-il prendre de litres de chaque espèce?*

Il n'y a qu'à appliquer la règle exposée au n° 215.

Réponse. — De la 1re espèce, $31^l,25$; de la 2e espèce, $18^l,75$.

128. — *Avec trois lingots d'or, le 1er au titre de 0,750, le 2e au titre de 0,800, le 3e au titre de 0,900, on veut former un lingot pesant 400 grammes au titre de 0,825. Quels poids faut-il prendre de chaque lingot, si l'on doit prendre des poids égaux du 2e et du 3e?*

1re méthode. — Les poids d'or fin dans 1 gramme de chaque lingot sont : pour le 1er, $0^{gr},750$; pour le 2e, $0^{gr},800$; pour le 3e, $0^{gr},900$.

Dans 1 gr. du lingot demandé il doit y avoir $0^{gr},825$ d'or fin.

Quand on prend 1 gr. du 2e lingot, il manque un poids d'or fin égal à

$825 - 800 = 25$ milligr.

Quand on prend 1 gr. du 3e, il y a de trop un poids d'or fin égal à

$900 - 825 = 75$ milligr.

Donc quand on met à la fois 1 gr. du 2e et 1 gr. du 3e, il y a de trop un poids d'or fin égal à

$75 - 25 = 50$ milligr.

Si maintenant on y met 1 gr. du 1er, il manque un poids d'or fin égal à

$825 - 750 = 75$ milligr.

D'après cela, on devra mettre dans le mélange :

50 gr. du 1er avec 75 gr. du 2e et 75 gr. du 3e.

En effet, dans les 50 gr. du 1er, il manque un poids d'or fin égal à 50 fois 75 millig. ou $75^{mg} \times 50$.

Dans les 75 gr. du 2e et les 75 gr. du 3e, il y a en trop un poids d'or fin égal à 75 fois 50 millig. ou $50^{mg} \times 75$.

Ce qui manque d'or fin d'un côté est compensé par ce qui est de trop de l'autre.

Or, 50 gr du 1er avec 75 gr. du 2e et 75 gr. du 3e font un total de 200 gr.

Pour former le lingot de 400 grammes on prendra donc le double de ces poids.

Réponse. — 100 gr. du 1er, 150 gr. du 2e et 150 gr. du 3e.

2e méthode. — La notation algébrique conduit plus rapidement au résultat.

En effet, représentons par x le nombre de grammes à prendre dans le 2e lingot ; x est aussi le poids à prendre dans le 3e.

Le poids à prendre dans le 1er sera $400 - 2x$.

Les poids d'or fin contenus dans les x gr. du 2e et dans les x gr. du 3e sont :

$$x \times 0,8 + x \times 0,9, \text{ c.-à-d. } x \times 1,7.$$

Le poids d'or fin contenu dans les $(400 - 2x)$ gr. du 1er est :

$$(400 - 2x) \times 0,75, \text{ c.-à-d. } 300 - x \times 1,5.$$

Le poids d'or fin contenu dans l'alliage formé est donc :

$$x \times 1,7 + 300 - x \times 1,5, \text{ c.-à-d. } 300 + x \times 0,2.$$

En outre il doit aussi être égal à

$$400 \times 0,825, \text{ c.-à-d. à } 330.$$

On a donc l'équation :

$$x \times 0,2 + 300 = 330,$$

ou, en multipliant les deux membres par 10,

$$2x + 3000 = 3300.$$

De là on tire

$$2x = 300;$$
$$x = 150.$$

129. — *La houille prise à la mine coûte 0f,90 le quintal métrique; le prix du transport sur le chemin de fer est de 0f,95 par tonne et par kilomètre; on paye en outre un droit fixe de 1f,75 par wagon contenant 3 500 kilogr. de houille. Trouver à combien reviendront 26 885 hectol. de houille transportés à une distance de 15 myriamètres 88 hectomètres. L'hectol. de houille pèse 20 kilogr.*

Le transport de la tonne à $158^{km},8$ coûte $0^f,95 \times 158,8 = 150^f,86$.

Le poids des 26 885 hectol. de houille est $20^{kg} \times 26\,885 = 537\,700^{kg} = 537^t,7$.

Le transport de ce poids de houille coûtera $150^f,86 \times 537,7 = 81\,117^f,42$.

Le nombre de vagons nécessaires au transport sera

$$537\,700 : 3\,500 = 153,3 \text{ c'est-à-dire } 154.$$

Le prix à payer pour droit fixe de vagon est $1^f,75 \times 154 = 269^f,50$.

Le prix d'achat à la mine est $0^f,90 \times 5\,377 = 4\,839^f,30$.

La dépense comprend :		
	prix d'achat à la mine....	4 839f,30 ;
	prix du transport.........	81 117,42 ;
	droit fixe pour vagons....	269,50.
Réponse. — La dépense totale est...........		86 226f,22.

130. — *Un particulier se proposait d'acheter un pré rectangulaire, dont les dimensions sur le plan étaient 220 mètres et 80 mètres; mais il apprend que la chaine d'arpenteur (décamètre), qui a été employée pour mesurer la parcelle de pré était trop courte de 1 décimètre. Afin de compenser l'erreur commise dans la mesure de la surface du terrain, on convient d'augmenter la largeur du pré d'une certaine quantité. Trouver cette quantité.*

La surface achetée devait avoir...................... 220 × 80 = 17 600mq.
Or la chaine est trop courte de 1 décimètre pour 10 mètres ou pour 100 décim. Elle est donc trop courte de la 100e partie de la longueur exacte.

Les dimensions marquées sur le terrain avec cette chaine ont été :

longueur.. 220m — 2m,20 = 217m,80;
largeur... 80m — 0m,80 = 79m,20

La surface marquée sur le terrain est donc

217,8 × 79,2 = 17 249mq,76.

Il lui manque 17 600 — 17 249,76 = 350mq,24.
On ajustera donc au pré une bande rectangulaire ayant cette surface et une longueur de 217m,8.

Réponse. — La largeur de cette bande sera 350,24 : 217,8 = 1m,60.

131. — *Un entrepreneur a occupé dans deux chantiers des ouvriers : dans l'un, 32 ouvriers pendant 12 jours; dans l'autre, 38 ouvriers pendant 15 jours. Chacun des ouvriers du 2e chantier recevait un salaire quotidien égal aux* $\frac{10}{9}$ *de celui d'un ouvrier du 1er chantier. La somme payée ainsi par l'entrepreneur aux deux groupes d'ouvriers s'est élevée à 4 578 francs. Trouver quel était le prix de la journée de l'ouvrier dans chaque chantier.*

Le 1er groupe a fait 12 × 32 = 384 journées.
Le 2e — 15 × 38 = 570 j.

Supposons qu'on donne par jour 9 décimes à l'ouvrier du 1er chantier.
Le 2e recevra pour sa journée 10 décimes.

Dans ce cas on aurait payé : au 1er chantier, 0f,9 × 384 = 345f,60;
au 2e — 1f,0 × 570 = 570,00.
Total 915f,60.

Autant de fois il y aura 915f,60 dans la somme totale 4 578 fr., autant de fois la journée vaut 0f,90 dans le 1er chantier et 1 fr. dans le 2e.
On trouve pour quotient 4 578 : 915,6 = 5.

Réponse. — Dans le 2e chantier, 5 fr.; dans le 1er chantier, 4f,50.

132. *Pour faire un payement de 64 800 fr. on a donné des billets de 1 000 fr., de 500 fr. et de 100 fr. Trouver combien on a donné de billets de chaque espèce, en sachant que le nombre des billets* *de 500 fr. est les $\frac{6}{7}$ du nombre des billets de 1 000 fr. et les $\frac{3}{4}$ du nombre des billets de 100 francs.*

Soit a le nombre des billets de 1 000 francs, b celui des billets de 500 francs, et c celui des billets de 100 francs.

D'après l'énoncé on a :

$$b = \frac{6}{7} \text{ de } a, \text{ d'où } a = \frac{7}{6} \text{ de } b\,;$$

$$b = \frac{3}{4} \text{ de } c, \text{ d'où } c = \frac{4}{3} \text{ de } b.$$

Ainsi le nombre des billets de 1 000 fr. est les $\frac{7}{6}$ du nombre des billets de 500 fr. ; celui des billets de 100 fr. en est les $\frac{4}{3}$.

Supposons que le nombre des billets de 500 fr. soit 6.
Celui des billets de 1 000 fr. sera 7 ; celui des billets de 100 fr. sera 8.

La valeur formée par ces trois nombres de billets serait :

pour 6 billets de 500 fr. . . . . $500^f \times 6 =$ 3 000 fr. ;
pour 7 billets de 1 000 fr. 7 000
pour 8 billets de 100 fr. 800
Total : 10 800 fr.

Or la somme payé 64 800 fr. est égale à 6 fois ce total.

Réponse. — On a donc donné :
36 billets de 500 fr. ; 42 billets de 1 000 fr. ; 48 billets de 100 fr.

133. — *Deux trains de chemin de fer effectuent le trajet de Paris à Toulouse, le 1er en 15 heures 40 minutes et le 2e en 25 heures 22 minutes. Le 1er parcourt en une heures 18 kilomètres et 1 tiers de plus que le 2e.*

Trouver à 1 décamètre près la vitesse de chaque train et à un kilomètre près la distance de Paris à Toulouse.

Considérons les trains comme partant de Paris au même instant.
La durée du trajet est pour le 1er :

$$15^h\,40^m \text{ ou } 15^h\,\frac{2}{3}, \text{ c.-à-d. } \frac{47}{3} \text{ d'heure.}$$

Son avance sur le 2e est :

$$\text{au bout de 1 heure } 18^{km}\,\frac{1}{3} \text{ ou } \frac{55}{3} \text{ de kilom.}$$

$$\text{au bout de } \frac{47}{3} \text{ d'heure } \frac{55}{3} \times \frac{47}{3} = \frac{2585}{9} \text{ de kilom.}$$

Le temps mis par le 2e pour parcourir cet espace est :

$$25^h\,22^m - 15^h\,40^m, \text{ c.-à-d. } 9^h\,42^m \text{ ou } 582 \text{ minutes.}$$

Ainsi en 582 minutes le 2e train parcourt $\frac{2585}{6}$ de kilom.

Or 1 heure est les $\frac{60}{582}$ ou les $\frac{10}{97}$ de ce temps.

L'espace parcouru en 1 heure par le 2e train est donc :

$$\frac{2585}{9} \times \frac{10}{97} = \frac{25850}{873} = 29^{km},610.$$

Réponse. — La vitesse du 2e train, est donc 29 km. 61 décam.
La vitesse du 1er est $29^{km},61 + 18^{km},33 = 47$ km. 94 décam.
La distance des deux villes est

$$47^{km},94 \times \frac{47}{3} = 751^{km},06 \text{ c.-à-d. } 751 \text{ kilomètres.}$$

134. *Un train omnibus faisant 30 kilomètres à l'heure part d'une ville B à 2 heures 30 minutes de l'après-midi pour aller à une ville C. Un train express qui fait en moyenne 50 kilomètres à l'heure, part de B à 7 h. 40 m. du soir et arrive à C 4 heures 50 minutes avant le 1er. Quelle est la distance des deux villes ?*

De $2^h\ 30^m$ à $7^h\ 40^m$, il y a $5^h\ 10^m$.
Le temps employé par le train omnibus pour faire le trajet surpasse le temps employé par le train express de.................... $5^h\ 10 + 4^h\ 50^m = 10$h.
Soit x le nombre d'heures de la durée du trajet de l'express.
Le nombre d'heures employées par l'omnibus sera $x + 10$.
La distance parcourue par l'express est,................. $50^{km} \times x$ ou $50\ x$.
La distance parcourue par l'omnibus est $30^{km} \times (x + 10)$ ou $30\ x + 300$.

On a donc : $50\ x = 30\ x + 300.$

De là on tire : $20\ x = 300$;
$x = 15.$

La durée du trajet est pour l'express, 15 h.; pour l'omnibus, 25 h.
Réponse. — La distance BC est $50^{km} \times 15 = 750$ kilom.

135. — *Un voyageur de commerce en tournée reçoit de la maison qu'il représente $12^f,50$ par jour comme appointements fixes et 3 p. 100 sur le montant des commissions qu'il prend. Il dépense $16^f,25$ par jour et à la fin de sa tournée qui a duré 60 jours, il lui reste un bénéfice de 561 francs. Trouver le montant des commissions qu'il a prises.*

En sus de son traitement fixe le voyageur dépense par jour :

$$16^f,25 - 12^f,50 = 3^f,75.$$

Au bout du voyage cette dépense est $3^f,75 \times 60 = 225$ fr.
Le bénéfice fait sur les commissions est donc $561^f + 225^f = 786$ fr.
Ce bénéfice égale 3 centièmes du montant des commissions.
Le 100e de ce montant est $786 : 3 = 262$ fr.

Réponse. — Le montant des commissions est 26 200 fr.

136. — *Deux frères ont à se partager également une succession composée d'un champ et d'une somme de 12 500 francs. Le notaire fait deux lots. L'un comprend une partie du champ pouvant être vendue comme emplacement à bâtir au prix de 4f,50 le mètre carré; l'autre comprend les 12 500 francs et le restant du champ qui est estimé 2 300 fr. l'hectare et qui a une superficie 10 fois plus grande que le terrain propre à bâtir. Les deux frères ont ainsi des parts de valeur égale. Trouver la surface des deux parties du champ.*

A 2 300 fr. l'hectare, le mètre carré vaut 0f,23.
Supposons qu'on donne au premier 1 mètre carré ou 4f,50.
Le second reçoit 10 mètres carrés ou 2f,30.
La différence est.................................. 4f,50 — 2f,30 = 2f,20.

Ainsi pour chaque mètre carré donné au premier, on donne au deuxième comme valeur égale 10 mètres carrés plus 2f,20.

Il y a donc autant de mètres carrés dans le terrain attribué au premier qu'il y a de fois 2f,20 dans 12 500 fr.

Réponse. — Le terrain donné au premier a

12 500 : 2,2 = 5 681mq,81 ou 56 ares 82 centiares.

Le terrain donné au deuxième a 56 818mq,1 ou 5 hectares 68 ares 18 centiares.

137. — *Les élèves d'un externat payent, les uns 80 fr. par an et les autres 60 fr. Le nombre total des élèves est 61, parmi lesquels 4 gratuits, dont 3 de la 1re classe et 1 de la 2e classe. La somme représentant le prix de pension de ces 4 élèves est égale aux $\frac{5}{72}$ de la rétribution totale payée par les autres. Trouver combien il y a d'élèves dans chacune des deux classes de l'externat.*

Le prix de pension des 4 élèves gratuits est :

$$80^f \times 3 + 60 = 240 + 60 = 300 \text{ fr.}$$

Les $\frac{5}{72}$ de la rétribution des autres sont donc 300 fr.

La 72e partie de cette rétribution sera 300 : 5 = 60 fr.
Cette rétribution est donc 60f × 72 = 4 320 fr.

Supposons que les 57 élèves payants soient tous de la 2e classe.
Leur rétribution serait............................ 60f × 57 = 3 420 fr.
Cette somme est trop faible de 4 320 — 3 420 = 900 fr.
Remplaçons 1 élève de la 2e classe par 1 de la 1re. La rétribution augmente d'une somme égale à 80 — 60f = 20 fr.

Autant de fois il y a 20 fr. dans la différence 900 fr., autant il y a d'élèves payants de la 1re classe. On trouve :

nombre d'élèves payants de la 1re classe....... 900 : 20 = 45
— 2e — .... 57 — 45 = 12.

Réponse. — Il y a 48 élèves dans la 1re classe et 13 dans la 2e classe.

138. — *Une compagnie a acheté un terrain rectangulaire ayant 120 mètres de longueur sur 80 mètres de largeur, et elle y fait bâtir une maison, dont la construction coûte le double du prix d'acquisition du terrain. Le montant des loyers payés annuellement à la compagnie s'élève à 90 720 francs et représente l'intérêt à 7 % du capital employé dans cette affaire. On demande : 1° le prix d'achat du mètre carré de terrain ; 2° la somme payée pour la construction des bâtiments.*

La surface du terrain a $120 \times 80 = 9\,600$ mètres carrés.
7 centièmes du capital sont 90 720 francs.
La 100e partie du capital est.......................... $90\,720 : 7 = 12\,960$ fr.
Le capital est donc 100 fois 12 960 fr., c.-à-d. 1 296 000 fr.
Il contient le prix du terrain plus 2 fois ce prix, c.-à-d. le triple de ce prix.
Le prix du terrain est donc $1\,296\,000 : 3 = 432\,000$ fr.
Réponse. Prix des constructions, $432\,000 \times 2 = 864\,000$ fr.
Prix du mètre carré, $432\,000 : 9\,600 = 45$ fr.

139. — *Un employé a placé à la fin de chacune de ses 10 dernières années de service et au taux de 5 % la 5e partie de ses appointements. Pendant chacune des 4 dernières années ses appointements ont été d'un quart plus élevés que pendant chacune des 6 années précédentes. Son revenu annuel étant de 880 francs, on demande quels ont été ses appointements annuels pendant chacune des deux périodes de 6 ans et de 4 ans, qui composent les 10 dernières années de service. Les intérêts sont simples.*

Représentons par a les appointements de chacune des 6 premières années.

Pour chacune des 4 années suivantes ils sont $a + \frac{a}{4}$ c.-à-d. $\frac{5a}{4}$.

On a eu : pour les 6 premières années, $6a$; pour les 4 autres, $5a$. Total, $11a$.

On a placé à 5 % la 5e partie de $11a$, c.-à-d. $\frac{11a}{5}$.

L'intérêt annuel de ce placement en est le 20e c.-à-d. $\frac{11a}{5 \times 20}$ ou $\frac{11a}{100}$.

On a donc : $\frac{11a}{100} = 880$, d'où $a = \frac{880 \times 100}{11} = 8\,000$ fr.

Réponse. Dans la 1re période, 8 000 fr. ; dans la 2e période, 10 000 fr.

140. — *Un marchand a acheté deux espèces de vin. Il a revendu le tout en faisant un bénéfice de 10 centimes par litre et un bénéfice total de 8 000 francs. Trouver combien d'hectolitres de chaque qualité il avait achetés et quel a été le prix de vente du litre de chaque espèce, en sachant : 1° que la quantité de vin de 1re qualité surpassait de 200 hectolitres la quantité de vin de qualité inférieure ; 2° que les deux espèces de vin lui avaient coûté, tous frais compris, 51 500 fr. ; 3° que le prix de revient de l'hectolitre de 1re qualité surpassait de 15 fr. le prix de l'hectolitre de qualité inférieure.*

Le bénéfice total étant de 8 000 fr. et le bénéfice fait sur 1 litre étant de $0^f,10$, il y a autant de litres qu'il y a de fois 1 décime dans 8 000 fr. ou 80 000 décimes.

Il y a donc 80 000 litres ou 800 hectolitres.

Or il y a 280 hectolitres de 1re qualité de plus que d'hectolitres de l'autre. En les prélevant on a pour reste 600 hectolitres : la moitié est 300 hectolitres.

La différence entre les prix d'achat de l'hectol. de chaque qualité est 15 fr.

La somme payée pour le vin de 1re qualité surpasse donc la somme payée pour le vin de 2e qualité de.............................. $15^f \times 500 = 7\,500$ fr.

Cette différence ôtée du prix total, il reste $51\,500^f - 7\,500^f = 44\,000$ fr.

Cette somme de 44 000 francs est ce qu'on aurait payé pour les 800 litres, s'ils étaient tous de qualité inférieure.

L'hectolitre de cette qualité a donc coûté $44\,000 : 800 = 55$ fr.

Ainsi le prix de revient du litre de la 2e qualité était $0^f,55$.

Celui du litre de 1re qualité était.................. $0^f,55 + 0^f,15 = 0^f,70$.

Le bénéfice dans la vente a été de 10 centimes par litre.

Réponse. Le litre a été vendu : $0^f,65$ pour la 2e qualité ; $0^f,80$ pour la 1re.

PROBLÈMES

PROPOSÉS DANS LES EXAMENS DU BREVET ÉLÉMENTAIRE PENDANT LA PREMIÈRE SESSION DE L'ANNÉE 1884

Nota. — Les problèmes à partir du n° 141 jusqu'au n° 172 ont été donnés dans les examens des aspirantes.

Les problèmes à partir du n° 173 jusqu'au n° 176 ont été donnés aux aspirants.

141. — *Une récolte de froment a été vendue à raison de 24 francs les 100 kilogrammes et a produit 3 978 francs. On avait ensemencé 8 hectares 50 ares. Trouver quel est en hectolitres le rendement de l'hectare, le poids de l'hectolitre étant de 78 kilogrammes.*

Il y a autant de quintaux qu'il y a de fois 24 francs dans 3 978 francs.

Ce poids est $3\,978 : 24 = 165^q,75 = 16\,575^{kg}$.

Le nombre d'hectolitres est $16\,575 : 78 = 212^{hl},5$.

Or 850 ares ont produit $212^{hl},5$.

1 are aurait produit $212^{hl},5 : 850 = 0^{hl},25$.

Réponse. L'hectare a produit 25 hectolitres.

142. — *On a 5 010 francs en pièces d'argent de 5 francs et on veut les convertir en pièces de 1 franc. Trouver quel poids de cuivre il faut y ajouter et combien de pièces de 1 franc on obtiendra.*

Les 5 010 francs en argent pèsent 5gr × 5 010 = 25 050 gr.
Le poids du cuivre qui y est contenu en est le 10e, c.-à-d. 2 505 gr.
Le poids de l'argent fin est 2 505gr × 9 = 22 545 gr.
Ce poids doit être les 835 millièmes du poids du lingot à former.
Le 1 000e du poids de ce lingot est donc :

$$\frac{22\,545}{835} = \frac{4\,509}{167} = 27 \text{ gr.}$$

Le poids total du lingot serait 27 000 gr.
Le poids du cuivre à ajouter est donc 27 000 — 25 050 = 1950 gr.
Réponse. On devra ajouter 1 950 grammes de cuivre.
On aura 2 700 pièces de 2 francs ou 5 400 pièces de 1 franc.

143. — *Trois personnes voyageant ensemble ont fait bourse commune. La 1re a versé 2 450 francs; la 2e 1 895 francs; la 3e a complété la somme de 6 000 francs. Au retour il leur reste 1 038 fr. Combien chacune doit-elle prendre sur ce reste pour que la dépense soit répartie en parts égales?*

La 1re et la 2e ont fourni . . . . 2 450f + 1 895f = 4 345 fr.
La 3e a fourni . . . . 6 000f — 4 345f = 1 655 fr.
La dépense a été . . . . 6 000f — 1 038f = 4 962 fr.
Pour chacune la dépense en est le tiers, c.-à-d. . . . . . . 1 654 fr.
Réponse. Il revient à la 1re 2 450f — 1 654f = 796 fr.
à la 2e 1 895f — 1 654f = 241 fr.
à la 3e 1 655f — 1 654f = 1 fr.

144. — *On a mesuré sur un globe géographique avec un ruban divisé en millimètres, la distance de deux villes situées sur le même méridien, et on a trouvé 30 millimètres. Trouver en kilomètres la vraie distance de ces deux villes sur la terre, en sachant que le méridien de ce globe géographique a 1m,20 de tour. Trouver aussi le nombre de degrés de latitude compris entre ces deux villes.*

Le méridien de ce globe a 1 200 millimètres.
Or 30 millimètres sont la 40e partie de 1 200 millimètres.
La distance des deux villes sur la terre est donc aussi la 40e partie des 40 000 kilomètres du méridien terrestre, c'est-à-dire 1 000 kilomètres.
Le nombre de degrés de l'arc compris entre les deux villes est aussi la 40e partie de 360°, c'est-à-dire 9°.

145. — *Une femme dépense pour son ménage 3f,50 par jour en le faisant elle-même. Si elle prenait une domestique à raison de 20 francs par mois pour les gages et de 300 francs par an pour l'entretien, cette femme pourrait s'occuper à un travail qui lui rapporterait 1f,75 par jour. Quelle serait alors la dépense annuelle et quelle économie ferait-on, l'année étant de 365 jours?*

Si la femme prend la domestique, la dépense comprend :

dépense du ménage.	3f,50 × 365 =	1 277f,50
gages de la domestique.	20f × 12 =	240f,00
son entretien		300f,00
Dépense de l'année. . . .		1 817f,50.

Le produit du travail est. . . . . . . $1^f,75 \times 365 = 638^f,75$
A ôter la dépense pour la domestique. $540^f,00$
Reste pour bénéfice. . . . $98^f,75$

146. *Trois personnes ont entrepris en commun un travail qui leur a été payé 678f,60. La 1re a travaillé 5 jours et 7 heures par jour; la 2e 6 heures par jour pendant 4 jours; la 3e 4 heures par jour pendant 7 jours. Combien chacune a-t-elle reçu?*

Les nombres d'heures de travail sont :

pour la 1re personne. . . . . . . $7^h \times 5 = 35^h$
pour la 2e — . . . . $6^h \times 4 = 24^h$
pour la 3e — . . . . $4^h \times 7 = 28^h$
On a reçu 678f,60 pour un total de 87 heures.

Le prix de l'heure serait $678^f,70 : 87 = 7^f,80$.

Réponse. La 1re a reçu $7^f,80 \times 35 = 273^f,00$.
La 2e — $7^f,80 \times 24 = 187^f,20$.
La 2e — $7^f,80 \times 28 = 218^f,40$.

147. — *L'administration des postes vend des enveloppes timbrées par paquets de dix. Les enveloppes timbrées à 15 centimes se vendent 1f,60 le paquet et celles qui sont timbrées à 5 c. se vendent 0f,55. Une personne achète un certain nombre de paquets de 1f,60 et un nombre triple de paquets de 0f,55. Le prix total qu'elle paye surpasse de 1f,50 le prix des timbres que portent ces enveloppes. Trouver combien elle a acheté de paquets de chaque espèce.*

Avec 1 paquet timbré à 15 centimes on en prend 3 timbrés à 5 centimes.

On paye : pour 1 paquet de la 1re espèce. . . $1^f,60$
pour 3 — de la 2e . . . . $0^f,55 \times 3 = 1^f,65$
Total. . . . $3^f,25$
Or 10 timbres à 15 c. et 30 à 5 c. font. . . . $3^f.00$
Différence. . . . $0^f,25$

Autant de fois il y a 25 c. dans 1f,50, c.-à-d. dans 150 c., autant on a acheté de paquets timbrés à 15 centimes.

Réponse. Le nombre des paquets à 15 c. est $150 : 25 = 6$.
Le nombre des paquets à 5 c. est 18.

148. — *La récolte faite sur une propriété a été de 28 hectolitres et demi de blé et de 900 bottes de paille par hectare. Le tout a été vendu pour 25 530f,70 à raison de 26f,50 le quintal de blé et de 13 francs les 100 bottes de paille. Le double décalitre de blé pesait 15kg,450. On demande quelle est la surface de la propriété.*

Poids de l'hectolitre de blé. . . . . $15^{kg},45 \times 5 = 77^{kg},25$.
Poids de blé par hectare $77^{kg},25 \times 28,5 = 2\,201^{kg},625 = 22^{q},01\,625$.

Produit de l'hectare : en paille. . . . . . $13^f \times 9 = 117^f,00$
en blé . . $26^f,5^f \times 22,01625 = 583^f,43$

Produit de l'hectare . . . . . . $700^f,43$.

Le nombre d'hectares est $25\,530,70 : 700,43 = 36,4\,500$.

Réponse. — 36 hectares 45 ares.

149. — *On a acheté 259 kilogrammes de marchandises à 1f,75 le kilogramme; on paye ensuite 15 francs à un commissionnaire pour la porter, plus 20 centimes par kilogramme pour la préparer à la vente au détail. On veut gagner 65 centimes par kilogramme, tous frais payés. Combien devra-t-on vendre cette marchandise et combien gagnera-t-on pour 100 sur le prix de revient?*

On a déboursé : le prix d'achat. . . . $1^f,75 \times 259 = 453^f,25$
les frais de préparation. . . . . $0^f,20 \times 259 = 51^f,80$
le prix du transport . . . . $15^f,00$

Total . . . . $520^f,05$

Le bénéfice à faire est. . . . . $0^f,65 \times 259 = 168^f,35$

Somme totale à retirer . . . . $688^f,40$

Avec $520^f,05$ le bénéfice est de $168^f,35$.

Le bénéfice serait :avec 1 fr. $\frac{168,35}{520,05}$; avec 100 fr. $\frac{168,35}{520,05} = 32,37$.

Réponse. Produit de la vente $688^f,40$. — Bénéfice 32,37 °/₀.

150. — *Un kilogramme de café vert coûte, acheté en gros, 2f,60; la perte de poids produite par la torréfaction s'élève à un 5e. Calculer combien l'épicier gagne sur 100 francs de café brûlé vendu, s'il le débite à 2 francs le demi-kilogramme.*

Par la torréfaction le poids de 1 000 gr. de café vert se réduit à 4 cinquièmes ou 0,8 de 1 000 gr., c.-à-d. à 800 grammes.

Ainsi 8 hectogr. de café brûlé coûtent au marchand $2^f,80$.

Le prix de 1 hectogr. en serait la 8e partie, c.-à-d. $2^f,60 : 8 = 0^f,325$.

Le kilogr. de café brûlé lui coûte donc $3^f,25$.

En le vendant 4 francs le kilogr. il gagne $4^f - 3^f,25 = 0^f,75$.

Ainsi sur 4 francs de café brûlé on gagne $0^f,75$.

Réponse. Sur 100 francs on gagne 25 fois $0^f,75$, c.-à-d. $18^f,75$.

151. *Pour border complètement un tapis rectangulaire dont la longueur a 0m,75 de plus que la largeur, on a employé 24m,50 de bordure. Quelles sont les dimensions de ce tapis, et combien faudrait-il de mètres de toile de 0m,90 de largeur pour le doubler sur toute sa surface?*

La longueur plus la largeur font la moitié de $24^m,50$, c.-à-d. $12^m,25$.

Otons $0^m,75$, l'excédent de la longueur sur la largeur ; il reste $11^m,50$.

La largeur est la moitié du reste, c.-à-d. $5^m,75$.

La longueur a $0^m,75$ de plus, c.-à-d. $6^m,50$.

La surface du tapis a $6,5 \times 5,75 = 37^{mq},375$.

La longueur de toile à acheter est le nombre qui, multiplié par 0,9 donnera 37,375. Ce nombre est $37,375 : 0,9 = 41,527$.

Réponse. Longueur du tapis $6^m,50$; largeur $5^m,75$.

Longueur de la toile à acheter pour doublure $41^m,53$.

152. — *Deux propriétés voisines l'une de l'autre ont été vendues, la première 3 840 francs l'hectare et la 2e 2 985 francs l'hectare. Le revenu de la 1re étant de 806 francs, on demande quel sera celui de la 2e, dont l'étendue n'est que les $\frac{3}{7}$ de l'étendue de la 1re.*

Pour une valeur de 3 840 francs l'hectare le revenu est 806 francs.

Si la valeur de l'hectare était 1 fr. le revenu serait $\frac{806}{3\,840}$ fr.

Quand l'hectare vaut 2 985 fr. le revenu pour la même surface serait :

$$\frac{806 \times 2\,985}{3\,840} = 626^f,539.$$

La surface du 2e terrain n'est que 3 fois la 7e partie de celle du 1er.

Le revenu sera donc 3 fois la 7e partie de ce dernier, c.-à-d.

$$626,539 \times \frac{3}{7} = 268^f,516.$$

153. *On remplit un bassin aux $\frac{2}{3}$ en faisant couler l'eau d'une fontaine qui le remplirait complètement en 10 heures. On achève de le remplir au moyen d'une seconde fontaine qui seule le remplirait complètement en 6 heures. Trouver : 1° Pendant combien de temps chaque fontaine a coulé : 2° combien les deux fontaines mettront de temps pour remplir le bassin en coulant ensemble.*

1° Pour remplir les $\frac{2}{3}$ du bassin, la 1re fontaine a coulé pendant les $\frac{2}{3}$ de 10 heures, c.-à-d. pendant $6^h 40$ m.

Pour remplir l'autre tiers la 2e fontaine coule pendant le tiers de 6 heures c.-à-d. pendant 2 heures.

2° En 1 heure la 1re remplit $\frac{1}{10}$; la 2e $\frac{1}{6}$ du bassin.

En 1 heure elles rempliront ensemble :

$$\frac{1}{10} + \frac{1}{6} \text{ ou } \frac{3}{30} + \frac{5}{30} = \frac{8}{30} = \frac{4}{15} \text{ du bassin.}$$

Pour remplir $\frac{1}{15}$ du bassin elles mettraient $\frac{1}{4}$ d'heure.

Réponse. Pour le remplir en entier, elles mettront $\frac{15}{4}$ h. ou $3^h \frac{3}{4}$.

154. — *Deux ouvriers travaillent ensemble. Le 1er gagne par jour 1 tiers de plus que le 2e. Au bout d'un certain temps, le 1er, qui a travaillé 5 jours de plus que le 2e a reçu 100 francs pendant que le 2e a reçu 60 francs. Combien chacun gagnait-il par jour et combien ont-ils travaillé de jours ?*

NOTA. Ce problème se trouve déjà au n° 661 de notre *Arithmétique appliquée.* Voir la solution au volume des *Solutions raisonnées* de cet ouvrage.

Réponse. 1er ouvrier : 25 journées à 4 francs ;
2e ouvrier : 20 journées à 3 francs.

155. — *Un vase plein d'eau pèse 200 grammes : le même vase plein de mercure pèse 2 512gr,50. Trouver le poids du vase vide et sa capacité, en sachant que sous le même volume le mercure pèse 13 fois et demie plus que l'eau.*

Plein de mercure, le vase pèse 2 512gr,50 ; plein d'eau, il pèse 200gr,00.

La différence 2 312gr,50 entre ces deux poids provient seulement de la différence entre les poids des deux liquides.

Or le centimètre cube de mercure pèse 13gr,50 ; celui d'eau pèse 1 gramme.

Autant de fois la différence 12gr,50 entre ces deux poids est contenue dans 2 312gr,50, autant il y a de centimètres cubes dans la capacité du vase.

Cette capacité est .... 2 312,5 : 12,5 = 185 centim. cubes

Le poids de l'eau qui le remplirait serait 185 grammes.

Le poids du vase vide est .... 200gr — 185gr = 15 grammes.

156. — *On demande la capacité en centimètres cubes d'un bidon qui, rempli d'huile, pèse 154 grammes de moins que rempli d'eau. La densité de cette huile est 0,78.*

Réponse. 700 centimètres cubes ou 7 décilitres.

157. — *Partager une longueur de 3m,619 en trois parties qui soient entre elles comme les nombres 3, 4, $\frac{7}{10}$.*

Réduits en dixièmes les trois nombres donnés deviennent :

30 dixièmes ; 40 dixièmes ; 7 dixièmes.

La question revient ainsi à partager 3m,619 en trois parties qui aient entre elles le même rapport que les trois nombres 30, 40, 7.

Pour cela il suffit de partager 3m,619 en (30 + 40 + 7) c.-à-d. 77 parties égales et d'en prendre : 30 pour la 1re part ; 40 pour la 2e ; 7 pour la 3e.

La 77e partie de 3m,619 est .... 3m,619 : 77 = 0m,047

Réponse. Les trois parts demandées sont donc :

1re. . . . 0m,047 × 30 = 1m,41
2e. . . . 0m,047 × 40 = 1m,88
3e. . . . 0m,047 × 7 = 0m,329

Total : 3m,619.

158. — *Deux ouvrières sont chargées de faire ensemble un tapis La 1re travaillant seule en ferait les $\frac{2}{5}$ en 4 jours : la 2e mettrait 5 jours pour en faire les $\frac{2}{3}$. Trouver : 1° combien de temps elles mettront ensemble pour faire le tapis ; 2° combien chacune devra toucher pour sa portion de travail, la façon du tapis étant payée 28 fr.*

1° La partie faite par chaque ouvrière en 1 jour est :

$$\text{pour la 1}^{re}\ \frac{1}{4}\ \text{des}\ \frac{2}{5}\ \text{c.-à-d.}\ \frac{1}{10}\text{; pour la 2}^{e}\ \frac{1}{5}\ \text{des}\ \frac{2}{3}\ \text{c.-à-d.}\ \frac{2}{15}.$$

Ensemble elles font par jour une partie du tapis égale à

$$\frac{1}{10} + \frac{2}{15}\ \text{ou}\ \frac{3}{30} + \frac{4}{30}\ \text{c.-à-d.}\ \frac{7}{30}\ \text{du tapis.}$$

Autant de fois il y a 7 *trentièmes* dans les 30 *trentièmes* dont se compose le tapis, autant il faudra de jours. Ce nombre de jours est $30 : 7 = 4^j\frac{2}{7}$.

2° La 1re ouvrière fait 3 trentièmes de l'ouvrage pendant que la 2e en fait 4 trentièmes ; le travail de la 1re est donc les $\frac{3}{4}$ du travail de la 2e.

Ainsi la somme donnée à la 1re ne sera que les $\frac{3}{4}$ de la part donnée à la 2e.

On partagera donc 28 francs en (3 + 4), c.-à-d. en 7 parties égales, ce qui donne 4 francs pour une de ces parties.

La 1re recevra $4^f \times 3 = 12$ fr. La 2e recevra $4^f \times 4 = 16$ fr.

159. — *Trouver la capacité d'un vase dont les $\frac{5}{7}$ sont remplis par une quantité d'huile dont le poids est le même que celui d'une somme de 385f,50 en argent. L'hectolitre d'huile pèse 90 kilogr.*

385f,50 en argent pèsent $5^{gr} \times 385.5 = 1\,927^{gr},5$.
Le litre d'huile pèse 900 grammes.
Le nombre de litres d'huile est $1\,927,5 : 900 = 2^l,141$.
Ainsi 5 fois la 7e partie de la capacité du vase sont $2^l,141$.
La 7e partie de cette capacité serait $2^l,141 : 5 = 0^l,428$.
Réponse. Le vase contient $0^l,428 \times 7 = 2^l,996$, c.-à-d. 3 litres.

160. — *Le diamètre d'une pièce de 5 francs en argent est de 32 millimètres et demi[1], l'épaisseur a 2 millimètres et demi. On a une suite de piles de ces pièces sur une longueur de 2m,60 ; la hauteur de chaque pile est de 10 centimètres. Trouver quelle est la somme d'argent représentée par ces piles et le poids d'argent pur qui y est contenu.*

1. Le diamètre de la pièce de 5 fr. en argent a 37 millimètres.

Nombre de pièces de la pile . . . . $100 : 2,5 = 40$.
Nombre des piles . . . . $2,6 : 0,0325 = 80$.
Nombre total des pièces . . . . $40 \times 80 = 3\,200$.
Valeur de ces pièces. . . . . $5^f \times 3\,200 = 16\,000$ fr.
Poids de ces pièces . . . . $5^{gr} \times 16\,000 = 80\,000$ gr.
Poids d'argent fin. . . . . $80\,000^{gr} \times 9 = 72\,000$ gr.

161. — *Une personne a reçu 132f,30 d'un orfèvre pour un vase d'argent pesant 750 grammes. Trouver le titre de ce vase, en sachant que le kilogramme d'argent pur est payé 220f,56.*

Le prix du gramme d'argent fin serait $0^f,220\,56$.
Le vase contient autant de grammes d'argent fin que le prix du gramme est contenu de fois dans $132^f,30$.
Ce poids d'argent est . . . . $132,30 : 0,220\,56 = 599^{gr},857$
Réponse. Le titre était $599\,836 : 750 = 0,7\,998$, c.-à-d. 0,800.

162. — *On forme un alliage de deux parties d'or et une partie de cuivre. La densité de l'or étant 19,3 et celle du cuivre 8,8, on demande quel sera le poids d'un centimètre cube de l'alliage.*

Pour 2 gr. d'or on met 2 gr. de cuivre, ce qui fait 3 gr. d'alliage.
Or 1 centim. cube d'or pèse $19^{gr},3$ et 1 centim. cube de cuivre pèse $8^{gr},8$.
Le volume en centimètres cubes est :

pour 1 gr. d'or $\frac{1}{19,3} = 0^{cmc},0518$; pour 1 gr. de cuivre $\frac{1}{8,8} = 0^{cmc},1\,136$.

L'alliage comprend :

2 gr. d'or ayant pour volume. . . $0^{cmc},0518 \times 2 = 0^{cmc},1\,036$
1 gr. de cuivre. . . . . $0^{cmc},1\,136$
3 gr. ont pour volume. . . . . $0^{cmc},2\,172$.

Le poids de 1 centimètre cube d'alliage sera :

$$\frac{3^{gr}}{0,2\,172} = \frac{30\,000}{2\,172} = 13^{gr},81.$$

163. — *La différence entre les $\frac{6}{7}$ et les $\frac{5}{8}$ d'une somme en or monnayé est 4 030 francs. Trouver le poids de cette somme.*

La différence $\frac{6}{7} - \frac{5}{8}$ ou $\frac{48}{56} - \frac{35}{56}$ est $\frac{13}{56}$.

Ainsi $\frac{13}{56}$ de la somme valent 4 030 francs.

La 56e partie de la somme est $4\,030^f : 13 = 310$ fr.
La somme entière vaut $310^f \times 56 = 17\,360$ fr.
En argent elle pèserait $5^{gr} \times 17\,360$.
En or son poids est 15 fois et demie moindre, c.-à-d.

$$\frac{5 \times 17\,360}{15,5} = \frac{173\,600}{31} = 5\,600 \text{ gr.}$$

164. — *Un bijou d'une valeur de 1 000 fr. a été obtenu en fondant ensemble des volumes égaux d'or et d'argent. La densité de l'argent est 10,47 ; celle de l'or 19,26 ; le kilogramme d'or pur vaut 3 437 fr., et le kilogramme d'argent pur 220^f,56. Trouver : 1° quels sont les volumes d'or et d'argent qu'on a fondus ensemble ; 2° quels sont leurs poids ; 3° quelle est la valeur de chaque métal.*

1° Le centim. cube d'argent pèse 10^{gr},47 ; celui d'or, 19^{gr},26.
Le gramme d'argent vaut 0^f,22 056 ; le gramme d'or, 3^f,437.
Supposons qu'on ait mis dans le mélange 1 centim. cube de chaque métal.

Le centim. cube d'argent vaut . . 0^f,22 056 × 10,47 = 2^f,30 926.
Le centim. cube d'or vaut. . . . 3^f,437 × 19,26 = 66^f,19 662.
Total 68^f,50 588.

Autant de fois ce total est contenu dans 1 000 fr. autant il y a de centimètres cubes de chaque métal dans le bijou.

On trouve ainsi 1 000 : 68,506 = 14^{cmc},597.

Poids d'argent . . . 10^{gr},47 × 14,597 = 152^{gr},83.
Poids d'or . . . . . 19^{gr},26 × 14,597 = 281^{gr},14.
Valeur de l'argent. 0^f,22056 × 152,83 = 33^f,71.
Valeur de l'or 3^f,437 × 281,14 = 966^f,29.

165. *On a échangé une timbale en or au titre de 0^f,920 contre une coupe en argent au titre de 0^f,800 et de même valeur que la timbale. Trouver le poids de la coupe, en sachant que la timbale pèse 280 grammes, que le kilogr. d'or pur vaut au change 3 437 fr., et le kilogr. d'argent pur 220^f,56. On ne compte pas le cuivre.*

Poids d'or pur de la timbale . . . . 280^{gr} × 0,92 = 257^{gr},6.
Valeur de la timbale . . . . 3^f,437 × 257,6 = 895^f,37.
Valeur du gramme d'argent fin 0^f,220 56.
Autant de fois la valeur du gramme d'argent est contenue dans la valeur de la coupe, autant il y a de grammes d'argent fin dans la coupe.
Ce poids d'argent fin est . . . . 895 37 : 0,220 56 = 4 059^{gr},53.
Ce poids est égal à 8 fois la 10e partie du poids total de la coupe.
Le 10e du poids de la coupe est . . . . 4 059,53 : 8 = 507^{gr}441.
Réponse. Le poids de la coupe est de 507 4^{gr},41.

166. — *La fortune d'une personne est partagée en deux parties égales. La 1re placée à 5 °/$_0$ rapporte annuellement 60 francs de plus que l'autre moitié placée à 4,50 °/$_0$. Quelle est cette fortune?*

Supposons un capital de 200 francs.
100 fr. à 5 °/$_0$ rapportent 5 fr. ; 100 à 4,50 °/$_0$ rapportent 4^f,50.
La différence de ces deux intérêts est 0^f,50 ou 1 demi-franc.
Autant de fois il y a 50 c. dans 60 fr., autant il y a de fois 200 fr. dans la fortune.
Ce nombre de fois est 120.
Réponse. La fortune est 200^f × 120 = 24 000 fr.

167. — *Un homme possède un capital de 25 000 francs. Il en place un quart à 4 %; un 5e à 5 %; le reste à 4,60 %. Trouver le taux moyen du placement.*

Le quart du capital est 6 250 fr.; le 5e en est 5 000 fr. Total 11 250 fr.
Il reste 25 000 — 11 250f = 13 750f.
Les intérêts produits par les trois placements sont :

pour 6 250 fr. à 4 %. . . . . 0f,04 × 6 250 = 250f.
pour 5 000 fr. à 5 %. . . . . 5f × 50 = 250f.
pour 13 750 fr. à 4,8 % . . . . 0f,048 × 13 750 = 660f.
Total des intérêts : 1 160f.

Ainsi 25 000 fr. ou 250 centaines de fr. produisent 1 160 fr.
L'intérêt de 100 fr. sera 250 fois moindre, c.-à-d. 1 160 : 250 = 4f,64.

Réponse. Le taux moyen du placement est 4,64 %.

168. — *On a acheté des marchandises pour une somme de 5 400 fr. payable au bout de 4 mois. Mais on paye comptant en donnant seulement 5 292 fr. A quel taux la diminution a-t-elle été faite?*

L'escompte est 5 400 — 5 292 = 108 fr. pour 1 tiers d'année.
Pour 1 année l'escompte aurait été .... 108f × 3 = 324 fr.
Ainsi l'intérêt de 5 400 fr. pour 1 an serait 324 fr.
L'intérêt de 100 fr. sera 54 fois moindre, c.-à-d. 324 : 54 = 6.

Réponse. Le taux de l'escompte est 6 % par an.

169. — *Un négociant doit une somme de 3 000 fr. Il remet à son créancier : 1° un billet de 1 500 fr. payable dans 90 jours; 2° un billet de 1 500 fr. payable dans 120 jours; 3° le complément de la dette en espèces. Trouver le montant de ce complément. Le taux de l'intérêt sera compté à 4,50 p. 100.*

Le total des deux billets est 3 000 fr.; mais le 1er est payable au bout d'un quart d'année et le 2e au bout d'un tiers d'année.
L'escompte des deux billets est :
pour 1 500 fr. payable à 90 jours,

$$\frac{4^f,50 \times 15}{4} = \frac{67,50}{4} = 16^f,875 ;$$

pour 1 500 fr. payable dans 120 jours,

$$\frac{4^f,50 \times 15}{3} = 4,5 \times 5 = 22^f,50.$$

Le total de ces deux escomptes est 39f,375.

Réponse. On devra donner en espèces 39f,37.

170. — *Un train comprenant 380 voyageurs de 1re classe et de 2e classe, a rapporté à la Compagnie du chemin de fer 3 720f,75 pour un parcours de 121 kilomètres. Trouver combien il y avait de voyageurs de chaque classe, en sachant que le voyageur de 1re classe payait 10 centimes par kilomètre et le voyageur de 2e classe 7 centimes et demi par kilomètre.*

Chaque voyageur paye pour le trajet :

en 1re classe . . . . . $0^{f},10 \times 121 = 12^{f},10$
en 2e classe. . . . . . . $0^{f},075 \times 121 = 9^{f},075$
Différence. $3^{f},025$.

Supposons que les 380 voyageurs soient tous de 2e classe.
La somme totale payée à la Cie serait $9^{f},075 \times 380 = 3\,448^{f},50$.
Or la Cie a reçu en sus de cette somme $3\,720^{f},75 - 3\,448^{f},50 = 272^{f},25$.
Cette différence provient du prix payé par les voyageurs de 1re classe.
Si on remplace un voyageur de 2e classe par un voyageur de 1re classe, la somme donnée par 380 voyageurs de 2e classe augmente de $3^{f},025$. Donc il y a autant de voyageurs de 1re classe qu'il y a de fois $3^{f},025$ dans $272^{f},25$.
Ce nombre est.................................... $272,25 : 3,025 = 90$.

Réponse. Il y a en 1re classe 90 voyageurs ; en 2e classe, 290.

171. — *Une propriété est louée 3 750 fr. Les impôts s'élèvent annuellement à 5 et demi p. 100 et les frais d'entretien, qui montent à 10 et demi p. 100 du prix de location, restent à la charge du propriétaire. Cette propriété est mise en vente et un amateur voudrait en l'achetant se constituer un revenu net de 3 et demi p. 100 au minimum. On demande à quelle somme il devra limiter son enchère, si les frais d'acte et les droits d'enregistrement doivent absorber 4 et quart p. 100 du prix d'adjudication.*

5,50 p. 100 plus 10,50 p. 100 font 16 p. 100 ou 0,16 du prix de la location,
Les impôts et les frais d'entretien absorbent donc $3\,750 \times 0,16 = 600$ fr.
Le revenu net est. . . . . $3\,750 - 600 = 3\,150$ fr.
Le capital à employer par l'amateur pour le prix de la propriété est le capital qui à 3,50 % rapporterait en 1 an 3 150 fr.
Ce capital contient autant de francs qu'il y a de fois $0^{f},35$ dans 3 150 fr. Il est donc égal à .... $3\,150 : 0,035 = 99$ fr.
Or pour une adjudication de 100 fr. il faudrait débourser $104^{f},25$.
Autant de fois $104^{f},25$ seront contenus dans 90 000 fr., autant de fois il y aura 100 fr. dans le prix d'enchère demandé.
Ce nombre de fois serait .... 90 000 : 104,25
Le prix d'enchère sera donc :

$$\frac{90\,000}{104,25} \times 100 = \frac{900\,000\,0,00}{104\,25} = 86\,330,93.$$

Réponse. Le prix d'enchère ne devra pas dépasser 86 331 francs.

172. — *Un emprunteur remet un billet payable à 90 jours. Le prêteur faisant escompter ce billet le même jour, on lui retient $153^{f},75$ par l'escompte commercial. Trouver quelle est la somme portée sur le billet et quelle est la somme prêtée. Le taux est à 6 %.*

1° L'escompte commercial est l'intérêt de la somme portée sur le billet.
L'intérêt de cette somme est donc $153^{f},75$ pour 90 jours ou 1 quart d'année.
Pour l'année l'intérêt serait $153^{f},75 \times 4 = 615$ fr.
Autant de fois il y a 6 fr. dans 615 fr., autant il y a de fois 100 fr. dans la somme portée sur le billet.

Ce nombre de fois est .... 615 : 6 = 102,5.

La somme portée sur le billet est donc 10 250 fr.

Du billet le prêteur a retiré .... 10 250^f — 153^f,75 = 10 096^f,25.

2° La valeur portée sur le billet comprend : la somme remise à l'emprunteur, plus l'intérêt de cette somme pour 90 jours.

Or l'intérêt de 1 fr. à 6 % pour ce temps serait 0^f,015.

Pour 1 franc emprunté, le billet porterait donc 1^f,015.

Autant de fois il y a 1^f,015 dans 10 250 fr., autant il y a de francs dans la somme prêtée. Cette somme est 10 250 : 1,015 = 10 098^f,52.

Réponse. — Somme prêtée 10 098^f,52. Somme portée au billet 10 250 fr.

173. — *Un chemin de fer prend pour le transport des charbons 75 centimes par tonne et par myriamètre. On paye en outre un droit fixe de 2^f,12 par vagon contenant 125 hectolitres; l'hectol. de charbon pèse 78 kilog. Un chef d'usine a payé dans une année 2 580 fr. pour le transport de son charbon, le parcours étant de 2 myriam. 3 kilomètres et demi. Calculer le nombre d'hectolitres transportés.*

Transport de la tonne à 2^m,35 .... 0^f,75 × 2,35 = 1^f,7625.

Poids de houille d'un vagon................. 78^{kr} × 125 = 9 750^{kr} = 9^t,75.

Prix du transport de cette houille.......... 1^f,7625 × 9,75 = 17^f,184 375.

En ajoutant à ce prix les 2^f,12 payés pour le vagon, on trouve pour le prix du vagon de houille rendu à l'usine : 19^f,304 375.

Autant de fois ce prix est contenu dans 2 580 fr., autant il y a eu de vagons transportés.

Le nombre des vagons est .... 2580 : 19,304 = 133,65 c.-à-d. 134.

Le nombre d'hectol. est .... 125 × 133,65 = 16 706,25. c.-à-d. 167 06 hl.

174. — *Un marchand a acheté une pièce de drap à 12^f,25 le mètre. Il en a vendu le quart à 15^f,50, le 6e à 15 fr., le tiers à 14^f,50, le reste à 15^f,25. Il a ainsi gagné 266 fr. sur son marché. Combien y avait-il de mètres dans la pièce?*

Le total des trois premières parties de la pièce est :

$$\frac{1}{4} + \frac{1}{6} + \frac{1}{3}, \text{ ou } \frac{3}{12} + \frac{2}{12} + \frac{4}{12}, \text{ c.-à-d. } \frac{9}{12} \text{ de la pièce.}$$

Il reste pour la 4e partie $\frac{3}{12}$ de la pièce.

Supposons une pièce ayant 12 mètres de longueur.

On en a vendu : 3m. à 15^f,50, ce qui donne 15^f,50 × 3 = 46^f,50.
2 à 15 fr. — 15 fr. × 2 = 30,00.
4 à 14^f,50 — 14^f,50 × 4 = 58,00.
3 à 15^f,25 — 15^f,25 × 3 = 45,75.

La vente de.... 12 mètres aurait produit.............. 180^f,25.

L'achat de 12 mètres aurait coûté........ 12^f,25 × 12 = 147 00.

Bénéfice sur 12 m : 33^f,25.

Autant de fois ce bénéfice est contenu dans 266 fr., autant il y a de fois 12 m. dans la longueur de la pièce. On trouve 266 : 33,25 = 8.

Réponse. — Longueur de la pièce, 12^m × 8 = 96 mètres.

175. — *Un boulanger a acheté de la farine à raison de 36 fr. le quintal métrique et il a vendu, au prix de 15 centimes le demi-kilogr., le pain provenant de cette farine. Or 3 kilogr. de farine ont donné 4 kilogr. de pain et le bénéfice total réalisé par le boulanger a été de 300 fr. Trouver quel poids de farine il avait acheté.*

Le kilogr. de pain a été vendu le double de 15 c. ou $0^f,30$.

Or 3 kgr. de farine donnant 4 kgr. de pain, le poids du pain surpasse de 1 tiers le poids de la farine employée.

Le poids de pain fourni par 1 quintal de farine est donc :

$$100^{kg} + \frac{100^{kg}}{3} = 133^{kg}\frac{1}{3}.$$

La vente de ce pain a produit .... $0^f,30 \times 133\frac{1}{3} = 40$ fr.

Le bénéfice avec 1 quintal de farine est donc $40 - 36 = 4$ fr.

Autant de fois il y a 4 fr. dans 300 fr., autant il y a de quintaux de farine.

Réponse. Poids de farine $300 : 4 = 75$ quintaux.

176. — *Un bassin à parois verticales, ayant 2 mètres de long sur $1^m,50$ de large, contient de l'eau jusqu'au quart de sa hauteur. On y fait couler, pendant 31 minutes et 15 secondes, l'eau d'un robinet, à raison de 6 litres par minute, et alors elle s'élève jusqu'au tiers de la hauteur du bassin. Trouver d'après cela : 1° pendant combien de temps l'eau du robinet devra encore couler pour remplir complètement le bassin ; 2° quelle est la capacité du bassin ; 3° quelle en est la profondeur.*

1° Supposons le fond rectangulaire et prenons le décimètre pour unité de longueur, ce qui donnera le litre pour unité de capacité.

Le robinet verse en 1 minute 6 litres.

En 31^m15^s ou $31^m,25$ il verse : $6^l \times 31,25 = 187^l,50$.

La hauteur de la couche d'eau versée pendant ce temps est :

$$\frac{1}{3} - \frac{1}{4} \text{ ou } \frac{4}{12} - \frac{3}{12} \text{ c'est-à-dire } \frac{1}{12} \text{ de la hauteur du bassin.}$$

La surface de la base de cette couche a $20 \times 15 = 300$ décim. q.

Le 12e de la hauteur du bassin sera $187,50 : 300 = 0^{dm},625$.

La hauteur du bassin a donc $0^{dm},625 \times 12 = 7^{dm},5$.

La capacité a .... $300 \times 7,5 = 2\,250$ litres.

2° Quand l'eau s'est élevée au tiers de la hauteur, il en reste $\frac{2}{3}$ ou $\frac{8}{12}$.

Pour remplir un 12e il faut 31^m et quart.

Pour remplir le reste, il faudra :

$$31^m\frac{1}{4} \times 8 = 250^m = 4^h10^m.$$

Réponse. — Hauteur du bassin, 75 centimètres. Capacité, 2 250 litres. Temps pour en remplir les 8 douzièmes, 4 h. 10 m.

PROBLÈMES

PROPOSÉS DANS LES EXAMENS DU BREVET ÉLÉMENTAIRE EN 1883

(Excepté ceux qui sont accompagnés d'une indication spéciale.)

177. — *Quatre personnes louent une voiture moyennant 10f,60 pour faire un trajet de 32 kilomètres. Après avoir parcouru 20 kilomètres, elles admettent aux mêmes conditions deux autres personnes, qui achèvent la route avec elles. On demande ce que doit payer chacune des quatre personnes et chacune des deux dernières.*

(Concours d'adm. à l'École prim. sup. de filles. — Paris, 1883.)

Pour faire 32 kilomètres on paye 10f,60.

Or 20 kilom. sont les $\frac{20}{32}$ ou les $\frac{5}{8}$ de la distance totale.

Pour les 20 premiers kilom. le prix est les $\frac{5}{8}$ de 10f,60, c'est-à-dire :

$$10^f,60 \times \frac{5}{8} = 6^f,625.$$

Chacune des quatre personnes pour ces 20 kilom. devra payer

$$6^f,625 : 4 = 1^f,656.$$

Pour les 12 derniers kilom. la dépense est 10f,60 — 6f,62 = 3f,98.
La part de chacune des 6 personnes sera 3f,98 : 6 = 0f,66.

Réponse. — Chacune des deux dernières personnes payera 66 centimes.
Chacune des autres payera 1f,656 + 0f,663= 2f,319. c.-à-d. 2f,32.

178. — *On a vendu pour 2 535 fr., à raison de 32f,50 les 100 kilogr., la récolte d'un champ de froment. Le poids moyen de l'hectolitre de ce froment était de 76 kilogr. et le champ avait produit en moyenne 32 hectolitres par hectare. Trouver : 1° quelle était en ares la surface du champ; 2° combien on aurait perdu si, au lieu de vendre au poids, on avait vendu 4f,80 le double décalitre.*

1° Nombre de quintaux de froment 2 535 : 32,5 = 78qx = 7 800 kgr.
Nombre d'hectolitres .... 7 800 : 75 = 104 hectol.
Surface du champ .... 104 : 32 = 3ha,25 = 325 ares.

2° Nombre de doubles-décal. de la récolte 5 × 104 = 520 d.-décal.

Produit de la vente au double-décal. .... 4f,80 × 520 = 2 496 fr.
Produit de la vente au poids .... 2 535 fr.

Réponse. — On aurait perdu .... 39 fr.

179. — *Un homme convient avec son propriétaire de ne lui payer son loyer qu'au bout de l'année, au lieu de le payer par trimestre, en tenant compte des intérêts à 5,50 %. Le loyer annuel étant de 1 400 francs, combien le propriétaire recevra-t-il au bout de l'année?*

Le montant du trimestre serait .... 1 400 : 4 = 350 fr.
Le propriétaire devra recevoir à la fin de l'année :
le loyer de l'année 1 400 fr., plus l'intérêt de 350 fr. pour 9 mois, 6 mois et 3 mois, c'est-à-dire pour 18 mois ou 1 an et demi.
L'intérêt de 350 fr. à 5,50 % pour 1 an et demi est :

$$0^f,055 \times 350 \times 1,5 = 28^f,875.$$

Réponse. — On aura à payer 1 428f,87.

180. — *Deux robinets peuvent remplir ensemble en 1 heure et quart une cuve rectangulaire ayant 2m,50 de longueur, 2 mètres de largeur et 1m,44 de profondeur. L'un des deux robinets fournit par minute 16 litres de plus que l'autre. Combien chaque robinet fournit-il de litres par minute?*

La capacité de la cuve en litres est 25 × 20 × 14,4 = 7 200 litres.

En 1 h. $\frac{1}{4}$ ou 75 minutes le gros robinet a versé de plus que le petit

$$16 \text{ l.} \times 75 = 1\,200 \text{ litres.}$$

Si le gros robinet était égal au petit, ils auraient fourni ensemble en 75 minutes.

$$7\,200 - 1\,200 = 6\,000 \text{ litres.}$$

En ce cas chacun aurait fourni la moitié, c'est-à-dire 3 000 litres.
Par minute la quantité fournie serait 3 000 : 75 = 40 litres.

Réponse. — Le petit robinet donne par minute 40 litres ; le gros 56 litres.

181. — *Deux compagnies d'ouvriers peuvent faire le même travail, l'une en 11 jours et l'autre en 15 jours. On prend le tiers des ouvriers de la 1re et 3 cinquièmes des ouvriers de la 2e. Trouver en combien de temps l'ouvrage sera fait.*

En 1 jour les deux compagnies feraient :

la 1re $\frac{1}{11}$ de l'ouvrage ; la 2e $\frac{1}{15}$.

En 1 jour le tiers des ouvriers de la 1re fera $\frac{1}{3}$ de $\frac{1}{11}$ c.-à-d. $\frac{1}{33}$ de l'ouvrage.

Les $\frac{3}{5}$ des ouvriers de la 2e feront en 1 jour $\frac{3}{5}$ de $\frac{1}{15}$ c.-à-d. $\frac{1}{25}$ de l'ouvrage.

La partie de l'ouvrage qui sera ainsi faite en 1 jour est :

$$\frac{1}{33} + \frac{1}{25} = \frac{25}{825} + \frac{33}{825} = \frac{58}{825} \text{ de l'ouvrage.}$$

Autant de fois il y a 58 *huit-cent vingt-cinquièmes* dans les 825 *huit-cent vingt-cinquièmes* dont se compose l'ouvrage, autant il faudra de jours.

Ce nombre de jours est...... $825 : 58 = 14\frac{13}{58}$.

182. — *Un homme achète, au prix de 3 560 fr. l'hectare un terrain de forme rectangulaire, long de 268 mètres et large de 36m,40. Les frais de timbre, enregistrement et autres sont de 12 p. 100 du prix d'achat. Il donne en payement un titre de 120 fr. de rente 5 % au cours de 119f,50. Quelle somme en argent doit-il encore débourser pour solder le prix d'acquisition?*

Surface du terrain .... $268 \times 36,4 = 9\,755^{mq},2$
Prix de l'are, 35f,60 ; du mètre carré, 0f,356.
Prix d'achat du terrain .... $0^f,356 \times 9\,755,2 = 3\,472^f,85$.
Le titre de rente vaut autant de fois 119f,50 que 5 fr. sont contenus dans 120 fr., c'est-à-dire 24 fois.

La valeur du titre est..........119f,50 × 24 = 2 868 fr.
La somme totale à payer était................. 3 472f,85.

Réponse. — Il reste à payer en argent................ 604f,85.

183. — *Un homme a placé les $\frac{2}{3}$ de sa fortune à 4 %, et le reste à 3,60 %, et il a ainsi un revenu total de 2 320 fr. Trouver le montant de sa fortune.*

Supposons que la fortune soit de 300 fr. : il y aura :
200 fr. placés à 4 % et 100 fr. placés à 3,60 %.

Les 200 fr. à 4 % produisent..... 4f × 2 = 8f,00
Les 100 fr. à 3,60 % — 3f,60
300 fr. ainsi placés produisent donc..... 11f,60.

Autant de fois il y a 11f,60 dans 2 320 fr., autant de fois il y a 300 fr. dans le montant de la fortune. Ce nombre de fois est 2 320 : 11,6 = 200.

Réponse. — La fortune est 300 fr. × 200 = 60 000 fr.

184. — *Un centimètre cube d'argent pur pèse 10gr,47 et un centimètre cube de cuivre pèse 8gr,85. Trouver le poids d'un centimètre cube de l'alliage qui sert à fabriquer les monnaies divisionnaires, c'est-à-dire les pièces d'argent autres que celle de cinq francs.*

Dans 1 gramme des monnaies divisionnaires il y a :
835 milligr. d'argent et 165 milligr. de cuivre.

Le poids du cuivre est $\frac{165}{835}$ ou $\frac{33}{167}$ du poids de l'argent.

Donc avec 1 centimètre cube d'argent pesant $10^{gr},47$ on doit mettre :

$$10^{gr},47 \times \frac{33}{167} = \frac{345,51}{167} = 2^{gr},068 \text{ de cuivre.}$$

Le volume de ce poids de cuivre en centimètres cubes est :

$$\frac{2,068}{8,85} = \frac{206,8}{885} = 0^{cmc},2336.$$

On a ainsi : $10^{gr},47$ d'argent ayant un vol. de 1 centim. cube ;
$2^{gr},068$ de cuivre » $0^{cmc},2336$.
$12^{gr},538$ d'alliage ayant un vol. de $1^{cmc},2336$.

Réponse. — Le poids de 1 centimètre cube d'alliage sera :

$$12^{gr},538 : 1,2336 = 10^{gr},163.$$

185. — *Un marchand a acheté 212 hectolitres de blé pour 4134 francs. En le revendant à raison de $29^{f},30$ le quintal métrique, il réalise un bénéfice de 7 p. 100 sur le prix d'achat. On demande de calculer, à un hectogramme près, le poids moyen de l'hectolitre.*

Dans la vente le marchand a gagné $0^{f},07$ par franc.

Ce qui lui avait coûté 1 fr. a donc été revendu $1^{f},07$.

L'achat du quintal a coûté autant de francs qu'il y a de fois $1^{f},07$ dans $29^{f},30$.

Ce prix est exprimé par le quotient $\frac{29,30}{1,07}$ ou $\frac{2930}{107}$.

Le nombre de quintaux de blé est égal au nombre de fois que ce quotient est contenu dans 4134. Ce nombre de quintaux est donc

$$4134 : \frac{2930}{107} = \frac{4134 \times 107}{2930} = 150^{q},967.$$

212 hectolitres de blé pèsent $150^{q},967$, c'est-à-dire 150967 hectogr.

Réponse. — Le poids de l'hectolitre égale 150967 : 212 = 712 hectogr.

186. — *Un homme achète une maison pour le prix de 25 000 fr., et les frais d'acte et autres s'élèvent à 11 p. 100 du prix d'achat. Il loue la maison 1500 fr. ; mais elle reste inoccupée 1 an sur 6, faute de locataire. De plus les impôts sont de $65^{f},40$ par an et on fait des réparations pour 200 fr. tous les 3 ans. A quel taux cet homme a-t-il ainsi placé son argent ?*

Le prix d'achat est........................ 25 000 fr.
Les frais d'acquisitions sont... $11^{f} \times 250 =$ 2 750 fr.
Somme déboursée $27\,750^{f},00$.

En 6 ans on dépense : impôts.................. $65^{f},40 \times 6 = 392,40$.
réparations.................. $200 \times 2 = 400,00$.
Dépense en 6 ans $792^{f},40$.

Produit des loyers en 6 ans.................. $1\,500 \times 5 = 7\,500^{f},00$.
Revenu net en 6 ans. $6\,707^{f},60$.

Revenu net de 27 750 fr. par an. $6\,707^{f},60 : 6 = 1\,117^{f},93$.

Réponse. — Pour 100 fr. le revenu est $1\,117^{f},93 : 277,5 = 4^{f},03$

187. — *On a vendu au prix de 32 fr. l'are les $\frac{2}{7}$ d'un pré. Le reste estimé au même prix est loué pour la somme de 420 fr. et rapporte aussi 4 et demi p. 100 de sa valeur. Trouver la surface du pré.*

La partie louée vaut autant de fois 100 fr qu'il y a de fois 4f,50 dans 420 fr.

Cette valeur est donc $\frac{420}{4,5} \times 100 = \frac{204000}{45} = 9\,333^f,33$.

Le nombre d'ares de la partie louée est 9 333,33 : 32 = 291a,666.

Ce nombre d'ares est égal à 5 fois la 7e partie du pré.

La 7e partie du pré a donc 291a,666 : 5 = 58a,333.

Réponse. — Surface totale du pré, 58a,333 × 7 = 408a,33.

188. — *Un marchand a acheté trois tonneaux de vin. Le 1er contient 240 litres; le 2e, les $\frac{6}{7}$ du 1er, et le 3e les $\frac{3}{4}$ du 2e. Ce vin lui coûte 54 fr. l'hectol. Il en revend un 5e à 0f,60 le litre, les $\frac{3}{4}$ du reste à 0f,65 et le surplus à 0f,70. Trouver le bénéfice total et à combien p. 100 du prix d'achat ce bénéfice s'élève.*

Il y a dans le 1er tonneau........... 240 litres;

dans le 2e......... $240 \times \frac{6}{7} = 205,71$;

dans le 3e...... 205,71 × 0,75 = 154,28.

Total : 599l,99, c.-à-d. 600 litres.

Le prix payé pour l'achat est 54f × 6 = 324 fr.

On a vendu : 1re vente............ 600 : 5 = 120 l. Reste 480 l.

2e — .... 480 × 0,75 = 360 l.

3e — .... 480 — 360 = 120 l.

On a retiré : 1re vente............. 0f,60 × 120 = 72 fr.

2e — .... 0f,65 × 360 = 234 fr.

3e — .... 0f,70 × 120 = 84 fr.

Produit total 390 fr.

Bénéfice total, 390 — 324 = 66 fr.

Avec 324 fr. on a gagné 66 fr. Avec 1 fr. on aurait gagné $\frac{66}{324}$ c.-à-d. $\frac{11}{54}$ fr.

Avec 100 fr. le gain est $\frac{1100}{54} = 20^f,37$.

Réponse. — Bénéfice total, 66 francs. Pour cent, 20,37.

189. — *Un capital a été placé à un taux tel qu'après 11 mois le capital avec les intérêts simples s'élevait à 6 302f,50 et après 2 ans et demi à 6 825 fr. Trouver ce capital et le taux du placement.*

(Brevet sup.. Aspirantes. — Algérie, 1883.)

1o La différence de temps entre 2 ans et demi et 11 mois est

30m — 11m = 19 mois.

La différence entre les intérêts produits pendant ces deux périodes est

$$6\,825^f - 6\,302^f,50 = 522^f,50.$$

L'intérêt du capital pour 19 mois est $522^f,50$.
Pour 1 mois l'intérêt serait .... $522^f,50 : 19 = 27^f,50$.
Pour 11 mois l'intérêt a été .... $27^f,50 \times 11 = 302^f,50$.
Le capital est donc .... $6\,302^f,50 - 302^f,50 = 6\,000$ fr.
2° L'intérêt de 6000 fr., en 1 an est : $27^f,50 \times 12 = 330$ fr.
L'intérêt de 100 fr. serait $330 : 60 = 5^f,50$.

Réponse. — Capital 6000 fr. placés à $5^f,50$ °/₀.

190. — *Un homme a placé à intérêts simples un certain capital au taux de $4^f,50$ °/₀ et un autre capital au taux de 5 °/₀ : ce dernier capital est les $\frac{8}{11}$ du 1er. Les capitaux et intérêts réunis se sont élevés au bout de 12 ans à 38 000 fr. Trouver ces deux capitaux.*

(Adm. à l'École modèle de Mens (Isère). — 1883.)

Supposons pour le 1er capital 110 fr. ; le 2e sera 80 fr.
L'intérêt de 1 fr. au bout de 12 ans est :

à 4,50 °/₀, $0^f,045 \times 12 = 0^f,54$; à 5 °/₀, $0^f,05 \times 12 = 0^f,60$.
L'intérêt de 110 fr. à 4,50 °/₀, en 12 ans est. $0^f,54 \times 110 = 59^f,40$.
L'intérêt de 80 fr. à 5 °/₀ — $0^f,60 \times 80 = 48^f,00$.
Un capital de 190 fr. a donc produit...................... $107^f,40$.

Ce capital est devenu en 12 ans, $190 + 107,40 = 297^f,40$.

Autant de fois cette somme est contenue dans 38000 fr., autant de fois il y a 110 fr. dans le 1er capital et 80 fr. dans le 2e.

Réponse. = A 4,50 °/₀ il y avait $14\,015^f,15$; à 5 °/₀ $10\,221^f,92$.

191. — *Un marchand achète et paye comptant, à raison de $2^f,25$ le kilogramme, de l'huile d'olive brute sortant du moulin. Il est obligé de la décanter à deux reprises et elle n'est bonne pour la vente qu'au bout de 3 mois. Le déchet de ces deux opérations est de 12 °/₀ du poids total. On demande à combien lui revient le litre d'huile épurée et combien il doit le vendre pour gagner 25 °/₀. Le litre d'huile épurée pèse 915 grammes. On tiendra compte de l'intérêt du prix d'achat à 5 °/₀.*

Sur 1 000 gr. d'huile brute la perte produite par les deux épurations est :

$$10^{gr} \times 12 = 120 \text{ gr.}$$

Le kilogr. d'huile brute donne donc 880 gr. d'huile épurée.
L'intérêt de $2^f,25$ à 5 °/₀ pour 1 an serait $2,25 : 20 = 0^f,1125$.
Pour 3 mois il en est le quart, c'est-à-dire $0^f,1125 : 4 = 0^f,028125$.
Ainsi au moment de la vente, 880 gr. d'huile épurée coûtent au marchand :

$$2^f,25 + 0^f,028125 = 2^f,278125.$$

Le prix du gramme serait $2^f,278125 : 880 = 0^f,002588$.

Le prix du litre d'huile épurée est... $0^f,002588 \times 915 = 2^f,368$.
Le bénéfice de 25 °/₀ à faire est le quart, c.-à-d........... $0^f,592$.

Réponse. — Le prix de vente du litre sera.................. $2^f,96$.

192. — *Un spéculateur a acheté, au prix de 600 fr. l'hectare, une terre en mauvais état. Il y a fait des améliorations qui lui ont coûté 75 000 francs. Il revend alors le tiers de cette propriété au prix de 600 fr. l'hectare et les deux autres tiers au prix de 1 100 fr. l'hectare. Il réalise ainsi un bénéfice de 45 000 francs. Trouver la surface de cette propriété.*

Dans la vente on a retiré le prix d'achat et en outre une somme égale à 75 000ᶠ + 45 000 fr. c'est-à-dire une somme de 120 000 fr.

Considérons une surface de 3 hectares.

On a vendu : 1 de ces hectares pour		1 200 fr.
les 2 autres pour	1 100ᶠ × 2 =	2 200 fr.
La vente de ces 3 hectares rapporte donc		3 400 fr.
L'achat de ces 3 hectares avait coûté	600ᶠ × 3 =	1 800 fr.
Sur ces 3 hectares on gagne en sus du prix d'achat		1 600 fr.

La propriété contient donc autant de fois 3 hectares qu'il y a de fois 1 600 fr. dans 120 000 fr. Or on trouve 120 000 : 1 600 = 75.

Réponse. — La surface de la propriété a 3 × 75 = 225 hectares.

193. — *Pour construire une école de filles, une commune a acquis un terrain rectangulaire ayant 52 mètres de longueur sur 27ᵐ,50 de largeur, au prix de 35 fr. l'are. Le devis des travaux à exécuter s'élève à 12 840 francs. A cette somme il faut ajouter les honoraires de l'architecte, calculés à raison de 5 % du montant du devis et une dépense de 860 fr. pour le mobilier scolaire. L'État accordant une subvention égale à la moitié de la dépense totale, trouver : 1° la somme que la commune devra emprunter à la Caisse des écoles; 2° combien de centimes additionnels le conseil municipal devra voter pour payer cette dette.*

Le centime de cette commune vaut 59ᶠ,394 et la Caisse des écoles n'exige qu'un intérêt simple de 4 % pendant 30 ans, y compris l'amortissement du capital.

Surface du terrain 52 × 27,5 = 1 430ᵐᵍ = 14ᵃ,30.

Prix d'achat du terrain	35ᶠ × 14,3 =	500ᶠ,50.
Montant du devis des travaux		12 840ᶠ,00.
20ᵉ de ce montant pour honoraires de l'architecte		642ᶠ,00.
Prix du mobilier scolaire		860ᶠ,00.
	Dépense totale :	14 842ᶠ,50.
Moitié à payer par la commune		7 421ᶠ,25.

Pour rembourser l'emprunt de cette somme, la commune payera annuellement pendant 30 ans l'intérêt de cette somme à 4 %, c'est-à-dire :

0ᶠ,04 × 7 421,25 = 296ᶠ,85.

Or 1 centime ajouté par franc aux impositions directes de la commune produit une augmentation d'impôt de 59ᶠ,394.

Réponse. — Le nombre de centimes additionnels à voter sera

296,85 : 59,394 = 4,997 c. à-d. 5 centimes.

194. — *Une personne a placé une somme de 23 720 fr., une partie à $4\frac{1}{2}$ % et l'autre partie à $5\frac{2}{3}$ %, de telle sorte que chaque partie lui procure le même revenu. Trouver dans quel rapport sont les deux parties ainsi placées.*

Si le taux $4\frac{1}{2}$ était 2, 3, 4... fois plus petit que le 2e taux $5\frac{2}{3}$, la 1re partie (celle qui est à $4\frac{1}{2}$ %) serait 2, 3, 4... fois plus grande que la 2e partie.

Il y a donc entre la 1re partie et la 2e le même rapport qu'entre le 2e taux $5\frac{2}{3}$ et le 1er taux $4\frac{1}{2}$, c.-à-d. qu'entre $\frac{17}{3}$ et $\frac{9}{2}$ ou entre $\frac{34}{6}$ et $\frac{27}{6}$.

Le rapport entre 34 *sixièmes* et 27 *sixièmes* est $\frac{34}{27}$.

Donc la partie placée à $4\frac{1}{2}$ % doit être les $\frac{34}{27}$ de l'autre partie.

Pour diviser 23 720 fr. en deux parties dont l'une soit égale à 34 fois la 27e partie de l'autre, il faut diviser cette somme en (34 + 27) c.-à-d. en 61 parties égales et en prendre 34 pour la somme placée à $4\frac{1}{2}$ % et 27 pour l'autre.

La 61e partie de 23 720 fr. est 23 720 : 61 = 388f,852.

Réponse. — Les deux parties du capital sont donc :

à $4\frac{1}{2}$ %.. 388f,852 × 34 = 13 220f,968 ou 13 221 fr.

à $5\frac{2}{3}$ %.. 388f,852 × 27 = 10 499f,004 ou 10 499 fr.

195. — *Une personne qui avait acheté 1 740 fr. de rentes 3 % au cours de 62,50 les a revendus au cours de 73,30 et a placé le produit de cette vente dans une maison de commerce à 6 %.*

On demande : 1° quelle somme elle avait déboursée primitivement et à quel taux cette somme se trouvait placée; 2° quelle somme elle en a retirée ensuite et quelle a été la plus-value de son capital; 3° quel intérêt annuel lui produit son nouveau capital et de combien se trouve augmenté le revenu.

1° L'achat d'une rente de 3 fr. coûte 62f,50.

Pour acheter 1 740 fr. de rente on donne autant de fois 62f,50 qu'il y a de fois 3 fr. dans 1 740 fr.

On trouve pour ce nombre de fois 1 740 : 3 = 580.

La somme payée pour l'achat de 1 740 fr. de rente 3 % est donc

62f,50 × 580 = 36 250 fr.

Or 62f,50 ainsi placés rapportent par an 3 fr.

L'intérêt de 1 fr. serait 3f : 62,5 = 0f,048.

L'intérêt de 100 fr. est donc 4f,80.

2° Dans la vente on a gagné par titre de rente de 3 fr.

73f,30 — 62f,50 = 10f,80.

Pour 580 litres de 3 fr. le gain est $10^{f},8 \times 580 = 6\,264$ fr.
Le produit total de la vente est donc $36\,250^{f} + 6\,264^{f} = 42\,514$ fr.
3° L'intérêt de ce nouveau capital à 6 % est

$$0^{f},06 \times 42\,514 = 2\,550^{f},84.$$

Le revenu primitif était................ 1 740,00.

Augmentation du revenu, $810^{f},84$.

196. — *Un négociant a remis à un fabricant, pour règlement d'une facture, une somme de 800 fr. en espèces et deux billets de même valeur nominale payables, l'un à 6 mois et l'autre à 7 mois et demi. Or il aurait pu se libérer en ajoutant 2 748 fr. à son payement en espèces, au lieu de donner ces deux billets. Trouver la valeur nominale de ces billets. Le calcul sera fait suivant l'escompte commercial au taux de 6 %.*

(Brevet sup., Aspirantes. — 1882.)

Supposons que la valeur nominale de chaque billet soit de 100 fr.
L'escompte à 6 % serait : pour 1 mois $0^{f},50$; pour 6 mois 3 fr. ;
pour 7 mois et demi. $0^{f},50 \times 7,5 = 3^{f},75$.

Un billet de 100 fr., payable à 6 mois, se réduit donc à $100 - 3,00 = 97^{f},00$.
Un billet de 100 fr., — 7 m. et demi — $100 - 3,75 = 96^{f},25$.

Le total de ces deux billets se réduit donc à $193^{f},25$

Autant il y a de fois $193^{f},25$ dans 2 748 fr., autant il y a de fois 100 fr. dans la valeur nominale de chaque billet.
Cette valeur est

$$\frac{2\,748}{193,25} \times 100 = \frac{27\,480\,000}{19\,325} = 1\,421^{f},99, \text{ c.-à-d. } 1\,422 \text{ francs.}$$

197. — *Une personne dépose une certaine somme chez un banquier, qui lui paye l'intérêt à raison de 3 et demi p. 100 par an. Au bout de 5 mois, cette personne retire son argent avec les intérêts et emploie le tout à l'acquisition d'un titre de 200 fr. de rente 5 %. Elle paye ce titre au cours de 115f,20 pour 5 fr. de rente, plus le courtage de l'agent de change qui est d'un 8e p. 100 du prix d'achat. Ces frais payés, il lui reste encore 2f,60. Trouver quelle était la somme placée primitivement chez le banquier.*

Une rente de 200 fr. ou de 40 fois 5 fr. coûte $115^{f},2 \times 40 = 4\,608$ fr.
Pour 100 fr. le courtage est d'un 8e de franc, c'est-à-dire $0^{f},125$.
Pour 4 608 fr. le courtage est $0^{f},125 \times 46,08 = 5^{f},76$.
Le capital retiré de la caisse du banquier est donc

$$4\,608 + 5,75 + 2,60 = 4\,616^{f},35.$$

A 3,50 % l'intérêt de 1 franc pour 1 an est $0^{f},035$.

Pour 5 mois ou $\frac{5}{12}$ d'année il est $\frac{0^{f},035 \times 5}{12} = \frac{0^{f},175}{12}$.

Au bout de 5 mois 1 franc augmenté de ses intérêts vaut :

$$1 + \frac{0,175}{12} = \frac{12^f,175}{12}.$$

Autant de fois cette valeur est contenue dans 4 616f,35, autant il y avait de francs dans la somme placée chez le banquier.

Cette somme est $4\,616,35 : \frac{12,175}{12} = \frac{4\,616\,350 \times 12}{12\,175} = 4\,549^f,995.$

Réponse. — La somme était 4 550 francs.

198. — *Un homme lègue à ses héritiers les $\frac{2}{3}$ de sa fortune et un 5e aux pauvres, le reste devant être placé à 4 % pendant 3 ans, à intérêts simples, au profit du bureau de bienfaisance. Au bout de ce temps, le bureau a retiré une somme totale de 784 fr. Trouver la fortune du défunt, la part des héritiers et celle des pauvres.*

La partie de la fortune donnée aux héritiers et aux pauvres est :

$$\frac{2}{3} + \frac{1}{5} \text{ ou } \frac{10}{15} + \frac{3}{15} = \frac{13}{15} \text{ de la fortune.}$$

Le bureau de bienfaisance a donc $\frac{2}{15}$ de la fortune.

Or au bout de 3 ans 1 fr. à 4 % a pris une valeur de 1f,12.
La somme léguée au bureau est égale à autant de francs qu'il y a de fois 1f,12 dans 784 fr.

Cette somme est égale à .... 784 : 1,15 = 700 fr.
La 15e partie de la fortune est donc 700 : 2 = 350 fr.

Réponse. — La fortune entière est 350 × 15 = 5 250 fr.
La part des héritiers est 10 fois 350 fr., c.-à-d. 3 500 fr. ;
celle des pauvres — 3 fois 350 fr. — 1 050 fr.

199. — *Un propriétaire tire un revenu de 7 % d'une maison à cinq étages, qu'il a achetée pour la somme de 325 000 fr. Trouver le prix de location de chaque étage, en sachant que le 1er est loué 6 fois autant que le 5e, que le prix du 2e est les 2 tiers de celui du 1er, le prix du 3e la moitié du prix du 1er et le prix du 4e le tiers du 1er.*

(Certif. d'études primaires. — Canton de Beaufort
(Maine-et-Loire), 1883.)

D'abord le revenu de la maison est :

$$7^f \times 3\,250 = 22\,750 \text{ fr.}$$

Désignons en abrégé le prix du 5e étage par p. On aura :

prix du 1er $6\,p$; prix du 2e $4\,p$; prix du 3e $3\,p$; prix du 4e $2\,p$.

Le total est : $p + 6\,p + 4\,p + 3\,p + 2\,p$
ou $16\,p$ c.-à-d. 16 fois le prix du 5e étage.

Réponse. — Le prix du 5e est donc.......	22 750f : 16 =	1 421f,875.
Pour le 1er, le prix est.......	1 421f,875 × 6 =	8 531f,250.
— 2e, —	1 421f,875 × 4 =	5 687f,500.
— 3e, —	1 421f,875 × 3 =	4 265f,625.
— 4e, —	1 421f,875 × 2 =	2 843f,750.
	Total :	22 750f,000.

200. — *Dans 1 hectolitre d'eau on a fait dissoudre du sel de cuisine, en quantité telle que la dissolution ainsi faite contient 27 p. 100 de son poids de sel. Trouver le poids de cette dissolution.*

On retire ensuite le tiers de la dissolution et on le remplace par un égal volume d'eau : trouver quel poids de sel il y a pour 100 dans le nouveau liquide.

On admet que le sel dissous n'a pas changé le volume de l'eau.

1° Dans 100 kgr. de la dissolution il y a :

27 kgr. de sel, et par conséquent 73 kgr. d'eau pure.

Les 73 kgr. d'eau pure ont un volume de 73 litres.
73 litres de la dissolution pèsent donc 100 kilogr.
1 litre pèserait 100^{kgr} : 73 = $1^{kg},36986$.
1 hectolitre pèsera 100 fois plus, c'est-à-dire $136^{kg},986$.
Le poids de sel qui s'y trouve est donc $36^{kg},986$.

2° En retirant le tiers de la dissolution, on enlève le tiers du sel, c'est-à-dire un poids de sel égal à $36^{kg},986$: 3 = $12^{kg},329$.
Le poids du sel restant est $12^{kg},329 \times 2 = 24^{kg},658$.
Après on remet un volume d'eau égal à celui qui a été enlevé.
Le poids d'eau pure est donc après comme auparavant 100 kgr.
Le poids de la dissolution est actuellement $124^{kg},658$.
Donc $124^{kg},658$ de la dissolution contiennent $24^{kg},658$ de sel.
Dans 1 kgr. de la dissolution le poids de sel serait

24,568 : 124,658 = $0^{kg},19770$.

Dans 100 kgr. de la dissolution le poids de sel est $19^{kg},770$.

Paris. — Imp. de la Soc. anon. de Publ. périod. — P. Mouillot. — 38156.

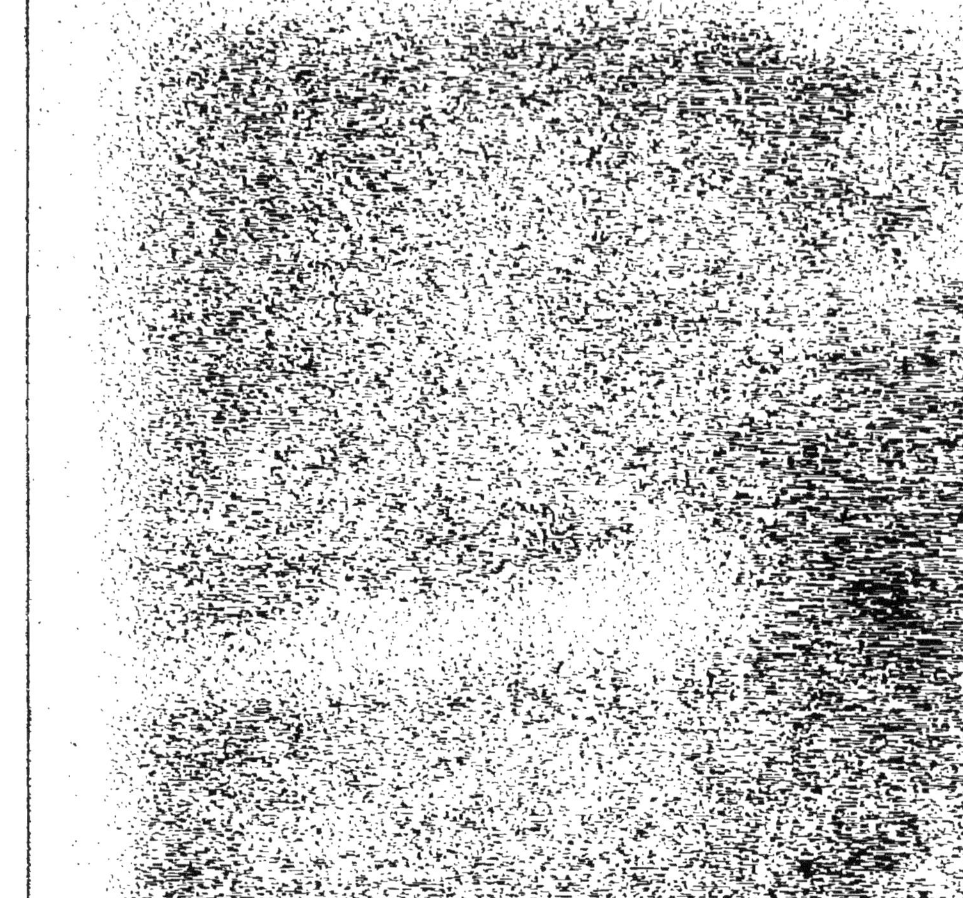

www.ingramcontent.com/pod-product-compliance
Ingram Content Group UK Ltd.
Pitfield, Milton Keynes, MK11 3LW, UK
UKHW012148240726
13966UKWH00001B/196

9 782013 505772